KB090440

개정10판

The Laws of
Tourism

관광법규와 사례분석

원철식·최영준·정연국 공저

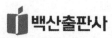 백산출판사

들어가면서

관광은 다른 지방이나 국가의 아름다운 자연경치 및 자연현상, 유명 사적 및 건축물 등을 구경하고 유람하기 위한 목적으로 행하는 것, 또는 원하는 다른 지역에서 평안한 휴식을 통해 여가나 회복을 꾀하는 것, 또는 즐거움을 위한 다른 지역으로의 여행, 또는 다른 지역이나 나라의 교육, 문물이나 제도 등 기타 특정목적을 위해 시찰 혹은 방문하는 것, 또는 어떤 관심 있는 행사나 이벤트를 위해 다른 지역을 방문하는 것 등의 다양한 의미로 사용하고 있다.

국제관광은 COVID-19 팬데믹으로 인해 2020년 2월 이후 전 세계적으로 전면 중지되며 침체되었으나, 2021년 이후 백신여권 및 트래블 버블 도입, 백신 접종률 증가에 따른 방역 완화 등에 힘입어 국제관광의 단계적 회복이 진행되었다. 2022년에는 전 세계적으로 여행제한을 해제하는 국가가 증가하여 12월 기준 여행제한을 해제한 국가는 총 116개국으로 집계되었다. 여행제한조치의 해제로 국가 간 이동이 가능해지면서 2022년 국제 관광객 수가 팬데믹 이전의 65.7% 수준까지 회복된 약 9억 명으로 집계되었다.

UNWTO(2023)에 따르면, 2019년 기준 국제관광객 수는 약 15억 명에 육박하였으나, 코로나19가 발병함에 따라 2020년 국제관광객 수는 전년 대비 72.2% 감소한 406백만 명, 2021년에는 456백만 명으로 나타났다. 2022년 기준 전 세계 국제관광객 수는 전년 대비 111.2% 증가한 963백만 명으로 나타났으며, 팬데믹 이전 수준의 65.7%까지 회복된 것으로 나타났다. 이는 전 세계적인 백신 접종과 국가 간 국경 통제의 점진적 완화 등의 조치로 인해 국제관광시장이 점차 회복되는 것으로 보인다.

우리나라의 관광은 광복 이후 외국과의 외교 수립으로 외래객의 방문이 증가하면서 관광사업 중 숙박시설의 건설이 이루어졌지만 6·25 전쟁으로 모두 폐허가 되었다. 1953년 「근로기준법」의 제정에 따라 유급휴가제가 실시되고, 1954년 2월 교통부 육운국에 관광과가 신설되면서 관광활동을 위한 기초적인 형태가 갖추어지기 시작했다. 1961년에는 우리나라 최초의 관광법규인 「관광사업진흥법」이 제정·공포되고, 1962년에는 「국제관광공사법」이 제정되어 국제관광공사(현 한국관광공사)가 설립되었고, 1964년에는 교통부 육운국 관광과가 관광국으로 승격되었다. 1970년대에는 국립공원과 도립

공원이 지정되었고, 1970년에는 경부고속도로가 개통되었으며, 1980년대는 한국 관광문화의 틀을 잡는 데 크게 기여한 시기로 볼 수 있다. 1983년 '관광목적 50세 이상의 해외여행자유화'에 이어 1989년 국외여행 자유화로 해외여행시대가 본격적으로 시작됐다. 그리고 아시아경기대회(1986), 서울올림픽대회(1988), 부산 아시안게임 및 월드컵축구대회(2002), 평창 동계올림픽(2018) 등 국제경기대회를 개최함으로써 국제적인 관광국으로서 다시 한번 기틀을 다질 수 있었다. 최근 우리나라를 비롯한 세계 관광산업은 코로나19 상황이 진정됨에 따라 재도약을 추진하고 있다. 이에 따라 2022년 12월 4대 추진전략, 12개 추진과제를 담은 제6차 관광진흥기본계획(2023~2027)을 발표하였다.

본서는 관광법규 중 가장 중요한 부분인 「관광기본법」, 「관광진흥법」, 「관광진흥개발기금법」, 「국제회의산업 육성에 관한 법률」을 다루고 있다. 또한 한국관광협회중앙회, 한국호텔업협회, 한국여행업협회 등 여러 협회 자료를 토대로 다양한 사례들을 싣고 있다. 이 책에는 그동안 개정된 내용을 교재 전 부분에 걸쳐 반영하였다. 본서를 기존의 관광법규 서적들과 차별화하려 노력하였으나, 많이 부족함을 느낀다. 앞으로도 지속적인 연구를 통해 개선할 것임을 약속드린다. 끝으로 본서가 세상의 빛을 볼 수 있도록 도와주신 백산출판사 진욱상 사장님과 임직원들의 노고에 감사드린다.

저자 일동

차 례

제3장 관광진흥법 / 65

제4장 관광진흥개발기금법 등 / 397

제**1**장

관광법규의 일반적 이해

제1장 관광법규의 일반적 이해

Ⅰ. 관광법규의 의의와 특성

1. 관광법규의 의의

관광법규는 관광행정에 관한 국내공법이다. 즉 관광법규는 관광행정에 관한 법, 공법, 국내법이라는 3요소로 형성되는 개념이다.

1) 관광법규는 관광행정(觀光行政)에 관한 법이다

관광법규는 관광행정권의 조직(組織)·작용(作用) 및 구제(救濟)에 관한 법이다. 즉 관광행정기관의 조직과 권한 및 그 기관 상호 간의 관계, 그리고 관광행정작용으로 인하여 국민이 손해를 입거나 손실을 당한 경우에 권리구제를 위한 절차를 규정한 법이다. 그러므로 관광법규는 관광행정의 객체뿐만 아니라 관광행정을 담당하는 관광행정 주체까지도 그 규율을 대상으로 하여 모든 관광행정을 관광법규의 근거에 의하여 행하여지게 함으로써 부당한 행정권의 남용을 방지하고 그 자의적인 행사를 억제하게 하고 있다.

2) 관광법규는 공법(公法)이다

관광행정에 관한 법규가 모두 관광법이라고 할 수는 없고, 관광행정에 관한 특유한 공법(公法)만이 관광법이 된다.

관광행정작용도 일반적인 행정작용과 마찬가지로 권력작용(權力作用)도 있고, 관리작용(管理作用)이나 국고작용(國庫作用)이 있을 수 있다. 이 중에서 권력작용은 관광행정기관이 우월한 지배자로서 명령·강제하는 작용으로 여기에는 공법이 적용되는 데

반하여, 행정주체가 국민과 대등한 입장에서 비권력적 수단을 통하여 기업경영 또는 공물(公物)을 관리하는 관리작용에는 원칙적으로 사법(私法)이 적용되나, 공익목적 달성을 위하여 필요한 한도 내에서는 공법(公法)이 적용된다. 그리고 국고작용은 관광행정기관이 사경제(私經濟)의 주체로서 행하는 작용으로, 여기에는 사법이 적용되고 공법이 적용될 여지가 없다.

3) 관광법규는 국내법(國內法)이다

관광법규는 오로지 국내 관광행정에 관한 법으로서 국제법과는 구별되는 개념이다. 따라서 국내에 거주하는 내국인은 물론이고, 국내에 체재하는 외국인 관광객, 외국인 관광사업자, 외국인 관광종사원 모두를 규율한다.

그러나 헌법상 국제법도 국내법과 같은 효력을 가지므로(헌법 제6조제1항), 국제법이라고 할지라도 국내 관광행정을 규율하고 그 준칙이 될 수 있으면 그 한도 내에서 관광법이 될 수 있다.

2. 관광법규의 특성

관광법규도 하나의 행정법이므로 행정법의 특질 또는 특수성을 그대로 가지고 있다. 그러므로 관광법규가 지니고 있는 특성은 행정법으로서의 특성과 관광법규 고유의 특성으로 나누어볼 수 있다.

1) 행정법으로서의 특성

(1) 관광행정법규의 성문성

관광법규는 관광행정행위의 공공성 때문에 국민의 권리·의무와 관련된 사항에 관하여 일방적으로 규율하는 경우가 많으므로, 국민으로 하여금 장래의 예측을 가능하게 하고 동시에 법적 생활의 안정성을 도모하기 위해서는 그 법규의 내용을 명확하게 할 필요성에서 성문법주의를 원칙으로 하고 있다.

(2) 행정주체의 우월성

관광법규도 관광행정 목적의 달성을 위하여 행정주체가 개인에 대해 그 의사에 관계 없이 일방적으로 명령·강제할 수 있는 우위성을 규정하고 있다. 그 예로써 「관광진흥법」은 관광사업자의 금지행위(동법 제10조, 제11조, 제34조) 등의 금지사항을 일방적으로 규정하고 있으며, 사업개선명령(동법 제35조) 등의 단속규정을 두고 있고, 또 관광법규를 위반하거나 이행하지 않는 경우에 대한 제재로서 사업의 정지나 등록의 취소(동법 제35조) 등을 규정하고 있다.

(3) 기술성·수단성

관광법규는 관광이라는 전문분야의 행정목적을 합리적으로 달성하기 위해 기술적·전문적 분야의 규정이 많으며, 이러한 특성으로 인해 관광현상이라는 사회적 변동에 더욱 민감하게 대처하기 위해 빈번한 개정이 따르게 된다. 「관광진흥법」은 관광사업의 등록기준(동법 제4조), 관광홍보(동법 제48조), 관광지등의 개발(동법 제5장), 관광사업의 지도·육성 등에 관한 기술적 내용을 규정하고 있다.

(4) 획일성 및 강제성

관광법규는 관광진흥이라는 행정목적을 달성하기 위하여 행정기관의 의사대로 행하려는 획일성과 강제성을 갖는다. 그 예로써 「관광진흥법」에서는 관광사업의 종류를 여행업, 관광숙박업, 관광객 이용시설업, 국제회의업, 카지노업, 유원시설업, 관광 편의시설업 등 7개 업종으로 제한(동법 제3조)하고 있으며, 법이 정한 결격사유에 해당하는 자는 관광사업자가 될 수 없도록 규정하고 있다(동법 제7조).

(5) 자유재량성

관광행정작용은 장래에 관광진흥이라는 목적을 적극적으로 실현하는 행위이므로 적극성과 임기응변을 필요로 한다. 따라서 엄격한 법적 기속(法的 羈屬)도 필요하나, 어느 정도의 자유재량성을 가진다고 하겠다.

(6) 권력성·지배성

행정주체는 관광행정의 목적을 달성하기 위하여 공권력을 행사함에 있어서 우월한 지위에서 상대방의 의사를 불문하고 일방적으로 명령하고 의무를 부과하며, 법률관계를 형성할 수 있다. 이를 권력성(權力性) 또는 지배성(支配性)이라 한다.

2) 관광법규 고유의 특성

관광법규는 관광에 관한 생활관계를 대상으로 하는 법으로 관광이라는 독립된 법역(法域)을 가지는 특별법(特別法)의 성격을 지니고 있으며, 그 기본이념은 원활한 관광활동이 이루어지도록 관광과 관련되는 제반 여건을 조성하는 데 있다고 하겠다.

관광에 관한 국가의 공권력을 집행하기 위한 관광행정은 크게 관광활동의 질서유지를 위한 질서행정(秩序行政), 일정한 방향으로 유도하는 규제행정(規制行政), 그리고 국민에 대해서 지원을 하거나 혜택을 주는 급부행정(給付行政)으로 구분할 수 있다.

(1) 질서행정법으로서의 성격

질서행정법이라 함은 행정목적 즉 공익(公益)을 위하여 국민(自然人, 法人 등)에게 여러 가지를 명령·강제하며, 자유 등을 제한하는 내용을 담은 법을 말한다. 관광사업을 경영하고자 하는 자로 하여금 등록 등을 행하게 하고 그의 자격을 제한하는 규정, 일단 사업등록을 행한 자가 법을 어긴 경우에 등록을 취소·정지하며, 혹은 과징금을 부과할 수 있게 하고 있는 점, 벌칙 그리고 각종의 금지행위, 개선명령, 신고의무규정, 외화획득명령, 교육실시의무 등에 관한 규정들이 이에 해당한다.

(2) 규제행정·급부행정법으로서의 성격

20세기에 들어서서는 국가가 국민의 경제·문화생활에 관여하여 일정한 방향으로 유도·조성하는 역할까지 하고 있다. 이는 우리 헌법에도 규정되어 있다. 즉「헌법」은 제34조에서 "모든 국민은 인간다운 생활을 할 권리를 가진다. 국가는 사회보장·사회복지의 증진에 노력할 의무를 진다"고 규정되어 있으며, 또「헌법」제119조제2항에서는 "국가는 균형있는 국민경제의 성장 및 안정과 적정한 소득의 분배를 유지하고, 시장의 지배와 경제력의 남용을 방지하며, 경제주체 간의 조화를 통한 경제의 민주화를 위하여 경제에 관한 규제(規制)와 조정(調整)을 할 수 있다"고 규정되어 있다.

관광법규는 단순히 국민의 활동을 제한하고 감독·단속하는 것뿐만 아니라, 현재보다 나은 상태로 관광여건을 조성하고 관광자원을 개발하며 관광사업을 육성하는 규제행정법 내지 개발행정법으로서의 성격도 가진다.「관광단지개발촉진법」이 1986년 12월 31일 폐지되고「관광진흥법」에 흡수·통합됨으로써 규제행정·개발행정법으로서의 성격이 훨씬 강화되었다.

또한 관광자원의 적극적인 보호와 개발을 위하여 국가가 공익적 차원에서 직접 참여하거나 지원함으로써 관광지 개발을 촉진하려는 점에서 급부행정법(給付行政法) 또는 조성행정법(造成行政法)의 성격을 가진다.

3. 관광법규의 구조

사회질서를 유지하기 위해서는 법(法)을 비롯하여 여러 가지 규범(規範)이 있어야 하는데, 관광과 연관되는 분야의 질서를 유지하기 위해서도 마찬가지로 관광활동과 관련되는 여러 현상을 규율하는 법이 필요하다.

그런데 인간의 관광활동을 규제하는 모든 법률을 관광법규라 하더라도 이를 직접적으로 규제하느냐, 아니면 간접적으로 규제하느냐에 따라 협의의 관광법규와 광의의 관광법규로 구분할 수 있다.

1) 협의의 관광법규

협의(狹義)의 관광법규는 인간의 기본권이며 자유권의 일종으로 볼 수 있는 관광활동을 직접적으로 보호·촉진하는 데 필요한 법을 말한다. 다시 말하면 관광에 관한 여러 현상, 즉 우리나라 관광진흥을 위한 국가와 지방자치단체의 책임과 임무, 관광활동이 원활하게 이루어질 수 있도록 여건을 조성하고, 관광자원을 개발하며, 관광사업의 지도·육성 및 관광자금의 지원 등을 내용으로 하는 법을 말한다. 여기에 해당하는 법규로는 「관광기본법」, 「관광진흥법」, 「관광진흥개발기금법」, 「국제회의산업 육성에 관한 법률」 등이 있다.

한편, 「한국관광공사법」을 협의의 관광법규에 포함시키는 견해도 있으나, 「한국관광공사법」은 관광행정의 근거법으로서 제정된 것이 아니라, 한국관광공사라는 특수법인으로서의 정부투자기관을 설립·운영하기 위하여 제정된 특별법이라 하겠다.

2) 광의의 관광법규

광의(廣義)의 관광법규는 관광활동을 간접적으로 보호·촉진하는 데 필요한 법을 말한다. 다시 말하면 관광과 관련되는 법규를 말한다. 전술한 바와 같이 관광의 주체는 인간이기 때문에 사회질서 유지차원에서 인간을 규제하는 모든 법은 관광법규의 범주에 속한다고 할 수 있다. 그중에서도 관광활동을 직접적으로 보호·촉진하는 법을 제외한 나머지 법은 관광활동을 간접적으로 보호·촉진하는 법으로서 이를 광의의 관광법규라 할 수 있다.

따라서 관광과 밀접한 관계를 가지고 있는 법규로는 「관세법」, 「여권법」, 「외국환거래법」, 「출입국관리법」, 「공중위생관리법」, 「식품위생법」, 「자연공원법」, 「도시공원 및 녹지 등에 관한 법률」, 「문화재보호법」, 「국토기본법」, 「국토의 계획 및 이용에 관한 법률」, 「공익사업을 위한 토지 등의 취득 및 보상에 관한 법률」, 「공유수면 관리 및 매립에 관한 법률」, 「검역법」, 「체육시설의 설치·이용에 관한 법률」, 「산지관리법」, 「도로교통법」, 「건축법」, 「유선 및 도선사업법」, 「환경영향평가법」, 「농지법」, 「항공사업법」, 「하천법」, 「수도법」, 「하수도법」, 「여객자동차운수사업법」, 「국가기술자격법」, 「초지법」, 「온천법」, 「자연재해대책법」, 「해운법」 등 무수히 많다.

4. 관광법규의 변천과정

1) 개요

우리나라의 관광사업은 1960년대에 들어서서 조직과 체제를 갖추고 정부의 강력한 정책적 뒷받침을 마련하는 등 관광사업진흥을 위한 기반을 구축하면서 본격적으로 시작되었다. 정부는 관광사업의 중요성을 인식하고, 이를 진흥시키기 위해 정부수립 후 처음으로 관광법규를 제정하여 관광질서를 확립함과 동시에 관광행정조직을 정비하고, 관광지개발을 위한 지정관광지의 지정 그리고 관광사업의 국제화를 추진하는 등 관광사업 발전에 필요한 기반을 조성하였다. 우리나라 최초의 관광법규는 1961년 8월 22일에 제정된 「관광사업진흥법」이다. 이 법을 시발로 현재까지 변천되어 온 우리나라 관광법규의 전개과정을 아래에 요약해 보고자 한다.

2) 변천과정

(1) 「관광사업진흥법」의 제정

「관광사업진흥법」은 1961년 8월 22일 법률 제689호로 제정·공포된 우리나라 관광에 관한 최초의 법률이다. 이 법은 전문 62개 조로서 제1장 총칙, 제2장 관광사업, 제3장 관광정책심의위원회, 제4장 관광단체, 제5장 벌칙으로 구성되어 있었다.

이 법의 제정 당시에는 관광사업의 종류를 여행알선업(일반여행알선업과 국내여행알선업), 통역안내업, 관광호텔업, 관광시설업으로 분류하고, 관광사업의 건전한 발전을 위하여 관광협회와 업종별 관광협회를 설립하며, 이 두 단체의 공동목적을 달성하기 위해 대한관광협회를 설립할 수 있도록 하였다.

그러나 「관광사업진흥법」은 관광사업의 종류를 보다 세분화하고, 현실에 맞는 법체계로 정비하기 위하여 1975년 12월 31일에 폐지될 때까지 4차에 걸친 개정이 있었다.

(2) 「관광기본법」의 제정

우리나라는 1970년대에 접어들면서 정부가 관광사업을 경제개발계획에 포함시켜 국가의 주요 전략산업의 하나로 육성함과 동시에 관광수용시설의 확충, 관광단지의 개발 및 관광시장의 다변화 등을 적극 추진함으로써 국민의 관광수요가 점차 증가했으며, 1972년 하반기부터는 우리나라 기업의 경제무대가 빠른 속도로 국제화되는 가운데 외국 관광객이 급속히 증가하였다.

이에 따라 정부는 관광법의 재정비에 착수하여 1975년 12월 31일 우리나라 최초의 관광법규인 「관광사업진흥법」을 발전적으로 폐지함과 동시에 동법의 성격을 고려하여 「관광기본법」과 「관광사업법」으로 분리 제정하였다. 즉 과거 「관광사업진흥법」의 진흥적(振興的)·조성적(造成的) 부분은 「관광기본법」으로, 규제적(規制的) 부분은 「관광사업법」으로 정비한 것이다.

우리나라 관광법규의 모법(母法)이며 근본법(根本法)의 성격을 갖는 「관광기본법」은 제정 당시 전문 15개조로 구성되었던 것이나, 2000년 1월 12일 부분개정(제15조 "관광정책심의위원회"의 규정을 삭제함)이 있었고, 2007년 12월 21일에는 전문개정이 있었으며, 2017년 11월 28일에는 "국가관광전략회의"(제16조 신설)의 설치·운영을 골자로 하는 일부개정이 있었다.

이 법은 그 제정목적(동법 제1조)에서 밝힌 바와 같이 우리나라 관광진흥의 방향과 시책에 관한 사항을 규정함으로써 국제친선의 증진과 국민경제 및 국민복지의 향상을 기하고 건전한 국민관광의 발전을 도모하는 것을 목적으로 제정되었다. 이러한 목적을 달성하기 위하여 국가와 지방자치단체의 책임과 의무를 명시하였으며, 정부의 관광진흥장기계획의 수립 및 관광진흥개발기금 설치 등과 관광시책을 실시하기 위해 필요한 별도의 법의 제정을 의무화하는 등 우리나라 관광진흥시책 전반에 관한 입법방침을 명시하고 있다.

(3) 「관광사업법」의 제정

「관광사업법」도 「관광기본법」과 같은 배경하에서 분리 제정되었다 함은 전술한 바 있다.

1975년 12월 31일 법률 제3088호로 제정된 「관광사업법」은 관광사업의 종류를 여행알선업, 관광숙박업, 관광객 이용시설업의 세 가지로 크게 분류하였으며, 관광활동이 활성화됨에 따라 관광산업의 육성과 함께 관광의 질서유지차원에서 규제사항이 대폭 강화된 법률이었다.

이 법은 관광여건과 관광성향의 변화에 따라 발전적 개정을 거듭하다가 「관광단지개발촉진법」과 일원화할 필요성이 대두됨에 따라 1986년 12월에 정책적으로 폐지되고, 그 대신 「관광진흥법」을 새로이 제정하게 되었다.

(4) 「관광단지개발촉진법」의 제정

1975년 4월 법률 제2759호로 제정·공포된 「관광단지개발촉진법」은 경주보문관광단지와 제주중문관광단지 등과 같은 국제수준 관광단지의 개발을 촉진하여 관광사업의 발전기반을 조성하려는 목적을 가지고 제정되었다. 그러나 이 법은 「관광사업법」과 일원화할 필요성이 제기됨에 따라 1986년 12월 새로 제정된 「관광진흥법」에 흡수되면서 폐지되었다.

(5) 「관광진흥법」의 제정

1986년 12월 31일 법률 제3910호로 제정·공포된 「관광진흥법」은 1986년 12월에 폐지된 「관광사업법」의 내용을 대부분 답습함과 동시에 「관광단지개발촉진법」을 폐지하고 이의 내용을 흡수한 것이 주요내용이라 하겠다.

과거의 「관광사업법」은 그 자체가 관광사업자에 대한 규제중심으로 되어 있었고, 관장하는 업종의 범위(여행알선업, 관광숙박업, 관광객 이용시설업의 세 가지로 크게 분류하였음) 또한 극히 한정되어 있어서 80년대의 관광진흥을 위한 다양한 관광사업의 실체를 조장하고 육성할 수는 없었기 때문에, 이러한 역할을 할 수 있는 내용의 법으로 전환시키기 위하여 포괄적 개념으로서의 「관광진흥법」으로 개칭 제정하게 되었다.

(6) 「관광진흥개발기금법」의 제정

1972년 12월 29일 법률 제2402호로 제정된 「관광진흥개발기금법」은 제도금융으로서 관광기금의 설치·운용에 관한 법이다. 이 법은 기금의 설치·재원·관리·회계연도·용도·운용 및 기금운용위원회의 설치에 관한 규정을 두고 있다.

본래 관광사업은 국민복지차원에서 국민에게 휴식공간과 오락시설을 제공할 뿐만 아니라 굴뚝 없는 수출산업으로서 외화를 획득하여 국제수지개선에 크게 기여하고 있다. 그러나 관광호텔업이나 종합휴양업, 관광유람선업 등의 관광사업은 타 산업에 비해 고정자본비율이 높은 데 반하여 투하자본의 회수기간이 길어 적극적인 민자(民資) 유치가 어려운 실정이다.

따라서 정부는 관광진흥개발기금을 조성하여 관광시설의 건설 및 개·보수, 관광지 및 관광단지의 개발, 관광객 편의시설의 건설과 관광사업체의 운영자금으로 지원하여 관광사업의 발전은 물론 관광외화수입의 증대에 기여하도록 하였다.

(7) 「올림픽대회 등에 대비한 관광숙박업 등의 지원에 관한 법률」 제정

1986년 5월 12일 법률 제3844호로 제정된 이 법은 제10회 서울아시아경기대회(1986년 개최)와 제24회 서울올림픽대회(1988년 개최) 등 대규모 국제행사에 대비하여 관광숙박업 등을 행하는 자에 대하여 외국 관광객이 이용할 시설의 정비 등을 지원하여 이들 행사를 원활히 수행하고, 아울러 관광사업의 획기적인 발전에 이바지함을 목적으로 하고 있다.

이 법은 올림픽이 끝나는 해인 1988년 12월 31일까지 효력을 가지는 한시법(限時法)으로 제정되었기 때문에 그 유효기간이 만료됨에 따라 자동폐지되었다.

(8) 「국제관광공사법」과 「한국관광공사법」의 제정

현행 「한국관광공사법」의 전신은 「국제관광공사법」(1962.4.24., 법률 제1060호)이다. 「국제관광공사법」에 의해 국제관광공사(현 한국관광공사의 전신)가 설립되었는데, 이 공사는 관광선전, 관광객에 대한 제반 편의제공, 외국 관광객의 유치와 관광사업의 발전을 위한 선도적인 사업경영, 관광종사원의 양성과 훈련을 주된 임무로 하였다.

「국제관광공사법」은 1982년 11월에 「한국관광공사법」으로 명칭을 변경함과 동시에 동법에 의하여 설립된 국제관광공사의 명칭도 한국관광공사로 개칭하여 오늘에 이르고 있다.

(9) 「관광숙박시설지원 등에 관한 특별법」의 제정

이 법은 2000년 ASEM회의, 2002년의 아시안게임 및 월드컵축구대회 등 대규모 국제행사에 대비하여 관광호텔시설의 건설과 확충을 촉진하여 관광호텔시설의 부족을 해소하고 관광호텔업 기타 숙박업의 서비스 개선을 위하여 각종 지원을 함으로써 국제행사의 성공적 개최와 관광산업의 발전에 이바지할 목적으로 1997년 1월 13일 제정·공포되었다.

따라서 이 법은 「관광진흥법」을 비롯한 관광관계법이나 기타 관광숙박시설에 관련된 법률의 규정 등을 적용하기 전에 이 법이 우선하여 적용되었다. 그러나 이 법은

2002년 12월 31일까지 효력을 가지는 한시법(限時法)으로 제정되었기 때문에 그 유효기간의 만료로 자동폐지되었다.

(10) 「관광숙박시설 확충을 위한 특별법」의 제정

이 법은 관광숙박시설의 건설과 확충을 촉진하기 위한 각종 지원에 관한 사항을 규정함으로써 외국 관광객의 유치 확대와 관광산업의 발전 및 경쟁력 강화에 이바지하는 것을 목적(같은 법 제1조)으로 2012년 1월 26일 제정되었다. 이는 곧 외국 관광객 2천만 명 시대에 대비하여 부족한 관광숙박시설 확충을 위한 민간투자 활성화의 필요성이 절실함에 따라 이를 위한 제도적 기반을 마련한 것으로 본다.

따라서 이 법은 호텔업에 대한 여러 가지 특례를 규정하여 현행 「관광진흥법」보다 훨씬 유리한 조건으로 호텔업을 경영할 수 있도록 2016년 12월 31일(2015.12.11., 부칙 제2조)까지 유효한 한시법(限時法)으로 제정되었기 때문에 그 유효기간의 만료로 자동폐기되었다.

(11) 「국제회의산업 육성에 관한 법률」의 제정

이 법은 국제회의의 유치를 촉진하고 그 원활한 개최를 지원하여 국제회의산업을 육성·진흥함으로써 관광산업의 발전과 국민경제의 향상 등에 이바지함을 목적(같은 법 제1조)으로 1996년 12월 30일에 제정된 법률이다.

이 법에서는 국제회의산업의 육성·진흥을 위한 국가의 책무, 국제회의산업 육성에 필요한 기본계획의 수립, 국제회의 유치 등의 지원, 국제회의 도시의 지정 및 지원, 국제회의 전담조직의 설치 등에 관한 내용을 규정하고 있다. 이 지원조치에는 국제회의 참가자가 이용할 숙박시설·교통시설 및 관광 편의시설 등의 설치·확충 또는 개선을 위하여 필요한 사항이 포함되어야 한다.

(12) 「외식산업진흥법」의 제정

이 법은 외식산업의 육성 및 지원에 필요한 사항을 정하여 외식산업 진흥의 기반을 조성하고 경쟁력을 강화함으로써 국민의 삶의 질 향상과 국민경제의 건전한 발전에 이바지하는 것을 목적으로 2011년 3월 9일(법률 제10454호) 제정되었는데, 외식산업진흥 기본계획의 수립, 외식산업의 육성·지원 및 경쟁력 강화 등에 관한 사항을 규정한 법률로 전문 20조와 부칙으로 구성되어 있다.

Ⅱ. 관광행정조직과 관광기구

1. 우리나라 관광행정의 전개과정

우리나라 관광행정의 역사를 살펴보면, 1950년 12월에 교통부 총무과 소속으로 '관광계'를 설치함으로써 교통부장관이 관광에 관한 행정업무를 관장하기 시작하였고, 그 후 1954년 2월에는 교통부 육운국 '관광과'로 승격시켰으며, 1963년 8월에는 육운국 관광과를 '관광국'으로 승격시켜 관광행정조직을 강화함으로써 우리나라 관광이 발전할 수 있는 기틀을 마련하였다.

1994년 12월 23일에는 정부조직 개편에 따라 그동안 교통부장관이 관장했던 관광업무가 문화체육부장관으로 이관됨으로써 우리나라 관광행정의 주무관청은 문화체육부장관이 되었으나, 1998년 2월 28일 다시 정부조직의 개편으로 문화체육부가 문화관광부로 개칭(改稱)되면서 '관광(觀光)'이라는 단어가 정부부처 명칭에 처음으로 들어가게 되었고, 2008년 2월 29일에는 「정부조직법」 개정으로 문화관광부가 문화체육관광부로 명칭이 변경되어 현재에 이르고 있다.

이에 따라 문화체육관광부는 산하의 관광정책국(개정: 2017.9.4., 2018.8.21.)이 중심이 되어 관광진흥을 위한 종합계획을 수립·시행하고, 외래관광객의 유치증대와 관광수입 증대, 관광산업에 대한 외국자본의 유치증대 등을 통한 경제사회 발전에의 기여 및 국민관광의 균형발전을 통한 복지국가 실현이라는 목표를 설정하고 각종 관광산업 육성 정책을 의욕적으로 추진하고 있다.

2. 중앙관광행정조직

1) 서설

국가의 중앙관광행정기관은 「헌법」 및 그에 의거한 국가의 일반중앙행정기관에 대한 일반법인 「정부조직법」 그리고 관광에 관한 특별법인 「관광기본법」, 「관광진흥법」, 「관광진흥개발기금법」 등에 의하여 설치된다.

「헌법」과 법령에 의거한 국가의 중앙관광행정기관을 개관하면, 국가원수이자 정부수반인 대통령이 중앙관광행정기관의 정점이 되고, 그 밑에 심의기관인 국무회의가 있으며, 대통령의 명을 받아 문화체육관광부를 포함한 각 행정기관을 통할하는 국무총리가 있다. 국무총리 밑에는 관광행정의 주무관청인 문화체육관광부장관이 있다.

2) 대통령

대통령은 외국에 대하여 국가를 대표하는 국가원수로서의 지위와 정부의 수반 및 국가수호 지도자로서의 지위를 갖는다.

대통령은 행정부의 수반으로서 중앙관광행정기관의 구성원을 「헌법」과 법률의 규정에 의하여 임명하고, 관광행정에 관한 최고결정권과 최고지휘권을 가진다. 또한 관광행정에 대한 예산편성권 기타 재정에 관한 권한을 가진다. 또한 대통령은 관광에 관련한 법률을 제안할 권한을 가지며, 국회가 제정한 관광관계법을 공포하고 집행한다. 그리고 그 법률에 이의가 있으면 법률안거부권을 행사할 수 있다.

한편, 대통령은 관광관련 법률에서 구체적으로 범위를 정하여 위임받은 사항과 그 법률을 집행하기 위하여 필요한 사항에 관하여 대통령령을 제정할 수 있는 행정입법권을 가진다. 대통령령으로 제정된 관광관련 행정입법으로는 「관광진흥법 시행령」, 「관광진흥개발기금법 시행령」, 「한국관광공사법 시행령」 등이 있다.

3) 국무회의

우리 헌법상 국무회의는 정부의 권한에 속하는 중요한 정책(관광정책을 포함한다)을 심의하는 행정부의 최고 심의기관이다. 국무회의는 대통령(의장)을 비롯한 국무총리(부의장)와 문화체육관광부장관 등을 포함한 15인 이상 30인 이하의 국무위원으로 구성된다.

국무회의에서는 관광에 관한 법률안 및 대통령령안, 관광관련 예산안 및 결산 기타 재정에 관한 중요한 사항, 문화체육관광부의 중요한 관광정책의 수립과 조정, 정부의 관광정책에 관계되는 청원의 심사, 국영기업체인 한국관광공사의 관리자의 임명, 기타 대통령 · 국무총리 · 문화체육관광부장관이 제출한 관광에 관한 사항 등을 심의한다.

국무회의는 의결기관이 아니고 심의기관에 불과하기 때문에 그 심의결과는 대통령을 법적으로 구속하지 못하며, 대통령은 심의내용과 다른 정책을 결정하고 집행할 수 있다.

4) 국무총리

국무총리는 중앙관광 행정기관의 정점인 대통령을 보좌하고, 관광행정에 관하여 대통령의 명을 받아 문화체육관광부장관뿐만 아니라 행정 각부를 통할한다. 또한 국무회의 부의장으로서 주요 관광정책을 심의하고, 대통령이 궐위되거나 사고로 인하여 직무를 수행할 수 없을 때에는 그 권한을 대행한다.

국무총리는 관광행정의 주무관청인 문화체육관광부장관의 임명을 대통령에게 제청하고, 그 해임을 대통령에게 건의할 수 있다. 또한 국무총리는 국회 또는 그 위원회에 출석하여 관광행정을 포함한 국정처리상황을 보고하거나 의견을 진술하고, 국회의원의 질문에 응답할 권리와 의무를 가진다.

국무총리도 관광행정에 관하여 법률이나 대통령령의 위임이 있는 경우 또는 그 직권으로 총리령을 제정할 수 있다.

5) 문화체육관광부장관

(1) 지위와 권한

문화체육관광부장관은 정부의 수반인 대통령과 그 명을 받은 국무총리의 통괄 아래 관광행정사무를 집행하는 중앙행정관청의 장이다.

「정부조직법」 제36조에 따르면 "문화체육관광부장관은 문화 · 예술 · 영상 · 광고 · 출판 · 간행물 · 체육 · 관광, 국정에 대한 홍보 및 정부발표에 관한 사무를 관장한다"고 규정하고 있으므로 문화체육관광부는 관광행정에 관한 주무관청이 된다.

문화체육관광부장관은 국무위원의 자격으로서 관광과 관련된 법률안 및 대통령령의 제정 · 개정 · 폐지안을 작성하여 국무회의에 제출할 수 있으며, 관광행정에 관하여 법률이나 대통령령의 위임 또는 직권으로 부령을 제정할 수 있다. 현재 관광과 관련하여 문화체육관광부령으로 제정된 부령으로는 「관광진흥법 시행규칙」과 「관광진흥개발기금법 시행규칙」 등이 있다.

그리고 문화체육관광부장관은 관광행정사무를 통괄하고 소속 공무원을 지휘 · 감독하며, 관광행정사무에 관하여 시 · 도지사의 명령 또는 행정처분이 위법하고 현저히 부당하여 공익(公益)을 해한다고 인정한 때에는 그것을 취소하거나 정지시킬 수 있다.

(2) 보조기관 및 분장업무

(가) 보조기관 ── 문화체육관광부장관의 관광행정에 관한 권한행사를 보조하는 것을 임무로 하는 기관으로는 문화체육관광부 제2차관 및 관광정책국장이 있다. 개정된 「문화체육관광부와 그 소속기관 직제」에 따르면 관광정책국장 밑에는 관광산업정책관 1명을 두며, 관광정책국에는 관광정책과·국내관광진흥과·국제관광과·관광기반과·관광산업정책과·융합관광산업과 및 관광개발과를 둔다(「직제」 제18조 및 「직제 시행규칙」 제15조). <신설 2017.9.4., 개정 2018.8.21., 2020.12.22.>

(나) 자문기관 ── 관광진흥개발기금의 운용에 관한 종합적인 사항을 심의하기 위하여 문화체육관광부장관 소속으로 '기금운용위원회(이하 "위원회"라 한다)'를 두고 있다(「관광진흥개발기금법」 제6조).

(다) 관광정책국장 ── 관광에 관한 다음 사항을 분장한다(「직제」 제18조제3항). <신설 2017.9.4., 개정 2018.8.21.>

1. 관광산업진흥을 위한 종합계획의 수립 및 시행
2. 관광 정보화 및 통계
3. 남북관광 교류 및 협력
4. 국내 관광진흥 및 외래관광객 유치
5. 국내여행 활성화
6. 관광진흥개발기금의 조성과 운용
7. 지역관광 콘텐츠 육성 및 활성화에 관한 사항
8. 문화관광축제의 조사·개발·육성
9. 문화·예술·민속·레저 및 생태 등 관광자원의 관광상품화
10. 산업시설 등의 관광자원화 사업 및 도시 내 관광자원개발 등 관광활성화에 관한 사항
11. 국제관광기구 및 외국정부와의 관광 협력
12. 외래관광객 유치 관련 항공, 교통, 비자협력에 관한 사항
13. 국제관광 행사 및 한국관광의 해외광고에 관한 사항
14. 외국인 대상 지역특화 관광콘텐츠 개발 및 해외 홍보마케팅에 관한 사항
15. 국민의 해외여행에 관한 사항
16. 여행업의 육성
17. 관광안내체계의 개선 및 편의 증진

18. 외국인 대상 관광불편해소 및 안내체계 확충에 관한 사항

19. 관광특구의 개발·육성

20. 관광산업정책 수립 및 시행

21. 관광기업 육성 및 관광투자 활성화 관련 업무

22. 관광 전문인력 양성 및 취업지원에 관한 사항

23. 관광숙박업, 관광객 이용시설업, 유원시설업 및 관광 편의시설업 등의 육성

24. 카지노업, 관광유람선업, 국제회의업의 육성

25. 전통음식의 관광상품화

26. 관광개발기본계획의 수립 및 권역별 관광개발계획의 협의·조정

27. 관광지, 관광단지의 개발·육성

28. 관광중심 기업도시 개발·육성

29. 국내외 관광 투자유치 촉진 및 지방자치단체의 관광 투자유치 지원

30. 지속 가능한 관광자원의 개발과 활성화

3. 지방관광행정조직

1) 국가의 지방행정기관

국가의 지방행정기관은 그 주관사무의 특성을 기준으로 보통지방행정기관과 특별지방행정기관으로 나누어진다. 전자는 해당 관할구역 내에서 시행되는 일반적인 국가행정사무를 관장하며, 사무의 소속에 따라 각 주무부장관의 지휘·감독을 받는 국가행정기관을 말한다. 반면에 후자는 특정 중앙관청에 소속하여 그 권한에 속하는 사무를 처리하는 기관을 말한다. 관광행정에 관한 특별행정기관은 없다.

현행법상 보통지방행정기관은 이를 별도로 설치하지 아니하고 지방자치단체의 장인 특별시장, 광역시장, 특별자치시장, 도지사, 특별자치도지사와 시장·군수 및 자치구의 구청장에게 위임하여 행하고 있다(「지방자치법」 제115조). 따라서 지방자치단체의 장은 국가사무를 수임·처리하는 한도 안에서는 국가의 보통지방행정기관의 지위에 있는 것이며, 지방자치단체의 집행기관의 지위와 국가보통행정관청의 지위를 아울러 가진다. 그러므로 지방관광행정조직은 지방자치단체의 조직과 같다고 할 수 있다.

2) 지방자치단체의 관광행정사무

(1) 지방자치단체의 종류 및 성질

우리나라 지방자치단체는 국가공공단체의 하나로 국가 밑에서 국가로부터 존립목적을 부여받은 일정한 관할구역을 가진 공법인(公法人)을 말한다. 현행 「지방자치법」의 규정에 따르면 지방자치단체는 ① 특별시, 광역시, 특별자치시, 도, 특별자치도와 ② 시, 군, 구의 두 종류로 구분하고 있다(동법 제2조 <개정 2011.5.30.>). 여기서 지방자치단체인 구(이하 "자치구"라 한다)는 특별시와 광역시의 관할구역 안의 구만을 말한다.

특별시, 광역시, 특별자치시, 도, 특별자치도(이하 "시·도"라 한다)는 정부의 직할로 두고, 시는 도 또는 특별자치도의 관할구역 안에, 군은 광역시·도 또는 특별자치도의 관할구역 안에 두며, 자치구는 특별시와 광역시의 관할구역 안에 둔다. 다만, 특별자치도의 경우에는 법률이 정하는 바에 따라 관할구역 안에 시 또는 군을 두지 않을 수 있다(동법 제3조 <개정 2011.5.30., 2023.6.7.>).

특별시·광역시 및 특별자치시가 아닌 인구 50만 이상의 시에는 자치구가 아닌 구를 둘 수 있고, 군에는 읍·면을 두며, 시와 구(자치구를 포함한다)에는 동을, 읍·면에는 리를 둔다(동법 제3조).

(2) 지방자치단체의 관광행정사무

(가) 자치사무와 위임사무

지방자치단체는 그 관할구역 안의 자치사무와 위임사무를 처리하는 것을 목적으로 한다. 여기서 자치사무(自治事務)란 지방자치단체의 존립목적이 되는 지방적 복리사무를 말하고, 위임사무(委任事務)란 법령에 의하여 국가 또는 다른 지방자치단체의 위임에 의하여 그 지방자치단체에 속하게 된 사무를 말한다. 또한 위임사무는 지방자치단체 자체에 위임되는 단체위임사무(團體委任事務)와 지방자치단체의 장 또는 집행기관에 위임되는 기관위임사무(機關委任事務)로 구분된다.

관광행정은 국가사무이기 때문에 주로 기관위임사무이며, 이 사무를 처리하는 지방자치단체는 국가의 행정기관이 된다.

지방자치단체가 관광과 관련하여 행하는 사무로는 첫째, 국가시책에의 협조인데, 지방자치단체는 관광에 관한 국가시책에 필요한 시책을 강구하여야 한다(「관광기본법」 제6조). 둘째, 공공시설 설치사무로서, 지방자치단체는 관광지등의 조성사업과 그 운영에 관련되는 도로, 전기, 상·하수도 등 공공시설을 우선하여 설치하도록 노력하여야 한다(「관광진흥법」 제57조). 셋째, 입장료·관람료 또는 이용료를 징수하면 이를 관광지등의 보존·관리와 그 개발에 필요한 비용에 충당하여야 한다(「관광진흥법」 제67조제3항).

(나) "제주특별법"상 관광관련 특례규정

「제주특별자치도 설치 및 국제자유도시 조성을 위한 특별법」(이하 "제주특별법"이라 한다)에 따르면 국가는 제주자치도가 자율적으로 관광정책을 시행할 수 있도록 관련 법령의 정비를 추진하여야 하며, 관광진흥과 관련된 계획을 수립하고 사업을 시행할 경우 제주자치도의 관광진흥에 관한 사항을 고려하여야 한다.

특히 정부는 2008년 4월에 서비스산업선진화(PROGRESS-1) 방안의 일환으로 「관광진흥법」, 「관광진흥개발기금법」, 「국제회의산업 육성에 관한 법률」 등 이른바 '관광3법'상의 권한사항을 제주자치도지사에게 일괄 이양하기로 결정하였다. 이에 따라 제주자치도는 자율과 책임에 따라 지역의 관광여건을 조성하고 관광자원을 개발하며 관광사업을 육성함으로써 국가의 관광진흥에 이바지하여야 하는데, 이를 위한 관광진흥관련 특례규정을 살펴보면 다음과 같다.

① 국제회의산업 육성을 위한 특례(제주특별법 제254조)

문화체육관광부장관은 국제회의산업을 육성·지원하기 위하여 「국제회의산업 육성에 관한 법률」 제14조에 따라 제주자치도를 국제회의도시로 지정·고시할 수 있다.

② 카지노업의 허가 등에 관한 특례(제주특별법 제243조)

관광사업의 경쟁력 강화를 위하여 외국인전용 카지노업에 대한 허가 및 지도·감독 등에 관한 문화체육관광부장관의 권한을 제주도지사의 권한으로 하고, 그와 관련된 허가요건·시설기준을 포함하여 여행업의 등록기준, 관광호텔의 등급결정 등에 관한 사항을 도조례로 정할 수 있도록 하였다.

③ 관광숙박업의 등급 지정에 관한 특례(제주특별법 제240조)

1. 「관광진흥법」 제19조제1항부터 제4항까지의 규정에 따른 문화체육관광부장관의 권한(야영장업에 관한 사항은 제외한다)은 제주도지사의 권한으로 한다.
2. 「관광진흥법」 제19조제1항(단서 및 제5항)에서 대통령령 또는 문화체육관광부령으로 정하도록 한 사항(야영장업에 관한 사항은 제외한다)은 도조례로 정할 수 있다.

④ 외국인투자자의 촉진을 위한 「관광진흥법」 적용의 특례(제주특별법 제243조)

제주도지사는 카지노업의 허가를 받으려는 자가 외국인투자를 하려는 경우로서 일정한 요건을 갖추었으면 「관광진흥법」 제21조(허가요건 등)에도 불구하고 같은 법 제5조 제1항에 따른 카지노업(외국인전용의 카지노업으로 한정한다)의 허가를 할 수 있다.

⑤ **관광진흥개발기금 및 납부 등에 관한 특례**(제주특별법 제245조, 제246조)

1. 「관광진흥법」 제30조제2항(기금 납부)에 따른 문화체육관광부장관의 권한은 제주 도지사의 권한으로 한다.

2. 「관광진흥법」 제30조제4항(총매출액, 징수비율 및 부과·징수절차 등)에서 대통령령으로 정하도록 한 사항은 도조례로 정할 수 있다.

3. 「관광진흥법」 제30조제1항에도 불구하고 카지노사업자는 총매출액의 100분의 10 범위에서 일정 비율에 해당하는 금액을 제주관광진흥기금에 납부하여야 한다.

4. 「관광진흥개발기금법」 제2조제1항(기금의 설치 및 재원)에도 불구하고 제주자치도 의 관광사업을 효율적으로 발전시키고, 관광외화수입의 증대에 기여하기 위하여 제주관광진흥기금을 설치한다.

⑥ **관광진흥 관련 지방공사의 설립**(제주특별법 제250조)

제주자치도는 관광정책의 추진 및 관광사업의 활성화를 위하여 「지방공기업법」에 따른 지방공사를 설립할 수 있도록 하였다.

4. 관광기구

1) 한국관광공사

(1) 설립근거 및 법적 성격

(가) 설립근거

한국관광공사(KTO: Korea Tourism Organization)는 관광진흥, 관광자원개발, 관광산업의 연구개발 및 관광요원의 양성·훈련에 관한 사업을 수행하게 함으로써 국가경제발전과 국민복지증진에 이바지하는 데 목적을 두고 「국제관광공사법」에 의하여 1962년 6월 26일 에 국제관광공사라는 명칭으로 설립되었다. 그러나 1982년 11월 29일 「국제관광공사법」 이 「한국관광공사법」(이하 "공사법"이라 한다)으로 바뀜에 따라 공사명칭도 한국관광공사 (이하 "공사"라 한다)로 바뀌어 오늘에 이르고 있다.

(나) 법적 성격

「한국관광공사법」에서는 한국관광공사를 법인(法人)으로 하고(공사법 제2조), 그 공사의 자본금은 500억원으로 하며, 그 2분의 1 이상을 정부가 출자한다(공사법 제4조제1항). 다만, 정부는 국유재산 중 관광사업 발전에 필요한 토지, 시설 및 물품 등을 공사에 현물로 출자할 수 있다(공사법 제4조제2항). 그리고 이 법에 규정되지 아니한 한국관광공사의 조직과 경영 등에 관한 사항은 「공공기관의 운영에 관한 법률」에 따른다(공사법 제17조).

이러한 규정들을 통하여 살펴볼 때, 한국관광공사는 행정법상의 공기업(公企業)에 해당한다고 볼 수 있으며, 그중에서도 특수법인사업(特殊法人事業)으로 독립적 사업에 해당하는 공기업이라고 하겠다.

(2) 공사의 성립과 조직

(가) 공사의 성립

정부투자기관인 공기업은 독립법인이 운영한다. 따라서 공기업을 개설하기 위하여는 법인(法人)을 설립하여야 하는데, 현행법상으로는 국가의 정부투자기관은 각 특별법에 의하여 설립된다. 한국관광공사는 「한국관광공사법」이라는 특별법에 의하여 설립되었다.

법인이 성립되기 위해서는 등기가 필요한데,「한국관광공사법」에 의하면 한국관광공사는 주된 사무소의 소재지에서 설립등기(設立登記)를 함으로써 성립한다(한국관광공사법 제5조제1항)고 규정하고 있다. 설립등기는 정관(定款)의 인가를 받은 날로부터 2주일 내에 주된 사무소의 소재지에서 하여야 한다(한국관광공사법 시행령 제2조제1항). 여기서 '인가를 받은 날'이란 인가서가 도달된 날을 말한다(한국관광공사법 시행령 제8조).

(나) 공사의 조직

한국관광공사(KTO)의 조직은 「공공기관의 운영에 관한 법률」과 「한국관광공사법」에 따른다. 「공공기관의 운영에 관한 법률」에 의하면 투자기관의 경영조직은 의결기능을 전담하는 이사회(理事會)와 집행기능을 전담하는 사장(社長)으로 분리·이원화되고 있다.

한국관광공사는 2023년 10월 말 현재 국제관광본부, 국민관광본부, 관광산업본부, 관광디지털본부, 경영혁신본부 등 5개 본부에 16실, 52센터·팀, 32개 해외지사, 10개 국내지사로 구성되어 있으며, 정원은 766명이다.

(3) 주요 사업

(가) 목적사업

한국관광공사는 공사의 설립목적을 달성하기 위하여 다음의 사업을 수행한다(공사법 제12조제1항 <개정 2016.12.20.>).

1. 국제관광 진흥사업
   가. 외국인 관광객의 유치를 위한 홍보
   나. 국제관광시장의 조사 및 개척
   다. 관광에 관한 국제협력의 증진
   라. 국제관광에 관한 지도 및 교육
2. 국민관광 진흥사업
   가. 국민관광의 홍보
   나. 국민관광의 실태 조사
   다. 국민관광에 관한 지도 및 교육
   라. 장애인, 노약자 등 관광취약계층에 대한 관광 지원
3. 관광자원 개발사업
   가. 관광단지의 조성과 관리, 운영 및 처분
   나. 관광자원 및 관광시설의 개발을 위한 시범사업
   다. 관광지의 개발
   라. 관광자원의 조사
4. 관광산업의 연구·개발사업
   가. 관광산업에 관한 정보의 수집·분석 및 연구
   나. 관광산업의 연구에 관한 용역사업
5. 관광관련 전문인력의 양성과 훈련사업
6. 관광사업의 발전을 위하여 필요한 물품의 수출입업을 비롯한 부대사업으로서 이사회가 의결한 사업

한국관광공사는 위의 사업 중 필요하다고 인정하는 사업은 이사회의 의결을 거쳐 타인에게 위탁하여 경영하게 할 수 있다(공사법 제12조제2항). 여기서 '타인'이라 함은 공공단체,

공익법인 또는 문화체육관광부장관이 인정하는 단체를 말한다(공사법 시행령 제9조제1항).

(나) 주요 활동

한국관광공사는 2020년 전 세계에 영향을 미치는 코로나19 팬데믹 발생에 따른 4차 산업혁명 기반 디지털 전환 가속화, 감염 우려로 안전여행 이슈 부각 등 경영환경 변화에 효과적으로 대응하기 위하여 기관의 미래상을 '여행하기 좋은 나라를 만드는 글로벌 관광선도기관'으로 새롭게 설정하였다. 또한 이를 효과적으로 달성하기 위하여 관광생태계 디지털 전환 선도, 관광산업 혁신 성장주도, 지역관광 확대, 한국관광 브랜드 강화, 관광을 통한 사회적 가치실현이라는 5대 전략 방향하에 다양한 사업을 수행하였다.

한국관광공사의 주요 활동내용을 요약해보면 다음과 같다.

1. 해외시장 개척
2. 국내관광 진흥
3. 마케팅 지원활동
4. 관광산업 조사 · 연구
5. 지방자치단체 및 업계와의 협력 / 남북관광교류 촉진
6. 관광수용태세 개선 / 관광안내 · 정보 서비스
7. 글로벌 통합형 관광 컨설팅 지원 / 관광개발분야에 대한 투자유치 활동
8. 관광전문인력 양성

(다) 정부로부터의 수탁사업

관광종사원 중 관광통역안내사, 호텔경영사 및 호텔관리사 자격시험, 등록 및 자격증의 발급업무(관광진흥법 제38조, 동법 시행령 제65조제1항제4호 및 제7호) 등을 위탁받아 처리하고 있다. 다만, 자격시험의 출제, 시행, 채점 등 자격시험의 관리에 관한 업무는 「한국산업인력공단법」에 따른 한국산업인력공단에 위탁한다(관광진흥법 시행령 제65조제1항제4호 단서). 또한 문화체육관광부장관으로부터 호텔등급결정권을 위탁받아 호텔등급 결정업무를 수행함은 물론, 국제회의 전담조직으로 지정받아 공사의 '코리아MICE뷰로'가 국제회의 유치 · 개최 지원업무를 수탁처리하고 있다.

(4) 정부의 지도 · 감독

문화체육관광부장관은 공사의 경영목표를 달성하기 위하여 필요한 범위에서 공사의 업무에 관하여 지도 · 감독하며(공사법 제16조), 공기업 · 준정부기관은 매년 3월 20일까지

전년도의 경영실적보고서와 기관장이 체결한 계약의 이행에 관한 보고서를 작성하여 기획재정부장관과 주무기관의 장(문화체육관광부장관)에게 제출하여야 한다(「공공기관의 운영에 관한 법률」 제47조).

공사가 관광종사원의 자격시험, 등록 및 자격증의 발급에 관한 업무를 위탁받아 수행한 경우에는 이를 분기별로 종합하여 다음 분기 10일까지 문화체육관광부장관 또는 시·도지사에게 보고하여야 한다(「관광진흥법 시행령」 제65조제6항).

2) 한국문화관광연구원

(1) 법적 성격

2016년 5월 19일 개정된 「문화기본법」은 제11조의2에서 "문화예술의 창달, 문화산업 및 관광진흥을 위한 연구, 조사, 평가를 추진하기 위하여 한국문화관광연구원(이하 "연구원" 이라 한다)을 설립한다"고 규정하여, 한국문화관광연구원의 설립근거를 법에 명시함으로써 '법정법인(法定法人)'으로 전환되었으며, 명실상부 국가대표 문화·예술·관광연구 기관으로 그 위상이 높아졌다.

이제까지 한국문화관광연구원은 문화체육관광부 산하 연구기관으로서 문화체육관광 부장관의 허가를 받아 설립된 재단법인으로 공법인(公法人)의 성격을 갖추고 있었던 것이나, 「문화기본법」이 개정됨으로써 종래의 '재단법인' 한국문화관광연구원에서 '법 정법인' 한국문화관광연구원으로 새출발을 하게 되었다.

(2) 연구원의 조직

연구원은 2023년 10월 말 기준으로 경영기획본부, 문화연구본부, 관광연구본부, 콘텐 츠연구본부 등 4개 본부와 데이터정책센터, 각 본부의 업무를 수행하는 기획조정실, 경 영지원실, 문화정책연구실, 예술정책연구실, 관광정책연구실, 관광산업연구실 등 6개실, 문화영향평가단과 지역관광평가단 그리고 연구기획팀, 성과확산팀, 인재개발팀, 총무회 계팀, 한류경제연구팀, 데이터전략팀, 데이터분석팀 등 7개 팀으로 조직되어 있고, 정원 은 임직원 총 139명으로 구성되어 있다.

(3) 연구원의 주요 활동

한국문화관광연구원은 기본연구사업과 수탁연구사업 등 연구사업을 중심으로 관광 관련 통계의 생산·분석·서비스를 비롯하여 정책동향분석 자료발간, 관광지식정보시스템 운영사업, 지역관광개발사업 평가사업, 『한국관광정책』 발간사업, 국내외 교류·협력사업 및 연구지원사업 등 다양한 연구활동을 수행하고 있다.

(4) 연구원의 주요 사업

연구원은 설립목적을 달성하기 위하여 다음 각 호의 사업을 수행한다(「문화기본법」 제11조의2제5항).

1. 문화예술의 진흥 및 문화산업의 육성을 위한 조사·연구
2. 문화관광을 위한 조사·평가·연구
3. 문화복지를 위한 환경조성에 관한 조사·연구
4. 전통문화 및 생활문화 진흥을 위한 조사·연구
5. 여가문화에 관한 조사·연구
6. 북한 문화예술 연구
7. 국내외 연구기관, 국제기구와의 교류 및 연구협력사업
8. 문화예술, 문화산업, 관광관련 정책정보·통계의 생산·분석·서비스
9. 조사·연구결과의 출판 및 홍보
10. 그 밖에 연구원의 설립목적을 달성하는 데 필요한 사업

3) 지역관광기구

(1) 경상북도문화관광공사

경상북도문화관광공사(GCTO: Gyeongsangbuk-do Culture and Tourism Organization)는 2019년 1월 1일 기존 경상북도관광공사의 이름을 바꾸어 확대·개편해서 새로이 출범하였다.

경상북도관광공사는 한국관광공사의 자회사였던 '경북관광개발공사'를 경상북도가 인수함으로써 탄생한 지방공기업이다. 2012년 6월 7일 「경상북도관광공사 설립 및 운영에 관한 조례」 및 「경상북도관광공사 정관」(2012.5.31. 제정)의 규정에 의하여 설립된 경상북도관광공사는 경북의 역사·문화·자연·생태자원 등을 체계적으로 개발·홍보하고 지역관광산업의 효율성을 제고하여 지역경제 및 관광활성화에 기여함을 설립목적으로 하고 있다.

경상북도가 인수한 기존의 경북관광개발공사는 1974년 1월에 정부와 세계은행(IBRD)간에 체결한 보문관광단지 개발사업을 위한 차관협정에 따라 1975년 8월 1일 당시 「관광단지개발촉진법」에 의거하여 설립된 '경주관광개발공사'를 모태로 하는데, 여기에 정

부투자기관인 한국관광공사가 전액출자한 정부재투자기관이다. 그 뒤 경상북도 북부의 유교문화권(안동시 일대) 관광자원 개발 등으로 사업을 확장하였다. 1999년 10월 6일 경북 관광개발공사로 이름을 바꾸어 확대·개편되었다가 2012년 경상북도에 인수되어 경상 북도문화관광공사의 모체가 되었다.

(2) 경기관광공사

경기관광공사(GTO: Gyeonggi Tourism Organization: 이하 "공사"라 한다)는 「지방공기업법」 제 49조와 2002년 4월 8일 시행된 「경기관광공사 설립 및 운영조례」를 설립근거로 하여 관광을 통한 지역경제 발전과 관광산업 육성 및 주민복리 증진 도모를 목적으로 2002년 5월 15일 우리나라 최초의 관광전문 지방공기업으로 설립되었다.

경기도는 공사설립을 위하여 제정한 「경기관광공사 설립 및 운영 조례」(2002.4.8., 조례 제 3178호) 제4조제1항의 규정에 의하여 공사의 자본금을 전액 현금 또는 현물로 출자하였 으며, 2002년 5월 11일 경기관광공사 정관을 제정하여 출범하게 되었다.

다만, 공사의 운영을 위하여 필요한 경우에는 자본금의 2분의 1을 넘지 아니하는 범 위에서 지방자치단체 외의 자(외국인 및 외국법인을 포함한다)로 하여금 공사에 출자할 수 있게 하였다. 증자의 경우에도 또한 같다(지방공기업법 제53조제2항 및 조례 제4조제1항). 지 방자치단체인 경기도가 오너(owner)로서 외부참여도 가능하도록 개방하고 있다.

(3) 서울관광재단

서울관광재단(STO: Seoul Tourism Organization)은 서울의 관광산업 진흥과 지역경제 활성화 를 위하여 「지방자치단체 출자·출연기관의 운영에 관한 법률」 제4조 및 「민법」 제32조 에 따라 2018년 4월에 재단법인으로 설립했다. 또한 재단은 「서울특별시 관광진흥 조례」 제2조제3호에 따른 관광진흥기관 및 「국제회의산업 육성에 관한 법률」 제2조제5호에 따라 국제회의 전담조직으로 한다.

서울관광재단은 관광자원 개발 및 상품화 등 관광콘텐츠 확충, 국내외 관광홍보 및 마 케팅, 기업회의, 인센티브관광, 국제회의, 전시회 등 육성 지원, 관광정보 및 관광안내서 비스 제공, 관광객 편의 및 관광여건 개선, 관광시장 조사·연구·컨설팅 및 정보 제공, 국 내외 유관단체 간 관광교류협력 지원, 관광 전문인력 양성 및 역량 강화, 관광기업 육성 및 지원, 관광진흥 목적의 수익사업 발굴 및 운영, 국가 또는 지방자치단체가 위탁한 업무, 그 밖에 재단의 설립목적과 관련되는 업무 등의 사업 수행을 그 목적으로 한다.

(4) 인천관광공사

인천관광공사(ITO: Incheon Tourism Organization; 이하 "공사"라 한다)는 「지방공기업법」 제49조에 의하여 2005년 11월 「인천광역시관광공사 설립과 운영에 관한 조례」로 설립된 지방공사로서 공법상의 재단법인이다. 특히 지방자치단체가 설립한 지방관광공사로는 경기관광공사에 이어 두 번째이며, 공사는 「인천광역시관광공사 정관」을 제정하여 2006년 1월 1일부터 출범하게 되었다. 그러나 인천관광공사는 2011년 12월 28일 인천시 공기업 통폐합 때 인천도시개발공사에 통합돼 '인천도시공사'로 이름을 바꾸어 인천광역시 산하 지방공기업으로 운영해 오다가, 2014년 11월 1일 인천관광공사 재설립 타당성 용역 착수에 이어 2015년 8월 「인천관광공사 설립 및 운영에 관한 조례」가 제정되어 인천도시개발공사에 통합된 지 4년 만에 '인천관광공사'로 재출범하게 되었다.

(5) 제주관광공사

제주관광공사(JTO: Jeju Tourism Organization: 이하 "공사"라 한다)는 「제주특별자치도 설치 및 국제자유도시 조성을 위한 특별법」(제250조), 「지방공기업법」(제49조)과 「제주관광공사 설립 및 운영조례」(이하 "조례"라 한다)로 설립된 지방공사로서 공법상의 재단법인이다. 2008년 6월 제주관광공사는 지방자치단체가 설립한 지방관광공사로는 경기관광공사와 인천관광공사에 이어 세 번째로 설립되었다.

(6) 대전관광공사

대전관광공사의 전신인 대전마케팅공사(DIME: Daejun International Marketing Enterprise)는 「지방공기업법」 제49조와 「대전마케팅공사 조례」(2011.8.5.)의 규정에 따라 2011년 11월 1일 대전엑스포과학공원과 대전컨벤션뷰로가 통합, 합병돼 출범하였다. 이후 2022년 1월 1일자로 대전관광공사로 명칭을 변경하였다. 공사는 대전의 특성과 역사, 문화, 관광자원 등 무한한 발전잠재력을 바탕으로 고유의 가치를 창출하여 도시의 이용을 극대화하고 방문객과 투자유치로 지역경제 및 문화활성화에 기여함으로써 대전의 도시경쟁력을 확보하려는 데 설립목적이 있다.

(7) 부산관광공사

부산관광공사(BTO: Busan Tourism Organization)는 「지방공기업법」 제49조와 「부산관광공사 설치 조례」(2012년 8월 8일 제정) 및 '부산관광공사 정관'(2012년 11월 5일 제정)의 규정에 의하여 부산광역시가 2012년 11월 15일 설립한 지방공기업이다. 이후 2012년 12월 1일 부산 관광컨벤션뷰로를 통합하였고, 2013년 1월 1일 부산유스호스텔 아르피나와 부산시티투어버스를 통합하여 운영 중이다.

부산관광공사는 관광자원의 개발과 운영사업, 관광상품 개발, 관광홍보 및 관광객 유치마케팅 관련 사업, 국제회의, 인센티브관광, 전시 등 유치·지원 사업, 관광객을 위한 각종 시설의 설치·운영 사업, 시내순환 관광버스 운영사업, 관광 관련 국내외 협력·지원 사업, 관광 관련 연구·교육 사업, 국가 또는 지방자치단체가 대행하게 하거나 위탁한 업무, 그 밖에 「지방공기업법」 제2조와 관련되는 공공성과 수익성이 있는 관광 관련 사업의 수행을 그 목적으로 한다.

제**2**장

관광기본법

제2장 관광기본법

Ⅰ. 관광행정의 목표

1. 「관광기본법」의 제정배경

우리나라 관광산업의 불모지나 다름없던 시기인 1961년 8월에 정부는 관광사업의 중요성을 인식하고 이를 진흥시키기 위하여 우리나라에서는 최초로 「관광사업진흥법」을 제정·공포하고 관광사업 육성정책을 수립·시행하였다.

당시에는 무엇보다 관광사업을 빠른 시일 내에 발전시키겠다는 의욕이 앞서 관광과 조금이라도 관련이 있는 업종이면 모두 관광사업체로 규정하여 정부차원에서 이를 지도·육성하기 위해 관광사업체에 대한 금융지원과 각종 세제혜택을 부여하는 한편, 관광외화를 획득하여 국내경제 발전에 기여하고자 국제관광 우선의 진흥정책을 추진하다보니, 「관광사업진흥법」은 목전의 현실에 충실한 나머지 관광에 대한 정부의 통일되고 종합적인 기본방침이 분명하지 않아 장기적인 기본정책방향을 제시하지 못하고 국민관광 발전에 소극적이라는 지적을 받고 있었다.

1970년대에 접어들면서 국제관광의 규모가 양적으로 확대되고 국민소득의 증대 등으로 국민관광이 점차 활기를 띠게 되자, 국제관광뿐만 아니라 국민관광의 진흥문제가 국민복지차원에서 대두되기 시작하여 국제관광과 국민관광이 조화롭게 발전할 수 있는 관광법규의 재정비가 절실해졌다.

이와 같은 상황 속에서도 관광산업의 중요성을 재인식한 정부는 1975년 2월에 관광산업을 국가의 주요 전략산업의 하나로 지정하고, 이를 적극적으로 발전·육성시키기 위하여 수출산업에 준하는 금융·세제 및 행정지원 등을 하기로 결정하게 되었다. 이에 따라 관광행정의 다원화로 야기되는 문제점을 시정하여 통일되고 종합적인 관광진흥기본정책을 추진할 수 있는 제도적 보완의 필요성이 대두되었다.

이상과 같은 시대적 요청에 따라 1975년 12월 31일 「관광사업진흥법」을 폐지하고 제정된 것이 「관광기본법」이다. 즉 「관광기본법」은 관광산업을 주요 국가전략산업으로 육성함과 동시에 활성화되고 있는 국민관광의 건전한 발전을 위해서는 관광의 양적(量的) 확대뿐만 아니라 질적(質的)인 충실을 함께 기하여야 한다는 시대적 요청에 따라 정부의 관광정책도 이에 부응하는 시책을 강구하여야 한다는 판단 아래 제정하게 된 것이다.

2. 「관광기본법」의 성격

1975년 12월 31일 법률 제2877호로 제정·공포된 「관광기본법」은 관광진흥의 방향과 시책에 관한 사항을 규정함으로써 국제친선을 증진하고 국민경제와 국민복지를 향상시키며 건전한 국민관광의 발전을 도모하는 것을 목적으로 하고 있다(동법 제1조).

「관광기본법」은 제정 당시에는 15개 조항으로 구성되었으나, 2000년 1월 12일 일부 개정으로 "관광정책심의위원회"의 설치근거규정인 제15조를 삭제하였다가 2017년 11월 28일 제16조(국가관광전략회의)를 신설함으로써 현재 전문(全文) 16개조로 구성돼 있다. 이를 나누어 설명하면 다음과 같다.

첫째, 「관광기본법」은 기본법(基本法)이라는 법의 명칭을 사용하고 있다.

일반적으로 법은 그 법률이 규정하는 내용을 일목요연하게 나타낼 수 있는 명칭을 사용하는데, 「관광기본법」은 같은 법률이면서도 다른 기본법 등과 같이 기본법이라는 법명칭을 사용하는 것이 특색이다. 이것은 기본법이 내용, 규제대상, 성격 등의 면에서 일반법률과 다를 뿐만 아니라 해당 분야의 일반법률보다 우월성과 지도성을 지니고 있음을 나타내는 것이라 하겠다.

둘째, 「관광기본법」은 일반법(一般法)보다 우위(優位)의 법이다.

「관광기본법」은 비록 기본법이라는 명칭을 사용하고 있지만, 법률의 제정절차에서 일반법률과 동일하다. 따라서 형식적으로 보면 기본법도 하나의 법률이므로 다른 법률들과 동일한 효력을 가진다. 이렇게 본다면 「관광기본법」의 경우도 신법(新法)은 구법(舊法)에 우선한다는 '신법우선(新法優先)의 원칙'이 적용된다고 하겠다. 그러나 이렇게 된다면 「관광기본법」을 제정하게 된 취지에 어긋난다고 생각하지 않을 수 없다. 왜냐하면 실질적인 면에서 볼 때 일단 기본법이 제정되면 이에 의거해서 타 법률을 제정하게 되므로 기본법은 일반법보다 우위(優位)의 법이라 할 수 있기 때문이다. 따라서 새로이 제정되는 관광관계 법률은 그 내용이 「관광기본법」에 저촉되지 않는 방향에서 제정되고 해석·조정되어야 할 것이다.

셋째, 「관광기본법」은 행정주체(行政主體)를 규제대상으로 하는 법이다.

일반적으로 법률은 국민을 규제대상으로 하고 있는 데 반하여, 「관광기본법」은 국가·정부·지방자치단체에 대하여 관광진흥을 위해 수행해야 할 책임과 임무를 규정하여 관광행정의 주체를 규제대상으로 하는 특색을 가지고 있다.

즉 「관광기본법」은 국가(國家)에 대하여 관광진흥시책의 실시를 위한 법제상·재정상·행정상의 조치를 강구하도록 하고 있으며(제5조), 정부(政府)에 대해서는 관광진흥에 관한 기본적이고 종합적인 시책의 강구(제2조), 관광진흥에 관한 기본계획을 5년마다 수립·시행(제3조), 관광동향에 관한 연차보고서의 정기국회 제출(제4조), 외국 관광객의 유치촉진책 등 강구(제7조), 관광여건의 조성을 위한 시설의 개선 및 확충(제8조), 관광자원의 보호 및 개발(제9조), 관광사업의 지도·육성(제10조), 관광종사원의 자질 향상(제11조), 관광지의 지정 및 개발(제12조), 국민관광의 발전(제13조), 관광진흥개발기금의 설치(제14조), 국가관광전략회의의 구성 및 운영(제16조) 등을 위한 시책을 강구하도록 하고 있다. 그리고 지방자치단체에 대해서도 관광에 관한 국가시책에 관하여 필요한 시책을 강구하도록 하고 있다.

넷째, 「관광기본법」은 국민복지(國民福祉)를 증진하는 법이다.

대부분의 법률은 국민의 권리와 의무에 대한 규정을 그 내용으로 한다. 이와 같은 권리와 의무에 관한 사항은 국민의 이해관계에 직접적으로 영향을 미치는 중대한 사항이기 때문에 우리나라 헌법은 국민의 대표기관인 국회에서 제정한 법률로써 규정할 것을 요구하고 있다. 그런데 현대국가의 행정은 국민의 복지를 증진하는 것을 특징으로 하고 있으며, 우리 「헌법」 제34조에서도 우리나라가 사회복지국가를 지향하고 있음을 명시하고 있다. 즉 「관광기본법」은 정부로 하여금 관광시설의 개선, 관광자원의 보호, 관광종사원의 자질향상, 관광진흥을 위한 재정지원 등 필요한 시책을 강구케 함으로써 국민의 사회적·문화적 생활영역을 확대시켜 결과적으로는 국민의 복지를 증진하는 법률로서의 특성을 가지고 있다.

다섯째, 「관광기본법」은 추상적이며 선언적(宣言的)인 의미의 법이다.

법률은 일반적으로 국민의 권리와 의무에 관한 사항과 국민의 자유를 제한하거나 허용하는 등 국민의 이해관계에 직접적으로 영향을 주는 내용을 다루기 때문에, 그 법이 요구하는 바를 실제로 준수하도록 하기 위하여 법의 내용을 구체적으로 규정하는 것이 대부분이다.

그러나 「관광기본법」은 일반법과 달리 관광진흥을 위한 정부의 임무와 책임사항 등을 추상적이고 선언적으로 규정하고 있다. 다시 말하면 일반법률은 다른 법률의 도움 없이도 자체적으로 실행이 가능하나, 「관광기본법」은 그 법을 실시하기 위하여는 별개의 법률제정을 예정하고 있어 입법기술상 그 예를 찾아볼 수 없는 구조로 되어 있다. 「관광기본법」이 규정하는 내용에는 추상적이고 선언적인 사항이 많으므로 이를 달성하기 위해서는 원칙적으로 별개의 법령에 의한 구체화가 다시 필요해진다.

3. 「관광기본법」의 목적(제1조)

「관광기본법」은 제1조에서 "이 법은 관광진흥의 방향과 시책에 관한 사항을 규정함으로써 국제친선을 증진하고 국민경제와 국민복지를 향상시키며 건전한 국민관광의 발전을 도모하는 것을 목적으로 한다"고 규정하고 있다. 이 규정은 「관광기본법」의 제정목적을 명백히 하고 동시에 관광진흥의 방향과 시책의 기본을 제시함으로써 정부가 관광의 중요성을 인식하여 능동적으로 관광을 진흥할 것을 선언적으로 규정한 것이라 하겠다.

이 규정에 의할 때 우리나라 관광행정의 목표는 첫째, 국제친선의 증진 둘째, 국민경제의 향상 셋째, 국민복지의 향상 넷째, 건전한 국민관광의 발전에 두고 있음을 알 수 있다.

1) 국제친선의 증진

국제관광정책의 기본적인 이념은 외화획득이라는 경제적 효과 외에 국제친선을 증진하는 데도 있다고 하겠다. 여기서 국제친선이란 자국민과 다른 나라 국민과의 경제·사회·문화 교류를 통하여 상호 이해와 협력을 증진함으로써 결과적으로는 세계평화에 이바지하는 것을 말한다.

이러한 관점에서 관광을 통한 국제친선의 증진은 UNWTO(세계관광기구)[1]의 전신(前身)

---

[1] UNWTO(UN World Tourism Organization: 세계관광기구)는 세계 각국 정부기관이 회원으로 가입돼 있는 정부 간 관광기구로 1975년 설립되었다. 2023년 10월 말 현재 세계 159개국 정부가 정회원, 6개국 정부가 준회원으로, 500여 개 관광 유관기관이 찬조회원으로 가입되어 있으며, 우리나라는 1975년에 정회원으로 가입하였고, 한국관광공사는 1977년 찬조회원으로 가입하였다.

원래 세계관광기구(World Tourism Organization: WTO)는 1975년 설립된 이래 줄곧 WTO라는 영문 약자를 사용했으나, 1995년 1월에 세계무역기구(World Trade Organization: WTO)가 출범함에 따라 두 기구 간에 영인 IUOTO(International Union of Official Travel Organizations: 국제관광연맹)의 주도로 UN이 1967년을 '세계관광의 해(International Tourist Year)'로 선포하고 그 캐치프레이즈로 "여행을 통한 이해는 세계평화로 가는 여권이다(Understanding through travel is a passport to world peace)" 라고 정한 데서 잘 나타나고 있다. 이 표어는 시대를 초월하여 현재도 세계관광정책의 심벌로 널리 사용되고 있다.

이와 같이 관광을 통한 국제친선은 국민경제 및 국민복지의 향상뿐만 아니라 세계평화에도 기여한다고 본다. 따라서 국제관광교류를 한층 더 자유롭게 하기 위해서는 출입국절차의 간소화 및 여행경비의 저렴화를 위한 각종 세금의 감면, 여행안전의 확보와 국제교통수단의 확충 등의 정책적 조치가 강구되어야 할 것이다.

2) 국민경제의 향상

국제관광은 외화획득의 주요한 수단으로서 수출무역에 준하는 경제적 효과를 가지고 있다. 외화가득률이 높고 승수효과가 큰 관광산업을 통하여 획득하는 외화(外貨)는 국가의 경제발전을 위한 투자재원이 될 뿐만 아니라, 국제수지의 개선에도 중요한 몫을 차지한다. 그래서 세계의 모든 나라, 특히 부존자원이 부족하거나 경제발전을 위한 재원이 부족한 나라들은 관광을 국가의 주요 전략산업으로 육성하는 것이다.

우리나라는 이미 1960년대 초에 관광산업의 중요성을 인식하고 이를 진흥시키기 위하여 「관광사업진흥법」을 제정하였으며, 이를 시발점으로 오늘에 이르기까지 관광법규를 비롯하여 관광행정조직을 재정비하고, 관광사업의 국제화를 추진하는 등 관광사업 발전에 필요한 제반 시책을 강구하였다. 이러한 일련의 시책들이 궁극적으로 국민경제의 향상에 크게 이바지하고 있음은 재론의 여지가 없다.

3) 국민복지의 향상

현대국가는 제1차 세계대전을 계기로 국가의 기능이 종래의 소극적인 질서유지에서 국민의 공공복리를 위하여 국민생활에 적극적으로 개입하는 복지행정(福祉行政)으로 그 중점이 옮겨졌다. 근대 자본주의의 고도의 발전에 따른 급격한 사회환경의 변화는 사회적 불평등과 이로 인한 사회갈등을 심화시켜 국가로 하여금 이를 방치할 수 없도록 만들었기 때문이다. 따라서 현대복리국가의 국민복지정책은 주택 · 교육 · 의료 등 사

문 약자 WTO가 동일함으로 인한 혼란이 빈번하게 발생하였다. 이에 유엔총회는 양 기구 간에 혼란을 피하고 UN 전문기구로서 세계관광기구의 위상을 높이기 위하여 2006년 1월 1일부터 WTO라는 명칭을 UNWTO로 바꿔 사용하게 되었다.

회 각 분야에 걸쳐 추진되고 있는데, 관광분야도 그 주된 대상의 하나라고 하겠다.

우리나라는 구미(歐美) 선진국가에서와 같이 국민복지관광이 활성화되지 못하고 있음은 부인할 수 없는 현실이다. 그럼에도 「관광기본법」은 제1조(목적)에서 "… 국민복지를 향상시키는 것을 … 목적으로 한다"고 규정하고 있고, 또한 「관광진흥법」은 제48조제4항에서 "문화체육관광부장관과 지방자치단체의 장은 … 관광복지의 증진을 위하여 … '국민의 관광복지 증진에 관한 사업'을 추진할 수 있다"고 규정하고 있는데, 이는 관광분야에서의 국민복지 증진에 대한 정부의 강력한 실천의지를 촉구한 규정으로 해석된다. 따라서 우리나라도 국민복지관광이 이와 같은 강력한 법적 근거 위에서 더욱더 활성화될 수 있을 것으로 본다.

4) 건전한 국민관광의 발전

오늘날의 관광형태는 국민대중이 다 함께 참여하는 국민관광형태라 할 수 있다. 여기서 국민관광(national tourism)이라 함은 국민 누구나가 일정 한도의 관광을 즐기는 것으로 국내관광과 국외관광을 포함한다. 국민관광은 국민 누구나가 참여하는 관광이기 때문에 이를 대중관광 또는 대량관광(mass tourism)이라 부르기도 한다. 과거에는 관광이 일부 부유층만이 즐기는 것으로 인식되었으나, 70년대 이후의 경제성장과 더불어 국민소득의 향상, 시간적 여유의 증가, 생활양식의 변화, 교육수준의 향상 등으로 인해 여가를 즐기는 경향이 나타나 이제는 관광이 국민 모두의 관심사가 되었다.

그러나 국민복지의 차원에서 국민관광의 발전은 바람직한 현상이기는 하지만, 국민 모두의 대중적인 관광은 여러 면에서 폐단도 나타나고 있다. 국내관광에 있어서 관광지의 오염, 관광자원의 파손, 풍기문란, 무질서 등의 부작용이 나타났고, 해외관광에 있어서는 각종 퇴폐적인 관광행태 등으로 국가적 위신을 추락시킨 경우도 허다하다. 이는 갑작스런 관광붐으로 인하여 국민의 관광에 대한 경험이 부족했기 때문으로 본다.

따라서 정부는 건전한 국민관광과 복지관광을 실현하기 위해 건전한 여가활동의 계도(啓導), 관광질서의 확립, 관광불편 해소, 저렴한 숙박시설의 건설, 관광요금의 할인, 여행자금의 대부, 국민휴양공간 확충, 휴가제도 개선, 퇴폐관광의 일소, 관광도덕의 고양(高揚)과 벌칙의 강화, 해외관광에 대한 올바른 정보제공 등 일련의 시책을 강구해야 한다. 이렇게 함으로써 건전한 국민관광의 토대 위에서 국제관광이 아울러 발전해 나갈 수 있을 것으로 본다.

Ⅱ. 관광진흥시책의 강구 등

우리나라 「관광기본법」에서는 관광진흥을 위한 시책으로서 정부의 시책 강구, 관광
진흥계획의 수립, 국회에 대한 연차보고, 법제상의 조치, 지방자치단체의 협조, 외국 관
광객의 유치, 시설의 개선, 관광자원의 보호 등, 관광사업의 지도 · 육성, 관광종사자의
자질 향상, 관광지의 지정 및 개발, 국민관광의 발전, 관광진흥개발기금의 설치, 국가관
광전략회의의 설치 · 운영 등에 관하여 규정하고 있다.

1. 정부의 시책(제2조)

「관광기본법」은 제2조에서 "정부는 이 법의 목적을 달성하기 위하여 관광진흥에 관
한 기본적이고 종합적인 시책을 강구하여야 한다"고 규정하고 있다.

이 규정은 정부가 국제친선의 증진, 국민경제와 국민복지의 향상, 건전한 국민관광의
발전이라는 「관광기본법」의 목적을 달성하기 위하여 관광진흥에 관한 기본적이고 종
합적인 시책을 강구하여야 할 책임과 의무를 부여한 것이라 볼 수 있다.

여기서 관광진흥에 관한 기본적이고 종합적인 시책이란 국가적 활동의 총체로서 정
치 · 경제 · 사회 · 문화 및 교통에 관한 종합적인 행동계획이라고 할 수 있다. 다시 말하
면 관광진흥을 도모하기 위하여 정부가 지향하는 기본방향의 설정 및 그의 실시에 관
하여 제반 시책을 계획하고 수립 · 조정하는 관광경영의 종합적 행동계획이라고 할 수
있다.

2. 관광진흥계획의 수립(제3조: 2017.11.28., 일부개정)

정부는 2017년 11월 28일 「관광기본법」 제3조를 일부개정하였는데, 개정이유는 관광
진흥계획을 체계적으로 수립하도록 하고, 계획의 실효성을 높이기 위하여 관광진흥에
관한 기본계획의 수립 주기 및 기본계획에 포함되어야 하는 세부사항을 규정하며, 기
본계획에 따라 매년 시행계획을 수립 · 시행하고 그 추진실적을 평가하여 기본계획에
반영하도록 하려는 데 있는 것으로 본다.

개정된 「관광기본법」 제3조는 제1항에서 "정부는 관광진흥의 기반을 조성하고 관광

산업의 경쟁력을 강화하기 위하여 관광진흥에 관한 기본계획(이하 "기본계획"이라 한다)을 5년마다 수립·시행하여야 한다"고 규정하고 있으며, 또 "정부는 '기본계획'에 따라 매년 '시행계획'을 수립·시행하고 그 추진실적을 평가하여 기본계획에 반영하여야 함"(제3조제4항)을 의무화하고 있다. 그리고 '기본계획'은 제16조제1항에 따른 '국가관광전략회의'의 심의를 거쳐 확정하도록 하고 있다(제3조제3항).

'기본계획'에는 다음 각 호의 사항이 포함되어야 한다(제3조제2항 <개정 2020.12.22.>).

1. 관광진흥을 위한 정책의 기본방향
2. 국내외 관광여건과 관광동향에 관한 사항
3. 관광진흥을 위한 기반조성에 관한 사항
4. 관광진흥을 위한 관광사업의 부문별 정책에 관한 사항
5. 관광진흥을 위한 재원 확보 및 배분에 관한 사항
6. 관광진흥을 위한 제도 개선에 관한 사항
7. 관광진흥과 관련된 중앙행정기관의 역할 분담에 관한 사항
8. 관광시설의 감염병 등에 대한 안전·위생·방역 관리에 관한 사항
9. 그 밖에 관광진흥을 위하여 필요한 사항

그런데 「관광기본법」 제3조에서의 '관광진흥에 관한 기본계획'은 비록 5개년계획으로 중기계획의 형태를 띠고 있으나, 「관광기본법」의 규정에 따른 '관광진흥기본계획'이므로 우리나라 모든 관광계획의 최상위계획이라 할 수 있는데, 다른 관광계획은 이 '기본계획'과 일관성이 유지되도록 수립되어야 한다고 본다.

따라서 「관광진흥법」 제49조의 규정에 의한 관광개발기본계획이나 권역별 관광개발계획 및 같은 법 제54조의 규정에 의한 관광지·관광단지의 조성계획, 그리고 「국제회의산업 육성에 관한 법률」 제6조 "국제회의산업육성기본계획의 수립" 등의 규정도 이 '기본계획'의 하위계획으로서 이 계획과 일관성이 유지되도록 수립·시행하여야 한다.

3. 연차보고(제4조)

「관광기본법」은 제4조에서 "정부는 매년 관광진흥에 관한 시책과 동향에 대한 보고서를 정기국회가 시작하기 전까지 국회에 제출하여야 한다"고 규정하고 있다. 이 규정은 관광진흥에 관한 정부의 책임행정을 확보하는 데 근본취지가 있다고 하겠다.

보고서를 국회에 제출하는 취지는 관광행정에 대한 감시·비판·통제 이외에도 국민

의 대표기관인 국회를 통하여 주권자인 국민에게 관광정책을 알리고, 입법권과 재정권을 가진 국회의 협력을 얻기 위한 것이다.

보고서의 내용은 관광진흥에 관한 시책과 동향이다. 여기에는 국민관광 및 국제관광의 진흥, 국제협력의 증진, 관광자원의 개발, 관광인력의 양성, 관광산업의 육성, 관광시설의 확충, 관광여건의 개선, 관광관련 기구와 활동, 지방자치단체의 관광진흥 등에 관한 실적 및 국내외 관광동향 등에 관한 1년간의 추진실적과 다음 해의 추진계획 등 관광에 관한 모든 분야가 총망라된다고 할 것이다.

이 보고서는 정기국회가 개회되는 매년 9월 1일(국회법 제4조) 이전까지 국회에 제출하도록 의무화시키고 있다. 연차보고(年次報告)를 정기국회 개시 전으로 정한 이유는 정기국회는 다음 연도의 예산을 심의·의결하는 예산국회이므로 관광예산심의에 도움을 주고 협조를 구할 수 있으며, 또 관광법률의 제정 또는 개정 시에 입법참고자료로 활용할 수 있게 하고, 정기국회 개회 직후에 국정감사가 진행되기 때문이다.

4. 법제 · 재정상의 조치 등(제5조)

「관광기본법」은 제5조에서 "국가는 제2조에 따른 시책을 실시하기 위하여 법제상·재정상의 조치와 그 밖에 필요한 행정상의 조치를 강구하여야 한다"고 규정하고 있다.

본조의 규정은 「관광기본법」 제2조에 근거하여 정부가 수립한 관광진흥에 관한 기본적·종합적인 시책을 구체적으로 실시하기 위해서는 필요에 따라 법을 제정하거나 예산을 확보하거나, 세부적인 행정상의 조치들을 취해야 한다. 따라서 이러한 최소한의 법제상·재정상·행정상의 조치를 강구하도록 국가에 의무를 부과한 것이다.

그런데 「관광기본법」이 전체의 조문에서 의무의 주체를 정부 또는 지방자치단체로 하고 있는 데 반하여, 제5조에서만 유독 국가로 정하고 있는 것은 법제상의 조치나 재정상의 조치는 행정부(좁은 의미의 정부)만이 단독으로 처리할 수 있는 것이 아니고, 국회에서 입법을 하거나 예산을 의결하여야 하는 등 넓은 의미의 정부인 국가(입법부, 사법부, 행정부가 모두 포함되는)가 조치하여야 할 사항이기 때문이다.

여기서 법제상(法制上)의 조치란 관광진흥과 관련된 법령의 제정·개정에 관한 조치를 말한다. 「관광기본법」은 관광진흥을 위한 기본방향과 기본시책을 규정한 기본법이기 때문에 모든 조항이 관광시책을 추상적이고 선언적으로 규정한 것들이다. 따라서 그 내용을 구체적으로 실시하기 위하여는 개별법률이 필요할 뿐만 아니라, 행정입법(대통령령·문화체육관광부령)도 대부분 근거법률이 없으면 제정할 수 없는데, 그 법률은 국회만이 제정할 수 있는 것이다. 법제상 조치의 범위는 관광과 관련되는 법률뿐만 아니라 간접적으로 관련되는 모든 법규를 포함한다고 본다. 또한 관광진흥을 위한 새로운 법률의 제정뿐만 아니라 사회여건에 맞지 않는 기존법률의 개정과 폐지도 그 대상이 된다고 하겠다.

다음으로 재정상(財政上)의 조치란 국가의 재정에 관한 구체적인 조치를 의미한다고 할 수 있는데, 관광진흥을 위한 재정상의 조치에는 관광사업자를 위한 면세, 관광진흥을 위한 국가의 직접투자, 민간사업자에 대한 재정금융상의 지원, 관광진흥개발기금의 설치·운용, 관광지개발 등 관광진흥을 위한 예산확보, 지방자치단체에 대한 보조금의 지급 등이 포함된다고 할 것이다.

그 밖에 필요한 행정상(行政上)의 조치란 포괄적인 개념으로 관광사업자를 위한 행정절차의 간소화, 관광사업에 대한 지속적인 규제완화, 관광객을 위한 출입국절차의 개선, 관광종사원의 교육지원 등 관광과 관련되는 모든 행정조치들을 말한다.

5. 지방자치단체의 국가시책 협조(제6조)

「관광기본법」은 제6조에서 "지방자치단체는 관광에 관한 국가시책에 필요한 시책을 강구하여야 한다"고 규정하고 있다.

이는 국가가 수립한 관광시책을 효과적이고도 차질없이 추진하기 위해서는 지방자치단체가 필요한 세부시책을 수립하여 시행하여야만 가능하다는 지방자치단체의 협조의무를 촉구한 규정이라 하겠다.

즉 「관광기본법」에서 규정하고 있는 기본적·종합적인 관광시책을 효율적으로 실시하기 위해서는 국가의 노력만으로는 충분하지 못하며, 국가와 지방자치단체가 서로 협조하고 지원하는 행정체계가 이루어져야만 가능하다고 본 것이다. 그것은 지방자치단체가 국가로부터 위임받은 사무뿐만 아니라 그 지역주민의 복리증진을 위한 자치사무도 처리하기 때문에 지방자치단체의 협조 없이는 국가 전역에 걸치는 관광진흥시책을 효율적으로 실시할 수 없기 때문이다.

「관광기본법」은 지방자치단체가 강구하여야 할 사항으로 "관광에 관한 국가시책에 필요한 시책"이라 규정하고 있다. 그런데 이것은 지방자치단체가 강구해야 할 시책이 국가의 시책에 국한된 위임사무만을 가리킨다고는 볼 수 없다. 왜냐하면 지방자치단체에는 주민의 복리증진을 위한 독립된 자치사무도 있기 때문이다. 따라서 지방자치단체가 강구하여야 할 시책이라고 할 때에는 우리나라 관광진흥에 관한 기본적·종합적인 시책을 실시함에 있어 국가로부터 위임받은 사무를 집행하는 데 필요한 시책은 물론,

주민의 복리증진을 위하여 지방자치단체 자체에서 수립한 지역 내 관광진흥시책 등이 모두 포함된다고 할 것이다.

6. 외국 관광객의 유치(제7조)

「관광기본법」은 제7조에서 "정부는 외국 관광객의 유치를 촉진하기 위하여 해외 홍보를 강화하고 출입국 절차를 개선하며 그 밖에 필요한 시책을 강구하여야 한다"고 규정하고 있다. 이 규정은 정부에 대해 외국 관광객의 유치를 위한 시책을 강구하도록 촉구함과 동시에 이를 위한 방법으로 해외 홍보의 강화, 출입국 절차의 개선, 그 밖에 필요한 시책 등을 예시하고 있다.

외국 관광객 유치는 외화획득, 고용창출, 지역개발 등과 같은 경제적 측면의 효과뿐만 아니라 국제적 이미지 향상과 관광객 교류를 통한 국가 간 선린·우호관계 정립과 평화분위기 조성에도 기여하는 바 크다. 따라서 세계 각국은 관광산업 발전을 위해 외래관광객 유치에 국가적 지원을 강화하고 있는 것이 오늘날의 추세이다. 이에 따라 우리 정부는 2008년 10월에 '2010~2012 한국방문의 해' 선포식을 개최하였으며, 기존 1994년, 2001년 한국방문의 해 사업이 한국관광공사 및 문화체육관광부 주도로 추진되었던 것과는 달리, 민간이 중심이 되고 정부 및 관련 기관이 지원하는 민관 합동의 형태로 문화체육관광부 산하에 재단법인 한국방문위원회를 조직하여 본격적인 사업을 진행하고 있다.

여기서 주목할 것은 2012년에 한국을 방문한 외래관광객이 1,114만 명을 기록함으로써 외래관광객 1,000만 명 시대가 개막되었다는 점이다. 외래관광객 1,000만 명 달성은 우리나라가 세계관광대국으로 진입하고 있음을 알리는 쾌거인 동시에, 우리나라 관광산업이 이제 양적 성장 못지않게 질적 성장을 동반해야 한다는 과제를 안겨주었다.

2013년에는 외래관광객 1,200만 명을 유치하였고, 2014년에는 1,400만 명을 유치하였으나, 2015년에는 메르스(MERS)의 영향 등으로 1,323만 명을 유치함으로써 한때 외래관광객 유치에 위기를 맞기도 했다.

그러다 전 세계적인 코로나19(COVID-19) 영향으로 2020년 2만 502,756명, 2021년 967,003명, 2022년 3만 198,017명으로 3년간 방한 외래관광객 수가 급감하였다가 2023년부터 다시 회복 추세에 있다.

1) 해외 홍보의 강화

해외 홍보라 함은 외국인이 우리나라에 내방하도록 우리나라의 자연, 문화, 역사, 풍물, 풍습, 관광지, 행사, 경제상황 등을 외국인에게 알리는 활동, 즉 우리나라의 관광대상, 관광시설, 관광매력 등을 외국에 소개하여 외국인의 관광의욕을 유발하고 관광동기를 부여할 수 있는 각종의 판촉활동을 말한다. 관광홍보의 방법으로는 해외선전사무소의 운영, 선전물의 제작 및 배포, 언론매체를 통한 광고, 관광유치단 파견, 관광전시회의 개최, 건전관광캠페인 등이 있다.

우리나라의 해외 관광홍보는 정부투자기관인 한국관광공사가 주도적 위치에서 전문적이고 집중적으로 실시하고 있다. 한국관광공사는 외국인 관광객 유치와 관광수입 증대를 위하여 의료관광, 크루즈관광, 한류관광 등 다양한 고부가가치 한국 관광상품을 개발·보급하고 있으며, 해외마케팅 전진기지인 32개 해외지사를 중심으로 해외관광시장을 개척함과 동시에 지방자치단체와 관광업계의 관광마케팅 활동을 지원하고 있다. 이와는 별도로 대한무역투자진흥공사(KOTRA)를 비롯하여 한국관광협회중앙회와 관광호텔 및 여행사 등 관광사업체들이 각각 독자적으로 홍보업무를 실시하고 있다.

한편, 문화체육관광부장관 또는 시·도지사는 국제관광의 촉진과 국민관광의 건전한 발전을 위하여 국내외 관광 홍보활동을 조정하거나 관광선전물을 심사하거나 그 밖에 필요한 사항을 지원할 수 있다(관광진흥법 제48조제1항).

또한 문화체육관광부장관 또는 시·도지사는 관광홍보를 원활히 추진하기 위하여 필요하면 문화체육관광부령으로 정하는 바에 따라 관광사업자 등에게 해외 관광시장에 대한 정기적인 조사, 관광 홍보물의 제작, 관광안내소의 운영 등에 필요한 사항을 권고하거나 지도할 수 있다(동법 제48조제2항).

2) 출입국절차의 개선

우리나라도 급변하는 환경변화와 다양한 고객의 요구에 적극적으로 대응하면서 세계 선진공항과의 경쟁관계에서 우위를 확보하기 위하여 여권자동판독(MRP) 구축, 승객정보사전분석시스템(APIS) 도입, 출입국신고서 제출 생략, 출입국심사관 이동식 근무시스템 및 자동출입국심사시스템(SES) 도입 등 출입국심사 전반에 걸쳐 강도 높은 출입국심사 혁신을 추진하고 있다.

우리나라는 국제교류가 많은 세계 여러 나라와 사증면제협정(査證免除協定)을 체결하여 비자(Visa) 없이 출입국이 가능하도록 함으로써 출입국절차의 간소화에 노력하고 있다. 이에 따라 2007년 4월 1일부터 제주특별자치도에 무사증(無査證)으로 입국한 외국인 환자 및 가족에 대하여 질병치료 및 요양 시 한번에 최대 4년까지 장기체류를 허용함으로써 제주자치도 관광의료사업 육성에 기여하고 있다. 그리고 2007년 10월 4일에는 '한·과테말라 사증면제협정'을 체결·공포(조약 제1866호)하여 유효한 여권 및 여행증명서를 소지한 양국의 국민은 상대국에서 비자 없이 90일간 체류가 가능하게 되었다.

2010년 1월 9일에는 '한-러 단기방문사증 발급 간소화에 관한 협정'이 발효됨에 따라 무역·산업전시회 등에 참가하는 러시아 기업인은 해당 조직위원회에서 발행한 초청장만 있으면 단기상용(C-2)사증 발급이 가능하게 되었다. 또 2010년 8월 1일부터는 중국인 관광객에 대한 사증발급절차를 간소화하여 복수사증을 발급받을 수 있는 대상을 중산층까지 확대하고, 사증 신청 시 제출서류도 최대 2종 이내로 간소화하였다. 또 2011년 4월 1일부터는 최근 신흥 관광시장으로 떠오르고 있는 동남아국가 관광객을 적극 유치하기 위하여 필리핀, 인도네시아 등 우리나라 입국 시 사증이 필요한 11개 국가 국민에 대한 사증발급절차를 대폭 개선하였다.

2012년 8월 1일부터는 중국인 관광객 유치 활성화를 위해 복수비자 발급대상자 및 유효기간을 확대하고, 비자발급 절차를 간소화하였으며, 최근 증가하는 동남아 관광객의 출입국 및 체류편의를 위해 단체사증발급 및 출입국 심사절차 등에 대한 종합적인 업무지침을 마련하여 2014년 1월 1일부터 시행하고 있다.

한편, 우수 외국인 관광객에게 다시 찾고 싶은 한국의 이미지를 심어주고 국내 관광산업 활성화에 기여하기 위해 2014년 3월 17일부터 구매력이 높은 우수 외국인 관광객을 대상으로 한국방문우대카드를 발급하기 시작하였다. 구매력이 높은 우수 외국인 관광객으로는 국내에서 최근 5년간 구매실적이 미화 3만 달러 이상인 자, 최근 1년 이내 1회 방한기간 중 국내 구매실적이 미화 1만 달러 이상인 자, 우대카드 발급대행 금융기관에 한화 1억 원 이상의 금액을 예치한 자, 재외공관, 한국관광공사, 문화체육관광부에서 추천하는 해당 국가의 사회 유명인사 등이 해당된다. 한국방문우대카드를 소지한 외국인은 5년간 유효한 복수비자 발급과 출입국 시 자동출입국심사대 또는 우대심사대 이용이 가능하며, 환율우대 및 관광지 통역지원 등의 부가서비스 혜택을 제공받을 수 있다.

또한 중국 단체관광객에 대하여만 시행하던 전자비자발급제도를 2019년 6월부터 베트남, 필리핀, 인도네시아 단체관광객에게도 확대 적용하여, 동남아 단체관광객들도 재외공관을 방문하지 않고 온라인으로 전자비자를 신청하고 발급받을 수 있게 되었다.

3) 그 밖에 필요한 시책의 강구

이는 외국 관광객의 유치를 촉진하는 데 필요한 해외홍보의 강화 및 출입국절차의 개선 이외의 관광시책을 말한다.

외국 관광객을 획기적으로 유치하는 데는 해외홍보의 강화나 출입국절차의 개선도 중요하지만, 그보다 더 중요한 문제는 모든 관광활동에 필수적 요소라 할 수 있는 관광인프라를 확충하는 것이다. 다시 말하면 관광의 기반이 되는 교통시설과 교통수단의 개선 및 각종 관광숙박시설과 관광 편의시설 등을 확충하는 것이다. 그리고 매력적이고 특색있는 관광상품의 개발과 관광기념품의 품질 개선, 관광안내체계 및 여행알선 등 국제관광에 관한 사업을 영위하는 자의 서비스 향상, 우리나라의 산업·문화·가정생활의 소개 강화, 사회질서의 확립 및 사회불안요소의 제거 등 관광여건을 개선하는 것이다. 그렇게 함으로써 외국 관광객들에게 다시 오고 싶은 한국의 이미지를 심어줄 수 있을 것으로 본다.

7. 관광여건의 조성(제8조)

「관광기본법」은 제8조에서 "정부는 관광여건 조성을 위하여 관광객이 이용할 숙박·교통·휴식시설 등의 개선 및 확충, 휴일·휴가에 대한 제도 개선 등에 필요한 시책을 마련하여야 한다"고 규정하여, 관광을 할 때 필수적으로 이용하게 되는 숙박·교통·휴식시설 등을 개선하고 확충할 임무를 정부에 부여하고 있다.

그런데 본조에서 정부가 개선하고 확충해야 할 대상시설은 숙박·교통·휴식시설에 국한하는 것이 아니라 관광객이 이용하는 모든 시설을 포함하는 포괄적인 의미로 해석해야 한다고 본다. 따라서 공항·항만·철도·주차장·여객선 등 육해공(陸海空)의 교통시설, 상하수도 및 쓰레기처리시설 등의 환경위생시설, 전화·방송 등의 통신시설을 망라하는 관광기반시설은 물론이고, 숙박시설·휴게시설·안내시설 등을 총망라한 여행관계시설 등을 포괄하는 시설이라고 본다. 이들 시설은 투자비율이 높을 뿐만 아니라 대형화·고급화를 지향하는 추세이다. 따라서 이러한 관광필수시설을 민간부문에만 맡길 수는 없고, 정부의 책임으로 개선책을 강구토록 한 것이 「관광기본법」의 취지라고 본다.

정부는 관광숙박시설의 개선을 위해 여러 가지 시책을 강구하고 있는데, 이미 1997년 1월 13일에는 2000년 ASEM회의, 2002년의 아시안게임 및 월드컵축구대회 등 대규모 국제행사에 대비하여 한시법인 「관광숙박시설지원 등에 관한 특별법」을 제정·시행한 바 있고, 2009년 3월 25일 「관광진흥법」 개정 때에는 우수숙박시설 지정제도를 신설하였으며, 2012년 1월 26일에는 다가올 외래관광객 2천만 명 시대에 대비하여 이 또한 한시법인 「관광숙박시설 확충을 위한 특별법」을 제정하였다. 이 밖에도 「관광진흥법」에서 규정하고 있는 관광숙박업 등의 등록심의위원회 운영(동법 제17조), 관광숙박업의 등급제도(동법 제19조), 등록기준의 설정(동법 제4조), 사업개선명령(동법 제35조제3항) 등이 있다.

한편, 숙박시설 외에도 관광진흥을 위해서는 관광객이 이용할 수 있는 휴식시설을 포함한 관광관련 시설에 대한 시책이 필요하다. 건전관광을 유도하기 위하여 야외 휴식공간 및 이용편의시설 등을 공공사업으로 개발하는 일, 카지노·골프장·스키장 및 박물관 등과 같이 오락·스포츠·문화시설을 정비하고 확충하는 것 등이 그것이다.

그러나 정부가 관광시설을 개선·확충하는 시책을 강구한다 하더라도 관광객을 관광시설로 유도하는 매체(교통시설)가 없으면 관광이란 현상이 발생할 수 없다. 교통시설 중에서도 도로·항만·철도 등은 사회간접자본시설(SOC: Soial Overhead Capital)로서 그 사업의 성격상 정부가 담당하여야 할 교통시책들이라 하겠다.

결국 관광기반시설의 개선이나 확충은 민(民)과 관(官)이 상호 보완적인 업무추진으로 해결하도록 하되, 특히 정부는 이에 필요한 시책을 지속적으로 강구하여야 할 것이다.

8. 관광자원의 보호 등(제9조)

「관광기본법」 제9조는 "정부는 관광자원을 보호하고 개발하는 데에 필요한 시책을 강구하여야 한다"고 규정하고 있다.

이 규정은 관광객의 감상대상이 되고 관광지의 환경을 형성하는 중요한 요소인 관광자원을 국가적인 차원에서 보호하고 개발하는 데 필요한 시책을 강구해야 할 임무를 정부에 부여하고 있다.

관광자원이란 관광객을 유치할 수 있는 매력을 가지고, 인간의 관광동기를 충족시켜주는 유형 또는 무형의 대상물을 말하는데, 이런 관광자원은 관광객이 그것을 아무리 이용하여도 소모되지 않는 특색을 지니고 있다. 이와 같은 관광자원에 대하여 정부는 이를 보호하고 개발하는 데 필요한 시책을 강구해야 한다는 것이다.

먼저 관광자원을 보호한다는 것은 관광자원 본래의 현상이 파괴되지 않는 상태로 유지하는 것을 말한다. 따라서 일단 파괴되면 원상회복이 곤란한 것, 즉 자연의 경관지·문화재 등이 그 대상이 된다고 하겠다. 그런데 관광자원은 그 범위가 매우 넓고 다양할 뿐만 아니라 이를 관장하는 정부기관 또한 다원화되어 있기 때문에 이들 자원의 보호 시책도 매우 복잡하고 다양하다. 그래서 정부 각 부처는 관광과는 다른 목적을 가지고 독자적으로 보호시책을 펴고 있는데, 결과적으로는 이들 시책이 관광자원을 보호하는 효과를 나타내는 것이다.

다음으로 관광자원은 보호와 함께 개발에 필요한 시책도 강구하여야 한다. 관광자원의 개발은 관광자원의 매력을 드높여 관광객을 유인하는 힘을 증진시키고, 숨겨진 관광자원을 관광객 앞에 드러내 보이는 것이다. 관광자원은 그 내용을 고급화하고 전문화하며 관광객의 취향에 부합되게 함으로써 그 매력을 높일 수 있다.

관광자원을 보호하고 개발하기 위해 필요한 시책은 「관광진흥법」 제49조의 규정에 의하여 문화체육관광부장관이 관광개발기본계획("기본계획"이라 한다)을, 시·도지사가 권역별 관광개발계획("권역계획"이라 한다)을 각각 수립하여 정부와 지방자치단체가 유기적으로 개발하도록 함으로써 전국적으로 균형있는 관광개발을 추진하여 지역발전과 관광진흥에 기여하고 있다.

9. 관광사업의 지도·육성(제10조)

「관광기본법」은 제10조에서 "정부는 관광사업을 육성하기 위하여 관광사업을 지도·감독하고 그 밖에 필요한 시책을 강구하여야 한다"고 규정하고 있다. 즉 본조는 관광사업의 육성을 위하여 정부의 지도·감독 기타 필요한 시책을 강구할 것을 촉구하는 규정이다. 어느 나라를 막론하고 관광이 진흥되기 위해서는 관광관련 사업이 건전하게 육성되지 않으면 안 되기 때문에 정부에게 관광사업의 육성을 위한 책임과 임무를 부여하고 있는 것이다.

관광사업의 건전한 육성이란 경영내용, 사업활동의 내용, 제공되는 서비스의 질 등이 사업자의 입장이나 관광객의 입장에서 건전하고 적절하도록 육성하는 것을 말한다. 「관광진흥법」에서 관광사업자와 관광종사원의 결격사유 및 금지행위, 사업개선명령 등을 규정하고, 이를 위반하였을 경우 등록 등의 취소 또는 사업정지 및 벌칙 등을 규정하고 있는 것은 관광사업을 건전하게 육성하기 위한 기본적인 법적 장치라 하겠다. 그러나 관광사업을 육성하는 데에는 이와 같은 법적 조치만으로는 불충분하고, 부단한 행정지도와 감독을 통하여, 그리고 필요한 시책을 강구함으로써만 가능하다고 본다.

관광사업을 육성하기 위한 행정지도(行政指導)란 행정기관이 그 의도하는 바를 실현하기 위하여 상대방의 자발적 협조 또는 동의를 얻어 행하는 비(非)권력적 사실행위(事

實行爲)를 말한다. 이에 대하여 행정감독(行政監督)은 행정지도와는 달리 법에 의한 권력행위(權力行爲)를 의미한다. 따라서 행정감독은 구체적인 법적 근거를 요하며, 동시에 상대방이 그에 응하지 않을 때에는 법이 정하는 바에 따라 처벌되고 혹은 그의 의무가 강제되는가 하면, 영업허가의 취소·정지 등 불이익이 가해질 수도 있다.

이상에서 설명한 행정지도와 행정감독 이외에 관광사업의 육성을 위하여 정부가 강구하여야 할 시책(施策)으로는 관광사업에 대한 정부의 직접 투자, 관광사업자에 대한 금융지원이나 세제혜택, 관광사업자나 관광사업자단체에 대한 보조금 지급 등 무수히 많다.

10. 관광종사자의 자질 향상(제11조)

「관광기본법」제11조는 "정부는 관광에 종사하는 자의 자질을 향상시키기 위하여 교육훈련과 그 밖에 필요한 시책을 강구하여야 한다"고 규정하고 있다.

관광사업의 경제적·사회적 효과는 관광종사자가 제공하는 서비스의 질에 의하여 좌우된다고 해도 과언은 아니다. 그것은 관광사업의 최일선에서 관광객에게 서비스를 제공하는 것은 바로 관광종사자이기 때문이다. 그래서 관광서비스의 질을 높이기 위해 유능한 관광종사원을 양성하고 기존 관광종사원의 자질을 향상시키는 것은 우리나라 관광진흥을 위해 매우 중요하다고 본다. 더욱이 국가 간, 지역 간 인적·물적 자원의 교류가 가속화되고 있는 글로벌시대의 세계관광시장에서는 관광종사자의 질적 수준이 국가경쟁력 비교는 물론 그 나라의 문화수준을 평가하는 척도가 되기도 한다. 따라서 교육훈련을 통하여 관광종사자의 자질을 높일 수 있도록 정부가 필요한 시책을 강구하여야 한다.

11. 관광지의 지정 및 개발(제12조)

「관광기본법」은 제12조에서 "정부는 관광에 적합한 지역을 관광지로 지정하여 필요한 개발을 하여야 한다"고 규정하여 정부로 하여금 관광에 적합한 지역을 관광지로 지정할 수 있는 권한을 부여함과 동시에 지정된 관광지를 개발하도록 의무를 부과하고 있다.

그런데 본조는 정부의 관광지 지정권한과 개발의무에 대해 일정한 제한을 하고 있다. 즉 정부가 관광지로 지정할 수 있는 지역은 관광에 적합한 곳으로 국한하고 있고, 또 개발대상지역은 반드시 지정된 관광지로 한정하고 있다는 점이 특색이다.

관광지로 지정·개발될 대상지의 선정기준은 첫째, 자연경관이 수려하고 인접관광자원이 풍부하며 관광객이 많이 이용하고 있거나 이용할 것으로 예상되는 지역 둘째, 교통수단의 이용이 가능하고 이용객의 접근이 용이한 지역 셋째, 개발대상지가 국·공유지이거나 가급적이면 사유지, 농경지 및 장애물이 적고, 타 법령에 의한 개발제한요인이 적거나 완화되어 있어서 개발이 가능한 지역 넷째, 기타 관광시책상 국민관광지로 개발하는 것이 필요하다고 판단되는 지역이다.

관광지의 지정 및 개발에 관하여 살펴보면, 먼저 관광지등(관광지 및 관광단지)은 문화체육관광부령으로 정하는 바에 따라 시장·군수·구청장의 신청에 의하여 '기본계획'과 '권역계획'을 기준으로 시·도지사가 지정한다. 다만, 특별자치시 및 특별자치도의 경우에는 특별자치시장 및 특별자치도지사가 지정한다(관광진흥법 제52조제1항). 또한 관광지 지정 등의 실효성을 제고하기 위하여 지정·고시된 관광지등에 대하여 그 고시일로부터 2년 이내에 조성계획의 승인신청이 없거나 조성계획의 승인고시일부터 2년 이내에 사업을 착수하지 아니하면 관광지의 지정 또는 조성계획승인의 효력이 상실하도록 되었다(동법 제56조제1항, 제2항). 2023년 6월 말 기준으로 전국에 지정된 관광지는 모두 224개소이다.

다음으로 관광지등의 개발이란 관광자원의 특성에 따라 관광객의 편의를 증진하고 관광객의 유치와 관광소비의 증대를 통하여 지역개발을 촉진할 목적으로 행하는 사업을 말한다. 그러므로 관광지의 개발은 잠재적·현재적 관광자원의 특성을 유효적절하게 살려 관광객의 이용확대를 도모하는 것이다. 이는 관광자원을 물리적으로 개발하는 것뿐만 아니라 넓게는 교통시설 등 관광관련 편의시설을 정비하고, 관광객의 편의와 안전을 확보하기 위한 종합적인 서비스체제를 구축하는 것을 의미한다.

이러한 의미의 관광지개발사업의 주된 내용으로는 도로, 주차장, 상·하수도, 전기·통신시설 등 기반시설의 개발과 함께 잔디 확장, 음료수대, 벤치, 야외취사장 등 이용편의시설을 공공사업으로 개발하고 이를 바탕으로 이용관광객의 편의를 위한 각종 유희시설·숙박시설·상가시설 등에 민간자본을 유치하여 개발하는 것 등이 포함된다.

12. 국민관광의 발전(제13조)

「관광기본법」은 제13조에서 "정부는 관광에 대한 국민의 이해를 촉구하여 건전한 국민관광을 발전시키는 데에 필요한 시책을 강구하여야 한다"고 규정하고 있다.

오늘날의 관광형태는 국민대중이 함께 참여하는 국민관광이라 할 수 있다. 여기서 국민관광이란 관광을 통하여 국민대중의 건전한 국민정서를 함양시키고 여가선용을 계도하는 한편, 국가가 국민에게 관광여건을 조성하고, 관광지와 관광시설 등을 개발·정비하여 국내 관광지의 관광시설 및 오락운동시설 등을 생활권적 기본권 차원에서 저렴한 가격으로 균등하게 이용할 수 있도록 하는 것을 말한다. 이는 대중관광·해외여행·국내관광·복지관광 등을 모두 포함하는 개념이라고 하겠다.

우리나라는 1970년대에 들어서서 국민관광이 본격적으로 보급되기 시작하였으며, 1980년대에는 대량국민관광시대를 맞아 국민의 관광성향이 다양해지고 관광인구도 급증하였을 뿐만 아니라, 1989년 1월에는 국민해외여행이 전면 자유화되자 관광목적의 해외여행도 급증하였다. 그러나 관광경험과 관광정보가 부족한 일부 국민들은 국내관광지에서의 질서문란행위, 공중도덕 실종, 관광지환경 훼손 등 행락질서를 어지럽히는 관광행태로 사회적 비난을 사는가 하면, 해외관광에서는 일부 몰지각한 관광객들의 퇴폐·보신·싹쓸이 쇼핑 등 파렴치하고 낯뜨거운 관광행태로 국위를 손상시키고 국제적으로 망신을 당하는 경우가 허다하였다.

이에 따라 「관광기본법」 제13조는 정부에게 이상과 같은 불건전한 관광질서 파괴행위를 바로잡고 건전한 국민관광 발전을 위한 시책을 강구하도록 임무를 부여하고 있는데, 정부가 강구해야 할 시책은 대체로 다음과 같이 요약할 수 있다.

첫째, 관광에 대한 국민의 이해를 촉구하는 것이다. 국민관광을 건전하고 생산적인 방향으로 유도·발전시키기 위하여 국민에게 관광의 참뜻을 이해시키고 관광에 대한 인식을 높일 필요가 있다. 이를 위해서는 무엇보다 대국민 건전관광홍보를 전개해 나가야 하는데, 정부와 공공단체는 물론 관광사업자단체, 신문, 방송 등 모든 기관이 지속적으로 참여하는 것이 바람직하다.

둘째, 건전한 국민관광을 발전시키는 데 필요한 시책을 강구하는 것이다. 건전국민관광 발전을 위한 시책으로는 주요 관광지에서의 순회계몽활동, 신문·방송을 통한 계도, 홍보책자나 팸플릿 등의 제작 및 배포 등이 있고, 해외여행자에 대하여는 건전 해외여행풍토 조성을 위하여 해외여행의 절차, 예절, 국가관 등에 관한 교육도 실시하여야 한다. 「관광진흥법」에서도 관광자원 개발과 관광홍보를 통해 국민관광의 건전한 발전을 도모할 수 있도록 규정하고 있다(동법 제48조).

우리나라는 그동안 외화획득을 위한 국제관광 우선정책을 추구하여 왔기 때문에 사회복지차원에서의 국민관광 육성을 등한시해 온 것도 사실이다. 따라서 앞으로는 관광선진국에서 보는 바와 같이 튼튼한 국민관광의 기반 위에서 국제관광이 발전할 수 있도록 정부가 국민관광 발전에 더 많은 관심과 노력을 기울여야 할 것이다.

13. 관광진흥개발기금의 설치(제14조)

「관광기본법」은 제14조에서 "정부는 관광진흥을 위하여 관광진흥개발기금을 설치하여야 한다"고 규정하고 있다.

우리나라 관광진흥을 위한 여러 가지 시책을 실시하기 위해서는 막대한 자금이 소요됨은 물론이다. 특히 관광호텔의 건설이나 관광자원 개발 등은 타 산업에 비해 고정자산의 투자비율이 높고 투하자본의 회임기간이 길어 적극적인 민자(民資) 유치가 어려운 특성을 가지고 있기 때문에, 「관광기본법」은 정부로 하여금 관광진흥을 위한 제도금융으로 관광진흥개발기금을 설치·운용할 것을 명하고 있는 것이다.

14. 국가관광전략회의의 설치·운영(제16조: 2017.11.28., 본조신설)

「관광기본법」은 제16조에서 "관광진흥의 방향 및 주요 시책에 대한 수립·조정, 관광진흥계획의 수립 등에 관한 사항을 심의·조정하기 위하여 국무총리 소속으로 국가관광전략회의를 두고, 국가관광전략회의의 구성 및 운영 등에 필요한 사항은 대통령령으로 정한다"고 규정하고 있다.

본조는 관광진흥의 방향 및 주요 시책에 대한 수립·조정, 그리고 관광진흥계획의 수립(제3조) 등에 관한 사항을 심의·조정하기 위하여 국가관광전략회의를 설치·운영하려는 목적에서 신설된 규정으로, 국가관광전략회의의 기능 및 구성 등에 관하여 살펴보면 다음과 같다.

1) 국가관광전략회의의 기능(국가관광전략회의의 구성 및 운영에 관한 규정 제2조)

1. 관광진흥의 방향 및 주요 시책의 수립·조정
2. 관광진흥에 관한 기본계획의 수립
3. 관광분야에 관한 관련 부처 간의 쟁점 사항
4. 그 밖에 전략회의의 의장이 필요하다고 인정하여 회의에 부치는 사항

2) 국가관광전략회의의 구성(국가관광전략회의의 구성 및 운영에 관한 규정 제3조 및 제4조)

국가관광전략회의의 의장은 국무총리가 되고, 그 구성원은 의장 이외에 기획재정부장관, 교육부장관, 외교부장관, 법무부장관, 행정안전부장관, 문화체육관광부장관, 농림

축산식품부장관, 보건복지부장관, 환경부장관, 국토교통부장관, 해양수산부장관, 중소벤처기업부장관 및 국무조정실장으로 구성한다.

3) 차관조정회의(국가관광전략회의의 구성 및 운영에 관한 규정 제9조)

국가관광전략회의의 의장은 전략회의의 효율적 운영을 위하여 전략회의 전에 차관조정회의를 거치도록 할 수 있으며, 차관조정회의는 전략회의 상정 안건과 관련하여 전략회의가 위임한 사항과 그 밖에 의장이 관련 부처 간에 사전 협의가 필요하다고 인정하는 사항을 협의·조정한다.

[부: 관광기본법]

제　　정 1975. 12. 31. 법률 제2877호
일부개정 2007. 12. 21. 법률 제8741호
일부개정 2017. 11. 28. 법률 제15056호
일부개정 2020. 12. 22. 법률 제17703호

法 제1조(목적)

이 법은 관광진흥의 방향과 시책에 관한 사항을 규정함으로써 국제친선을 증진하고 국민경제와 국민복지를 향상시키며 건전한 국민관광의 발전을 도모하는 것을 목적으로 한다.

[전문개정 2007.12.21.]

法 제2조(정부의 시책)

정부는 이 법의 목적을 달성하기 위하여 관광진흥에 관한 기본적이고 종합적인 시책을 강구하여야 한다.

[전문개정 2007.12.21.]

法 제3조(관광진흥계획의 수립)

① 정부는 관광진흥의 기반을 조성하고 관광산업의 경쟁력을 강화하기 위하여 관광진흥에 관한 기본계획(이하 "기본계획"이라 한다)을 5년마다 수립·시행하여야 한다.

② 기본계획에는 다음 각 호의 사항이 포함되어야 한다. <개정 2020.12.22.>

　1. 관광진흥을 위한 정책의 기본방향
　2. 국내외 관광여건과 관광동향에 관한 사항
　3. 관광진흥을 위한 기반조성에 관한 사항
　4. 관광진흥을 위한 관광사업의 부문별 정책에 관한 사항

5. 관광진흥을 위한 재원 확보 및 배분에 관한 사항

6. 관광진흥을 위한 제도 개선에 관한 사항

7. 관광진흥과 관련된 중앙행정기관의 역할 분담에 관한 사항

8. 관광시설의 감염병 등에 대한 안전·위생·방역 관리에 관한 사항

9. 그 밖에 관광진흥을 위하여 필요한 사항

③ 기본계획은 제16조제1항에 따른 국가관광전략회의의 심의를 거쳐 확정한다.

④ 정부는 기본계획에 따라 매년 시행계획을 수립·시행하고 그 추진실적을 평가하여 기본계획에 반영하여야 한다.

[전문개정 2017.11.28.]

法 제4조(연차보고)

정부는 매년 관광진흥에 관한 시책과 동향에 대한 보고서를 정기국회가 시작하기 전까지 국회에 제출하여야 한다.

[전문개정 2007.12.21.]

法 제5조(법제상의 조치)

국가는 제2조에 따른 시책을 실시하기 위하여 법제상·재정상의 조치와 그 밖에 필요한 행정상의 조치를 강구하여야 한다.

[전문개정 2007.12.21.]

法 제6조(지방자치단체의 협조)

지방자치단체는 관광에 관한 국가시책에 필요한 시책을 강구하여야 한다.

[전문개정 2007.12.21.]

法 제7조(외국 관광객의 유치)

정부는 외국 관광객의 유치를 촉진하기 위하여 해외 홍보를 강화하고 출입국 절차를 개선하며 그 밖에 필요한 시책을 강구하여야 한다.

[전문개정 2007.12.21.]

法 제8조(관광 여건의 조성)

정부는 관광 여건 조성을 위하여 관광객이 이용할 숙박·교통·휴식시설 등의 개선 및 확충, 휴일·휴가에 대한 제도 개선 등에 필요한 시책을 마련하여야 한다.

[전문개정 2007.12.21.]

[제목개정 2018.12.24.]

法 제9조(관광자원의 보호 등)

정부는 관광자원을 보호하고 개발하는 데에 필요한 시책을 강구하여야 한다.

[전문개정 2007.12.21.]

法 제10조(관광사업의 지도 · 육성)

정부는 관광사업을 육성하기 위하여 관광사업을 지도 · 감독하고 그 밖에 필요한 시책을 강구하여야 한다.

[전문개정 2007.12.21.]

法 제11조(관광 종사자의 자질 향상)

정부는 관광에 종사하는 자의 자질을 향상시키기 위하여 교육훈련과 그 밖에 필요한 시책을 강구하여야 한다.

[전문개정 2007.12.21.]

法 제12조(관광지의 지정 및 개발)

정부는 관광에 적합한 지역을 관광지로 지정하여 필요한 개발을 하여야 한다.

[전문개정 2007.12.21.]

法 제13조(국민관광의 발전)

정부는 관광에 대한 국민의 이해를 촉구하여 건전한 국민관광을 발전시키는 데에 필요한 시책을 강구하여야 한다.

[전문개정 2007.12.21.]

法 제14조(관광진흥개발기금)

정부는 관광진흥을 위하여 관광진흥개발기금을 설치하여야 한다.

[전문개정 2007.12.21.]

法 제15조 삭제 <2000.1.12.>

法 제16조(국가관광전략회의)

① 관광진흥의 방향 및 주요 시책에 대한 수립·조정, 관광진흥계획의 수립 등에 관한 사항을 심의·조정하기 위하여 국무총리 소속으로 국가관광전략회의를 둔다.

② 국가관광전략회의의 구성 및 운영 등에 필요한 사항은 대통령령으로 정한다.

[본조신설 2017.11.28.]

부칙 〈제2877호, 1975.12.31.〉

이 법은 공포한 날로부터 시행한다.

부칙 〈제6129호, 2000.1.12.〉

이 법은 공포한 날부터 시행한다.

부칙 〈제8741호, 2007.12.21.〉

이 법은 공포한 날부터 시행한다.

부칙 〈제15056호, 2017.11.28.〉

이 법은 공포 후 1개월이 경과한 날부터 시행한다.

부칙 〈제16049호, 2018.12.24.〉

이 법은 공포한 날부터 시행한다.

부칙 〈제17703호, 2020.12.22.〉

이 법은 공포 후 6개월이 경과한 날부터 시행한다.

■ 국가관광전략회의의 구성 및 운영에 관한 규정

[시행 2019.11.5.] [대통령령 제30186호, 2019.11.5., 일부개정]

제1조(목적) 이 영은 「관광기본법」 제16조에 따른 국가관광전략회의의 구성 및 운영에 필요한 사항을 규정함을 목적으로 한다.

제2조(기능) 「관광기본법」 제16조에 따른 국가관광전략회의(이하 "전략회의"라 한다)는 다음 각 호의 사항을 심의·조정한다.

1. 관광진흥의 방향 및 주요 시책의 수립 · 조정
2. 「관광기본법」제3조제1항에 따른 관광진흥에 관한 기본계획의 수립
3. 관광 분야에 관한 관련 부처 간의 쟁점 사항
4. 그 밖에 전략회의의 의장이 필요하다고 인정하여 회의에 부치는 사항

제3조(의장) ① 전략회의의 의장(이하 "의장"이라 한다)은 국무총리가 된다.
② 의장은 전략회의에 상정할 안건을 선정하여 회의를 소집하고, 이를 주재한다.
③ 의장이 전략회의에 출석할 수 없을 때에는 전략회의의 구성원 중에서 의장이 미리 지정한 사람이 그 직무를 대행한다.

제4조(구성원) ① 전략회의는 의장 이외에 기획재정부장관, 교육부장관, 외교부장관, 법무부장관, 행정안전부장관, 문화체육관광부장관, 농림축산식품부장관, 보건복지부장관, 환경부장관, 국토교통부장관, 해양수산부장관, 중소벤처기업부장관 및 국무조정실장으로 구성한다. <개정 2019.11.5.>
② 의장은 전략회의에 상정되는 안건과 관련하여 필요하다고 인정할 때에는 전략회의의 구성원이 아닌 관련 부처의 장을 회의에 출석시켜 발언하게 할 수 있다.
③ 의장은 필요하다고 인정할 때에는 안건과 관련된 부처의 장과 협의하여 전략회의의 구성원이 아닌 사람을 회의에 출석시켜 발언하게 할 수 있다.

제5조(의사정족수 및 의결정족수) 전략회의는 구성원 과반수의 출석으로 개의(開議)하고, 출석 구성원 과반수의 찬성으로 의결한다.

제6조(회의의 개최) 전략회의는 연 2회, 반기에 1회씩 개최하는 것을 원칙으로 하되, 의장은 필요에 따라 그 개최 시기를 조정할 수 있다.

제7조(간사) ① 전략회의의 사무를 처리하기 위하여 간사 1명을 두며, 간사는 문화체육관광부 제2차관이 된다. <개정 2019.11.5.>
② 간사는 회의록을 작성한다.

제8조(의안 제출) 전략회의에 안건을 상정하려는 부처의 장은 회의 개최 3일 전까지 문화체육관광부장관에게 해당 안건을 제출하여야 한다. 다만, 긴급한 경우에는 그러하지 아니하다.

제9조(차관조정회의) ① 의장은 전략회의의 효율적 운영을 위하여 전략회의 전에 차관조정회의를 거치도록 할 수 있다.

② 차관조정회의는 다음 각 호의 사항을 협의·조정한다.

1. 전략회의의 상정 안건과 관련하여 전략회의가 위임한 사항

2. 그 밖에 의장이 관련 부처 간에 사전 협의가 필요하다고 인정하는 사항

③ 차관조정회의의 의장은 문화체육관광부 제2차관이 되며, 구성원은 해당 안건과 관련되는 부처의 차관급 공무원이 된다. <개정 2019.11.5.>

제10조(운영세칙) 이 영에 규정된 사항 외에 전략회의의 운영에 필요한 사항은 전략회의의 의결을 거쳐 의장이 정한다.

부칙 〈제28480호, 2017.12.19.〉

이 영은 2017년 12월 29일부터 시행한다.

부칙 〈제30186호, 2019.11.5.〉

이 영은 공포한 날부터 시행한다.

제**3**장

관광진흥법

제3장 관광진흥법

Ⅰ. 관광진흥법

▶제   정 1975. 12. 31. 법률 제2878호
▶전부개정 1986. 12. 31. 법률 제3910호
　　　　　(중략)
▶전부개정 1999. 1. 21. 법률 제5654호
▶일부개정 2002. 1. 26. 법률 제6633호
　　　　　(중략)
▶전부개정 2007. 4. 11. 법률 제8343호
▶일부개정 2008. 6. 5. 법률 제9097호
　　　　　(중략)
▶일부개정 2014. 3. 11. 법률 제12406호
▶일부개정 2015. 2. 3. 법률 제13127호

▶일부개정 2016. 2. 3. 법률 제13958호
▶일부개정 2017. 11. 28 법률 제15058호
▶일부개정 2018. 12. 24 법률 제16051호
▶일부개정 2019. 12. 3. 법률 제16684호
▶일부개정 2020. 12. 22. 법률 제17704호
▶일부개정 2021. 8. 10. 법률 제18377호
▶일부개정 2022. 9. 27. 법률 제18982호
▶일부개정 2022. 5. 3. 법률 제18856호
▶일부개정 2023. 3. 21. 법률 제19246호
▶일부개정 2023. 6. 20. 법률 제19478호
▶일부개정 2023. 8. 8. 법률 제19586호

1. 「관광진흥법」의 특성

1) 질서행정법·규제법의 특성

「관광진흥법」은 질서행정법, 규제행정법으로서의 성격이 강한데, 질서행정법, 규제법은 행정목적(공익)을 위하여 국민에게 여러 가지를 명령·강제하며, 자유 등을 제한하는 내용을 담은 법을 말한다.

관광사업을 경영하고자 하는 자로 하여금 등록 등을 행하게 하고, 그의 자격을 제한하는 규정, 사업등록을 행한 자가 법을 어긴 경우에 등록을 취소 또는 과징금을 부과하며, 벌칙, 과태료, 각종의 금지행위, 허가 및 신고의무 규정, 교육실시 의무 등에 관한 규정들이 그에 해당한다.

「관광진흥법」에서는 질서행정, 규제행정을 위한 규정이 많다고 할 수 있지만, 관광산업의 중요성과 정부의 규제완화정책에 따라 「관광진흥법」의 전체적인 성격이 법적·제

도적·행정적 지원 중심으로 변모해 가고 있다.

2) 급부행정·조성행정법의 특성

과거 국가는 사회질서유지의 책임만을 지는 질서행정, 규제행정이 대부분을 이뤄, 경제활동, 문화활동은 개인의 자유에 맡겨놓았었다. 하지만 오늘날에는 국가가 국민의 경제·문화·사회생활에까지 관여하여 각 분야에서 여러 모순을 제거하는 동시에 일정한 방향으로 유도·조성하는 역할을 하고 있다. 단순히 국민의 활동을 제한하고, 감독·단속하는 것이 아니라 현재보다 나은 상태로 생활을 개선하며 발전을 하는 데 정신적·물질적 도움을 주는 행정활동이 급부적·조성적 행정이다. 「관광진흥법」제4장의 관광의 진흥과 홍보, 제5장의 관광지 등의 개발, 제76조의 재정지원에 관한 규정 등이 이에 해당한다.

3) 개발행정법의 특성

1975년에 제정된 「관광사업법」에도 관광지 지정에 관한 규정을 두고 있으나, 「관광진흥법」에 이르러 관광단지개발촉진법을 흡수·통합함으로써 개발행정법으로서의 성격을 강화시켰다.

관광지의 지정, 조성계획의 수립, 조성계획의 시행, 수용 및 사용에 관한 규정을 중심으로 한 관광지등의 개발에 관한 법 제5장의 내용이 그에 해당한다.

2. 「관광진흥법」의 내용

「관광진흥법」은 총 7장 86조와 부칙으로 구성되어 있다.

3. 「관광진흥법」의 개정배경

1 [법률 제13958호, 2016.2.3., 일부개정]

(1) 개정이유

카지노업의 신규허가 시 허가 대상지역 및 세부 허가기준 등을 공고하도록 법률에 규정함으로써 「관광진흥법」에 따른 카지노업 허가뿐만 아니라 다른 법률에 따른 카지노업 허가 시에도 적용되도록 하고, 자격을 갖춘 관광통역안내사가 외국인 단체 관광객에게 전문적·체계적인 관광안내를 제공하도록 함으로써 우리나라의 역사·문화 등 관광자원에 대해 올바른 인식을 심어주고, 관광통역안내사 자격제도의 실효성을 제고하기 위하여 관광통역안내의 자격이 없는 사람이 외국인 관광객을 대상으로 하는 여행업에 고용되어 외국인 관광안내를 하는 경우에는 100만원 이하의 과태료를 부과하도록 하고, 관광종사원 자격증을 다른 사람에게 대여하는 경우에는 그 자격을 취소하도록 하려는 것임.

또한, 폐교 및 폐산업 시설 등 유휴자원을 활용한 관광자원화를 촉진하기 위하여 유휴자원을 활용한 관광자원화 사업의 근거를 마련하려는 것임.

(2) 주요내용

가. 문화체육관광부장관은 카지노업 신규허가 시 허가 대상지역 등을 공고하도록 하고, 공고를 실시한 결과 적합한 자가 없을 경우에는 카지노업의 신규허가를 하지 않을 수 있도록 함(제21조의2 신설).

나. 관광통역안내의 자격이 없는 사람은 외국인 관광객을 대상으로 하는 관광안내(외국인 관광객을 대상으로 하는 여행업에 종사하여 관광안내를 하는 경우로 한정)를 금지하고, 관광통역안내의 자격을 가진 사람이 관광안내를 하는 경우에는 자격증을 패용하도록 하며, 위반 시 100만원 이하의 과태료를 부과하도록 함(제38조제6항·제7항 및 제86조제2항제4호의4·제4호의5 신설).

다. 관광종사원 자격증 대여를 금지하고, 위반 시 자격을 취소하도록 함(제38조제8항 및 제40조제5호 신설).

라. 문화체육관광부장관과 지방자치단체의 장은 유휴자원을 활용한 관광자원화 사업을 추진할 수 있도록 함(제48조제4항제5호 신설).

2 **[법률 제14623호, 2017.3.21., 일부개정]**

(1) 개정이유 및 주요내용

금치산 및 한정치산 제도를 폐지하고 성년후견·한정후견제 등을 도입하는 내용으로 「민법」이 개정됨에 따라 관광사업자 또는 관광사업 법인 임원의 결격사유를 정비하는 한편, 관광특구 안에서 공개 공지를 사용하여 외국인 관광객을 위한 공연 및 음식을 제공할 수 있는 특례 대상자의 확대 및 연간 60일 이내인 관광특구 내 공개 공지 사용기간 제한 완화를 통해 다양한 공연이나 행사 등이 활발히 개최될 수 있도록 하여 외국인 관광객 유치를 촉진할 수 있도록 하려는 것임.

(2) 주요 개정조문

제7조제1항제1호 중 "금치산자"를 "피성년후견인"으로, "한정치산자"를 "피한정후견인"으로 한다.

제74조제2항 본문 중 "호텔업을 경영하는 자는"을 "관광사업자는"으로 "60일"을 "180일"로 한다.

[부칙]

제1조(시행일) 이 법은 공포한 날부터 시행한다. 다만, 제74조제2항의 개정규정은 공포 후 3개월이 경과한 날부터 시행한다.

제2조(금치산자 등의 결격사유에 관한 경과조치) 이 법 시행 당시 이미 금치산 또는 한정치산의 선고를 받고 법률 제10429호 민법 일부개정법률 부칙 제2조에 따라 금치산 또는 한정치산 선고의 효력이 유지되는 사람에 대해서는 제7조제1항제1호의 개정규정에도 불구하고 종전의 규정에 따른다.

3 **[법률 제15058호, 2017.11.28., 일부개정]**

(1) 개정이유

관광 편의시설업을 경영하려는 자는 반드시 지정을 받도록 의무화하고, 관광 편의시설업 지정기준의 위임 근거를 명시하며, 지정기준에 부적합한 경우 지정 취소 등 행정처분을 할 수 있는 근거를 마련하고, 관광종사원 자격시험에서의 부정행위를 방지하기 위하여 부정행위자에 대한 제재조치를 마련하려는 것임.

(2) 주요내용

가. 관광 편의시설업을 경영하려는 자는 시·도지사 등의 지정을 받도록 의무화하고, 관광객이 이용하기 적합한 시설이나 외국어 안내서비스 등 문화체육관광부령으로 정하는 기준을 갖추도록 함(제6조제1항, 제6조제2항 신설).

나. 관광 편의시설업의 지정기준에 적합하지 아니하게 된 경우에는 지정 취소 등의 행정처분을 할 수 있는 법적 근거를 마련함(제35조제1항제2호의2 신설).

다. 관광종사원 자격시험에 있어서 부정한 방법으로 시험에 응시하거나 시험에서 부정한 행위를 한 사람에 대하여 그 시험을 정지 또는 무효로 하거나 합격결정을 취소하고, 3년간 시험을 정지함(제38조제9항 신설).

4 [법률 제16684호, 2019.12.3., 일부개정]

(1) 개정이유

국가자격이 대여 등을 통해 악용되는 것을 방지하기 위하여 국외여행 인솔자 및 관광종사원의 자격증을 대여한 경우 등에 대하여 제재할 수 있는 근거를 마련하고, 최근 일부 관광지역에서 수용 가능한 범위를 넘어 관광객이 몰리면서 이로 인한 주민의 피해가 심각한 문제로 대두되고 있는바, 이를 해결하기 위하여 특별관리지역 지정 제도를 도입하는 한편, 그 밖에 관광특구의 활성화를 위하여 지정 요건을 완화하는 등 현행 제도의 운영상 나타난 일부 미비점을 개선·보완하려는 것임.

(2) 주요내용

가. 휴양 콘도미니엄업의 경우 주요한 관광사업 시설의 전부를 인수하는 것은 분양된 객실을 제외한 나머지 시설을 인수하는 것을 의미한다는 것을 명확히 함(제8조제2항).

나. 국외여행 인솔자 및 관광종사원의 자격증 대여 등을 금지하고, 이를 위반한 경우 자격취소 처분을 하거나 벌칙을 부과할 수 있는 근거를 마련함(제13조제4항, 제13조의2, 제38조제8항 및 제84조제2호의2·제5호의2 신설).

다. 관광종사원 자격시험의 최종합격자 발표일을 기준으로 결격사유에 해당하는 사람은 관광종사원의 자격을 취득하지 못하도록 함(제38조제5항).

라. 시·도지사나 시장·군수·구청장은 수용 범위를 초과한 관광객의 방문으로 자연환경이 훼손되거나 주민의 평온한 생활 환경을 해칠 우려가 있는 지역을 특별관리

지역으로 지정하고, 관광객 방문시간 제한 등 필요한 조치를 할 수 있도록 함(제48조의3제2항부터 제5항까지 신설).

마. 사업시행자가 아닌 자로서 조성사업을 하려는 자가 조성하려는 토지면적 중 사유지의 3분의 2 이상을 취득한 경우에는 사업시행자에게 남은 사유지의 매수를 요청할 수 있도록 함(제54조제6항 신설).

바. 관광지 및 관광단지의 실적 평가 결과 조성사업의 완료가 어렵다고 판단되는 경우 조성계획의 승인을 취소할 수 있도록 함(제56조제3항).

사. 임야·농지·공업용지 또는 택지 등 관광활동과 직접적인 관련성이 없는 토지에 대한 예시 규정을 삭제하여 관광특구 지정요건을 완화함(제70조제1항제3호).

아. 시·도지사가 관광특구 지정신청을 받은 경우에는 지정요건 충족 여부 등을 검토하기 위하여 전문기관에 조사·분석을 의뢰하도록 함(제70조의2 신설).

자. 관광객 유치를 위하여 관광진흥개발기금을 대여하거나 보조할 수 있는 시설의 범위에 교통·주차시설을 추가함(제72조제2항).

차. 관광특구진흥계획의 집행 상황 평가 주체를 시·도지사로 일원화하고, 문화체육관광부장관은 관광특구에 대한 평가를 3년마다 실시하도록 함(제73조).

5 [법률 제18377호, 2021.8.10., 일부개정]

(1) 개정이유 및 주요내용

한국여행업협회의 업계 피해 실태 전수조사 결과에 의하면 2020년 10월 말 기준 조사대상 17,664개 업체 중 폐업 신고완료 업체는 202개, 사실상 폐업상태는 3,953개인 것으로 나타났고 지방의 소규모 업체들도 함께 고사 상태에 빠져있음.

2020년 여행업 전체 매출은 1조 9,198억원으로 2019년 11조 7,949억원 대비 83.7퍼센트가 감소한 것으로 추정되며 실직자 역시 4만5천여 명에 이르는 것으로 파악되고 있음.

그러나 현행법에는 관광사업자들에 대한 재난 지원 사항이 명시되어 있지 않음.

이에 국가와 지방자치단체는 감염병 확산 등으로 관광사업자에게 경영상 중대한 위기가 발생한 경우 필요한 지원을 할 수 있는 근거를 마련하려는 것임.

(2) 주요 개정문

제76조의2를 다음과 같이 신설한다.

제76조의2(감염병 확산 등에 따른 지원) 국가와 지방자치단체는 감염병 확산 등으로 관광사업자에게 경영상 중대한 위기가 발생한 경우 필요한 지원을 할 수 있다.

6 [법률 제18856호, 2022.5.3., 일부개정]

(1) 개정이유 및 주요내용

코로나바이러스감염증-19 등 행정환경 변화에 적극적으로 대응하고, 자치분권 확대를 통하여 지방자치단체의 특성에 맞는 정책결정과 행정서비스 제공을 촉진하기 위하여 종전에는 특별시장·광역시장·도지사 등 시·도지사에게만 부여되었던 관광특구의 지정 권한을 인구 100만 이상의 대도시의 경우에는 그 대도시의 장에게도 부여하는 등 「지방자치분권 및 지방행정체제개편에 관한 특별법」에 따른 자치분권위원회가 지방자치단체에 이양하기로 심의·의결한 권한과 사무를 조속히 이양할 필요가 있음.

이에 인구 100만 이상 대도시에 대한 특례를 마련하여 관광특구의 지정, 지정취소, 면적조정, 개선권고 등의 사무 권한을 인구 100만 이상의 대도시인 특례시의 시장에게 부여하도록 규정하려는 것임.

(2) 제정·개정문

제70조제2항을 제3항으로 하고, 같은 조에 제2항을 다음과 같이 신설하며, 같은 조 제3항(종전의 제2항) 중 "제3항 및 제5항"을 "제3항·제5항 및 제6항"으로 하고, 같은 항에 후단을 다음과 같이 신설한다.

② 제1항 각 호 외의 부분 전단에도 불구하고 「지방자치법」 제198조제2항제1호에 따른 인구 100만 이상 대도시(이하 "특례시"라 한다)의 시장은 관할 구역 내에서 제1항 각 호의 요건을 모두 갖춘 지역을 관광특구로 지정할 수 있다.

이 경우 "시·도지사"는 "시·도지사 또는 특례시의 시장"으로 본다.

제70조의2의 제목 중 "지정신청에 대한"을 "관광특구 지정을 위한"으로 하고, 같은 조 중 "제70조제1항에 따라 시·도지사가 관광특구의 지정신청을 받은 경우에는 그 신청이 같은 항"을 "제70조제1항 및 제2항에 따라 시·도지사 또는 특례시의 시장이 관광특구를 지정하려는 경우에는 같은 조 제1항"으로 한다.

제73조제1항 중 "시·도지사는"을 "시·도지사 또는 특례시의 시장은"으로 하고, 같은 조 제2항 중 "시·도지사는"을 "시·도지사 또는 특례시의 시장은"으로 하며, 같은 조

제5항 중 "시·도지사에게"를 "시·도지사 또는 특례시의 시장에게"로 한다.

⑦ [법률 제18982호, 2022.9.27., 일부개정]

(1) 개정이유 및 주요내용

국제회의업은 관광산업의 진흥을 위한 고부가가치 전략산업으로서, 지역별로 특화된 산업과 문화를 바탕으로 활발하게 개최되고 있는 기업회의 등 다양한 형태의 행사를 포괄하는 산업으로 확장되고 있음.

이에 국제회의업이 관광산업의 진흥에 기여하는 산업임을 명확히 규정하고, 국제회의의 범주에 기업회의를 추가하는 등 국제회의업의 정의 규정을 보완하여 관련 산업을 육성하기 위한 근거를 마련하려는 것임.

(2) 제정·개정문

제3조제1항제4호 중 "대규모 관광 수요를 유발하는 국제회의"를 "대규모 관광 수요를 유발하여 관광산업 진흥에 기여하는 국제회의"로, "전시회"를 "전시회·기업회의"로, "국제회의의 계획·준비·진행 등의 업무"를 "국제회의의 기획·준비·진행 및 그 밖에 이와 관련된 업무"로 한다.

⑧ 법률 제19246호, 2023.3.21., 일부개정]

(1) 개정이유 및 주요내용

시·도지사가 지역별 관광협회의 수행 사업에 대한 사업비를 예산의 범위에서 지원할 수 있도록 하고, 구체적인 사항은 해당 지방자치단체의 조례로 정하도록 하여 지역 관광산업 활성화의 토대를 마련하는 한편, 고령자의 여행 및 관광 활동 권리를 증진하기 위하여 필요한 지원을 할 수 있도록 법적 근거를 마련함.

(2) 제45조에 제3항을 다음과 같이 신설한다.

③ 시·도지사는 해당 지방자치단체의 조례로 정하는 바에 따라 제1항에 따른 지역별 관광협회가 수행하는 사업에 대하여 예산의 범위에서 사업비의 전부 또는 일부를 지원할 수 있다.

제47조의3의 제목, 같은 조 제1항 및 제2항 중 "장애인"을 각각 "장애인·고령자"로 한다.

⑨ [법률 제19478호, 2023.6.20., 일부개정]

(1) 개정이유 및 주요내용

문화체육관광부장관과 지방자치단체의 장이 관광객의 유치, 관광복지의 증진 및 관광 진흥을 위하여 추진할 수 있는 사업에 주민 주도의 지역관광 활성화 사업을 추가함.

(2) 제정·개정문

제48조제4항 각 호 외의 부분 중 "대통령령으로"를 "대통령령 또는 조례로"로 하고, 같은 항에 제6호를 다음과 같이 신설한다.
6. 주민 주도의 지역관광 활성화 사업

⑩ [법률 제19586호, 2023.8.8., 일부개정]

(1) 개정이유 및 주요내용

단독 소유나 공유의 형식으로 관광사업의 일부 시설을 관광사업자로부터 분양받은 자의 정의를 '소유자등'에서 '소유자등'으로 변경하고, 여행업 등의 등록기준 중 자본금을 법인인 경우에는 납입자본금을 의미하는 것으로, 개인인 경우에는 등록하려는 사업에 제공되는 자산의 평가액을 의미하는 것으로 명시하는 한편, 유원시설업을 경영하는 자는 장애인이 편리하고 안전하게 이용할 수 있도록 제작된 유기시설 및 유기기구의 설치를 위하여 노력하도록 하고, 국가와 지방자치단체가 일·휴양연계관광산업의 육성에 관한 사업을 추진할 수 있는 근거 규정을 마련하는 등 현행 제도의 운영상 나타난 일부 미비점을 개선·보완함.

(2) 제정·개정문

관광진흥법 일부를 다음과 같이 개정한다.

제2조제5호 중 ""소유자등"란 "을 ""소유자등"이란"으로 한다.

제3조제1항제2호나목 중 "소유자등"를 "소유자등"으로 한다.

제4조제3항 중 "자본금"을 "자본금(법인인 경우에는 납입자본금을 말하고, 개인인 경우에는 등록하려는 사업에 제공되는 자산의 평가액을 말한다)"으로 한다.

제8조제1항 및 같은 조 제2항 각 호 외의 부분 중 "소유자등"를 각각 "소유자등"으로 한다.

제20조제2항제3호, 같은 조 제5항 각 호 외의 부분, 같은 항 제6호 및 제7호 중 "소유자등"를 각각 "소유자등"으로 한다.

제2장제5절에 제34조의3을 다음과 같이 신설한다.

제34조의3(장애인의 유원시설 이용을 위한 편의 제공 등) ① 유원시설업을 경영하는 자는 장애인이 유원시설을 편리하고 안전하게 이용할 수 있도록 제작된 유기시설 및 유기기구(이하 "장애인 이용가능 유기시설등"이라 한다)의 설치를 위하여 노력하여야 한다. 이 경우 국가 및 지방자치단체는 해당 장애인 이용가능 유기시설등의 설치에 필요한 비용을 지원할 수 있다.

② 제1항에 따라 장애인 이용가능 유기시설등을 설치하는 자는 대통령령으로 정하는 편의시설을 갖추고 장애인이 해당 장애인 이용가능 유기시설등을 편리하게 이용할 수 있도록 하여야 한다.

제35조제1항제9호 중 "소유자등"를 "소유자등"으로 한다.

제4장에 제48조의12를 다음과 같이 신설한다.

제48조의12(일·휴양연계관광산업의 육성) ① 국가와 지방자치단체는 관광산업과 지역관광을 활성화하기 위하여 일·휴양연계관광산업(지역관광과 기업의 일·휴양연계제도를 연계하여 관광인프라를 조성하고 맞춤형 서비스를 제공함으로써 경제적 또는 사회적 부가가치를 창출하는 산업을 말한다. 이하 같다)을 육성하여야 한다.

② 문화체육관광부장관은 다양한 지역관광자원을 개발·육성하기 위하여 일·휴양연계관광산업의 관광 상품 및 서비스를 발굴·육성할 수 있다.

③ 지방자치단체는 일·휴양연계관광산업의 활성화를 위하여 기업 또는 근로자에게 조례로 정하는 바에 따라 업무공간, 체류비용의 일부 등을 지원할 수 있다.

Ⅱ. 관광진흥법 시행령

▶제　　정 1976. 7. 20. 대통령령 제8194호
　　　　　(중략)
▶전부개정 2007. 11. 13. 대통령령 제20374호
　　　　　(중략)
▶일부개정 2014. 11. 28. 대통령령 제25783호
▶일부개정 2015. 2. 3. 대통령령 제26086호
▶일부개정 2016. 8. 2. 대통령령 제27425호
▶일부개정 2017. 6. 20. 대통령령 제28128호

▶일부개정 2018. 11. 20. 대통령령 제29291호
▶일부개정 2019. 6. 11. 대통령령 제29820호
▶일부개정 2020. 6. 2. 대통령령 제30733호
▶일부개정 2020. 12. 8. 대통령령 제31232호
▶일부개정 2021. 3. 23. 대통령령 제31543호
▶일부개정 2021. 8. 10. 대통령령 제31938호
▶일부개정 2021. 10. 14. 대통령령 제32044호
▶일부개정 2023. 5. 2. 대통령령 제33442호

1. 「관광진흥법 시행령」의 개정배경

1　[대통령령 제25783호, 2014.11.28., 일부개정]

(1) 제정·개정이유

국가 및 지방자치단체가 대통령령으로 정하는 관광취약계층에게 여행이용권을 지급할 수 있는 근거를 마련하는 등의 내용으로 「관광진흥법」이 개정(법률 제12689호, 2014.5.28. 공포, 11.29. 시행)됨에 따라, 여행이용권이 지급되는 관광취약계층을 「국민기초생활보장법」에 따른 수급자 등으로 정하는 등 법률에서 위임된 사항과 그 시행에 필요한 사항을 정하는 한편, 관광사업에 관한 규제 완화를 통하여 관광산업을 육성하기 위하여 관광숙박시설이 일반주거지역에 입지하는 경우 조성하여야 하는 조경면적 기준을 완화하는 등 현행 제도의 운영상 나타난 일부 미비점을 개선·보완하려는 것임.

(2) 주요내용

가. 외국인관광 도시민박업의 특례(제2조제1항제6호)

　1) 외국인관광 도시민박업의 지정을 받으면 외국인 관광객에게만 숙식 등을 제공할 수 있었으나, 도시재생 활성화계획에 따라 마을기업이 운영하는 외국인관광 도시민박업의 경우에는 외국인 관광객에게 우선하여 숙식 등을 제공하되, 외국인 관광객의 이용에 지장을 주지 아니하는 범위에서 해당 지역을 방문하는 내국인 관광객에게도 숙식 등을 제공할 수 있도록 함.

   2) 도시재생 활성화계획이 수립된 도시지역의 관광 여건이 개선됨으로써 해당 지역의 재생과 발전을 도울 수 있을 것으로 기대됨.

나. 관광숙박업에 대한 사업계획 승인기준 완화(제13조제1항)

관광숙박시설이 일반주거지역에 입지하는 경우 갖추어야 하는 조경 기준을 호스텔업에 대해서는 적용하지 아니하도록 하고, 다른 관광숙박시설의 경우에도 조경면적 기준을 대지면적의 20퍼센트에서 대지면적의 15퍼센트로 완화함.

다. 호텔업의 등급 개선(제22조제2항)

특1등급 · 특2등급 · 1등급 · 2등급 및 3등급으로 구분해 왔던 호텔업의 등급을 국제적으로 통용되는 5성급 · 4성급 · 3성급 · 2성급 및 1성급의 체계로 정비함으로써 외국인 관광객들이 호텔을 선택함에 있어서의 편의를 도모함.

라. 여행이용권 지급 대상(제41조의3 신설)

여행이용권이 지급되는 관광취약계층을 「국민기초생활 보장법」에 따른 수급자, 「장애인연금법」에 따른 장애인연금 수급자 등으로 정함.

마. 의료관광호텔업 등록기준 완화(별표 1 제2호사목)

외국인환자 유치 의료기관 개설자가 최다출연자가 되거나 최대출자자가 되는 법인이 의료관광호텔업을 등록하는 경우로서, 그 법인이 의료관광호텔업 등록을 위한 외국인환자 유치 실적 기준에 미치지 못하더라도 최다출연자 또는 최대출자자인 외국인환자 유치 의료기관 개설자가 외국인환자 유치 실적 기준을 충족하는 경우에는 의료관광호텔업의 등록이 가능하도록 함.

2 [대통령령 제26086호, 2015.2.3., 일부개정]

(1) 개정이유 및 주요내용

카지노사업자의 법령 위반 행위에 대한 제재의 실효성을 높이기 위하여 카지노업의 시설을 타인에게 처분하거나 경영하도록 한 경우 3차 위반 시까지 사업정지 처분을 하고, 4차 위반 시 영업취소 처분을 하던 것을 앞으로는 1차 위반 시 사업정지 처분을 하고, 2차 위반 시 영업취소 처분을 하도록 하는 등 카지노사업자에 대한 행정처분 기준을 강화하는 한편, 카지노사업자의 변경신고 위반에 대하여 사업정지 처분을 하는 대신 과징금을 부과할 수 있도록 하여 탄력적인 법 집행이 가능하도록 하는 등 현행 제도의 운영상 나타난 일부 미비점을 개선 · 보완하려는 것임.

(2) 제정·개정문

관광진흥법 시행령 일부를 다음과 같이 개정한다.

제66조의2제1항 중 "이유로 그 배우자 등이 출입 금지를 요청한 경우에"를 "이유로"로 한다.

별표 2 제1호나목을 다음과 같이 한다.

> 나. 위반행위의 횟수에 따른 행정처분의 기준은 최근 1년(카지노업에 대하여 행정처분을 하는 경우에는 최근 3년을 말한다)간 같은 위반행위로 행정처분을 받은 경우에 적용한다. 이 경우 행정처분 기준의 적용은 같은 위반행위에 대하여 최초로 행정처분을 한 날을 기준으로 한다.

③ [대통령령 제27044호, 2016.3.22., 일부개정]

(1) 개정이유

학교의 보건·위생 및 학습 환경을 저해하는 유흥시설이나 사행행위장 등이 없고, 객실이 100실 이상 등의 요건을 갖춘 관광숙박시설의 경우에는 학교환경위생정화위원회의 심의를 거치지 아니하고 학교환경위생 정화구역에 설치할 수 있도록 하는 등의 내용으로 「관광진흥법」이 개정(법률 제13594호, 2015.12.22. 공포, 2016.3.23. 시행)됨에 따라, 학교환경위생정화위원회의 심의를 거치지 아니하고 학교환경위생 정화구역에 설치할 수 있는 관광숙박시설의 요건 등 법률에서 위임된 사항과 그 시행에 필요한 사항을 정하는 한편, 관광면세업을 관광 편의시설업의 업종으로 신설하여 관광 면세산업을 체계적으로 육성할 수 있도록 하고, 호스텔업의 입지규제를 완화하여 중저가 숙박시설의 확충을 도모하는 등 관광사업에 관한 현행 제도의 운영상 나타난 일부 미비점을 개선·보완하려는 것임.

(2) 주요내용

> 가. 외국인관광 도시민박업을 관광객 이용시설업으로 재분류(제2조제1항제3호바목 신설)
>> 1) 관광 편의시설업은 관광 진흥에 이바지할 수 있다고 인정하는 사업을 그 지정 대상으로 하므로 지정요건이 간소하고, 지정요건 위반 시에도 제재처분이 없음.
>> 2) 지금까지 외국인관광 도시민박업은 신고 등 다른 법률에 따른 별도의 관리체계 없이 관광 편의시설업의 업종으로 분류되어 관리가 불충분한 측변이 있었는바, 이를 관광객 이용시설업으로 재분류함으로써 그 관리체계를 강화함.

나. 관광면세업 신설(제2조제1항제6호카목)

   1) 보세판매장의 특허를 받은 자 또는 면세판매장의 지정을 받은 자가 판매시설을 갖추어 관광객에게 면세물품을 판매하는 업을 관광 편의시설업 중 관광면세업으로 신설함.

   2) 관광면세업을 관광사업의 업종에 포함시켜 관광면세업에 대한 관광진흥개발기금의 지원이 가능하게 함으로써 관광 면세산업을 체계적으로 관리·육성할 수 있도록 함.

다. 호스텔업의 입지규제 완화[제13조제1항제3호가목2)]

   지금까지 호스텔업의 사업계획 승인을 받으려면 호스텔업의 대지가 폭 8미터 이상의 도로에 4미터 이상 연접하도록 하였으나, 관광객의 수, 관광특구와의 거리 등을 고려하여 특별자치도지사·시장·군수·구청장이 지정하여 고시하는 지역에서 20실 이하의 객실을 갖추어 경영하는 호스텔업의 경우에는 폭 4미터 이상의 도로에 4미터 이상 연접하면 되도록 함.

라. 학교환경위생 정화구역 내 관광숙박시설의 설치(제14조의2 및 제21조의2 신설)

   학교환경위생정화위원회의 심의를 거치지 아니하고 학교환경위생 정화구역 내에 관광숙박시설을 설치하려면 해당 시설이 서울특별시나 경기도 지역에 위치하고, 투숙객이 차량 또는 도보 등을 통하여 해당 관광숙박시설에 드나들 수 있는 출입구, 주차장, 로비 등의 공용 공간을 외부에서 조망할 수 있는 개방적인 구조로 하며, 설치 후에도 이러한 요건을 준수하도록 함.

마. 야영장업의 등록기준 보완[별표 1 제4호다목(1)]

   야영장 시설은 토지의 형질변경을 최소화하여 설치하고, 야영장에 설치되는 건축물의 바닥면적 합계는 야영장 전체면적의 100분의 10 미만이 되도록 하며, 보전관리지역 또는 보전녹지지역에 야영장을 설치하는 경우에는 야영장 전체면적이 1만제곱미터 미만, 야영장에 설치되는 건축물의 바닥면적 합계가 300제곱미터 미만이 되도록 하는 등 야영장업의 등록기준을 보완하여 야영장업을 체계적으로 관리할 수 있도록 함.

4 [대통령령 제28935호, 2018.6.5., 일부개정]

(1) 개정이유

관광서비스의 품질 향상을 도모하기 위하여 관광서비스의 품질을 전문적이고 체계적으로 관리하기 위한 한국관광 품질인증 제도를 마련하는 등의 내용으로 「관광진흥법」이 개정 (법률 제15436호, 2018.3.13. 공포, 6.14. 시행)됨에 따라, 한국관광 품질인증의 대상, 인증 기준, 절차·방법 및 인증표지 등 법률에서 위임된 사항과 그 시행에 필요한 사항을 정하려는 것임.

(2) 주요내용

가. 한국관광 품질인증의 대상(제41조의9 신설)

한국관광 품질인증의 대상을 야영장업, 외국인관광 도시민박업, 관광식당업, 한옥체험업, 관광면세업, 숙박업 및 외국인 관광객면세판매장을 위한 시설 및 서비스 등으로 정함.

나. 한국관광 품질인증의 인증 기준(제41조의10 신설)

관광객 편의를 위한 시설 및 서비스를 갖추었는지, 관광객 응대를 위한 전문 인력을 확보하였는지, 재난 및 안전관리 위험으로부터 관광객을 보호할 수 있는 사업장 안전관리방안을 수립하였는지, 해당 사업의 관련 법령을 준수하였는지를 고려하여 한국관광 품질인증을 하도록 함.

다. 한국관광 품질인증의 절차 및 방법 등(제41조의11 신설)

한국관광 품질인증을 받으려는 자는 품질인증 신청서를 문화체육관광부장관에게 제출하고, 문화체육관광부장관은 신청서의 내용을 평가·심사한 결과 한국관광 품질인증의 인증 기준에 적합하면 인증서를 발급하며, 한국관광 품질인증의 유효기간을 인증서가 발급된 날부터 3년으로 정함.

라. 한국관광 품질인증 및 그 취소에 관한 업무의 위탁(제65조)

한국관광 품질인증 및 그 취소에 관한 업무를 한국관광공사에 위탁하고, 한국관광공사는 한국관광 품질인증 및 그 취소에 관한 업무 규정을 정하여 문화체육관광부장관의 승인을 받도록 함.

5 [대통령령 제29679호, 2019.4.9., 일부개정]

(1) 개정이유

문화관광해설사 양성교육과정 인증제도를 폐지하고, 문화체육관광부장관 또는 시·도지사는 문화관광해설사 양성을 위한 교육과정을 개설하여 운영할 수 있으며, 해당 교육과정을 교육기관 등에 위탁할 수 있도록 하는 등의 내용으로 「관광진흥법」이 개정됨에 따라, 문화관광해설사 양성교육과정의 개설·운영에 관한 권한을 위탁받을 수 있는 기관의 기준을 정하는 한편, 관광 환경의 변화와 기술의 발전에 따라 나타나는 새로운 유형의 관광 관련 사업을 관광사업의 한 종류에 포함하여 「관광진흥법」에 따른 관련 지원을 받을 수 있도록 하고, 과도한 경쟁의 요인이 되던 문화관광축제 등급제를 폐지하는 등 현행 제도의 운영상 나타난 일부 미비점을 개선·보완하려는 것임.

(2) 주요내용

가. 관광지원서비스업 신설(제2조제1항제6호타목 신설)

관광 편의시설업의 한 종류로 주로 관광객 또는 관광사업자 등을 위하여 사업이나 시설등을 운영하는 업으로서 문화체육관광부장관이 「통계법」에 따라 관광 관련 산업으로 분류한 쇼핑업, 운수업, 숙박업, 음식점업, 문화·오락·레저스포츠업, 건설업, 자동차임대업 및 교육서비스업 등을 관광지원서비스업으로 신설함.

나. 문화관광축제 등급제 폐지(제41조의8제2항 및 제3항)

종전에는 문화체육관광부장관은 우수한 지역축제를 등급을 구분하여 문화관광축제로 지정하고, 등급별로 차등을 두어 지원하였으나, 앞으로는 등급을 구분하지 않고 문화관광축제를 지정하여, 차등 없이 필요한 지원을 할 수 있도록 함.

다. 문화관광해설사 양성교육과정의 개설·운영 위탁(제64조제1항제6호)

문화관광해설사 양성교육과정의 개설·운영에 관한 문화체육관광부장관 또는 시·도지사의 권한을 한국관광공사 또는 문화관광해설사 양성교육에 필요한 교육과정·교육내용, 인력·조직 및 시설·장비를 모두 갖춘 교육기관에 위탁함.

6 [대통령령 제29820호, 2019.6.11., 일부개정]

(1) 개정이유

문화체육관광부장관은 카지노사업자가 미리 신고하지 않고 카지노업을 휴업 또는 폐업하는 경우 카지노업 허가의 취소 등의 행정처분을 할 수 있도록 하고, 관광시설의 조성과 관리에 관한 조성계획의 승인을 받아 관광지 및 관광단지를 개발하려는 자가 조성계획 승인 전에 시·도지사의 승인을 받아 조성사업에 필요한 토지를 매입할 수 있도록 하는 등의 내용으로 「관광진흥법」이 개정(법률 제15860호, 2018.12.11. 공포, 2019.6.12. 시행)됨에 따라, 카지노사업자가 카지노업의 휴업 또는 폐업 사실을 미리 신고하지 않은 경우에 대한 행정처분의 기준, 시·도지사의 승인을 받아 토지를 매입하는 절차를 정하는 한편, 실내관광공연장의 시설기준을 완화하여 소규모 공연 등 다양한 공연이 가능하도록 하려는 것임.

(2) 주요내용

가. 조성사업용 토지 사전 매입 승인 신청 절차(제47조의2 신설)

조성계획 승인 전에 시·도지사의 승인을 받아 조성사업에 필요한 토지를 매입하려는 자는 승인신청서에 매입 예정 토지의 세목 및 토지의 매입 예정 시기가 포함된 토지 매입계획서, 시설물 및 공작물 등의 위치·규모 및 용도가 포함된 설치계획을 포함한 매입 예정 토지의 사업계획서 등을 첨부하여 시·도지사에게 승인을 신청해야 함.

나. 실내관광공연장의 무대면적 기준 완화(별표 1 제4호마목)

실내관광공연장의 시설기준 중 무대면적 기준을 100제곱미터 이상에서 70제곱미터 이상으로 완화함.

다. 카지노 휴업 또는 폐업 사전 신고 의무 위반에 대한 행정처분 기준(별표 2 제2호사목)

카지노사업자가 카지노업의 휴업 또는 폐업 사실을 미리 신고하지 않은 경우에 대한 행정처분 기준을 1차 위반 시 시정명령, 2차 위반 시 허가 취소로 정함.

7 [대통령령 제30209호, 2019.11.19., 일부개정]

(1) 개정이유 및 주요내용

관광객의 호텔 이용의 편의를 위하여 호텔의 서비스, 객실 및 부대시설의 상태 등을 평가하는 호텔업 등급결정을 의무적으로 받아야 하는 호텔업의 범위에 가족호텔업을 추가하고, 의료관광호텔업 운영을 활성화하기 위하여 외국인환자 유치업자가 의료관광호텔업 등록을 위해 충족해야 하는 전년도 또는 직전 1년간의 실환자수 기준을 500명 초과에서 200명 초과로 완화하며, 외국인관광 도시민박업의 안전사고 예방을 위해 난방설비가 개별 난방 방식인 경우에는 객실마다 일산화탄소 경보기를 의무적으로 설치하도록 그 등록기준을 강화하는 등 현행 제도의 운영상 나타난 일부 미비점을 개선·보완하려는 것임.

(2) 제정·개정문

관광진흥법 시행령 일부를 다음과 같이 개정한다.

제22조제1항 중 "소형호텔업"을 "가족호텔업, 소형호텔업"으로 한다.

별표 1 제2호사목(4) 중 "「학교보건법」 제6조제1항제12호, 제15호, 제19호 및 같은 법 시행령 제6조제1호"를 "「교육환경 보호에 관한 법률」 제9조제13호ㆍ제22호ㆍ 제23호 및 제26호"로, "아니할"을 "않을"로 하고, 같은 목 (9)(가)1 본문 중 "「의료법」 제27조의2제3항"을 "「의료 해외진출 및 외국인환자 유치 지원에 관한 법률」 제11조"로 한다.

별표 1 제2호사목(9)(나)1 중 "「의료법」 제27조의2제3항"을 "「의료 해외진출 및 외국인환자 유치 지원에 관한 법률」 제11조"로, "500명"을 "200명"으로 하고, 같은 표 제4호가목(2)(하) 및 (거) 중 "별표 2 제1호"를 각각 "별표 2 제2호가목"으로 하며, 같은 호 바목(3) 중 "단독경보형 감지기"를 "단독경보형 감지기 및 일산화탄소 경보기(난방설비를 개별난방 방식으로 설치한 경우만 해당한다)"로 한다.

8 [대통령령 제30639호, 2020.4.28., 일부개정]

(1) 개정이유 및 주요내용

폐교재산을 교육용시설인 야영장으로 사용할 수 있도록 하는 등의 내용으로 「폐교재산의 활용촉진을 위한 특별법」이 개정됨에 따라 폐교재산을 활용하여 야영장업을 하려는 경우 야영장에 설치되는 건축물의 면적제한 등을 완화하여 폐교재산의 야영장 활용을 촉진하고, 관광 편의시설업으로 분류되었던 한옥체험업을 관광객 이용시설업으로 재분류하여 한옥의 양식, 면적 제한 및 편의시설 설치 등을 등록기준으로 신설함으로써 한옥체험업을 보다 효율적으로 운영ㆍ관리할 수 있도록 하려는 것임.

(2) 제정ㆍ개정문

관광진흥법 시행령 일부를 다음과 같이 개정한다.

제2조제1항제3호에 사목을 다음과 같이 신설하고, 같은 항 제6호차목을 삭제한다.

　사. 한옥체험업: 한옥(「한옥 등 건축자산의 진흥에 관한 법률」 제2조제2호에 따른 한옥을 말한다)에 관광객의 숙박 체험에 적합한 시설을 갖추고 관광객에게 이용하게 하거나, 전통 놀이 및 공예 등 전통문화 체험에 적합한 시설을 갖추어 관광객에게 이용하게 하는 업

제6조제1항에 제7호를 다음과 같이 신설한다.

7. 객실 수 및 면적의 변경, 편의시설 면적의 변경, 체험시설 종류의 변경(한옥체험업
   만 해당한다)

제41조의9제4호를 삭제하고, 같은 조 제3호를 제4호로 하며, 같은 조에 제3호를 다음
과 같이 신설한다.
  3. 제2조제1항제3호사목의 한옥체험업

9 [대통령령 제30733호, 2020.6.2., 일부개정]

(1) 개정이유

시 · 도지사 등은 특별관리지역을 지정 · 변경 또는 해제할 때에는 미리 주민의 의견을
듣도록 하고, 사업시행자가 아닌 자로서 조성사업을 하려는 자는 사업시행자에게 취득하
지 못한 사유지의 매수를 요청할 수 있도록 하며, 시 · 도지사는 관광특구의 지정 요건 충
족 여부 등을 검토하기 위하여 전문기관에 조사 · 분석을 의뢰하도록 하고, 문화체육관광
부장관은 관광특구에 대한 평가를 3년마다 실시하여 평가 결과 지정취소 등의 조치를 요
구할 수 있도록 하는 등의 내용으로 「관광진흥법」이 개정(법률 제16684호, 2019.12.3. 공포,
2020.6.4. 시행)됨에 따라 특별관리지역의 지정 등을 위하여 주민의 의견을 듣는 방법, 사업
시행자가 아닌 자로서 조성사업을 하려는 자가 사업시행자에게 사유지의 매수를 요청하
는 절차, 관광특구의 지정 요건 충족 여부 등을 검토하는 전문기관, 관광특구 평가의 내용
및 절차를 정하는 등 법률에서 위임된 사항과 그 시행에 필요한 사항을 정하려는 것임.

(2) 주요내용

가. 특별관리지역의 지정 등에 대한 주민 의견 수렴(제41조의9 신설)
   시 · 도지사 또는 시장 · 군수 · 구청장은 특별관리지역을 지정 · 변경 또는 해제하
   려는 경우에는 해당 지역의 주민을 대상으로 공청회를 개최하도록 함.

나. 사유지의 매수 요청 절차(제47조의2 신설)
   사업시행자가 아닌 자로서 조성사업을 하려는 자가 남은 사유지의 매수를 요청
   하려는 경우 사유지 매수요청서를 사업시행자에게 제출하도록 하고, 사업시행자
   는 사유지의 매수 필요성 및 시급성, 사유지의 매수를 요청한 자가 토지소유자
   등과 성실하게 협의에 임하였는지 여부 등을 검토하도록 함.

다. 관광특구 지정 관련 조사 · 분석 전문기관(제58조의2 신설)

관광특구의 지정에 필요한 사항을 검토하는 전문기관을 「문화기본법」에 따른 한 국문화관광연구원, 「정부출연연구기관 등의 설립·운영 및 육성에 관한 법률」에 따른 정부출연연구기관으로서 관광정책 및 관광산업에 관한 연구를 수행하는 기 관, 관광특구 지정신청에 대한 조사·분석 업무를 수행할 조직을 갖추고 조사· 분석 업무와 관련된 분야의 박사학위를 취득한 전문인력을 확보하는 등의 요건 을 갖춘 기관 또는 단체로 함.

라. 관광특구 평가의 내용 및 절차(제60조의2 신설)

1) 문화체육관광부장관은 관광특구에 대하여 관광특구 지정 요건을 충족하는지 여부, 최근 3년간의 관광특구진흥계획 추진 실적, 외국인 관광객의 유치 실적 등을 평가하도록 함.

2) 문화체육관광부장관은 관광특구에 대한 평가를 하려는 경우에는 세부 평가계 획을 수립하여 평가 대상지역의 시장·군수·구청장 등에게 평가실시일 90일 전까지 통보하도록 함.

10 [대통령령 제31232호, 2020.12.8., 일부개정]

(1) 개정이유 및 주요내용

관광지등으로 지정·고시된 지역에서 건축물의 건축, 공작물의 설치 등의 행위를 하 려는 자는 특별자치시장·특별자치도지사·시장·군수·구청장의 허가를 받도록 하는 등의 내용으로 관광진흥법이 개정(법률 제17399호, 2020.6.9. 공포, 12.10. 시행)됨에 따라 관광 지등으로 지정·고시된 지역에서 허가를 받아야 하는 행위를 가설 건축물을 포함한 건 축물의 건축·대수선 또는 용도변경, 인공을 가하여 제작한 시설물의 설치 등으로 나 누어 구체적으로 정하는 등 법률에서 위임된 사항과 그 시행에 필요한 사항을 정하려 는 것임.

(2) 제정·개정문

관광진흥법 시행령 일부를 다음과 같이 개정한다.

제42조제1항 중 "관광개발기본계획"을 "관광개발기본계획(이하 "기본계획"이라 한다)"으 로 하고, 같은 조 제2항 중 "관광개발기본계획"을 "기본계획"으로 하며, 같은 조 제3 항 중 "권역별 관광개발계획"을 "권역별 관광개발계획(이하 "권역계획"이라 한다)"으

로 한다.

제43조제1호 중 "관광개발기본계획"을 "기본계획"으로 한다.

제43조의2를 다음과 같이 신설한다.

제43조의2(권역계획의 수립 기준 및 방법 등) ① 문화체육관광부장관은 권역계획이 기본계획에 부합되도록 권역계획의 수립 기준 및 방법 등을 포함하는 권역계획 수립지침을 작성하여 특별시장·광역시장·특별자치시장·도지사에게 보내야 한다.

② 제1항에 따른 권역계획 수립지침에는 다음 각 호의 사항이 포함되어야 한다.

1. 기본계획과 권역계획의 관계

2. 권역계획의 기본사항과 수립절차

3. 권역계획의 수립 시 고려사항 및 주요 항목

4. 그 밖에 권역계획의 수립에 필요한 사항

제45조의2를 다음과 같이 신설한다.

제45조의2(행위 등의 제한) ① 법 제52조의2제1항 전단에서 "건축물의 건축, 공작물의 설치, 토지의 형질 변경, 토석의 채취, 토지분할, 물건을 쌓아놓는 행위 등 대통령령으로 정하는 행위"란 다음 각 호의 어느 하나에 해당하는 행위를 말한다.

1. 건축물의 건축:「건축법」제2조제1항제2호에 따른 건축물(가설건축물을 포함한다)의 건축, 대수선 또는 용도변경

2. 공작물의 설치: 인공을 가하여 제작한 시설물(「건축법」 제2조제1항제2호에 따른 건축물은 제외한다)의 설치

3. 토지의 형질 변경: 절토(땅깎기)·성토(흙쌓기)·정지(땅고르기)·포장(흙덮기) 등의 방법으로 토지의 형상을 변경하는 행위, 토지의 굴착(땅파기) 또는 공유수면의 매립

4. 토석의 채취: 흙·모래·자갈·바위 등의 토석을 채취하는 행위(제3호에 따른 토지의 형질 변경을 목적으로 하는 것은 제외한다)

5. 토지분할

6. 물건을 쌓아놓는 행위: 옮기기 어려운 물건을 1개월 이상 쌓아놓는 행위

7. 죽목(竹木)을 베어내거나 심는 행위

② 특별자치시장·특별자치도지사·시장·군수·구청장은 법 제52조의2제1항에 따른 허가를 하려는 경우 법 제54조제1항 단서에 따른 조성계획의 승인을 받은 자가 이미 있는 때에는 그 의견을 들어야 한다.

③ 법 제52조의2제3항에 따른 신고를 하려는 자는 관광지등으로 지정·고시된 날부터 30일 이내에 문화체육관광부령으로 정하는 신고서에 다음 각 호의 서류를 첨부하여 해당 특별자치시장·특별자치도지사·시장·군수·구청장에게 제출해야 한다.

1. 관계 법령에 따른 허가를 받았거나 허가를 받을 필요가 없음을 증명할 수 있는 서류

2. 신고일 기준시점의 공정도를 확인할 수 있는 사진

3. 배치도 등 공사 또는 사업 관련 도서(제1항제3호 또는 제4호에 따른 토지의 형질 변경 또는 토석의 채취에 해당하는 경우로 한정한다)

제50조의2제2항 각 호 외의 부분 중 "첨부하여야"를 "첨부해야"로 하고, 같은 항 제3호 중 "「감정평가 및 감정평가사에 관한 법률」에 따른 감정평가업자"를 "「감정평가 및 감정평가사에 관한 법률」 제2조제4호에 따른 감정평가법인등"으로, "공사비산출내역서"를 "공사비 산출 명세서"로 한다.

11 [대통령령 제31543호, 2021.3.23., 일부개정]

(1) 개정이유 및 주요내용

「감염병의 예방 및 관리에 관한 법률」에 따른 제1급감염병 확산으로 매출액이 감소하여 관광진흥개발기금에 납부금을 내기 어려운 카지노사업자들을 대상으로 납부기한을 연기할 수 있는 근거를 마련하고, "일반여행업"의 명칭을 "종합여행업"으로 변경하면서 종합여행업의 등록기준 중 자본금 기준을 1억원 이상에서 5천만원 이상으로 하향하는 등 현행 제도의 운영상 나타난 일부 미비점을 개선·보완하려는 것임.

(2) 주요 개정문

제2조제1항 각 호 외의 부분 중 "다음과"를 "다음 각 호와"로 하고, 같은 항 제1호가목 중 "일반여행업"을 "종합여행업"으로 하며, 같은 호 나목 중 "국외여행업: 국외"를 "국내외여행업: 국내외"로 한다.

제30조에 제6항 및 제7항을 각각 다음과 같이 신설한다.

⑥ 카지노사업자는 다음 각 호의 요건을 모두 갖춘 경우 문화체육관광부장관에게 제4항 각 호에 따른 납부기한의 45일 전까지 납부기한의 연기를 신청할 수 있다.

1. 「감염병의 예방 및 관리에 관한 법률」 제2조제2호에 따른 제1급감염병 확산으로 인한 매출액 감소가 문화체육관광부장관이 정하여 고시하는 기준에 해당할 것

2. 제1호에 따른 매출액 감소로 납부금을 납부하는 데 어려움이 있다고 인정될 것

⑦ 문화체육관광부장관은 제6항에 따른 신청을 받은 때에는 제4항에도 불구하고 「관광진흥개발기금법」 제6조에 따른 기금운용위원회의 심의를 거쳐 1년 이내의 범위에서 납부기한을 한 차례 연기할 수 있다.

제60조의3제3호 중 "일반여행업"을 "종합여행업"으로 한다.

별표 1 제1호가목(1) 및 (2) 외의 부분 중 "일반여행업"을 "종합여행업"으로 하고, 같은 목 (1) 중 "1억원"을 "5천만원"으로 하며, 같은 호 나목(1) 및 (2) 외의 부분 중 "국외여행업"을 "국내외여행업"으로 한다.

별표 3의 업종별 과징금액의 여행업란 중 "일반여행업"을 "종합여행업"으로, "국외여행업"을 "국내외여행업"으로 한다.

12 [대통령령 제31938호, 2021.8.10., 일부개정]

(1) 개정이유 및 주요내용

야영장업의 활성화를 도모하기 위하여 폐지된 학교의 시설과 재산을 활용하여 야영장업을 하려는 경우 지금까지는 폐지되어 민간 등에 매각되지 않은 공립학교의 경우에만 완화된 야영장업 등록기준을 적용하도록 했으나, 앞으로는 폐지되어 민간 등에 매각된 공립학교나 폐지된 사립학교 등의 경우에도 완화된 야영장업 등록기준을 적용하도록 하려는 것임.

(2) 개정문

관광진흥법 시행령 일부를 다음과 같이 개정한다.

별표 1 제4호다목(1)(아) 단서 중 "「폐교재산의 활용촉진을 위한 특별법」 제2조제2호에 따른 폐교재산"을 "「초·중등교육법」 제2조에 따른 학교로서 학생 수의 감소, 학교의 통폐합 등의 사유로 폐지된 학교의 교육활동에 사용되던 시설과 그 밖의 재산(이하 "폐교재산"이라 한다)"으로 하고, 같은 (1) (자)1)부터 5)까지 외의 부분 단서 중 "「폐교재산의 활용촉진을 위한 특별법」 제2조제2호에 따른 폐교재산"을 "폐교재산"으로 한다.

13 [대통령령 제32044호, 2021.10.14., 일부개정]

(1) 개정이유 및 주요내용

지속가능한 관광활성화를 위하여 특별관리지역*으로 지정된 지역에 대하여 그 지정 내용에 경미한 사항을 변경하는 경우에는 주민의견 청취 절차 등을 생략하고 변경 지정을 할 수 있도록 하는 내용으로 「관광진흥법」이 개정(법률 제18009호, 2021.4.13. 공포, 10.14. 시행)됨에 따라, 그 경미한 사항의 변경을 특별관리지역의 위치 또는 면적 등에 해당하지 않는 사항의 변경 등으로 정하는 등 법률에서 위임된 사항과 그 시행에 필요한 사항을 정하려는 것임.

  * 특별관리지역: 시·도지사 또는 시장·군수·구청장이 수용 범위를 초과한 관광객의 방문으로 자연환경이 훼손되거나 주민의 평온한 생활환경을 해칠 우려가 있어 관리하기 위하여 지정하는 지역

(2) 개정문

관광진흥법 시행령 일부를 다음과 같이 개정한다.

제41조의9제1항 중 "법 제48조의3제3항에 따라 특별관리지역을 지정·변경 또는 해제하려는"을 "법 제48조의3제4항 본문에 따라 주민의 의견을 들으려는"으로 하고, 같은 조 제3항을 삭제하며, 같은 조 제2항을 제3항으로 하고, 같은 조에 제2항을 다음과 같이 신설하며, 같은 조 제3항(종전의 제2항) 중 "법 제48조의3제3항"을 "법 제48조의3제4항 본문"으로, "등"을 "및"으로 하고, 같은 조에 제4항을 다음과 같이 신설한다.

② 시·도지사 또는 시장·군수·구청장은 법 제48조의3제4항 본문에 따른 협의를 하려는 경우에는 문화체육관광부령으로 정하는 서류를 문화체육관광부장관 및 관계 행정기관의 장에게 제출해야 한다.

④ 법 제48조의3제4항 단서에서 "대통령령으로 정하는 경미한 사항을 변경하는 경우"란 다음 각 호의 변경에 해당하지 않는 경우를 말한다.

1. 특별관리지역의 위치 또는 면적의 변경
2. 특별관리지역의 지정기간의 변경
3. 특별관리지역 내 조치사항 중 다음 각 목에 해당하는 사항의 변경
  가. 관광객 방문제한 시간
  나. 특별관리지역 방문에 부과되는 이용료

다. 차량·관광객 통행제한 지역

라. 그 밖에 가목부터 다목까지에 준하는 조치사항으로서 주민의 의견을 듣거나 문화체육관광부장관 및 관계 행정기관의 장과 협의를 할 필요가 있다고 인정되는 사항

제60조제3항 각 호 외의 부분 중 "할 수 있다"를 "해야 한다"로 한다.

14 [대통령령 제33442호, 2023.5.2., 일부개정]

(1) 개정이유 및 주요내용

행정환경 변화에 적극적으로 대응하고 자치분권 확대를 통하여 지방자치단체의 특성에 맞는 정책결정과 행정서비스 제공을 촉진하기 위하여 종전에는 시·도지사에게만 부여되었던 관광특구 지정 및 평가 등의 권한을 특례시*의 시장에게도 부여하는 내용으로 「관광진흥법」이 개정(법률 제18856호, 2022.5.3. 공포, 2023.5.4. 시행)됨에 따라, 특례시의 시장도 관광특구진흥계획의 집행 상황을 연 1회 평가하도록 하고, 그 결과를 문화체육관광부장관에게 보고하도록 하는 등 법률에서 위임된 사항과 그 시행에 필요한 사항을 정하려는 것임.

* 특례시: 「지방자치법」 제198조제2항제1호에 따른 인구 100만 이상 대도시

(2) 제정·개정문

제60조제1항 중 "시·도지사는"을 "시·도지사 또는 「지방자치법」 제198조제2항제1호에 따른 인구 100만 이상 대도시(이하 "특례시"라 한다)의 시장은"으로, "평가하여야 하며"를 "평가해야 하며"로, "평가하여야 한다"를 "평가해야 한다"로 하고, 같은 조 제2항 중 "시·도지사는"을 "시·도지사 또는 특례시의 시장은"으로, "보고하여야"를 "보고해야"로, "시·도지사가"를 "시·도지사 또는 특례시의 시장이"로 하며, 같은 조 제3항 각 호 외의 부분 중 "시·도지사는"을 "시·도지사 또는 특례시의 시장은"으로 한다.

제60조의2제4항 각 호 외의 부분 중 "시·도지사"를 "시·도지사 또는 특례시의 시장"으로 하고, 같은 조 제5항 중 "시·도지사는"을 "시·도지사 또는 특례시의 시장은"으로 한다.

Ⅲ. 관광진흥법 시행규칙

1. 「관광진흥법 시행규칙」의 개정배경

1 [문화체육관광부령 제224호, 2015.11.19., 일부개정]

(1) 개정이유 및 주요내용

유원시설업자는 유기시설 또는 유기기구로 인하여 사망자가 발생하는 등의 중대한 사고가 발생한 경우 시장·군수·구청장 등에게 통보하도록 하는 등의 내용으로 「관광 진흥법」(법률 제13300호, 2015.5.18. 공포, 11.19. 시행) 및 같은 법 시행령(대통령령 제 26642호, 2015.11.18. 공포, 11.19. 시행)이 개정됨에 따라, 유원시설업자는 중대한 사고 가 발생한 경우 사고가 발생한 영업소의 명칭, 사고 발생 경위 등을 사고 발생일부터 3일 이내에 관할 시장·군수·구청장 등에게 문서, 팩스 또는 전자우편으로 통보하도록 하는 등 법률 및 대통령령에서 위임된 사항과 그 시행에 필요한 사항을 정하려는 것임.

2 [문화체육관광부령 제253호, 2016.3.28., 일부개정]

(1) 개정이유 및 주요내용

외국인관광 도시민박업에 대한 관리를 강화하기 위하여 외국인관광 도시민박업을 관광 편의시설업에서 관광객 이용시설업으로 재분류하고, 관광 면세산업을 체계적으로 육성하기 위하여 관광면세업을 관광 편의시설업의 업종으로 신설하도록 하는 등의 내용으로 「관광진흥법 시행령」이 개정(대통령령 제27044호, 2016.3.22. 공포, 2016.3.23. 시행)됨에 따라, 외국인관광 도시민박업의 객실 수 및 주택의 연면적을 관광사업자 등록대장에 기재하여 관리하도록 하고, 관광통역안내사 자격제도의 실효성 있는 관리·운영을 위하여 관광통역안내사 자격증에 교육이수 정보 등을 전자적 방식으로 저장한 집적회로(IC) 칩을 첨부하도록 하는 등 대통령령에서 위임된 사항과 그 시행을 위하여 필요한 사항을 정하려는 것임.

③ [문화체육관광부령 제262호, 2016.7.26., 일부개정]

(1) 개정이유 및 주요내용

관광식당업에 종사하는 조리사가 특정 외국의 전문음식을 제공하는 경우에는 「국가기술자격법」에 따른 해당 조리사 자격증 소지자로서 해당 분야에서의 조리경력이 3년 이상인 사람 등을 두도록 하던 것을 2019년 6월 30일까지는 조리경력이 2년 이상인 사람도 둘 수 있도록 하고, 관광펜션업을 운영하려는 경우에는 3층 이하의 건축물만 가능하도록 하던 것을 2018년 6월 30일까지는 4층 이하의 건축물도 가능하도록 하여 관광식당업 및 관광펜션업의 지정기준을 한시적으로 완화함으로써 관광산업 분야의 고용을 촉진하고 관광펜션업을 활성화하려는 것임.

④ [문화체육관광부령 제289호, 2017.2.28., 일부개정]

(1) 개정이유 및 주요내용

여행업의 등록을 한 자가 여행알선 또는 기획여행과 관련한 사고로 인하여 관광객에게 피해를 준 경우, 그 손해를 배상하기 위한 영업보증금 예치기관으로서 업종별 관광협회나 지역별 관광협회가 구성되지 아니한 경우에는 광역 단위의 지역관광협의회에 영업보증금을 예치하도록 하고,

관광통역안내사 중 태국어, 베트남어, 말레이·인도네시아어 및 아랍어 관광통역안내사의 합격에 필요한 외국어시험의 점수를 하향 조정하는 등 현행 제도의 운영상 나타난 일부 미비점을 개선·보완하려는 것임.

5 [문화체육관광부령 제318호, 2018.1.25., 일부개정]

(1) 개정이유

카지노업의 허가를 받은 자는 카지노 전산시설 중 주전산기를 변경 또는 교체하려는 경우에는 변경허가를 받도록 하고, 주전산기를 제외한 시설을 변경 또는 교체하려는 경우에는 변경신고를 하도록 하여 카지노업의 변경허가 및 변경신고 대상을 보다 명확히 하는 한편, 카지노기구의 영업 방법을 변경하거나 영업장소를 이전하는 경우에는 그 기구를 카지노 영업에 사용하는 날까지 해당 카지노기구의 검사를 받도록 검사 대상을 구체화하고, 카지노업을 테이블게임·전자테이블게임·머신게임으로 구분하여 영업 종류를 정비하는 등 현행 제도의 운영상 나타난 일부 미비점을 개선·보완하려는 것임.

(2) 주요내용

가. 카지노업의 변경허가 및 변경신고 대상(안 제8조제1항제1호마목, 안 제8조제2항제2호의2 신설)
   카지노업의 허가를 받은 자가 카지노 전산시설 중 주전산기를 변경 또는 교체하려는 경우 등에는 변경허가를 받도록 하고, 주전산기를 제외한 시설을 변경 또는 교체하려는 경우 등에는 변경신고를 하도록 함.
나. 카지노기구의 검사 대상 및 기한(안 제33조제2항제1호, 안 제33조제2항제3호부터 제5호까지 신설)
   카지노사업자가 카지노기구의 영업 방법을 변경하는 경우에는 그 기구를 카지노 영업에 사용하는 날까지, 카지노 영업장소를 이전하는 경우에는 영업장소의 이전 후 그 기구를 카지노영업에 사용하는 날까지, 카지노기구를 영업장에서 철거하는 경우에는 그 기구를 영업장에서 철거하는 날까지 카지노기구의 검사를 받도록 함.
다. 카지노업의 영업 구분(안 별표 8)
   카지노업의 영업 종류를 테이블게임, 전자테이블게임, 머신게임으로 구분하도록 함.
라. 카지노기구의 검사 수수료(안 별표 23 제7호)
   카지노기구 중 머신게임을 신규로 반입·사용하거나 검사유효기간이 만료되어 검사를 신청하는 경우에는 기구 1대당 18만 9천원, 그 외의 경우에는 기본료 10만원에 1대당 2만 5천원의 수수료를 내도록 함.

6 [문화체육관광부령 제329호, 2018.6.14., 일부개정]

(1) 개정이유 및 주요내용

관광서비스의 품질 향상을 위하여 관광서비스의 품질을 전문적이고 체계적으로 관리하기 위한 한국관광 품질인증 제도를 마련하는 등의 내용으로 「관광진흥법」(법률 제15436호, 2018.3.13. 공포, 6.14. 시행) 및 같은 법 시행령(대통령령 제28935호, 2018.6.6. 공포, 6.14. 시행)이 개정됨에 따라 한국관광 품질인증의 인증 기준, 절차 및 방법에 관한 세부사항과 수수료 등 법률에서 위임된 사항과 그 시행에 필요한 사항을 정하려는 것임.

7 [문화체육관광부령 제340호, 2018.11.29., 일부개정]

(1) 개정이유 및 주요내용

관광 편의시설업을 경영하려는 자는 관광객이 이용하기 적합한 시설이나 외국어 안내서비스 등 필요한 기준을 갖추어 시·도지사 등의 지정을 의무적으로 받도록 하고, 관광 편의시설업의 지정기준에 적합하지 아니하게 된 자에게 사업정지, 지정 취소 등의 행정처분을 할 수 있도록 하는 내용으로 「관광진흥법」이 개정(법률 제15058호, 2017.11.28. 공포, 2018.11.29. 시행)됨에 따라, 관광 편의시설업 중 외국인전용 유흥음식점업의 경우 외국인을 대상으로 영업할 것을 새로운 지정기준으로 신설하려는 것임.

8 [문화체육관광부령 제350호, 2019.3.4., 일부개정]

(1) 개정이유 및 주요내용

야영장이 산악지역 등 사고의 우려가 있는 지역에 위치하고 있어 안전사고가 빈번하게 발생하고 있으나, 대부분의 야영장은 사고로 인한 피해를 배상하기 위한 보험에 가입되어 있지 않아 야영장 이용자는 그 피해에 대한 배상을 충분히 받기 어려운 문제가 있어, 야영장을 등록한 자는 재난 또는 안전사고로 인한 피해를 입은 야영장 이용자의 손해배상을 위한 책임보험 또는 공제에 의무적으로 가입하도록 하고, 시장·군수·구청장 등은 등록신청을 받은 야영장이 액화석유가스 사용시설을 설치하거나 지하수 등을 먹는 물로 사용하는 경우 해당 시설과 지하수 등의 안전 여부를 확인하기 위하여 행정정보의 공동이용을 통해 액화석유가스 사용시설완성검사증명서를 확인하거나 야영장업을 등록하려는 자에게 수질검사성적서를 제출하도록 하며, 일산화탄소 중독으로 인한 사고를 방지하기 위해 야영장 시설에 일산화탄소 경보기를 설치하고, 야영장의 화재 예방을 위하여 야영장 시설에 설치하는 천막은 방염성능기준에 적합한 제품을 사용하도록 하는 등 현행 제도의 운영상 나타난 일부 미비점을 개선·보완하려는 것임.

9 [문화체육관광부령 제357호, 2019.6.12., 일부개정]

(1) 개정이유 및 주요내용

카지노업의 휴업 또는 폐업 신고를 종전의 사후 신고제에서 사전 신고제로 변경하고, 관광시설의 조성과 관리에 관한 조성계획의 승인을 받아 관광지 및 관광단지를 개발하려는 자가 조성계획의 승인 전에 시·도지사의 승인을 받아 조성사업에 필요한 토지를 매입할 수 있도록 하는 등의 내용으로 「관광진흥법」이 개정(법률 제15860호, 2018.12.11. 공포, 2019.6.12. 시행)됨에 따라, 카지노사업자가 카지노업을 휴업 또는 폐업하려는 경우에는 휴업 또는 폐업 예정일 10일 전까지 관광사업 휴업 또는 폐업 신고서에 카지노기구의 관리계획에 관한 서류를 첨부하여 문화체육관광부장관에게 제출하도록 하고, 조성사업에 필요한 토지매입 승인신청서의 서식을 정하는 한편, 관광지등의 조성계획 승인신청 시 6개의 시설지구에 대한 시설의 설치계획을 제출하게 되어 있으나, 각 시설지구에 설치할 수 있는 시설의 종류가 한정적으로 열거되어 있어 서로 다른 시설지구에 속하는 시설이 복합된 시설은 설치할 수 없는 문제가 있으므로 유사한 시설지구인 운동·오락 시설지구와 휴양·문화 시설지구를 관광 휴양·오락시설지구로 통합하여 관광지 개발을 활성화하려는 것임.

10 [문화체육관광부령 제363호, 2019.7.10., 일부개정]

(1) 개정이유 및 주요내용

관광 편의시설업의 한 종류로 주로 관광객 또는 관광사업자 등을 위하여 사업이나 시설 등을 운영하는 업으로서 문화체육관광부장관이 「통계법」에 따라 관광 관련 산업으로 분류한 쇼핑업, 운수업, 숙박업, 음식점업 등을 관광지원서비스업으로 신설하는 내용으로 「관광진흥법 시행령」이 개정(대통령령 제29679호, 2019.4.9. 공포, 7.10. 시행)됨에 따라, 사업의 평균매출액 중 관광객 또는 관광사업자와의 거래로 인한 매출액의 비율이 100분의 50 이상인 경우, 관광지등으로 지정된 지역에서 사업장을 운영하는 경우 또는 한국관광 품질인증을 받은 경우 등의 지정기준 중 어느 하나의 기준을 갖추면 관광지원서비스업의 지정을 받을 수 있도록 하려는 것임.

11 [문화체육관광부령 제365호, 2019.8.1., 일부개정]

(1) 개정이유 및 주요내용

7월과 8월에 집중적으로 이용하는 물놀이형 유원시설의 위생적인 이용을 위해 연 1회 이상 또는 분기별 1회 이상 실시하는 사업장 내 풀의 수질검사를 7월과 8월의 경우에는 각각 1회 이상 실시하도록 하여 수질관리를 강화하고, 한자 용어인 "전장" 및 "전폭"을 각각 이해하기 쉬운 우리말인 "전체 길이" 및 "전체 너비"로 정비하는 등 현행 제도의 운영상 나타난 일부 미비점을 개선·보완하려는 것임.

(2) 제정·개정문

관광진흥법 시행규칙 일부를 다음과 같이 개정한다.

제4조제2호나목 중 "총톤수·전장 및 전폭"을 "총톤수·전체 길이 및 전체 너비"로 한다.

제53조제1항 중 "최근 6개월 이내에 촬영한 탈모"를 "최근 6개월 이내에 모자를 쓰지 않고 촬영한"으로 한다.

제54조 중 "최근 6개월 이내에 촬영한 탈모"를 "최근 6개월 이내에 모자를 쓰지 않고 촬영한"으로 한다.

12 [문화체육관광부령 제373호, 2019.10.16., 일부개정]

(1) 개정이유

유원시설업자가 유기시설 또는 유기기구의 주요 부품의 결함 또는 노후화 등으로 인해 발생하는 안전사고를 예방하고, 가상현실 기술을 사용하는 실내 유원시설업의 시설과 가상현실 기술을 활용하는 청소년게임제공업 또는 인터넷컴퓨터게임시설제공업의 시설을 분리 또는 구획하여 운영하도록 함에 따라 발생하는 운영의 비효율성 등을 개선하여 가상현실 기술을 활용하는 유원시설업을 활성화하려는 것임.

(2) 주요내용

가. 주요 부품의 교체 계획 제출(안 제7조제2항제8호마목 및 제11조제2항제5호마목 신설)

유원시설업 허가를 받거나 신고를 하려는 자가 제출하는 안전관리계획서에 유기 시설 또는 유기기구 주요 부품의 주기적 교체 계획에 관한 사항을 포함하도록 함.

나. 실내 유원시설업의 시설 기준 완화(안 별표 1의2 제1호가목)

1) 실내 유원시설업의 시설과 「게임산업진흥에 관한 법률」에 따른 청소년게임제 공업 또는 인터넷컴퓨터게임시설제공업의 시설은 분리, 구획 또는 구분되지 않을 수 있도록 함.

2) 유원시설업 내에 청소년게임제공업 또는 인터넷컴퓨터게임시설제공업을 하려 는 경우 청소년게임제공업 또는 인터넷컴퓨터게임시설제공업의 면적비율은 유원시설업 허가 또는 신고 면적의 50퍼센트 미만이 되도록 함.

13 [문화체육관광부령 제377호, 2019.11.20., 일부개정]

(1) 개정이유 및 주요내용

호텔의 서비스, 객실 및 부대시설의 상태 등을 평가하는 호텔업의 등급결정을 의무 적으로 받아야 하는 호텔업의 범위에 가족호텔업을 추가하는 내용 등으로 「관광진흥법 시행령」이 개정(대통령령 제30209호, 2019.11.19. 공포 및 시행)됨에 따라, 가족호텔업의 등록 을 한 자는 호텔업 등급결정권을 위탁받은 법인에 등급결정을 신청하도록 하는 한편, 호텔경영사 및 호텔관리사 자격취득에 필요한 외국어시험에 중국어 및 일본어 시험을 신설하여 호텔경영사 등의 자격제도를 활성화하고, 청각장애인은 호텔경영사 등의 자 격취득에 필요한 외국어시험의 듣기부분에 응시하기 어려운 점이 있으므로 듣기부분을 제외한 나머지 부분의 합계 점수를 청각장애인의 합격 기준 점수로 하여 청각장애인 응시자가 불이익을 받지 않도록 하는 등 현행 제도의 운영상 나타난 일부 미비점을 개 선·보완하려는 것임.

14 [문화체육관광부령 제388호, 2020.4.28., 일부개정]

(1) 개정이유 및 주요내용

관광 편의시설업으로 분류되었던 한옥체험업을 등록영업인 관광객 이용시설업으로 재분류하는 등의 내용으로 「관광진흥법 시행령」이 개정(대통령령 제30639호, 2020.4.28. 공포·시행)됨에 따라 한옥체험업을 등록하려는 자는 관광사업 등록신청서에 사업계획서 외에 한옥의 시설별 일람표 등을 첨부하여 시장·군수·구청장 등에게 제출하도록 하고, 시장·군수·구청장 등은 관광사업자 등록대장에 객실 수, 한옥의 연면적 등을 기재하도록 하는 한편, 감염병이 발생한 시기에는 호텔업 등급평가를 정상적으로 실시하기 어려운 점을 고려하여 감염병 확산으로 「재난 및 안전관리 기본법」에 따른 경계 이상의 위기경보가 발령된 경우에는 등급결정 기간을 경계 이상의 위기경보 해제일을 기준으로 1년의 범위에서 문화체육관광부장관이 정하여 고시하는 기간까지 연장할 수 있도록 하려는 것임.

15 [문화체육관광부령 제394호, 2020.6.4., 일부개정]

(1) 개정이유 및 주요내용

시·도지사 등은 수용 범위를 초과한 관광객의 방문으로 주민의 생활환경을 해칠 우려가 있어 관리할 필요가 있는 지역을 특별관리지역으로 지정할 수 있도록 하고, 사업시행자가 아닌 자로서 조성사업을 하려는 자는 사업시행자에게 취득하지 못한 사유지의 매수를 요청할 수 있도록 하며, 시장·군수·구청장 등은 카지노기구 등의 검사에 관한 권한을 위탁받은 자가 거짓이나 그 밖의 부정한 방법으로 위탁사업자로 선정된 경우 등에는 위탁의 취소 등을 할 수 있도록 하는 등의 내용으로 「관광진흥법」(법률 제16684호, 2019.12.3. 공포, 2020.6.4. 시행) 및 같은 법 시행령(대통령령 제30733호, 2020.6.2. 공포, 6.4. 시행)이 개정됨에 따라 시·도지사 등은 특별관리지역을 지정·변경 등을 할 때에는 그 사실을 지방자치단체의 공보에 고시하도록 하고, 남은 사유지의 매수를 요청하려는 자는 사유지 매수요청서에 사업계획서, 사유지의 위치도 등을 첨부하여 사업시행자에게 제출하도록 하며, 카지노기구 등의 검사에 관한 권한을 위탁받은 자가 거짓이나 그 밖의 부정한 방법으로 위탁사업자로 선정된 경우에는 위탁을 취소하도록 하는 등 검사기관의 위탁 취소 등에 관한 처분기준을 정하려는 것임.

16 [문화체육관광부령 제404호, 2020.9.2., 일부개정]

(1) 개정이유 및 주요내용

관광 편의시설업의 하나인 관광식당업을 활성화하기 위하여 관광식당업 지정기준의 인적요건 중 특정 외국의 전문음식을 제공하는 경우 「국가기술자격법」에 따른 해당 조리사 자격증 소지자로서 갖추어야 하는 해당 분야에서의 조리경력을 3년 이상에서 2년 이상으로 하여 기준을 완화하려는 것임.

(2) 제정·개정문

관광진흥법 시행규칙 일부를 다음과 같이 개정한다.

별표 2 제4호가목2)나) 중 "3년(다만, 2019년 6월 30일까지는 2년으로 한다)"을 "2년"으로 한다.

17 [문화체육관광부령 제420호, 2020.12.10., 일부개정]

(1) 개정이유 및 주요내용

관광사업의 폐업신고를 할 경우 등록기관의 장과 관할 세무서장에게 각각 폐업신고를 하던 것을 통합하여 한 번에 폐업신고를 할 수 있도록 하고, 호텔업의 등급결정을 위한 평가요원에 관광 분야에 관하여 5년 이상 연구한 경력이 있는 연구원을 1명 이상 포함시키도록 하며, 관광종사원의 자격시험 중 외국어시험의 종류에 아이엘츠(IELTS)를 추가하는 등 현행 제도의 운영상 나타난 일부 미비점을 개선·보완하려는 것임.

18 [문화체육관광부령 제423호, 2020.12.16., 일부개정]

(1) 개정이유 및 주요내용

한국관광 품질인증에 음식점업을 추가하고, 그 세부 인증 기준으로 남녀 화장실이 분리되어 있을 것 등을 정하는 등 현행 제도의 운영상 나타난 일부 미비점을 개선·보완하려는 것임.

19 [문화체육관광부령 제437호, 2021.4.19., 일부개정]

(1) 개정이유 및 주요내용

여행업 등록의 결격사유에 관광사업의 영위와 관련하여 사기·횡령·배임 등으로 금고 이상의 실형을 선고받아 그 집행이 끝나거나 집행을 받지 아니하기로 확정된 후 2년이 지나지 않은 자 등을 신설하는 내용으로 「관광진흥법」이 개정됨에 따라 해당 결격사유에 해당하지 않음을 증명하는 서류를 여행업 등록신청서에 첨부하도록 하는 등 관련 서식을 정비하고, 관광통역안내사의 개인정보 보호를 위하여 자격증 앞면에 기재된 생년월일을 뒷면으로 옮기는 등 현행 제도의 운영상 나타난 일부 미비점을 개선·보완하려는 것임.

20 [문화체육관광부령 제444호, 2021.6.23., 일부개정]

(1) 개정이유 및 주요내용

문화체육관광부장관으로 하여금 유원시설안전정보시스템을 구축·운영하여 유원시설업의 허가 정보 및 유원시설의 사고 이력 등에 관한 정보를 종합적으로 관리할 수 있도록 하는 등의 내용으로 「관광진흥법」이 개정됨에 따라 유원시설안전정보시스템을 통해 공개할 수 있는 정보의 대상을 물놀이형 유원시설업자의 안전·위생과 관련하여 실시한 수질검사 결과에 관한 정보 등으로 정하는 등 법률에서 위임된 사항과 그 시행에 필요한 사항을 정하려는 것임.

21 [문화체육관광부령 제454호, 2021.9.24., 일부개정]

(1) 개정이유 및 주요내용

"일반여행업"의 명칭을 "종합여행업"으로 변경하는 등의 내용으로 「관광진흥법 시행령」이 개정됨에 따라 관련 조문을 정비하는 한편, 관광종사원 외국어시험 중 2018년 5월 12일 이전에 실시된 텝스(TEPS) 점수는 더 이상 반영하지 않도록 하는 등 현행 제도의 운영상 나타난 일부 미비점을 개선·보완하려는 것임.

22 [문화체육관광부령 제455호, 2021.10.12., 일부개정]

(1) 개정이유 및 주요내용

지방자치단체의 장이 특별관리지역으로 지정·변경 또는 해제하기 위하여 문화체육관광부장관 및 관계 행정기관의 장과 협의를 하려는 경우 특별관리지역의 운영·관리계획서 등 제출해야 하는 서류를 정하려는 것임.

23 [문화체육관광부령 제469호, 2021.12.31., 일부개정]

(1) 주요 개정 내용

감염병 확산으로 경계 이상의 위기경보가 발령된 경우 현재는 등급결정 기관이 호텔업의 등급결정을 문화체육관광부장관이 정하여 고시하는 기간까지 연장할 수 있도록 했으나, 앞으로는 기존의 호텔업 등급결정의 유효기간을 연장할 수 있도록 하여 해당 기간 동안 별도의 등급결정 절차를 밟지 않아도 되도록 하는 등 현행 제도의 운영상 나타난 일부 미비점을 개선·보완하려는 것임.

24 [문화체육관광부령 제492호, 2022.10.17., 일부개정]

(1) 개정이유 및 주요내용

진입규제 완화를 통해 관광산업을 활성화하기 위하여 종전에는 건축물이 3층 이하인 경우에만 관광펜션업 지정을 하던 것을 4층 이하인 경우에도 지정할 수 있도록 하고, 유원시설업의 안전관리 강화를 위하여 유기시설 또는 유기기구의 신설·이전에 따른 변경허가 또는 변경신고 시에 안전관리계획서를 제출하도록 하는 한편,

쾌적하고 청결한 야영장 이용 환경을 조성하기 위하여 야영장 이용객이 바뀔 때마다 해당 이용객이 사용한 침구의 홑청과 수건을 세탁하게 하는 등 현행 제도의 운영상 나타난 일부 미비점을 개선·보완하려는 것임.

25 [문화체육관광부령 제502호, 2023.2.2., 일부개정]

(1) 개정이유 및 주요내용

카지노업의 영업 종류에 무인 전자 테이블 게임(Automated Electronic Table Game)도 포함됨을 명확히 규정하고, 「민사집행법」에 따른 경매 등으로 관광사업자의 지위를 승계하여 지위승계 신고서에 양도인의 서명 또는 날인을 받기 어려운 경우에는 이를 생략할 수 있도록 하여 민원인의 불편을 해소하는 등 현행 제도의 운영상 나타난 일부 미비점을 개선·보완하려는 것임.

Ⅳ. 관광진흥법 해설

제1장 총칙

> ▶관광진흥법
> 　제1조(목적), 제2조(정의)
> ▶시행령
> 　제1조(목적)
> ▶시행규칙
> 　제1조(목적)

제1조(목적)

법규칙령법 제1조는 「관광진흥법」이 우리나라 관광진흥에 이바지하는 제정목적을 규정하고 있는데, 이를 위해 관광여건의 조성, 관광자원의 개발, 관광사업의 육성 등 3 가지로 구체화하고 있다.

法 「관광진흥법」 제1조(목적)

> 이 법은 관광 여건을 조성하고 관광자원을 개발하며 관광사업을 육성하여 관광 진흥에 이바지하는 것을 목적으로 한다.

令 시행령 제1조(목적)

> 이 영은 「관광진흥법」에서 위임된 사항과 그 시행에 필요한 사항을 규정함을 목적으로 한다.

則 시행규칙 제1조(목적)

> 이 규칙은 「관광진흥법」 및 같은 법 시행령에서 위임된 사항과 그 시행에 필요 한 사항을 규정함을 목적으로 한다.

「관광진흥법」 제2조(정의)

제2조에서는 「관광진흥법」에서 사용되는 다양한 용어에 대해 정의하고 있다. 총 13가지의 용어를 정의하고 있는데 이는 관광사업, 관광사업자, 기획여행, 회원, 소유자등, 관광지, 관광단지, 민간개발자, 조성계획, 지원시설, 관광특구, 여행이용권, 문화관광해설사에 대한 정의이다.

法 「관광진흥법」 제2조(정의)

> 이 법에서 사용하는 용어의 뜻은 다음과 같다. <개정 2007.7.19., 2011.4.5., 2014.5.28.>
> 1. "관광사업"이란 관광객을 위하여 운송 · 숙박 · 음식 · 운동 · 오락 · 휴양 또는 용역을 제공하거나 그 밖에 관광에 딸린 시설을 갖추어 이를 이용하게 하는 업(業)을 말한다.
> 2. "관광사업자"란 관광사업을 경영하기 위하여 등록 · 허가 또는 지정(이하 "등록등"이라 한다)을 받거나 신고를 한 자를 말한다.
> 3. "기획여행"이란 여행업을 경영하는 자가 국외여행을 하려는 여행자를 위하여 여행의 목적지 · 일정, 여행자가 제공받을 운송 또는 숙박 등의 서비스 내용과 그 요금 등에 관한 사항을 미리 정하고 이에 참가하는 여행자를 모집하여 실시하는 여행을 말한다.
> 4. "회원"이란 관광사업의 시설을 일반 이용자보다 우선적으로 이용하거나 유리한 조건으로 이용하기로 해당 관광사업자(제15조제1항 및 제2항에 따른 사업계획의 승인을 받은 자를 포함한다)와 약정한 자를 말한다.
> 5. "소유자등"이란 단독 소유나 공유(共有)의 형식으로 관광사업의 일부 시설을 관광사업자(제15조제1항 및 제2항에 따른 사업계획의 승인을 받은 자를 포함한다)로부터 분양받은 자를 말한다.
> 6. "관광지"란 자연적 또는 문화적 관광자원을 갖추고 관광객을 위한 기본적인 편의시설을 설치하는 지역으로서 이 법에 따라 지정된 곳을 말한다.

정부는 자연적 또는 문화적 관광자원을 갖추고 관광 및 휴식에 적합한 지역을 대상으로 관광지를 지정하여 공공 · 편의시설, 숙박 · 상가시설 및 관광휴양 · 오락시설(운동 · 오락시설 · 휴양 · 문화시설), 기타시설 등을 유치 · 개발하고 있다.

2022년 12월 말 기준으로 전국에 224개소가 관광지로 지정되어 있다(〈표 1〉 참조).

> 7. "관광단지"란 관광객의 다양한 관광 및 휴양을 위하여 각종 관광시설을 종합적으로 개발하는 관광 거점 지역으로서 이 법에 따라 지정된 곳을 말한다.

관광단지는 관광산업의 진흥을 촉진하고 국내외 관광객의 다양한 관광 및 휴양을 위하여 각종 관광시설을 종합적으로 개발하는 관광거점 지역을 말한다. 관광단지는 1973년 경주보문관광단지를 시작으로 2022년 12월 말 기준으로 전국에 47개소의 관광단지가 지정되어 있다(〈표 2〉 참조).

> 8. "민간개발자"란 관광단지를 개발하려는 개인이나 「상법」 또는 「민법」에 따라 설립된 법인을 말한다.
> 9. "조성계획"이란 관광지나 관광단지의 보호 및 이용을 증진하기 위하여 필요한 관광시설의 조성과 관리에 관한 계획을 말한다.
> 10. "지원시설"이란 관광지나 관광단지의 관리·운영 및 기능 활성화에 필요한 관광지 및 관광단지 안팎의 시설을 말한다.
> 11. "관광특구"란 외국인 관광객의 유치 촉진 등을 위하여 관광 활동과 관련된 관계 법령의 적용이 배제되거나 완화되고, 관광 활동과 관련된 서비스·안내 체계 및 홍보 등 관광 여건을 집중적으로 조성할 필요가 있는 지역으로 이 법에 따라 지정된 곳을 말한다.
> 11의2. "여행이용권"이란 관광취약계층이 관광 활동을 영위할 수 있도록 금액이나 수량이 기재(전자적 또는 자기적 방법에 의한 기록을 포함한다. 이하 같다)된 증표를 말한다. <신설 2014.5.28.>

관광특구는 1993년에 도입된 제도로서, 1994년 8월 제주도, 해운대 등 5개 지역이 관광특구로 최초 지정된 이래, 2019년에 파주 통일동산 및 포항 영일만을 관광특구로 새로 지정하여 2020년 12월 말 기준으로 전국 13개 시·도에 33곳이 관광특구로 지정되어 있다. 관광특구 지역 안의 문화·체육시설, 숙박시설 등으로서 관광객 유치를 위하여 특히 필요하다고 문화체육관광부장관이 인정하는 시설에 대하여 관광진흥개발기금의 보조 또는 융자가 가능하다(〈표 3〉 참조).

> 12. "문화관광해설사"란 관광객의 이해와 감상, 체험 기회를 제고하기 위하여 역사·문화·예술·자연 등 관광자원 전반에 대한 전문적인 해설을 제공하는 사람을 말한다.

〈표 1〉 관광지 지정 현황

시 · 도	지정개소	관광지명
부 산	5	태종대, 금련산, 해운대, 용호씨사이드, 기장도예촌
인 천	2	서포리, 마니산
대 구	2	비슬산, 화원
경 기	14	대성, 용문산, 소요산, 신륵사, 산장, 한탄강, 산정호수, 공릉, 수동, 장흥, 백운계곡, 임진각, 내리, 궁평
강 원	41	춘천호반, 고씨동굴, 무릉계곡, 망상해수욕장, 화암약수, 고석정, 송지호, 장호해수욕장, 팔봉산, 삼포 · 문암, 옥계, 맹방해수욕장, 구곡폭포, 속초해수욕장, 주문진해수욕장, 삼척해수욕장, 간현, 연곡해수욕장, 청평사, 초당, 화진포, 오색, 광덕계곡, 홍천온천, 후곡약수, 어흘리, 등명, 방동약수, 용대, 영월온천, 어답산, 구문소, 직탕, 아우라지, 유현문화, 동해 추암, 영월 마차탄광촌, 평창 미탄마하 생태, 속초 척산온천, 인제 오토테마파크, 지경
충 북	22	천동, 다리안, 송호, 무극, 장계, 세계무술공원, 충온온천, 능암온천, 교리, 온달, 수옥정, 능강, 금월봉, 속리산레저, 계산, 괴강, 제천온천, KBS제천촬영장, 만남의광장, 충주호체험, 구병산, 늘머니과일랜드
충 남	23	대천해수욕장, 구드래, 삽교호, 태조산, 예당, 무창포, 덕산온천, 곰나루, 죽도, 안면도, 아산온천, 마곡온천, 금강하구둑, 마곡사, 칠갑산도림온천, 천안종합휴양, 공주문화, 춘장대해수욕장, 간월도, 난지도, 왜목마을, 서동요역사, 만리포
전 북	21	남원, 은파, 사선대, 방화동, 금마, 운일암 · 반일암, 석정온천, 금강호, 위도, 마이산회봉, 모악산, 내장산리조트, 김제온천, 웅포, 모항, 왕궁보석테마, 백제가요정읍사, 미륵사지, 오수의견, 벽골제, 변산해수욕장
전 남	27	나주호, 담양호, 장성호, 영산호, 화순온천, 우수영, 땅끝, 성기동, 회동, 녹진, 지리산온천, 도곡온천, 도림사, 대광해수욕장, 율포해수욕장, 대구도요지, 불갑사, 한국차소리문화공원, 마한문화공원, 회산연꽃방죽, 홍길동테마파크, 아리랑마을, 정남진 우산도-장재도, 신지명사십리, 해신장보고, 운주사, 사포
경 북	32	백암온천, 성류굴, 경산온천, 오전약수, 가산산성, 경천대, 문장대온천, 울릉도, 장사해수욕장, 고래불, 청도온천, 치산, 용암온천, 탑산온천, 문경온천, 순흥, 호미곶, 풍기온천, 선바위, 상리, 하회, 다덕약수, 포리, 청송 주왕산, 영주 부석사, 청도 신화랑, 울릉개척사, 고령 부례, 회상나루, 문수, 예천삼강, 예안현
경 남	21	부곡온천, 도남, 당항포, 표충사, 미숭산, 마금산온천, 수승대, 오목내, 합천호, 합천보조댐, 중산, 금서, 가조, 농월정, 송정, 벽계, 장목, 실안, 산청전통한방휴양, 하동 묵계(청학동), 거가대교
제 주	14	돈내코, 용머리, 김녕해수욕장, 함덕해안, 협재해안, 제주남원, 봉개휴양림, 토산, 미천굴, 수망, 표선, 제주돌문화공원, 곽지, 제주상상나라탐라공화국
계	224	

자료: 문화체육관광부, 2022년 12월 31일 기준

〈표 2〉 관광단지 지정 현황

지역	단지명	지정 (조성 계획)	사업 기간	규모 (km²)	실집행 사업비 (억원)	개발주체	주요 도입시설
부산 (1)	오시리아 (舊동부산)	2005.03 (2006.04)	2006~2023	3.662	11,589	부산도시공사	호텔, 콘도, 리조트, 복합쇼핑몰, 골프 장, 테마파크, 녹지시설 등
인천 (1)	강화 종합리조트	2012.07 (2012.07)	2012~2020	0.652	1,402	해강개발(주)	콘도미니엄, 루지코스, 전망휴게소 등
광주 (1)	어등산	2006.01 (2007.04)	2005~2024	2.736	1,195	광주광역시 도시공사	호텔, 콘도미니엄, 테마파크, 골프장, 경관녹지 등
울산 (1)	강동 관광단지	2009.11 (2014.12)	2013~2023	1.367	1,756	울산시 북구청	콘도, 호텔, MICE복합센터, 워터파크, 수련시설, 오토캠핑장 등
경기 (2)	평택호	1977.03 (1979.02)	2009~2023	0.663	256	평택도시공사	관광호텔, 쇼핑몰, 워터레포츠, 테마 파크, 수변공원, 캠핑장 등
	안성죽산	2016.10 (예정)	2014~2025	1.438	-	(주)송백개발 (주)서해종합개발	골프콘도, 휴양콘도, 워터파크, 캠핑장, 컨벤션센터, 힐링센터 등
강 원 도 (14)	델피노 골프앤리조트	2012.05 (2012.05)	2010~2021	0.900	4,615	(주)대명레저산업	콘도, 호텔, 골프장 등
	설악 한화리조트	2010.08 (2010.08)	2010~2025	1.333	2,266	한화호텔앤드 리조트(주)	콘도, 온천장, 레이크가든, 골프장 등
	오크밸리	1995.03 (1996.02)	1995~2025	11.350	18,605	한솔개발(주)	가족호텔, 콘도, 골프장, 스키장, 미술 관, 에코파크, 수목정원 등
	신영	2010.02 (2010.05)	2010~2023	1.695	1,997	신영종합개발(주)	골프장, 스키장, 콘도, 커뮤니티센터 등
	라비에벨 (舊무릉도원)	2009.09 (2009.09)	2009~2022	4.844	5,985	코오롱글로벌(주)	한옥호텔, 콘도, 골프장, 세계풍물거리, 힐링&클리닉센터, 명품아울렛 등
	대관령 알펜시아	2005.09 (2006.04)	2004~2028	4.837	16,644	강원개발공사	호텔, 콘도, 명품아울렛, 골프장, 스키 장, 워터파크, 콘서트홀 등
	용평	2001.02 (2004.03)	2002~2025	16.219	27,577	(주)용평리조트	호텔, 콘도, 골프장, 스키장, 빙상장, 유스호스텔 등
	휘닉스파크	1998.10 (1999.03)	1994~2023	4.233	9,769	휘닉스중앙(주)	관광호텔, 콘도, 골프장, 스키장, 다목 적운동장, 유스호스텔 등
	비발디파크	2008.11 (2011.01)	2007~2021	7.052	13,534	(주)소노호텔앤리조트 (주)대명소노 (주)대명티피앤이	콘도미니엄, 관광호텔, 스키장, 골프장, 승마장, 호수공원, 체험마을 등
	웰리 힐리파크	2005.06 (2012.07)	1992~2025	4.831	7,473	신안종합리조트(주)	휴양 콘도미니엄, 골프장, 스키장, 친환 경놀이공원, 오토캠핑장 등

지역	단지명	지정 (조성 계획)	사업 기간	규모 (km²)	실집행 사업비 (억원)	개발주체	주요 도입시설
	더네이처	2015.01 (2015.01)	2019~2025	1.444	309	경안개발(주)	휴양 콘도미니엄, 가족호텔, 골프장, 아이스링크, 야영장, 자동차극장 등
	양양 국제공항	2015.12 (2015.12)	2013~2025	2.730	2,423	(주)새서울레저	관광호텔, 휴양 콘도미니엄, 생활숙 박시설, 아울렛몰, 골프장 등
	드림마운틴	2016.03 (2017.06)	2017~2023	1.797	5,300	(주)케이엔드씨	생활숙박시설, 가족호텔, 워터파크, 스키장, 동계스포츠체험장 등
	원주 루첸	2017.04 (예정)	2018~2022	2.644	240	(주)지프러스	콘도미니엄, 테마스토어, 골프장, 승마장, 스키장, 숲체험원 등
충북 (1)	증평 에듀팜특구	2017.12 (2017.12)	2017~2022	2.623	1,892	(주)블랙스톤에듀 팜리조트	휴양콘도, 관광펜션, 루지, 골프장, E-레포츠, 농촌휴양테마파크 등
충남 (2)	골드힐카운티 리조트	2011.12 (2013.06)	2013~2020	1.692	1,157	(주)골드힐	콘도, 가족호텔, 골프장, 저수지 등
	백제문화	2015.01 (2015.01)	2015~2020	3.026	6,211	(주)호텔롯데	콘도, 스파빌리지, 골프빌리지, 아울렛, 골프장, 전통민속촌, 에코파크 등
전북 (1)	남원 드래곤	2018.09. (2018.09)	2018~2022	0.795	1,903	신한레저(주)	대중골프장, 가족호텔, 한옥호텔, 남 원전통문화테마시설, 아트뮤지엄 등
전남 (6)	고흥우주 해양리조트특구	2009.05 (2009.02)	2008~2020	1.158	150	고흥군, 동호(주)	콘도, 호텔, 골프장, 우주해양전망대, 종합해양레포츠센터, 미리내조각공원 등
	화양지구 복합관광단지	2003.10 (2006.05)	2003~2024	8.974	1,987	(주)에이치제이 매그놀리아용평 디오션호텔앤리조트	호텔, 콘도, 펜션, 골프장, 산악레저월드, 세계민속촌, 수목원, 복합힐링타운 등
	여수경도 해양관광단지	2009.12 (2009.12)	2017~2023	2.153	18,466	와이케이 디벨롭먼트(주)	호텔, 콘도, 레지던스, 골프장, 워터파크, 근린공원 등
	오시아노 관광단지	1992.09 (1994.06)	1994~2018	5.073	3,022	한국관광공사	호텔, 콘도미니엄, 펜션단지, 골프장, 마리나시설 등
	대명리조트 관광단지	2016.12 (2016.12)	2016~2022	0.559	2,074	(주)소노호텔앤 리조트	호텔, 콘도, 산림체험학습관, 힐링파크, 진도전통문화체험관 등
	여수챌린지파크 관광단지	2019.05 (2019.05)	2018~2025	0.510	-	여수챌린지 파크관광(주)	호텔, 풀빌라, 컨벤션센터, 청소년수련 시설, 챌린지파크, 루지 등
경북 (6)	감포해양 관광단지	1993.12 (1997.03)	1997~2025	4.019	2,997	경상북도 문화관광공사	호텔, 콘도미니엄, 골프장, 오션랜드, 씨라이프파크, 연수원, 수목원 등
	보문관광단지	1975.04 (1973.05)	1973~2023	8.515	14,780	경상북도 문화관광공사	호텔, 콘도, 골프장, 놀이공원, 신라촌, 연수원, 관광양어장, 식물원 등

지역	단지명	지정 (조성 계획)	사업 기간	규모 (㎢)	실집행 사업비 (억원)	개발주체	주요 도입시설
	마우나오션 관광단지	1994.03 (1994.05)	1994~2022	6.419	3,274	(주)엠오디	콘도, 펜션, 상가, 야생동물방사공원, 캠핑장, 골프장, 루지 등
	김천온천 관광단지	1996.03 (1997.12)	1997~2011	1.424	359	(주)우촌개발	관광호텔, 콘도미니엄, 온천장, 스포 츠센터, 골프장, 노인휴양촌 등
	안동문화 관광단지	2003.12 (2005.04)	2002~2025	1.655	3,320	경상북도 문화관광공사	호텔, 콘도, 골프장, 테니스장, 유교랜 드, 온뜨레피움, 전망대 등
	북경주 웰니스 관광단지	2021.7. (미수립)	2019~2026	810	1,600	—	—
경남 (3)	구산해양 관광단지	2011.04 (2015.03)	2009~2020	2.843	1,290	창원시	웰니스타운, 골프장, 승마장, 연수원, 캠핑장, 별빛카페촌 등
	거제 남부	2019.05 (미수립)	2021~2028	3.694	—	—	—
	웅동복합레저	2012.02 (2013.07)	2012~2019	2.101	2,534	창원시 경남개발공사	호텔/빌리지, 대중골프장, 스포츠파크, 수변문화테마파크, 오토캠핑장 등
제주 (8)	록인제주	2013.12 (2013.12)	2013~2022	0.523	600	(주)록인제주	콘도미니엄, 테마상가, 연수원, 불로장 생테마파크 등
	성산포 해양	2006.01 (2006.01)	2003~2021	0.654	2,406	휘닉스중앙제주(주)	호텔, 콘도미니엄, 엔터테인먼트센터, 해양레포츠센터, 전시관 등
	신화 역사공원	2006.12 (2006.12)	2006~2021	3.986	21,571	제주국제 자유도시개발센터	호텔, 콘도, MICE 및 워터파크, 테마파크, 승마장, 테마거리, 항공우주박물관 등
	제주 헬스케어타운	2009.12 (2009.12)	2008~2021	1.539	15,674	제주국제 자유도시개발센터	휴양콘도미니엄, 호텔, 웰니스몰, 워터 파크, 명상원, 전문병원 등
	중문	1971.05 (1978.06)	1978~2023	3.562	201,55 3	한국관광공사	관광호텔, 콘도, 골프장, 중문랜드, 식물 원, 야외공연장, 박물관, 공원 등
	애월국제 문화복합단지	2018.05 (2018.05)	2012~2023	0.588	4,934	(주)이랜드 테마파크제주	한옥리조트, 호텔, 콘도, 문화체험마을, 미술관, 테마정원, 공연장 등
	프로젝트 ECO	2018.05 (2018.05)	2014~2022	0.699	1,903	(주)이랜드 테마파크제주	팜빌리지, 호텔, 승마장, 네이처플레이, 체험형농장, 도시농업센터 등
	묘산봉	1998.04 (2006.05)	2006~2021	4.222	2,870	(주)제이제이 한라	콘도, 관광호텔, 골프장, 테마파크, 미술관, 식물원 등
계			47개				

자료: 문화체육관광부, 2022년 12월 31일 기준

〈표 3〉 관광특구 지정 현황

시 · 도	특구명	지정지역	면적 (㎢)	지정 시기
서울 (7)	명동 · 남대문 · 북창동 · 다동 · 무교동	중구 소공동 · 회현동 · 명동 · 북창동 · 다동 · 무교동 일원	0.87	2000.03.30.
	이태원	용산구 이태원동 · 한남동 일원	0.38	1997.09.25.
	동대문 패션타운	중구 광희동 · 을지로5~7가 · 신당1동 일원	0.58	2002.05.23.
	종로 · 청계	종로구 종로1가~6가 · 서린동 · 관철동 · 관수동 · 예지동 일원, 창신동 일부 지역(광화문 빌딩~숭인동 4거리)	0.54	2006.03.22.
	잠실	송파구 잠실동 · 신천동 · 석촌동 · 송파동 · 방이동	2.31	2012.03.15.
	강남마이스	강남구 삼성동 무역센터 일대	0.19	2014.12.18.
	홍대 문화예술	마포구 홍대 일대(서교동, 동고동, 합정동, 상수동 일원)	1.13	2021.12.02.
부산 (2)	해운대	해운대구 우동 · 중동 · 송정동 · 재송동 일원	6.22	1994.08.31.
	용두산 · 자갈치	중구 부평동 · 광복동 · 남포동 전지역, 중앙동 · 동광동 · 대청동 · 보수동 일부지역	1.08	2008.05.14.
인천 (1)	월미	중구 신포동 · 연안동 · 신흥동 · 북성동 · 동인천동 일원	3.00	2001.06.26.
대전 (1)	유성	유성구 봉명동 · 구암동 · 장대동 · 궁동 · 어은동 · 도룡동	5.86	1994.08.31.
경기 (5)	동두천	동두천시 중앙동 · 보산동 · 소요동 일원	0.39	1997.01.18.
	평택시 송탄	평택시 서정동 · 신장1 · 2동 · 지산동 · 송북동 일원	0.49	1997.05.30.
	고양	고양시 일산 서구, 동구 일부 지역	3.94	2015.08.06.
	수원화성	경기도 수원시 팔달구, 장안구 일대	1.83	2016.01.15.
	파주 통일동산	경기도 파주시 탄현면 성동리, 법흥리 일원	3.01	2019.04.30.
강원 (2)	설악	속초시 · 고성군 및 양양군 일부 지역	138.10	1994.08.31.
	대관령	강릉시 · 동해시 · 삼척시 · 평창군 · 횡성군 일원	428.26	1997.01.18.
충북 (3)	수안보온천	충주시 수안보면 온천리 · 안보리 일원	9.22	1997.01.18.
	속리산	보은군 내속리면 사내리 · 상판리 · 중판리 · 갈목리 일원	43.75	1997.01.18.
	단양	단양군 단양읍 · 매포읍 일원(2개소 5개리)	4.45	2005.12.30.
충남 (2)	아산시온천	아산시 음봉면 신수리 일원	3.71	1997.01.18.
	보령해수욕장	보령시 신흑동, 웅천읍 독산 · 관당리, 남포면 월전리 일원	2.52	1997.01.18.
전북 (2)	무주 구천동	무주군 설천면 · 무풍면	7.61	1997.01.18.
	정읍 내장산	정읍시 내장지구 · 용산지구	3.50	1997.01.18.
전남 (2)	구례	구례군 토지면 · 마산면 · 광의면 · 신동면 일부	78.02	1997.01.18.
	목포	북항 · 유달산 · 원도심 · 삼학도 · 갓바위 · 평화광장 일원 (목포해안선 주변 6개 권역)	6.89	2007.09.28.
경북 (4)	경주시	경주 시내지구 · 보문지구 · 불국지구	32.65	1994.08.31.
	백암온천	울진군 온정면 소태리 일원	1.74	1997.01.18.
	문경	문경시 문경읍 · 가은읍 · 마성면 · 농암면 일원	1.85	2010.01.18.
	포항 영일만	영일대해수욕장, 해안도로, 환호공원, 송도해수욕장, 송도송림, 운하관, 포항운하, 죽도시장, 시내 실개천 일대	2.41	2019.08.12.
경남 (2)	부곡온천	창녕군 부곡면 거문리 · 사창리 일원	4.82	1997.01.18.
	미륵도	통영시 미수1 · 2동 · 봉평동 · 도남동 · 산양읍 일원	32.90	1997.01.18.
제주 (1)	제주도	제주도 전역(부속도서 제외)	1,809.56	1994.08.31.
13개 시 · 도 34개소			2,643.54	

자료 : 문화체육관광부, 2022년 12월 31일 기준

제2장 관광사업

제1절 통칙

> ▶관광진흥법
> 제3조(관광사업의 종류)
> ▶시행령
> 제2조(관광사업의 종류)

- 관광사업의 종류는 크게 7가지로 구분되어 있고, 이를 「관광진흥법 시행령」 제2조에서 세분하고 있다.

法 「관광진흥법」 제3조(관광사업의 종류)

> ① 관광사업의 종류는 다음 각 호와 같다. <개정 2007.7.19., 2015.2.3., 2022.9.27., 2023.8.8.>
>
> 1. 여행업 : 여행자 또는 운송시설·숙박시설, 그 밖에 여행에 딸리는 시설의 경영자 등을 위하여 그 시설 이용 알선이나 계약 체결의 대리, 여행에 관한 안내, 그 밖의 여행 편의를 제공하는 업

令 시행령 제2조(관광사업의 종류)

> ① 「관광진흥법」(이하 "법"이라 한다) 제3조제2항에 따라 관광사업의 종류를 다음 각 호와 같이 세분한다. <개정 2008.2.29., 2008.8.26., 2009.1.20., 2009.8.6., 2009.10.7., 2009.11.2., 2011.12.30., 2013.11.29., 2014.7.16., 2014.10.28., 2014.11.28., 2016.3.22., 2019.4.9., 2020.4.28., 2021.3.23.>
>
> 1. 여행업의 종류
>   가. 종합여행업 : 국내외를 여행하는 내국인 및 외국인을 대상으로 하는 여행업[사증(查證)을 받는 절차를 대행하는 행위를 포함한다]
>   나. 국내외여행업 : 국내외를 여행하는 내국인을 대상으로 하는 여행업(사증을 받는 절차를 대행하는 행위를 포함한다)
>   다. 국내여행업 : 국내를 여행하는 내국인을 대상으로 하는 여행업

〈표 4〉 시·도별 여행업 등록 현황

(단위 : 개소)

구 분	계	종합여행업	국내외여행업	국내여행업
서 울	7,992	3,853	3,335	784
부 산	1,481	349	784	348
대 구	755	173	422	160
인 천	527	168	225	134
광 주	539	135	295	109
대 전	485	115	262	108
울 산	229	61	130	38
세 종	92	24	43	25
경 기	2,765	899	1,323	543
강 원	558	132	220	206
충 북	414	88	215	111
충 남	564	57	284	223
전 북	829	149	381	299
전 남	782	123	342	317
경 북	649	91	338	220
경 남	776	150	447	179
제 주	1,107	348	157	602
계	20,544	6,915	9,223	4,406

자료 : 지방행정 인허가 데이터 https:www.localdata.go.kr/, 2022년 12월 31일 기준

法 「관광진흥법」 제3조(관광사업의 종류)

> 2. 관광숙박업 : 다음 각목에서 규정하는 업
>   가. 호텔업 : 관광객의 숙박에 적합한 시설을 갖추어 이를 관광객에게 제공하
>   거나 숙박에 딸리는 음식·운동·오락·휴양·공연 또는 연수에 적합한
>   시설 등을 함께 갖추어 이를 이용하게 하는 업
>   나. 휴양 콘도미니엄업 : 관광객의 숙박과 취사에 적합한 시설을 갖추어 이를
>   그 시설의 회원이나 소유자등, 그 밖의 관광객에게 제공하거나 숙박에 딸
>   리는 음식·운동·오락·휴양·공연 또는 연수에 적합한 시설 등을 함께
>   갖추어 이를 이용하게 하는 업

■ 휴양 콘도미니엄업은 1957년 스페인에서 기존호텔에 개인의 소유권 개념을 도입하여 개발한
  것이 시초이며, 1950년대 이탈리아에서 중소기업들이 종업원들의 복리후생을 위해 회사가 공동
  투자를 하여 연립주택이나 호텔형태로 지은 별장식 가옥을 10여 명이 소유하는 공동휴양시설로
  개발한 것이 그 효시라고 한다.

■ 우리나라는 1982년 12월 31일 휴양 콘도미니엄업을 「관광진흥법」상의 관광숙박업종으로 신설하
  여 오늘에 이르고 있으며, 2022년 12월 말 기준 239개 업체에 49,424실이 운영되고 있다.

令 시행령 제2조(관광사업의 종류)

> 2. 호텔업의 종류
>
>   가. 관광호텔업 : 관광객의 숙박에 적합한 시설을 갖추어 관광객에게 이용하게 하고 숙박에 딸린 음식·운동·오락·휴양·공연 또는 연수에 적합한 시설 등(이하 "부대시설"이라 한다)을 함께 갖추어 관광객에게 이용하게 하는 업(業)
>
>   나. 수상관광호텔업 : 수상에 구조물 또는 선박을 고정하거나 매어 놓고 관광객의 숙박에 적합한 시설을 갖추거나 부대시설을 함께 갖추어 관광객에게 이용하게 하는 업
>
>   다. 한국전통호텔업 : 한국전통의 건축물에 관광객의 숙박에 적합한 시설을 갖추거나 부대시설을 함께 갖추어 관광객에게 이용하게 하는 업

■ 한국전통호텔업은 한국전통의 건축물에 관광객의 숙박에 적합한 시설을 갖추거나 부대시설을 함께 갖추어 관광객에게 이용하게 하는 업으로, 1991년 7월 26일 최초로 제주도 중문관광단지 내에 객실 수 26실의 한국전통호텔이 등록되었으며 2022년 12월 말 전국 7개소 173실이 운영되고 있다.

> 라. 가족호텔업 : 가족단위 관광객의 숙박에 적합한 시설 및 취사도구를 갖추어 관광객에게 이용하게 하거나 숙박에 딸린 음식·운동·휴양 또는 연수에 적합한 시설을 함께 갖추어 관광객에게 이용하게 하는 업
>
> 마. 호스텔업 : 배낭여행객 등 개별 관광객의 숙박에 적합한 시설로서 샤워장, 취사장 등의 편의시설과 외국인 및 내국인 관광객을 위한 문화·정보 교류시설 등을 함께 갖추어 이용하게 하는 업
>
> 바. 소형호텔업 : 관광객의 숙박에 적합한 시설을 소규모로 갖추고 숙박에 딸린 음식·운동·휴양 또는 연수에 적합한 시설을 함께 갖추어 관광객에게 이용하게 하는 업
>
> 사. 의료관광호텔업 : 의료관광객의 숙박에 적합한 시설 및 취사도구를 갖추거나 숙박에 딸린 음식·운동 또는 휴양에 적합한 시설을 함께 갖추어 주로 외국인 관광객에게 이용하게 하는 업

〈표 5〉 시·도별 호텔업 등록 현황

(단위 : 개소)

구분		서울	부산	대구	인천	광주	대전	울산	세종	경기	강원	충북	충남	전북	전남	경북	경남	제주	소계
관광호텔업	5성급 특1급	24	8	1	5	-	-	1	-	1	4	1	-	-	1	2	2	14	64
	4성급 특2급	39	4	3	5	2	2	2		9	11	-	-	4	4	4	4	12	105
	3성급 1등급	81	12	4	8	4	6	4	-	20	12	5	4	4	7	9	18	21	219
	2성급 2등급	57	34	10	23	4	3	4	-	37	9	10	5	7	13	16	21	8	261
	1성급 3등급	42	13	1	25	1	-	4	-	20	1	1	1	1	9	4	14	4	141
	등급 없음	83	26	9	18	3	8	3	-	44	11	4	5	13	42	11	8	66	372
	소계	326	97	28	84	14	19	18	0	131	48	21	15	29	76	46	85	125	1,162
전통호텔업		-	-	-	2	-	-	-	-	-	1	-	-	1	1	1	-	1	7
가족호텔업		20	1	-	3	-	1	1	-	15	15	1	4	6	12	1	27	62	169
호스텔업		108	92	5	-	-	-	1	-	19	56	5	2	8	240	30	36	170	772
소형호텔업		9	4	-	2	-	-	-	-	6	7	-	1	3	1	4	4	4	45
소계 (관광호텔업 외)		137	97	5	7	0	1	2	0	40	79	6	7	18	254	36	67	237	993
호텔업 합계		463	194	33	91	14	20	20	0	171	127	27	22	47	330	82	152	362	2,155
휴양콘도업 합계		1	6	-	2	-	-	-	-	19	79	8	15	-	12	14	17	60	239
총계		464	200	33	93	14	20	20	0	190	206	35	37	53	342	96	169	422	2,394

자료 : 문화체육관광부, 2022년 12월 31일 기준
주) 등급없음은 신규등록업체 및 등급유효기간 만료업체로서 기준일 현재 유효등급을 보유하지 못한 업체임

法 「관광진흥법」 제3조(관광사업의 종류)

> 3. 관광객 이용시설업 : 다음 각 목에서 규정하는 업
>
> 　가. 관광객을 위하여 음식·운동·오락·휴양·문화·예술 또는 레저 등에 적합한 시설을 갖추어 이를 관광객에게 이용하게 하는 업
>
> 　나. 대통령령으로 정하는 2종 이상의 시설과 관광숙박업의 시설(이하 "관광숙박시설"이라 한다) 등을 함께 갖추어 이를 회원이나 그 밖의 관광객에게 이용하게 하는 업
>
> 　다. 야영장업: 야영에 적합한 시설 및 설비 등을 갖추고 야영편의를 제공하는 시설(「청소년활동 진흥법」 제10조제1호마목에 따른 청소년야영장은 제외한다)을 관광객에게 이용하게 하는 업

■ 2023년 6월 말 기준 관광객 이용시설업의 등록 현황을 보면 전문휴양업 153개, 종합휴양업 29개, 야영장업 3,498개, 관광유람선업 39개, 관광공연장업 10개, 외국인관광도시민박업 2,356개, 한옥체험업 1,867개 등이다.

令 시행령 제2조(관광사업의 종류)

> 3. 관광객 이용시설업의 종류
>
> 　가. 전문휴양업 : 관광객의 휴양이나 여가 선용을 위하여 숙박업 시설(「공중위생관리법 시행령」 제2조제1항제1호 및 제2호의 시설을 포함하며, 이하 "숙박시설"이라 한다)이나 「식품위생법 시행령」 제21조제8호가목·나목 또는 바목에 따른 휴게음식점영업, 일반음식점영업 또는 제과점영업의 신고에 필요한 시설(이하 "음식점시설"이라 한다)을 갖추고 별표 1 제4호가목(2)(가)부터 (거)까지의 규정에 따른 시설(이하 "전문휴양시설"이라 한다) 중 한 종류의 시설을 갖추어 관광객에게 이용하게 하는 업
>
> 　나. 종합휴양업
>
> 　　(1) 제1종 종합휴양업 : 관광객의 휴양이나 여가 선용을 위하여 숙박시설 또는 음식점시설을 갖추고 전문휴양시설 중 두 종류 이상의 시설을 갖추어 관광객에게 이용하게 하는 업이나, 숙박시설 또는 음식점시설을 갖추고 전문휴양시설 중 한 종류 이상의 시설과 종합유원시설업의 시설을 갖추어 관광객에게 이용하게 하는 업
>
> 　　(2) 제2종 종합휴양업 : 관광객의 휴양이나 여가 선용을 위하여 관광숙박업의 등록에 필요한 시설과 제1종 종합휴양업의 등록에 필요한 전문휴양시설 중 두 종류 이상의 시설 또는 전문휴양시설 중 한 종류 이상의 시설 및 종합유원시설업의 시설을 함께 갖추어 관광객에게 이용하게 하는 업

다. 야영장업

  (1) 일반야영장업 : 야영장비 등을 설치할 수 있는 공간을 갖추고 야영에 적합한 시설을 함께 갖추어 관광객에게 이용하게 하는 업

  (2) 자동차야영장업 : 자동차를 주차하고 그 옆에 야영장비 등을 설치할 수 있는 공간을 갖추고 취사 등에 적합한 시설을 함께 갖추어 자동차를 이용하는 관광객에게 이용하게 하는 업

라. 관광유람선업

  1) 일반관광유람선업:「해운법」에 따른 해상여객운송사업의 면허를 받은 자나「유선 및 도선사업법」에 따른 유선사업의 면허를 받거나 신고한 자가 선박을 이용하여 관광객에게 관광을 할 수 있도록 하는 업

  2) 크루즈업:「해운법」에 따른 순항(順航) 여객운송사업이나 복합 해상여객운송사업의 면허를 받은 자가 해당 선박 안에 숙박시설, 위락시설 등 편의시설을 갖춘 선박을 이용하여 관광객에게 관광을 할 수 있도록 하는 업

마. 관광공연장업 : 관광객을 위하여 적합한 공연시설을 갖추고 공연물을 공연하면서 관광객에게 식사와 주류를 판매하는 업

바. 외국인관광도시민박업:「국토의 계획 및 이용에 관한 법률」 제6조제1호에 따른 도시지역(「농어촌정비법」에 따른 농어촌지역 및 준농어촌지역은 제외한다. 이하 이 조에서 같다)의 주민이 자신이 거주하고 있는 다음의 어느 하나에 해당하는 주택을 이용하여 외국인 관광객에게 한국의 가정문화를 체험할 수 있도록 적합한 시설을 갖추고 숙식 등을 제공(도시지역에서 「도시재생활성화 및 지원에 관한 특별법」 제2조제6호에 따른 도시재생활성화계획에 따라 같은 조 제9호에 따른 마을기업이 외국인 관광객에게 우선하여 숙식 등을 제공하면서, 외국인 관광객의 이용에 지장을 주지 아니하는 범위에서 해당 지역을 방문하는 내국인 관광객에게 그 지역의 특성화된 문화를 체험할 수 있도록 숙식 등을 제공하는 것을 포함한다)하는 업

  1)「건축법 시행령」 별표 1 제1호가목 또는 다목에 따른 단독주택 또는 다가구주택

  2)「건축법 시행령」 별표 1 제2호가목, 나목 또는 다목에 따른 아파트, 연립주택 또는 다세대주택

사. 한옥체험업: 한옥(「한옥 등 건축자산의 진흥에 관한 법률」 제2조제2호에 따른 한옥을 말한다)에 관광객의 숙박 체험에 적합한 시설을 갖추고 관광객에게 이용하게 하거나, 전통 놀이 및 공예 등 전통문화 체험에 적합한 시설을 갖추어 관광객에게 이용하게 하는 업

〈표 6〉 시·도별 관광객 이용시설업 등록 현황

(단위 : 개소)

구 분	전문 휴양업	종합 휴양업	야영장업	관광 유람선업	관광 공연장업	외국인관 광도시민 박업	한옥 체험업	계
서울	-	1	12	1	4	1,197	204	1,419
부산	1	1	11	5	1	116	41	176
대구	-	1	18	-	1	35	26	81
인천	2	-	99	3	-	66	12	182
광주	-	-	5	-	-	24	4	33
대전	1	1	14	-	-	11	-	27
울산	1	-	16	-	-	14	3	34
세종	-	-	8	-	-	1	5	14
경기	18	4	804	-	-	67	60	953
강원	16	7	647	2	2	109	59	842
충북	10	1	241	1	-	7	33	293
충남	10	2	287	2	-	14	58	373
전북	4	1	141	4	2	176	304	632
전남	7	1	181	5	-	58	321	573
경북	19	1	405	-	-	82	522	1,029
경남	8	2	331	10	-	67	77	495
제주	44	3	45	7	-	-	1	100
계	141	26	3,265	40	10	2,044	1,730	7,256

자료 : 문화체육관광부, 2022년 12월 31일 기준
주) 한옥체험업은 2020년 4월 28일부터 관광객 이용시설업으로 변경됨

<표 7> 시·도별 종합휴양업 및 전문휴양업 등록 현황

구분	전문휴양업	종합휴양업		
		제1종	제2종	계
서울	-	1	-	1
부산	1	1	-	1
대구	-	1	-	1
인천	2	-	-	-
광주	-	-	-	-
대전	1	1	-	1
울산	1	-	-	-
세종	-	-	-	-
경기	18	4	-	4
강원	16	5	2	7
충북	10	1	-	1
충남	10	-	2	2
전북	4	-	1	1
전남	7	-	1	1
경북	19	1	-	1
경남	8	2	-	2
제주	44	1	2	-
합계	141	18	8	26

자료 : 문화체육관광부, 2022년 12월 31일 기준
주) 전문: 휴양시설1종, 종합1종: 휴양시설2종 또는 휴양시설+종합유원시설, 종합2종: 관광숙박업+종합1종 또는 관광숙박업+휴양시설1종+종합유원시설

法 「관광진흥법」 제3조(관광사업의 종류)

> 4. 국제회의업 : 대규모 관광 수요를 유발하는 국제회의(세미나·토론회·전시회·기업회의 등을 포함한다. 이하 같다)를 개최할 수 있는 시설을 설치·운영하거나 국제회의의 계획·준비·진행 및 그 밖에 이와 관련된 업무를 위탁받아 대행하는 업

令 시행령 제2조(관광사업의 종류)

> 4. 국제회의업의 종류
> 가. 국제회의시설업 : 대규모 관광 수요를 유발하는 국제회의를 개최할 수 있는 시설을 설치하여 운영하는 업
> 나. 국제회의기획업 : 대규모 관광 수요를 유발하는 국제회의의 계획·준비·진행 등의 업무를 위탁받아 대행하는 업

法 「관광진흥법」 제3조(관광사업의 종류)

> 5. 카지노업 : 전문 영업장을 갖추고 주사위·트럼프·슬롯머신 등 특정한 기구 등을 이용하여 우연의 결과에 따라 특정인에게 재산상의 이익을 주고 다른 참가자에게 손실을 주는 행위 등을 하는 업

■ 우리나라에서 카지노업은 종래 「사행행위등 규제 및 처벌특례법」에서 '사행행위영업'으로 규정하고, 경찰청에서 관리했으나, 1994년 8월 3일 「관광진흥법」을 개정하여 관광산업으로 전환되어 이때부터 문화체육관광부에서 허가권과 지도·감독권을 갖게 되었다. 다만, 제주도에서는 2006년 7월부터 「제주특별자치도 및 국제자유도시 조성을 위한 특별법」(이하 "제주특별법"이라 한다)이 시행됨에 따라 제주특별자치도에서 허가 및 지도·감독권을 갖고 있다. 2021년 12월 말 기준으로 전국에 17개의 카지노업체가 운영 중에 있는데, 그중에서 외국인전용 카지노는 16개 업체이고, 내국인 출입카지노는 강원랜드카지노(2045년까지 한시적으로 운영될 예정) 1개소가 운영 중에 있다.

〈표 8〉 시·도별 카지노업체 현황

(단위 : 명, 백만 원, m²)

시·도	업 체 명 (법 인 명)	허가일	운영형태 (등급)	종사원 수	2022년 매출액	2022년 입장객 수	허가 면적(㎡)
서울	파라다이스카지노 워커힐점 【(주)파라다이스】	'68.03.05	임대 (5성)	684	158,743	280,847	2,694.23
	세븐럭카지노 서울강남코엑스점 【그랜드코리아레저(주)】	'05.01.28	임대 (컨벤션)	904	140,581	143,229	2,158.32
	세븐럭카지노 서울강북힐튼점 【그랜드코리아레저(주)】	'05.01.28	임대 (5성)	533	101,847	200,476	2,137.20
부산	세븐럭카지노 부산롯데점 【그랜드코리아레저(주)】	'05.01.28	임대 (5성)	340	22,738	45,330	1,583.73
	파라다이스카지노 부산지점 【(주)파라다이스】	'78.10.29	임대 (5성)	287	29,329	51,471	1,483.24
인천	파라다이스카지노(파라다이스시티) 【(주)파라다이스세가사미】	'67.08.10	직영 (5성)	721	158,390	150,862	8,726.80
강원	알펜시아카지노 【(주)지바스】	'80.12.09	임대 (5성)	16	-	51	632.69
대구	호텔인터불고대구카지노 【(주)골든크라운】	'79.04.11	임대 (5성)	163	22,101	68,227	1,485.24
제주	공즈카지노 【길상창휘(유)】	'75.10.15	임대 (5성)	18	-	-	1,604.84
	파라다이스카지노 제주지점 【(주)파라다이스】	'90.09.01	임대 (5성)	160	3,047	30,354	1,195.92
	아람만카지노 【(주)청해】	'91.07.31	임대 (5성)	97	854	282	1,175.85
	제주오리엔탈카지노 【(주)건하】	'90.11.06	임대 (5성)	57	-	-	865.25
	드림타워카지노(제주드림타워) 【(주)엘티엔터테인먼트】	'85.04.11	임대 (5성)	531	65,214	94,126	5,367.67
	제주썬카지노 【(주)지앤엘】	'90.09.01	직영 (5성)	70	△202	631	1,509.12
	랜딩카지노(제주신화월드) 【람정엔터테인먼트코리아(주)】	'90.09.01	임대 (5성)	405	11,837	19,407	5,646.10
	메가럭카지노 【(주)메가럭】	'95.12.28	임대 (5성)	40	-	-	1,347.72
12개 법인, 16개 영업장(외국인 전용)			직영: 2 임대: 14	5,026	714,479	1,105,293	39,615.92
강원	강원랜드 카지노 【(주)강원랜드】	'00.10.12	직영 (5성)	1,972	1,223,461	2,083,513	15,485.99
13개 법인, 17개 영업장(내·외국인)			직영: 3 임대: 14	6,998	1,937,940	3,188,806	55,101.91

자료 : 한국카지노업관광협회, 문화체육관광부, 2022년 12월 31일 기준
주 1) 종사원 수: 수시변동, 면적: 전용영업장 면적

法「관광진흥법」 제3조(관광사업의 종류)

6. 유원시설업(遊園施設業) : 유기시설(遊技施設)이나 유기기구(遊技機具)를 갖추어 이를 관광객에게 이용하게 하는 업(다른 영업을 경영하면서 관광객의 유치 또는 광고 등을 목적으로 유기시설이나 유기기구를 설치하여 이를 이용하게 하는 경우를 포함한다)

令 시행령 제2조(관광사업의 종류)

5. 유원시설업(遊園施設業)의 종류
   가. 종합유원시설업 : 유기시설이나 유기기구를 갖추어 관광객에게 이용하게 하는 업으로서 대규모의 대지 또는 실내에서 법 제33조에 따른 안전성검사 대상 유기시설 또는 유기기구 여섯 종류 이상을 설치하여 운영하는 업
   나. 일반유원시설업 : 유기시설이나 유기기구를 갖추어 관광객에게 이용하게 하는 업으로서 법 제33조에 따른 안전성검사 대상 유기시설 또는 유기기구 한 종류 이상을 설치하여 운영하는 업
   다. 기타유원시설업 : 유기시설이나 유기기구를 갖추어 관광객에게 이용하게 하는 업으로서 법 제33조에 따른 안전성검사 대상이 아닌 유기시설 또는 유기기구를 설치하여 운영하는 업

〈표 9〉 시 · 도별 유원시설업체 현황

(단위 : 개소)

시 · 도	계	종합유원시설업	일반유원시설업	기타유원시설업
서울	217	3	10	204
부산	101	1	15	85
대구	88	2	15	71
인천	173	-	26	147
광주	56	1	4	51
대전	58	1	3	54
울산	64	-	8	56
세종	28	-	-	28

경기	670	10	65	595
강원	151	11	45	95
충북	128	-	18	110
충남	162	5	29	128
전북	98	-	25	73
전남	123	4	31	88
경북	168	4	31	133
경남	219	5	28	186
제주	78	4	22	52
계	2,582	51	375	2,156

자료 : 문화체육관광부, 2022년 12월 31일 기준(지자체 취합)
주) 휴업 업체 포함

法 「관광진흥법」 제3조(관광사업의 종류)

> 7. 관광 편의시설업 : 제1호부터 제6호까지의 규정에 따른 관광사업 외에 관광
> 진흥에 이바지할 수 있다고 인정되는 사업이나 시설 등을 운영하는 업

令 시행령 제2조(관광사업의 종류)

> 6. 관광 편의시설업의 종류
>
> 　가. 관광유흥음식점업: 식품위생 법령에 따른 유흥주점 영업의 허가를 받은 자가
> 관광객이 이용하기 적합한 한국 전통 분위기의 시설을 갖추어 그 시설을 이용
> 하는 자에게 음식을 제공하고 노래와 춤을 감상하게 하거나 춤을 추게 하는 업
>
> 　나. 관광극장유흥업: 식품위생 법령에 따른 유흥주점 영업의 허가를 받은 자
> 가 관광객이 이용하기 적합한 무도(舞蹈)시설을 갖추어 그 시설을 이용하는
> 자에게 음식을 제공하고 노래와 춤을 감상하게 하거나 춤을 추게 하는 업
>
> 　다. 외국인전용 유흥음식점업 : 식품위생 법령에 따른 유흥주점영업의 허가를 받은
> 자가 외국인이 이용하기 적합한 시설을 갖추어 외국인만을 대상으로 주류나 그
> 밖의 음식을 제공하고 노래와 춤을 감상하게 하거나 춤을 추게 하는 업

라. 관광식당업: 식품위생 법령에 따른 일반음식점영업의 허가를 받은 자가 관광객이 이용하기 적합한 음식 제공시설을 갖추고 관광객에게 특정 국가의 음식을 전문적으로 제공하는 업

마. 관광순환버스업: 「여객자동차 운수사업법」에 따른 여객자동차운송사업의 면허를 받거나 등록을 한 자가 버스를 이용하여 관광객에게 시내와 그 주변 관광지를 정기적으로 순회하면서 관광할 수 있도록 하는 업

바. 관광사진업: 외국인 관광객과 동행하며 기념사진을 촬영하여 판매하는 업

사. 여객자동차터미널시설업: 「여객자동차 운수사업법」에 따른 여객자동차터미널사업의 면허를 받은 자가 관광객이 이용하기 적합한 여객자동차터미널시설을 갖추고 이들에게 휴게시설·안내시설 등 편익시설을 제공하는 업

아. 관광펜션업: 숙박시설을 운영하고 있는 자가 자연·문화 체험관광에 적합한 시설을 갖추어 관광객에게 이용하게 하는 업

자. 관광궤도업: 「궤도운송법」에 따른 궤도사업의 허가를 받은 자가 주변 관람과 운송에 적합한 시설을 갖추어 관광객에게 이용하게 하는 업

차. 삭제 <2020.4.28.>

카. 관광면세업: 다음의 어느 하나에 해당하는 자가 판매시설을 갖추고 관광객에게 면세물품을 판매하는 업

1) 「관세법」 제196조에 따른 보세판매장의 특허를 받은 자

2) 「외국인 관광객 등에 대한 부가가치세 및 개별소비세 특례규정」 제5조에 따라 면세판매장의 지정을 받은 자

타. 관광지원서비스업: 주로 관광객 또는 관광사업자 등을 위하여 사업이나 시설 등을 운영하는 업으로서 문화체육관광부장관이 「통계법」 제22조제2항 단서에 따라 관광 관련 산업으로 분류한 쇼핑업, 운수업, 숙박업, 음식점업, 문화·오락·레저스포츠업, 건설업, 자동차임대업 및 교육서비스업 등. 다만, 법에 따라 등록·허가 또는 지정(이 영 제2조제6호가목부터 카목까지의 규정에 따른 업으로 한정한다)을 받거나 신고를 해야 하는 관광사업은 제외한다.

② 제1항제6호아목은 「제주특별자치도 설치 및 국제자유도시 조성을 위한 특별법」을 적용받는 지역에 대하여는 적용하지 아니한다.

> ▶관광진흥법
> 제4조(등록)
> ▶시행령
> 제3조(등록절차), 제4조(등록증의 발급), 제5조(등록기준), 제6조(변경등록)
> ▶시행규칙
> 제2조(관광사업의 등록신청), 제3조(관광사업의 변경등록), 제4조(관광사업자 등록대장),
> 제5조(등록증의 재발급)

法 「관광진흥법」 제4조(등록)

① 제3조제1항제1호부터 제4호까지의 규정에 따른 여행업, 관광숙박업, 관광객 이용시설업 및 국제회의업을 경영하려는 자는 특별자치시장·특별자치도지사·시장·군수·구청장(자치구의 구청장을 말한다. 이하 같다)에게 등록하여야 한다. <개정 2009.3.25., 2018.6.12.>

② 삭제 <2009.3.25.>

③ 제1항에 따른 등록을 하려는 자는 대통령령으로 정하는 자본금(법인인 경우에는 납입자본금을 말하고, 개인인 경우에는 등록하려는 사업에 제공되는 자산의 평가액을 말한다)·시설 및 설비 등을 갖추어야 한다. <신설 2007.7.19., 2009.3.25., 2023.8.8.>

④ 제1항에 따라 등록한 사항 중 대통령령으로 정하는 중요 사항을 변경하려면 변경등록을 하여야 한다. <개정 2007.7.19., 2009.3.25.>

⑤ 제1항 및 제4항에 따른 등록 또는 변경등록의 절차 등에 필요한 사항은 문화체육관광부령으로 정한다. <개정 2007.7.19., 2008.2.29., 2009.3.25.>

令 시행령 제3조(등록절차)

① 법 제4조제1항에 따라 등록을 하려는 자는 문화체육관광부령으로 정하는 바에 따라 관광사업 등록신청서를 특별자치시장·특별자치도지사·시장·군수·구청장(자치구의 구청장을 말한다. 이하 같다)에게 제출하여야 한다. <개정 2009.10.7., 2019.4.9.>

② 특별자치시장·특별자치도지사·시장·군수·구청장은 법 제17조에 따른 관광숙박업 및 관광객 이용시설업 등록심의위원회의 심의를 거쳐야 할 관광사업의 경우에는 그 심의를 거쳐 등록 여부를 결정한다. <개정 2009.10.7., 2019.4.9.>

[제목개정 2009.10.7.]

슈 시행령 제4조(등록증의 발급)

① 제3조에 따라 등록신청을 받은 특별자치시장·특별자치도지사·시장·군수·구청장은 신청한 사항이 제5조에 따른 등록기준에 맞으면 문화체육관광부령으로 정하는 등록증을 신청인에게 발급하여야 한다. <개정 2008.2.29., 2009.10.7., 2019.4.9.>

② 특별자치시장·특별자치도지사·시장·군수·구청장은 제1항에 따른 등록증을 발급하려면 법 제18조제1항에 따라 의제되는 인·허가증을 한꺼번에 발급할 수 있도록 해당 인·허가기관의 장에게 인·허가증의 송부를 요청할 수 있다. <개정 2009.10.7., 2019.4.9.>

③ 특별자치시장·특별자치도지사·시장·군수·구청장은 제1항 및 제2항에 따라 등록증을 발급하면 문화체육관광부령으로 정하는 바에 따라 관광사업자등록대장을 작성하고 관리·보존하여야 한다. <개정 2008.2.29., 2009.10.7., 2019.4.9.>

④ 특별자치시장·특별자치도지사·시장·군수·구청장은 등록한 관광사업자가 제1항에 따라 발급받은 등록증을 잃어버리거나 그 등록증이 헐어 못쓰게 되어버린 경우에는 문화체육관광부령으로 정하는 바에 따라 다시 발급하여야 한다. <개정 2008.2.29., 2009.10.7., 2019.4.9.>

슈 시행령 제5조(등록기준)

법 제4조제3항에 따른 관광사업의 등록기준은 별표 1과 같다. 다만, 휴양콘도미니엄업과 전문휴양업 중 온천장 및 농어촌휴양시설을 2012년 11월 1일부터 2014년 10월 31일까지 제3조제1항에 따라 등록 신청하면 다음 각 호의 기준에 따른다. <개정 2012.10.29., 2013.10.31.>

1. 휴양 콘도미니엄업의 경우 별표 1 제3호가목(1)에도 불구하고 같은 단지 안에 20실 이상 객실을 갖추어야 한다.

2. 전문휴양업 중 온천장의 경우 별표 1 제4호가목(2)(사)에도 불구하고 다음 각 목의 요건을 갖추어야 한다.

    가. 온천수를 이용한 대중목욕시설이 있을 것

    나. 정구장·탁구장·볼링장·활터·미니골프장·배드민턴장·롤러스케이트장·보트장 등의 레크리에이션 시설 중 두 종류 이상의 시설을 갖추거나 제2조제5호에 따른 유원시설업 시설이 있을 것

3. 전문휴양업 중 농어촌휴양시설의 경우 별표 1 제4호가목(2)(차)에도 불구하고 다음 각 목의 요건을 갖추어야 한다.

    가. 「농어촌정비법」에 따른 농어촌 관광휴양단지 또는 관광농원의 시설을 갖추고 있을 것

    나. 관광객의 관람이나 휴식에 이용될 수 있는 특용작물·나무 등을 재배하거나 어류·희귀동물 등을 기르고 있을 것

[별표 1] 〈개정 2023.3.28.〉

관광사업의 등록기준(시행령 제5조 관련)

1. 여행업
   가. 종합여행업
     (1) 자본금(개인의 경우에는 자산평가액) : 5천만원 이상일 것
     (2) 사무실 : 소유권이나 사용권이 있을 것
   나. 국내외여행업
     (1) 자본금(개인의 경우에는 자산평가액) : 3천만원 이상일 것
     (2) 사무실 : 소유권이나 사용권이 있을 것
   다. 국내여행업
     (1) 자본금(개인의 경우에는 자산평가액) : 1천500만원 이상일 것
     (2) 사무실 : 소유권이나 사용권이 있을 것

2. 호텔업
   가. 관광호텔업
     (1) 욕실이나 샤워시설을 갖춘 객실을 30실 이상 갖추고 있을 것
     (2) 외국인에게 서비스를 제공할 수 있는 체제를 갖추고 있을 것
     (3) 대지 및 건물의 소유권 또는 사용권을 확보하고 있을 것. 다만, 회원을 모집하는
        경우에는 소유권을 확보하여야 한다.
   나. 수상관광호텔업
     (1) 수상관광호텔이 위치하는 수면은 「공유수면 관리 및 매립에 관한 법률」 또는 「하천
        법」에 따라 관리청으로부터 점용허가를 받을 것
     (2) 욕실이나 샤워시설을 갖춘 객실이 30실 이상일 것
     (3) 외국인에게 서비스를 제공할 수 있는 체제를 갖추고 있을 것
     (4) 수상오염을 방지하기 위한 오수 저장·처리시설과 폐기물처리시설을 갖추고 있을 것
     (5) 구조물 및 선박의 소유권 또는 사용권을 확보하고 있을 것. 다만, 회원을 모집하는
        경우에는 소유권을 확보하여야 한다.
   다. 한국전통호텔업
     (1) 건축물의 외관은 전통가옥의 형태를 갖추고 있을 것
     (2) 이용자의 불편이 없도록 욕실이나 샤워시설을 갖추고 있을 것
     (3) 외국인에게 서비스를 제공할 수 있는 체제를 갖추고 있을 것
     (4) 대지 및 건물의 소유권 또는 사용권을 확보하고 있을 것. 다만, 회원을 모집하는
        경우에는 소유권을 확보하여야 한다.
   라. 가족호텔업
     (1) 가족단위 관광객이 이용할 수 있는 취사시설이 객실별로 설치되어 있거나 층별로
        공동취사장이 설치되어 있을 것
     (2) 욕실이나 샤워시설을 갖춘 객실이 30실 이상일 것

(3) 객실별 면적이 19제곱미터 이상일 것

(4) 외국인에게 서비스를 제공할 수 있는 체제를 갖추고 있을 것

(5) 대지 및 건물의 소유권 또는 사용권을 확보하고 있을 것. 다만, 회원을 모집하는 경우에는 소유권을 확보하여야 한다.

마. 호스텔업

(1) 배낭여행객 등 개별 관광객의 숙박에 적합한 객실을 갖추고 있을 것

(2) 이용자의 불편이 없도록 화장실, 샤워장, 취사장 등의 편의시설을 갖추고 있을 것. 다만, 이러한 편의시설은 공동으로 이용하게 할 수 있다.

(3) 외국인 및 내국인 관광객에게 서비스를 제공할 수 있는 문화·정보 교류시설을 갖추고 있을 것

(4) 대지 및 건물의 소유권 또는 사용권을 확보하고 있을 것

바. 소형호텔업

(1) 욕실이나 샤워시설을 갖춘 객실을 20실 이상 30실 미만으로 갖추고 있을 것

(2) 부대시설의 면적 합계가 건축 연면적의 50퍼센트 이하일 것

(3) 두 종류 이상의 부대시설을 갖출 것. 다만, 「식품위생법 시행령」 제21조제8호 다목에 따른 단란주점영업, 같은 호 라목에 따른 유흥주점영업 및 「사행행위 등 규제 및 처벌 특례법」 제2조제1호에 따른 사행행위를 위한 시설은 둘 수 없다.

(4) 조식 제공, 외국어 구사인력 고용 등 외국인에게 서비스를 제공할 수 있는 체제를 갖추고 있을 것

(5) 대지 및 건물의 소유권 또는 사용권을 확보하고 있을 것. 다만, 회원을 모집하는 경우에는 소유권을 확보하여야 한다.

사. 의료관광호텔업

(1) 의료관광객이 이용할 수 있는 취사시설이 객실별로 설치되어 있거나 층별로 공동 취사장이 설치되어 있을 것

(2) 욕실이나 샤워시설을 갖춘 객실이 20실 이상일 것

(3) 객실별 면적이 19제곱미터 이상일 것

(4) 「교육환경보호에 관한 법률」 제9조제13호·제22호·제23호 및 제26호에 따른 영업이 이루어지는 시설을 부대시설로 두지 않을 것

(5) 의료관광객의 출입이 편리한 체계를 갖추고 있을 것

(6) 외국어 구사인력 고용 등 외국인에게 서비스를 제공할 수 있는 체제를 갖추고 있을 것

(7) 의료관광호텔 시설(의료관광호텔의 부대시설로 「의료법」 제3조제1항에 따른 의료기관을 설치할 경우에는 그 의료기관을 제외한 시설을 말한다)은 의료기관 시설과 분리될 것. 이 경우 분리에 관하여 필요한 사항은 문화체육관광부장관이 정하여 고시한다.

(8) 대지 및 건물의 소유권 또는 사용권을 확보하고 있을 것

(9) 의료관광호텔업을 등록하려는 자가 다음의 구분에 따른 요건을 충족하는 외국인환자 유치 의료기관의 개설자 또는 유치업자일 것

(가) 외국인환자 유치 의료기관의 개설자

　　　1)「의료 해외진출 및 외국인환자 유치 지원에 관한 법률」제11조에 따라 보건복
　　　지부장관에게 보고한 사업실적에 근거하여 산정할 경우 전년도(등록신청일이 속
　　　한 연도의 전년도를 말한다. 이하 같다)의 연환자수(외국인환자 유치 의료기관
　　　이 2개 이상인 경우에는 각 외국인환자 유치 의료기관의 연환자수를 합산한 결
　　　과를 말한다. 이하 같다) 또는 등록신청일 기준으로 직전 1년간의 연환자수가
　　　500명을 초과할 것. 다만, 외국인환자 유치 의료기관 중 1개 이상이 서울특별시
　　　에 있는 경우에는 연환자수가 3,000명을 초과하여야 한다.
　　　2)「의료법」제33조제2항제3호에 따른 의료법인인 경우에는 1)의 요건을 충족하
　　　면서 다른 외국인환자 유치 의료기관의 개설자 또는 유치업자와 공동으로 등록
　　　하지 아니할 것
　　　3) 외국인환자 유치 의료기관의 개설자가 설립을 위한 출연재산의 100분의 30 이
　　　상을 출연한 경우로서 최다출연자가 되는 비영리법인(외국인환자 유치 의료기
　　　관의 개설자인 경우로 한정한다)이 1)의 기준을 충족하지 아니하는 경우에는 그
　　　최다출연자인 외국인환자 유치 의료기관의 개설자가 1)의 기준을 충족할 것
　　(나) 유치업자
　　　1)「의료 해외진출 및 외국인환자 유치 지원에 관한 법률」제11조에 따라 보건복지부
　　　장관에게 보고한 사업실적에 근거하여 산정할 경우 전년도의 실환자수(둘 이상의
　　　유치업자가 공동으로 등록하는 경우에는 실환자수를 합산한 결과를 말한다. 이하
　　　같다) 또는 등록신청일 기준으로 직전 1년간의 실환자수가 200명을 초과할 것
　　　2) 외국인환자 유치 의료기관의 개설자가 100분의 30 이상의 지분 또는 주식을 보
　　　유하면서 최대출자자가 되는 법인(유치업자인 경우로 한정한다)이 1)의 기준을
　　　충족하지 아니하는 경우에는 그 최대출자자인 외국인환자 유치 의료기관의 개
　　　설자가 (가)1)의 기준을 충족할 것

3. 휴양 콘도미니엄업
　가. 객실
　　(1) 같은 단지 안에 객실이 30실 이상일 것. 다만, 2016년 7월 1일부터 2018년 6월 30일
　　　까지 제3조제1항에 따라 등록 신청하는 경우에는 20실 이상으로 한다.
　　(2) 관광객의 취사·체류 및 숙박에 필요한 설비를 갖추고 있을 것. 다만, 객실 밖에
　　　관광객이 이용할 수 있는 공동취사장 등 취사시설을 갖춘 경우에는 총 객실의 30퍼
　　　센트(「국토의 계획 및 이용에 관한 법률」제6조제1호에 따른 도시지역의 경우에는
　　　총 객실의 30퍼센트 이하의 범위에서 조례로 정하는 비율이 있으면 그 비율을 말한다)
　　　이하의 범위에서 객실에 취사시설을 갖추지 아니할 수 있다.
　나. 매점 등
　　매점이나 간이매장이 있을 것. 다만, 여러 개의 동으로 단지를 구성할 경우에는 공동
　　으로 설치할 수 있다.
　다. 문화체육공간
　　공연장·전시관·미술관·박물관·수영장·테니스장·축구장·농구장, 그 밖에 관광
　　객이 이용하기 적합한 문화체육공간을 1개소 이상 갖출 것. 다만, 수개의 동으로 단지
　　를 구성할 경우에는 공동으로 설치할 수 있으며, 관광지·관광단지 또는 종합휴양업

의 시설 안에 있는 휴양 콘도미니엄의 경우에는 이를 설치하지 아니할 수 있다.

라. 대지 및 건물의 소유권 또는 사용권을 확보하고 있을 것. 다만, 분양 또는 회원을 모집하는 경우에는 소유권을 확보하여야 한다.

4. 관광객 이용시설업

가. 전문휴양업

(1) 공통기준

(가) 숙박시설이나 음식점시설이 있을 것

(나) 주차시설·급수시설·공중화장실 등의 편의시설과 휴게시설이 있을 것

(2) 개별기준

(가) 민속촌

한국고유의 건축물(초가집 및 기와집)이 20동 이상으로서 각 건물에는 전래되어 온 생활도구가 갖추어져 있거나 한국 또는 외국의 고유문화를 소개할 수 있는 축소된 건축물 모형 50점 이상이 적정한 장소에 배치되어 있을 것

(나) 해수욕장

1) 수영을 하기에 적합한 조건을 갖춘 해변이 있을 것

2) 수용인원에 적합한 간이목욕시설·탈의장이 있을 것

3) 인명구조용 구명보트·감시탑 및 응급처리시 설비 등의 시설이 있을 것

4) 담수욕장을 갖추고 있을 것

5) 인명구조원을 배치하고 있을 것

(다) 수렵장

「야생생물 보호 및 관리에 관한 법률」에 따른 시설을 갖추고 있을 것

(라) 동물원

1) 「박물관 및 미술관 진흥법 시행령」 별표 2에 따른 시설을 갖추고 있을 것

2) 삭제〈2019.4.9.〉

(마) 식물원

「박물관 및 미술관 진흥법 시행령」 별표 2에 따른 시설을 갖추고 있을 것

(바) 수족관

「박물관 및 미술관 진흥법 시행령」 별표 2에 따른 시설을 갖추고 있을 것

(사) 온천장

온천수를 이용한 대중목욕시설이 있을 것

(아) 동굴자원

관광객이 관람할 수 있는 천연동굴이 있고 편리하게 관람할 수 있는 시설이 있을 것

(자) 수영장

「체육시설의 설치·이용에 관한 법률」에 따른 신고 체육시설업 중 수영장시설을 갖추고 있을 것

(차) 농어촌휴양시설

「농어촌정비법」에 따른 농어촌 관광휴양단지 또는 관광농원의 시설을 갖추고 있을 것

(카) 활공장

  1) 활공을 할 수 있는 장소(이륙장 및 착륙장)가 있을 것

  2) 인명구조원을 배치하고 응급처리를 할 수 있는 설비를 갖추고 있을 것

  3) 행글라이더·패러글라이더·열기구 또는 초경량 비행기 등 두 종류 이상의 관광비행사업용 활공장비를 갖추고 있을 것

(타) 등록 및 신고 체육시설업 시설

  「체육시설의 설치·이용에 관한 법률」에 따른 스키장·요트장·골프장·조정장·카누장·빙상장·자동차경주장·승마장 또는 종합체육시설 등 9종의 등록 및 신고 체육시설업에 해당되는 체육시설을 갖추고 있을 것

(파) 산림휴양시설

  「산림문화·휴양에 관한 법률」에 따른 자연휴양림, 치유의 숲 또는 「수목원·정원의 조성 및 진흥에 관한 법률」에 따른 수목원의 시설을 갖추고 있을 것

(하) 박물관

  「박물관 및 미술관 진흥법 시행령」 별표 2 제2호가목에 따른 종합박물관 또는 전문박물관의 시설을 갖추고 있을 것

(거) 미술관

  「박물관 및 미술관 진흥법 시행령」 별표 2 제2호가목에 따른 미술관의 시설을 갖추고 있을 것

나. 종합휴양업의 등록기준

(1) 제1종 종합휴양업

  숙박시설 또는 음식점시설을 갖추고 전문휴양시설 중 2종류 이상의 시설을 갖추고 있거나, 숙박시설 또는 음식점시설을 갖추고 전문휴양시설 중 한 종류 이상의 시설과 종합유원시설업의 시설을 갖추고 있을 것

(2) 제2종 종합휴양업

(가) 면적

  단일부지로서 50만제곱미터 이상일 것

(나) 시설

  관광숙박업 등록에 필요한 시설과 제1종 종합휴양업 등록에 필요한 전문휴양시설 중 2종류 이상의 시설 또는 전문휴양시설 중 1종류 이상의 시설과 종합유원시설업의 시설을 함께 갖추고 있을 것

다. 야영장업

(1) 공통기준

(가) 침수, 유실, 고립, 산사태, 낙석의 우려가 없는 안전한 곳에 위치할 것

(나) 시설 배치도, 이용방법, 비상 시 행동 요령 등을 이용객이 잘 볼 수 있는 곳에 게시할 것

(다) 비상 시 긴급상황을 이용객에게 알릴 수 있는 시설 또는 장비를 갖출 것

(라) 야영장 규모를 고려하여 소화기를 적정하게 확보하고 눈에 띄기 쉬운 곳에 배치할 것

　　(마) 긴급 상황에 대비하여 야영장 내부 또는 외부에 대피소와 대피로를 확보할 것

　　(바) 비상 시의 대응요령을 숙지하고 야영장이 개장되어 있는 시간에 상주하는 관리요원을 확보할 것

　　(사) 야영장 시설은 자연생태계 등의 원형이 최대한 보존될 수 있도록 토지의 형질변경을 최소화하여 설치할 것. 이 경우 야영장에 설치할 수 있는 야영장 시설의 종류에 관하여는 문화체육관광부령으로 정한다.

　　(아) 야영장에 설치되는 건축물(「건축법」 제2조제1항제2호에 따른 건축물을 말한다. 이하 이 목에서 같다)의 바닥면적 합계가 야영장 전체면적의 100분의 10 미만일 것. 다만, 「초·중등교육법」 제2조에 따른 학교로서 학생 수의 감소, 학교의 통폐합 등의 사유로 폐지된 학교의 교육활동에 사용되던 시설과 그 밖의 재산(이하 "폐교재산"이라 한다)을 활용하여 야영장업을 하려는 경우(기존 "폐교재산"이라 한다)을 활용하여 야영장업을 하려는 경우(기존 폐교재산의 부지면적 증가가 없는 경우만 해당한다)는 그렇지 않다.

　　(자) (아)에도 불구하고 「국토의 계획 및 이용에 관한 법률」 제36조제1항제2호가목에 따른 보전관리지역 또는 같은 법 시행령 제30조제4호가목에 따른 보전녹지지역에 야영장을 설치하는 경우에는 다음의 요건을 모두 갖출 것. 다만, 폐교재산을 활용하여 야영장업을 하려는 경우(기존 폐교재산의 부지면적 증가가 없는 경우만 해당한다)로서 건축물의 신축 또는 증축을 하지 않고 야영장 입구까지 진입하는 도로의 신설 또는 확장이 없는 때에는 1) 및 2)의 기준을 적용하지 않는다.

　　　1) 야영장 전체면적이 1만제곱미터 미만일 것

　　　2) 야영장에 설치되는 건축물의 바닥면적 합계가 300제곱미터 미만이고, 야영장 전체면적의 100분의 10 미만일 것

　　　3) 「하수도법」 제15조제1항에 따른 배수구역 안에 위치한 야영장은 같은 법 제27조에 따라 공공하수도의 사용이 개시된 때에는 그 배수구역의 하수를 공공하수도에 유입시킬 것. 다만, 「하수도법」 제28조에 해당하는 경우에는 그렇지 않다.

　　　4) 야영장 경계에 조경녹지를 조성하는 등의 방법으로 자연환경 및 경관에 대한 영향을 최소화할 것

　　　5) 야영장으로 인한 비탈면 붕괴, 토사 유출 등의 피해가 발생하지 않도록 할 것

(2) 개별기준

　(가) 일반야영장업

　　1) 야영용 천막을 칠 수 있는 공간은 천막 1개당 15제곱미터 이상을 확보할 것

　　2) 야영에 불편이 없도록 하수도 시설 및 화장실을 갖출 것

　　3) 긴급상황 발생 시 이용객을 이송할 수 있는 차로를 확보할 것

　(나) 자동차야영장업

　　1) 차량 1대당 50제곱미터 이상의 야영공간(차량을 주차하고 그 옆에 야영장비 등을 설치할 수 있는 공간을 말한다)을 확보할 것

　　2) 야영에 불편이 없도록 수용인원에 적합한 상·하수도 시설, 전기시설, 화장실 및 취사시설을 갖출 것

3) 야영장 입구까지 1차선 이상의 차로를 확보하고, 1차선 차로를 확보한 경우에는 적정한 곳에 차량의 교행(交行)이 가능한 공간을 확보할 것

(3) (1) 및 (2)의 기준에 관한 특례

(가) (1) 및 (2)에도 불구하고 다음 1) 및 2)의 요건을 모두 충족하는 야영장업을 하려는 경우에는 (나) 및 (다)의 기준을 적용한다.

1) 「해수욕장의 이용 및 관리에 관한 법률」 제2조제1호에 따른 해수욕장이나 「국토의 계획 및 이용에 관한 법률 시행령」 제2조제1항제2호에 따른 유원지에서 연간 4개월 이내의 기간 동안만 야영장업을 하려는 경우

2) 야영장업의 등록을 위하여 토지의 형질을 변경하지 아니하는 경우

(나) 공통기준

1) 침수, 유실, 고립, 산사태, 낙석의 우려가 없는 안전한 곳에 위치할 것

2) 시설 배치도, 이용방법, 비상 시 행동 요령 등을 이용객이 잘 볼 수 있는 곳에 게시할 것

3) 비상 시 긴급상황을 이용객에게 알릴 수 있는 시설 또는 장비를 갖출 것

4) 야영장 규모를 고려하여 소화기를 적정하게 확보하고 눈에 띄기 쉬운 곳에 배치할 것

5) 긴급 상황에 대피할 수 있도록 대피로를 확보할 것

6) 비상 시 대응요령을 숙지하고 야영장이 개장되어 있는 시간에 상주하는 관리요원을 확보할 것

(다) 개별기준

1) 일반야영장업

가) 야영용 천막을 칠 수 있는 공간은 천막 1개당 15제곱미터 이상을 확보할 것

나) 야영에 불편이 없도록 하수도 시설 및 화장실의 이용이 가능할 것

다) 긴급상황 발생 시 이용객을 이송할 수 있는 차로를 확보할 것

2) 자동차야영장업

가) 차량 1대당 50제곱미터 이상의 야영공간(차량을 주차하고 그 옆에 야영장비 등을 설치할 수 있는 공간을 말한다)을 확보할 것

나) 야영에 불편이 없도록 상·하수도 시설, 전기서설, 화장실 및 취사시설의 이용이 가능할 것

다) 야영장 입구까지 1차선 이상의 차로를 확보하고, 1차선 차로를 확보한 경우에는 적정한 곳에 차량의 교행이 가능한 공간을 확보할 것

라. 관광유람선업

(1) 일반관광유람선업

(가) 구조

「선박안전법」에 따른 구조 및 설비를 갖춘 선박일 것

(나) 선상시설

이용객의 숙박 또는 휴식에 적합한 시설을 갖추고 있을 것

(다) 위생시설

수세식화장실과 냉·난방 설비를 갖추고 있을 것

(라) 편의시설

식당·매점·휴게실을 갖추고 있을 것

(마) 수질오염방지시설

수질오염을 방지하기 위한 오수 저장·처리시설과 폐기물처리시설을 갖추고 있을 것

(2) 크루즈업

(가) 일반관광유람선업에서 규정하고 있는 관광사업의 등록기준을 충족할 것

(나) 욕실이나 샤워시설을 갖춘 객실을 20실 이상 갖추고 있을 것

(다) 체육시설, 미용시설, 오락시설, 쇼핑시설 중 두 종류 이상의 시설을 갖추고 있을 것

마. 관광공연장업

(1) 설치장소

관광지·관광단지, 관광특구 또는 「지역문화진흥법」 제18조제1항에 따라 지정된 문화지구(같은 법 제18조제3항제3호에 따라 해당 영업 또는 시설의 설치를 금지하거나 제한하는 경우는 제외한다) 안에 있거나 이 법에 따른 관광사업 시설 안에 있을 것. 다만, 실외관광공연장의 경우 법에 따른 관광숙박업, 관광객 이용시설업 중 전문휴양업과 종합휴양업, 국제회의업, 유원시설업에 한한다.

(2) 시설기준

(가) 실내관광공연장

1) 70제곱미터 이상의 무대를 갖추고 있을 것

2) 출연자가 연습하거나 대기 또는 분장할 수 있는 공간을 갖추고 있을 것

3) 출입구는 「다중이용업소의 안전관리에 관한 특별법」에 따른 다중이용업소의 영업장에 설치하는 안전시설 등의 설치기준에 적합할 것

4) 삭제 〈2011.3.30〉

5) 공연으로 인한 소음이 밖으로 전달되지 아니하도록 방음시설을 갖추고 있을 것

(나) 실외관광공연장

1) 70제곱미터 이상의 무대를 갖추고 있을 것

2) 남녀용으로 구분된 수세식 화장실을 갖추고 있을 것

(3) 일반음식점 영업허가

「식품위생법 시행령」 제21조에 따른 식품접객업 중 일반음식점 영업허가를 받을 것

바. 외국인관광 도시민박업

(1) 주택의 연면적이 230제곱미터 미만일 것

(2) 외국어 안내 서비스가 가능한 체제를 갖출 것

(3) 소화기를 1개 이상 구비하고, 객실마다 단독경보형 감지기 및 일산화탄소 경보기(난방설비를 개별난방 방식으로 설치한 경우만 해당한다)를 설치할 것

사. 한옥체험업

(1) 「한옥 등 건축자산의 진흥에 관한 법률」 제27조에 따라 국토교통부장관이 정하여 고시한 기준에 적합한 한옥일 것. 다만, 「문화재보호법」에 따라 문화재로 지정·등록된 한옥 및 「한옥 등 건축자산의 진흥에 관한 법률」 제10조에 따라 우수건축자산으로 등록된 한옥의 경우에는 그렇지 않다.

(2) 객실 및 편의시설 등 숙박 체험에 이용되는 공간의 연면적이 230제곱미터 미만일

것. 다만, 다음의 어느 하나에 해당하는 한옥의 경우에는 그렇지 않다.

(가) 「문화재보호법」에 따라 문화재로 지정·등록된 한옥

(나) 「한옥 등 건축자산의 진흥에 관한 법률」 제10조에 따라 우수건축자산으로 등록된 한옥

(다) 한옥마을의 한옥, 고택 등 특별자치시·특별자치도·시·군·구의 조례로 정하는 한옥

(3) 숙박 체험을 제공하는 경우에는 이용자의 불편이 없도록 욕실이나 샤워시설 등 편의시설을 갖출 것

(4) 객실 내부 또는 주변에 소화기를 1개 이상 비치하고, 숙박 체험을 제공하는 경우에는 객실마다 단독경보형 감지기 및 일산화탄소 경보기(난방설비를 개별난방 방식으로 설치한 경우만 해당한다)를 설치할 것

(5) 취사시설을 설치하는 경우에는 「도시가스사업법」, 「액화석유가스의 안전관리 및 사업법」, 「화재예방, 소방시설 설치·유지 및 안전관리에 관한 법률」 및 그 밖의 관계 법령에서 정하는 기준에 적합하게 설치·관리할 것

(6) 수돗물(「수도법」 제3조제5호에 따른 수도 및 같은 조 제14호에 따른 소규모급수시설에서 공급되는 물을 말한다) 또는 「먹는물관리법」 제5조제3항에 따른 먹는물의 수질 기준에 적합한 먹는물 등을 공급할 수 있는 시설을 갖출 것

(7) 월 1회 이상 객실·접수대·로비시설·복도·계단·욕실·샤워시설·세면시설 및 화장실 등을 소독할 수 있는 체제를 갖출 것

(8) 객실 및 욕실 등을 수시로 청소하고, 침구류를 정기적으로 세탁할 수 있는 여건을 갖출 것

(9) 환기를 위한 시설을 갖출 것. 다만, 창문이 있어 자연적으로 환기가 가능한 경우에는 그렇지 않다.

(10) 욕실의 원수(原水)는 「공중위생관리법」 제4조제2항에 따른 목욕물의 수질기준에 적합할 것

(11) 한옥을 관리할 수 있는 관리자를 영업시간 동안 배치할 것

(12) 숙박 체험을 제공하는 경우에는 접수대 또는 홈페이지 등에 요금표를 게시하고, 게시된 요금을 준수할 것

5. 국제회의업

  (가) 국제회의시설업

  (1) 「국제회의산업 육성에 관한 법률 시행령」 제3조에 따른 회의시설 및 전시시설의 요건을 갖추고 있을 것

  (2) 국제회의개최 및 전시의 편의를 위하여 부대시설로 주차시설과 쇼핑·휴식시설을 갖추고 있을 것

  (나) 국제회의기획업

  (1) 자본금 : 5천만원 이상일 것

  (2) 사무실 : 소유권이나 사용권이 있을 것

슈 시행령 제6조(변경등록)

① 법 제4조제4항에 따른 변경등록사항은 다음 각 호와 같다. <개정 2015.3.17., 2020.4.28.>

1. 사업계획의 변경승인을 받은 사항(사업계획의 승인을 받은 관광사업만 해당한다)

2. 상호 또는 대표자의 변경

3. 객실 수 및 형태의 변경(휴양 콘도미니엄업을 제외한 관광숙박업만 해당한다)

4. 부대시설의 위치·면적 및 종류의 변경(관광숙박업만 해당한다)

5. 여행업의 경우에는 사무실 소재지의 변경 및 영업소의 신설, 국제회의기획업의 경우에는 사무실 소재지의 변경

6. 부지 면적의 변경, 시설의 설치 또는 폐지(야영장업만 해당한다)

7. 객실 수 및 면적의 변경, 편의시설 면적의 변경, 체험시설 종류의 변경(한옥체험업만 해당한다)

② 제1항에 따른 변경등록을 하려는 자는 그 변경사유가 발생한 날부터 30일 이내에 문화체육관광부령으로 정하는 바에 따라 변경등록신청서를 특별자치시장·특별자치도지사·시장·군수·구청장에게 제출하여야 한다. 다만, 제1항제5호의 변경등록사항 중 사무실 소재지를 변경한 경우에는 변경등록신청서를 새로운 소재지의 관할 특별자치시장·특별자치도지사·시장·군수·구청장에게 제출할 수 있다. <개정 2008.2.29., 2009.10.7., 2019.4.9.>

則 시행규칙 제2조(관광사업의 등록신청)

① 「관광진흥법 시행령」(이하 "영"이라 한다) 제3조제1항에 따라 관광사업의 등록을 하려는 자는 별지 제1호서식의 관광사업 등록신청서에 다음 각 호의 서류를 첨부하여 특별자치시장·특별자치도지사·시장·군수·구청장(자치구의 구청장을 말한다. 이하 같다)에게 제출해야 한다. <개정 2009.3.31., 2009.10.22., 2015.4.22., 2019.4.25., 2021.4.19.>

1. 사업계획서

2. 신청인(법인의 경우에는 대표자 및 임원)이 내국인인 경우에는 성명 및 주민등록번호를 기재한 서류

2의2. 신청인(법인의 경우에는 대표자 및 임원)이 외국인인 경우에는 「관광진흥법」(이하 "법"이라 한다) 제7조제1항 각 호(여행업의 경우에는 제11조의2제2항을 포함한다)의 결격사유에 해당하지 아니함을 증명하는 다음 각 목의 어느 하나에 해당하는 서류. 다만, 법 또는 다른 법령에 따라 인·허가 등을 받아 사업자등록을 하고 해당 영업 또는 사업을 영위하고 있는 자(법인의 경우에는

최근 1년 이내에 법인세를 납부한 시점부터 등록 신청 시점까지의 기간 동안 대표자 및 임원의 변경이 없는 경우로 한정한다)는 해당 영업 또는 사업의 인·허가증 등 인·허가 등을 받았음을 증명하는 서류와 최근 1년 이내에 소득세(법인의 경우에는 법인세를 말한다)를 납부한 사실을 증명하는 서류를 제출하는 경우에는 그 영위하고 있는 영업 또는 사업의 관련 법령에서 정하는 결격사유와 중복되는 법 제7조제1항 각 호(여행업의 경우에는 법 제11조의2 제1항을 포함한다)의 결격사유에 한하여 다음 각 목의 서류를 제출하지 않을 수 있다.

　가. 해당 국가의 정부나 그 밖의 권한 있는 기관이 발행한 서류 또는 공증인이 공증한 신청인의 진술서로서 「재외공관 공증법」에 따라 해당 국가에 주재하는 대한민국공관의 영사관이 확인한 서류

　나. 「외국공문서에 대한 인증의 요구를 폐지하는 협약」을 체결한 국가의 경우에는 해당 국가의 정부나 그 밖의 권한 있는 기관이 발행한 서류 또는 공증인이 공증한 신청인의 진술서로서 해당 국가의 아포스티유(Apostille) 확인서 발급 권한이 있는 기관이 그 확인서를 발급한 서류

3. 부동산의 소유권 또는 사용권을 증명하는 서류(부동산의 등기사항증명서를 통하여 부동산의 소유권 또는 사용권을 확인할 수 없는 경우만 해당한다)

4. 회원을 모집할 계획인 호텔업, 휴양 콘도미니엄업의 경우로서 각 부동산에 저당권이 설정되어 있는 경우에는 영 제24조제1항제2호 단서에 따른 보증보험가입 증명서류

5. 「외국인투자촉진법」에 따른 외국인투자를 증명하는 서류(외국인투자기업만 해당한다)

② 제1항에 따른 신청서를 제출받은 특별자치시장·특별자치도지사·시장·군수·구청장은 「전자정부법」 제36조제1항에 따른 행정정보의 공동이용을 통하여 다음 각 호의 서류를 확인하여야 한다. 다만, 제3호 및 제4호의 경우 신청인이 확인에 동의하지 않는 경우에는 그 서류(제4호의 경우에는 「액화석유가스의 안전관리 및 사업법 시행규칙」 제71조제10항 단서에 따른 완성검사 합격 확인서로 대신할 수 있다)를 첨부하도록 해야 한다. <개정 2009.3.31., 2009.10.22., 2011.3.30., 2012.4.5., 2015.4.22., 2019.3.4., 2019.4.25.>

1. 법인 등기사항증명서(법인만 해당한다)

2. 부동산의 등기사항증명서

3. 「전기사업법 시행규칙」 제38조제3항에 따른 전기안전점검확인서(호텔업 또는 국제회의시설업의 등록만 해당한다)

4. 「액화석유가스의 안전관리 및 사업법 시행규칙」 제71조제10항제1호에 따른

액화석유가스 사용시설완성검사증명서(야영장업의 등록만 해당한다)

③ 여행업 및 국제회의기획업의 등록을 하려는 자는 제1항에 따른 서류 외에 공인회계사 또는 세무사가 확인한 등록신청 당시의 대차대조표(개인의 경우에는 영업용 자산명세서 및 그 증명서류)를 첨부하여야 한다.

④ 관광숙박업, 관광객 이용시설업 및 국제회의시설업의 등록을 하려는 자는 제1항에 따른 서류 외에 다음 각 호의 서류를 첨부하여야 하며, 사업계획승인된 내용에 변경이 없는 사항의 경우에는 제1항 각 호의 서류 중 그와 관련된 서류를 제출하지 않는다. <개정 2015.3.6., 2019.3.4., 2019.4.25., 2020.4.28., 2021.12.31.>

1. 법 제15조에 따라 승인을 받은 사업계획(이하 "사업계획"이라 한다)에 포함된 부대영업을 하기 위하여 다른 법령에 따라 소관관청에 신고를 하였거나 인·허가 등을 받은 경우에는 각각 이를 증명하는 서류(제2호 또는 제3호의 서류에 따라 증명되는 경우에는 제외한다)

2. 법 제18조제1항에 따라 신고를 하였거나 인·허가 등을 받은 것으로 의제되는 경우에는 각각 그 신고서 또는 신청서와 그 첨부서류

3. 법 제18조제1항 각 호에서 규정된 신고를 하였거나 인·허가 등을 받은 경우에는 각각 이를 증명하는 서류

3의2. 야영장업을 경영하기 위하여 다른 법령에 따른 인·허가 등을 받은 경우 이를 증명하는 서류(야영장업의 등록만 해당한다)

3의3. 「전기안전관리법 시행규칙」 제11조제3항에 따른 사용전점검확인증(야영장업의 등록만 해당한다)

3의4. 「먹는물관리법」에 따른 먹는물 수질검사기관이 「먹는물 수질기준 및 검사 등에 관한 규칙」 제3조제2항에 따라 발행한 수질검사성적서(야영장에서 수돗물이 아닌 지하수 등을 먹는 물로 사용하는 경우로서 야영장업의 등록만 해당한다)

4. 시설의 평면도 및 배치도

5. 다음 각 목의 구분에 따른 시설별 일람표

　가. 관광숙박업: 별지 제2호서식의 시설별 일람표

　나. 전문휴양업 및 종합휴양업: 별지 제3호서식의 시설별 일람표

　다. 야영장업 : 별지 제3호의2서식의 시설별 일람표

　라. 한옥체험업: 별지 제3호의3서식의 시설별 일람표

　마. 국제회의시설업: 별지 제4호서식의 시설별 일람표

⑤ 제1항부터 제3항까지의 규정에도 불구하고 「체육시설의 설치·이용에 관한 법률 시행령」 제20조에 따라 등록한 등록체육시설업의 경우에는 등록증 사본으

로 첨부서류를 갈음할 수 있다.

⑥ 특별자치시장·특별자치도지사·시장·군수·구청장은 제2항에 따른 확인 결과 「전기사업법」 제66조의2제1항에 따른 전기안전점검 또는 「액화석유가스의 안전관리 및 사업법」 제44조제2항에 따른 액화석유가스 사용시설완성검사를 받지 아니한 경우에는 관계기관 및 신청인에게 그 내용을 통지해야 한다. <신설 2012.4.5., 2019.3.4., 2019.4.25.>

⑦ 특별자치시장·특별자치도지사·시장·군수·구청장은 제1항에 따른 관광사업 등록 신청을 받은 경우 그 신청내용이 등록기준에 적합하다고 인정되는 경우에는 별지 제5호서식의 관광사업 등록증을 신청인에게 발급하여야 한다. <개정 2009.10.22., 2012.4.5., 2019.4.25.>

則 시행규칙 제3조(관광사업의 변경등록)

① 제2조에 따라 관광사업을 등록한 자가 법 제4조제4항에 따라 등록사항을 변경하려는 경우에는 그 변경사유가 발생한 날부터 30일 이내에 별지 제6호서식의 관광사업 변경등록신청서에 변경사실을 증명하는 서류를 첨부하여 특별자치시장·특별자치도지사·시장·군수·구청장에게 제출하여야 한다. <개정 2009.10.22., 2019.4.25.>

② 제1항에 따라 변경등록신청서를 제출받은 특별자치시장·특별자치도지사·시장·군수·구청장은 「전자정부법」 제36조제1항에 따른 행정정보의 공동이용을 통하여 다음 각 호의 서류를 확인해야 한다. 다만, 제1호 및 제2호의 경우 신청인이 확인에 동의하지 않는 경우에는 그 서류(제2호의 경우에는 「액화석유가스의 안전관리 및 사업법 시행규칙」 제71조제10항 단서에 따른 완성검사 합격 확인서로 대신할 수 있다)를 첨부하도록 해야 한다. <개정 2012.4.5., 2019.3.4., 2019.4.25.>

1. 「전기사업법 시행규칙」 제38조제3항에 따른 전기안전점검확인서(영업소의 소재지 또는 면적의 변경 등으로 「전기사업법」 제66조의2제1항에 따른 전기안전점검을 받아야 하는 경우로서 호텔업 또는 국제회의시설업 변경등록을 신청한 경우만 해당한다)

2. 「액화석유가스의 안전관리 및 사업법 시행규칙」 제71조제10항제1호에 따른 액화석유가스 사용시설완성검사증명서(야영장시설의 설치 또는 폐지 등으로 「액화석유가스의 안전관리 및 사업법」 제44조에 따른 액화석유가스 사용시설완성검사를 받아야 하는 경우로서 야영장업의 변경등록을 신청한 경우만 해당한다)

③ 특별자치시장·특별자치도지사·시장·군수·구청장은 제2항에 따른 확인 결과

「전기사업법」제66조의2제1항에 따른 전기안전점검 또는 「액화석유가스의 안전관리 및 사업법」제44조제2항에 따른 액화석유가스 사용시설완성검사를 받지 아니한 경우에는 관계기관 및 신청인에게 그 내용을 통지하여야 한다. <개정 2012.4.5., 2019.3.4., 2019.4.25.>

④ 제1항에 따른 변경등록증 발급에 관하여는 제2조제7항을 준용한다. <개정 2012.4.5.>

則 **시행규칙 제4조(관광사업자 등록대장)**

영 제4조제3항에 따라 비치하여 관리하는 관광사업자 등록대장에는 관광사업자의 상호 또는 명칭, 대표자의 성명·주소 및 사업장의 소재지와 사업별로 다음 각 호의 사항이 기재되어야 한다. <개정 2015.3.6., 2016.3.28., 2019.8.1., 2020.4.28.>

1. 여행업 및 국제회의기획업: 자본금
2. 관광숙박업
   가. 객실 수
   나. 대지면적 및 건축연면적(폐선박을 이용하는 수상관광호텔업의 경우에는 폐선박의 총톤수·전체 길이 및 전체 너비)
   다. 법 제18조제1항에 따라 신고를 하였거나 인·허가 등을 받은 것으로 의제되는 사항
   라. 사업계획에 포함된 부대영업을 하기 위하여 다른 법령에 따라 인·허가 등을 받았거나 신고 등을 한 사항
   마. 등급(호텔업만 해당한다)
   바. 운영의 형태(분양 또는 회원모집을 하는 휴양 콘도미니엄업 및 호텔업만 해당한다)
3. 전문휴양업 및 종합휴양업
   가. 부지면적 및 건축연면적
   나. 시설의 종류
   다. 제2호다목 및 라목의 사항
   라. 운영의 형태(제2종 종합휴양업만 해당한다)
4. 야영장업
   가. 부지면적 및 건축연면적
   나. 시설의 종류
   다. 1일 최대 수용인원

5. 관광유람선업

　가. 선박의 척수

　나. 선박의 제원

6. 관광공연장업

　가. 관광공연장업이 설치된 관광사업시설의 종류

　나. 무대면적 및 좌석 수

　다. 공연장의 총면적

　라. 일반음식점 영업허가번호, 허가연월일, 허가기관

7. 삭제 <2014.12.31.>(외국인전용 관광기념품판매업)

8. 외국인관광 도시민박업

　가. 객실 수

　나. 주택의 연면적

9. 한옥체험헙

　가. 객실 수

　나. 한옥의 연면적, 객실 및 편의시설의 연면적

　다. 체험시설의 종류

　라. 「문화재보호법」에 따라 문화재로서 지정·등록된 한옥 또는 「한옥 등 건축자산의 진흥에 관한 법률」 제10조에 따라 우수 건축자산으로 등록된 한옥인지 여부

10. 국제회의시설업

　가. 대지면적 및 건축연면적

　나. 회의실별 동시수용인원

　다. 제2호다목 및 라목의 사항

則 시행규칙 제5조(등록증의 재발급)

영 제4조제4항에 따라 등록증의 재발급을 받으려는 자는 별지 제7호서식의 등록증 등 재발급신청서(등록증이 헐어 못 쓰게 된 경우에는 등록증을 첨부하여야 한다)를 특별자치시장·특별자치도지사·시장·군수·구청장에게 제출하여야 한다.

<개정 2009.10.22., 2019.4.25.>

則 **시행규칙 제5조2(야영장 시설의 종류)**

영 제5조 및 별표 1 제4호다목(1)(사)에 따른 야영장 시설의 종류는 별표 1과 같다.

[본조신설 2016.3.28.]

[별표 1] 〈개정 2019.3.4.〉

야영장 시설의 종류(시행규칙 제5조의2 관련)

구 분	시설의 종류
1. 기본시설	야영덱(텐트를 설치할 수 있는 공간)을 포함한 일반야영장 및 자동차야영장 등
2. 편익시설	야영시설(주재료를 천막으로 하여 바닥의 기초와 기둥을 갖추고 지면에 설치되어야 한다) · 야영용 트레일러(동력이 있는 자동차에 견인되어 육상을 이동할 수 있는 형태를 갖추어야 한다) · 관리실 · 방문자안내소 · 매점 · 바비큐장 · 문화예술체험장 · 야외쉼터 · 야외공연장 및 주차장 등
3. 위생시설	취사장 · 오물처리장 · 화장실 · 개수대 · 배수시설 · 오수정화시설 및 샤워장 등
4. 체육시설	실외에 설치되는 철봉 · 평행봉 · 그네 · 족구장 · 배드민턴장 · 어린이놀이터 · 놀이형시설 · 수영장 및 운동장 등
5. 안전 · 전기 · 가스시설	소방시설 · 전기시설 · 가스시설 · 잔불처리시설 · 재해방지시설 · 조명시설 · 폐쇄회로텔레비전시설(CCTV) · 긴급방송시설 및 대피소 등

사례1

다름이 아니라 외국여행사의 국내 지점 설치에 관한 문의를 드리고자 합니다. 현재 이 여행사는 베트남에서 베트남정부로부터 인가를 받고 사업을 하고 있습니다. 물론 베트남인으로만 설립된 회사입니다. 이 경우, 한국 내에 상기 베트남여행사의 지점을 설치할 수 있는지요? 만일 가능하다면 어느 기관에, 어떤 절차와 방법으로 가능하겠는지요?

답변

귀하께서 문의하신 사항을 해당관청에 문의해 본 결과 국외여행사의 국내지점 설치는 내국인(또는 법인)의 신규 등록절차와 동일하다고 합니다. 따라서 국내의 여행업 신규 등록절차를 다음과 같이 안내하여 드리오니 참고하시기 바랍니다.

(1) 현행 「관광진흥법 시행령」에 의하면, 여행업의 종류는 종합여행업, 국내외여행업, 국내여행업으로 분류되며(제2조제1항제1호), 각 업종별 등록기준은 자본금 종합여행업 5천만원 이상일 것, 국내외여행업 3천만원 이상일 것, 국내여행업 1천500만원 이상일 것을 요하고, 사무실은 소유권이나 사용권이 있어야 합니다(동법 시행령 제5조 관련 [별표 1]).

(2) 여행업의 등록을 한 자('여행업자'라 함)는 그 사업을 시작하기 전에 여행계약의 이행과 관련한 사고로 인하여 관광객에게 피해를 준 경우 그 손해를 배상할 것을 내용으로 하는 보증보험 또는 공제(共濟)(이하 "보증보험등"이라 함)에 가입하거나 업종별 관광협회(업종별 관광협회가 구성되지 않은 경우에는 지역별 관광협회, 지역별 관광협회가 구성되지 아니한 경우에는 광역 단위의 지역관광협의회)에 영업보증금을 예치하고 그 사업을 하는 동안(휴업기간을 포함한다) 계속하여 이를 유지하여야 한다(관광진흥법 시행규칙 제18조제1항 <개정 2017.2.28., 2021.4.19.>).

(3) 여행업자 중에서 기획여행을 실시하려는 자는 그 기획여행 사업을 시작하기 전에 보증보험등에 가입하거나 영업보증금을 예치하고 유지하는 것 외에 추가로 기획여행과 관련한 사고로 인하여 관광객에게 피해를 준 경우 그 손해를 배상할 것을 내용으로 하는 보증보험등에 가입하거나 업종별 관광협회(업종별

관광협회가 구성되지 아니한 경우에는 지역별 관광협회, 지역별 관광협회가 구성되지 아니한 경우에는 광역 단위의 지역관광협의회)에 영업보증금을 예치하고 그 기획여행 사업을 하는 동안(기획여행 휴업기간을 포함한다) 계속하여 이를 유지하여야 한다(동법 시행규칙 제18조제2항 <개정 2017.2.28.>).

(4) 여행업자가 가입하거나 예치하고 유지하여야 할 보증보험등의 가입금액 또는 영업보증금의 예치금액은 직전 사업연도의 매출액(손익계산서에 표시된 매출액을 말한다) 규모에 따라 [별표 3]과 같이 한다(동법 시행규칙 제18조제3항).

  ※ 기획여행 : 여행업을 경영하는 자가 국외여행을 하려는 여행자를 위하여 여행의 목적지, 일정, 여행자가 제공받을 운송 또는 숙박 등의 서비스 내용과 그 요금 등에 관한 사항을 미리 정하고 이에 참가하는 여행자를 모집하여 실시하는 여행을 말한다(동법 제2조제3호).

◆ 보증보험등 가입금액(영업보증금 예치금액) 기준 ◆

(시행규칙 제18조제3항 관련[별표 3] 〈개정 2021.9.24.〉)

(단위 : 천원)

직전 사업 연도의 매출액 \ 여행업의 종류 (기획여행 포함)	국내여행업	국내외여행업	종합여행업	국내외여행업의 기획여행	종합여행업의 기획여행
1억원 미만	20,000	30,000	50,000	200,000	200,000
1억원 이상 5억원 미만	30,000	40,000	65,000		
5억원 이상 10억원 미만	45,000	55,000	85,000		
10억원 이상 50억원 미만	85,000	100,000	150,000		
50억원 이상 100억원 미만	140,000	180,000	250,000	300,000	300,000
100억원 이상 1,000억원 미만	450,000	750,000	1,000,000	500,000	500,000
1,000억원 이상	750,000	1,250,000	1,510,000	700,000	700,000

(5) 여행업의 등록서류 및 등록관청은 다음과 같습니다.

 1. 공통서류(「관광진흥법 시행규칙」 제2조)

  가. 사업계획서

  나. 신청인(법인의 경우에는 대표자 및 임원)이 내국인인 경우에는 성명 및 주민등록번호를 기재한 서류

  다. 신청인(법인의 경우에는 대표자 및 임원)이 외국인인 경우에는 「관광진흥법」 제7조제1항 각 호의 결격사유에 해당하지 않음을 증명하는 해당 국가의 정부나 그 밖의 권한 있는 기관이 발행한 서류 또는 공증인이 공증한 신청인의 진술서로서 「재외공관 공증법」에 따라 해당 국가에 주재하는 대한민국공관의 영사관이 확인한 서류

라. 법인등기사항증명서(법인만 해당한다)

마. 부동산의 등기사항증명서

바. 「외국인투자촉진법」에 따른 외국인투자를 증명하는 서류(외국인투자기업만 해당한다)

2. 여행업의 등록을 하려는 자는 공통의 구비서류 외에 공인회계사 또는 세무사가 확인한 등록신청 당시의 대차대조표(개인의 경우에는 영업용 자산명세서 및 그 증명서류)를 첨부하여야 한다(동법 시행규칙 제2조제3항).

3. 여행업의 등록관청

여행업을 경영하려는 자는 특별자치시장·특별자치도지사·시장·군수·구청장(자치구의 구청장을 말한다)에게 등록하여야 한다(관광진흥법 제4조제1항, 세종시법 제8조). 따라서 여행업의 등록관청은 특별자치시장·특별자치도지사·시장·군수·구청장(자치구의 구청장)이다.

▶관광진흥법
  제5조(허가와 신고)
▶시행령
  제7조(허가대상 유원시설업)
▶시행규칙
  제6조(카지노업의 허가 등), 제7조(유원시설업의 시설 및 설비기준과 허가신청 절차 등), 제8조(변경허가 및 변경신고 사항 등), 제9조(카지노업의 변경허가 및 변경신고), 제10조(유원시설업의 변경허가 및 변경신고), 제11조(유원시설업의 신고 등), 제12조(중요사항의 변경신고), 제13조(신고사항 변경신고)

法 「관광진흥법」 제5조(허가와 신고)

① 제3조제1항제5호에 따른 카지노업을 경영하려는 자는 전용영업장 등 문화체육관광부령으로 정하는 시설과 기구를 갖추어 문화체육관광부장관의 허가를 받아야 한다. <개정 2008.2.29.>

② 제3조제1항제6호에 따른 유원시설업 중 대통령령으로 정하는 유원시설업을 경영하려는 자는 문화체육관광부령으로 정하는 시설과 설비를 갖추어 특별자치시장·특별자치도지사·시장·군수·구청장의 허가를 받아야 한다. <개정 2008.2.29., 2008.6.5., 2018.6.12.>

③ 제1항과 제2항에 따라 허가받은 사항 중 문화체육관광부령으로 정하는 중요 사항을 변경하려면 변경허가를 받아야 한다. 다만, 경미한 사항을 변경하려면 변경신고를 하여야 한다. <개정 2008.2.29.>

④ 제2항에 따라 대통령령으로 정하는 유원시설업 외의 유원시설업을 경영하려는 자는 문화체육관광부령으로 정하는 시설과 설비를 갖추어 특별자치시장·특별자치도지사·시장·군수·구청장에게 신고하여야 한다. 신고한 사항 중 문화체육관광부령으로 정하는 중요 사항을 변경하려는 경우에도 또한 같다. <개정 2008.2.29., 2008.6.5., 2018.6.12.>

⑤ 문화체육관광부장관 또는 특별자치시장·특별자치도지사·시장·군수·구청장은 제3항 단서에 따른 변경신고나 제4항에 따른 신고 또는 변경신고를 받은 경우 그 내용을 검토하여 이 법에 적합하면 신고를 수리하여야 한다. <신설 2018.6.12.>

⑥ 제1항부터 제5항까지의 규정에 따른 허가 및 신고의 절차 등에 필요한 사항은 문화체육관광부령으로 정한다. <개정 2008.2.29., 2018.6.12.>

令 시행령 제7조(허가대상 유원시설업)

제7조(허가대상 유원시설업) 법 제5조제2항에서 "대통령령으로 정하는 유원시설업"이란 종합유원시설업 및 일반유원시설업을 말한다.

則 시행규칙 제6조(카지노업의 허가 등)

① 법 제5조제1항에 따라 카지노업의 허가를 받으려는 자는 별지 제8호서식의 카지노업 허가신청서에 다음 각 호의 서류를 첨부하여 문화체육관광부장관에게 제출하여야 한다. <개정 2008.3.6., 2015.4.22.>

1. 신청인(법인의 경우에는 대표자 및 임원)이 내국인인 경우에는 성명 및 주민등록번호를 기재한 서류

1의2. 신청인(법인의 경우에는 대표자 및 임원)이 외국인인 경우에는 법 제7조제1항 각 호 및 법 제22조제1항 각 호에 해당하지 아니함을 증명하는 다음 각 목의 어느 하나에 해당하는 서류. 다만, 법 또는 다른 법령에 따라 인·허가 등을 받아 사업자등록을 하고 해당 영업 또는 사업을 영위하고 있는 자(법인의 경우에는 최근 1년 이내에 법인세를 납부한 시점부터 허가 신청 시점까지

의 기간 동안 대표자 및 임원의 변경이 없는 경우로 한정한다)는 해당 영업 또는 사업의 인·허가증 등 인·허가 등을 받았음을 증명하는 서류와 최근 1년 이내에 소득세(법인의 경우에는 법인세를 말한다)를 납부한 사실을 증명하는 서류를 제출하는 경우에는 그 영위하고 있는 영업 또는 사업의 결격사유 규정과 중복되는 법 제7조제1항 및 제22조제1항의 결격사유에 한하여 다음 각 목의 서류를 제출하지 아니할 수 있다.

　　가. 해당 국가의 정부나 그 밖의 권한 있는 기관이 발행한 서류 또는 공증인이 공증한 신청인의 진술서로서 「재외공관 공증법」에 따라 해당 국가에 주재하는 대한민국공관의 영사관이 확인한 서류

　　나. 「외국공문서에 대한 인증의 요구를 폐지하는 협약」을 체결한 국가의 경우에는 해당 국가의 정부나 그 밖의 권한 있는 기관이 발행한 서류 또는 공증인이 공증한 신청인의 진술서로서 해당 국가의 아포스티유(Apostille) 확인서 발급 권한이 있는 기관이 그 확인서를 발급한 서류

2. 정관(법인만 해당한다)

3. 사업계획서

4. 타인 소유의 부동산을 사용하는 경우에는 그 사용권을 증명하는 서류

5. 법 제21조제1항 및 영 제27조제2항에 따른 허가요건에 적합함을 증명하는 서류

② 제1항에 따른 신청서를 제출받은 문화체육관광부장관은 「전자정부법」 제36조제1항에 따른 행정정보의 공동이용을 통하여 다음 각 호의 서류를 확인하여야 한다. 다만, 제3호의 경우 신청인이 확인에 동의하지 아니하는 경우에는 그 서류를 첨부하도록 하여야 한다. <개정 2009.3.31., 2011.3.30., 2012.4.5., 2019.4.25.>

1. 법인 등기사항증명서(법인만 해당한다)

2. 건축물대장

3. 「전기사업법 시행규칙」 제38조제3항에 따른 전기안전점검확인서

③ 제1항제3호에 따른 사업계획서에는 다음 각 호의 사항이 포함되어야 한다.

1. 카지노영업소 이용객 유치계획

2. 장기수지 전망

3. 인력수급 및 관리계획

4. 영업시설의 개요(제29조에 따른 시설 및 영업종류별 카지노기구에 관한 사항이 포함되어야 한다)

④ 문화체육관광부장관은 제2항에 따른 확인 결과 「전기사업법」 제66조의2제1

항에 따른 전기안전점검을 받지 아니한 경우에는 관계기관 및 신청인에게 그 내용을 통지하여야 한다. <신설 2012.4.5.>

⑤ 문화체육관광부장관은 카지노업의 허가(제8조제1항에 따른 변경허가를 포함한다)를 하는 경우에는 별지 제9호서식의 카지노업 허가증을 발급하고 별지 제10호서식의 카지노업 허가대장을 작성하여 관리하여야 한다. <개정 2008.3.6., 2012.4.5.>

⑥ 카지노업 허가증의 재발급에 관하여는 제5조를 준용한다. <개정 2012.4.5.>

則 시행규칙 제7조(유원시설업의 시설 및 설비기준과 허가신청 절차 등)

① 법 제5조제2항에 따라 유원시설업을 경영하려는 자가 갖추어야 하는 시설 및 설비의 기준은 별표 1의2와 같다. <개정 2016.3.28.>

② 법 제5조제2항에 따른 유원시설업의 허가를 받으려는 자는 별지 제11호서식의 유원시설업허가신청서에 다음 각 호의 서류를 첨부하여 특별자치시장·특별자치도지사·시장·군수·구청장에게 제출하여야 한다. 이 경우 6개월 미만의 단기로 유원시설업의 허가를 받으려는 자는 허가신청서에 해당 기간을 표시하여 제출하여야 한다. <개정 2009.3.31., 2015.3.6., 2015.4.22., 2016.12.30., 2019.4.25., 2019.10.16.>

1. 영업시설 및 설비개요서

2. 신청인(법인의 경우에는 대표자 및 임원)이 내국인인 경우에는 성명 및 주민 등록번호를 기재한 서류

2의2. 신청인(법인의 경우에는 대표자 및 임원)이 외국인인 경우에는 법 제7조 제1항 각 호에 해당하지 아니함을 증명하는 다음 각 목의 어느 하나에 해당하는 서류. 다만, 법 또는 다른 법령에 따라 인·허가 등을 받아 사업자등록을 하고 해당 영업 또는 사업을 영위하고 있는 자(법인의 경우에는 최근 1년 이내에 법인세를 납부한 시점부터 허가 신청 시점까지의 기간 동안 대표자 및 임원의 변경이 없는 경우로 한정한다)는 해당 영업 또는 사업의 인·허가증 등 인·허가 등을 받았음을 증명하는 서류와 최근 1년 이내에 소득세(법인의 경우에는 법인세를 말한다)를 납부한 사실을 증명하는 서류를 제출하는 경우에는 그 영위하고 있는 영업 또는 사업의 결격사유 규정과 중복되는 법 제7조제1항의 결격사유에 한하여 다음 각 목의 서류를 제출하지 아니할 수 있다.

　가. 해당 국가의 정부나 그 밖의 권한 있는 기관이 발행한 서류 또는 공증인이 공증한 신청인의 진술서로서 「재외공관 공증법」에 따라 해당 국가에

주재하는 대한민국공관의 영사관이 확인한 서류

　나.「외국공문서에 대한 인증의 요구를 폐지하는 협약」을 체결한 국가의 경우에는 해당 국가의 정부나 그 밖의 권한 있는 기관이 발행한 서류 또는 공증인이 공증한 신청인의 진술서로서 해당 국가의 아포스티유(Apostille) 확인서 발급 권한이 있는 기관이 그 확인서를 발급한 서류

3. 정관(법인만 해당한다)

4. 유기시설 또는 유기기구의 영업허가 전 검사를 받은 사실을 증명하는 서류(안전성검사의 대상이 아닌 경우에는 이를 증명하는 서류)

5. 법 제9조에 따른 보험가입 등을 증명하는 서류

6. 법 제33조제2항에 따른 안전관리자(이하 "안전관리자"라 한다)에 관한 별지 제12호서식에 따른 인적사항

7. 임대차계약서 사본(대지 또는 건물을 임차한 경우만 해당한다)

8. 다음 각 목의 사항이 포함된 안전관리계획서

　가. 안전점검 계획

　나. 비상연락체계

　다. 비상 시 조치계획

　라. 안전요원 배치계획(물놀이형 유기시설 또는 유기기구를 설치하는 경우만 해당한다)

　마. 유기시설 또는 유기기구 주요 부품의 주기적 교체 계획

③ 제2항에 따른 신청서를 제출받은 특별자치시장·특별자치도지사·시장·군수·구청장은「전자정부법」제36조제1항에 따른 행정정보의 공동이용을 통하여 법인 등기사항증명서(법인만 해당한다)를 확인하여야 한다. <개정 2009.3.31., 2011.3.30., 2019.4.25.>

④ 특별자치시장·특별자치도지사·시장·군수·구청장은 유원시설업을 허가하는 경우에는 별지 제13호서식의 유원시설업 허가증을 발급하고 별지 제14호서식의 유원시설업 허가·신고관리대장을 작성하여 관리하여야 한다. <개정 2009.3.31., 2019.4.25.>

⑤ 유원시설업 허가증의 재발급에 관하여는 제5조를 준용한다.

[별표 1의2] 〈개정 2019.10.16.〉

유원시설업의 시설 및 설비기준(시행규칙 제7조제1항 관련)

1. 공통기준

구 분	시설 및 설비기준
가. 실내에 설치한 유원시설업	(1) 독립된 건축물이거나 다른 용도의 시설(「게임산업진흥에 관한 법률」 제2조제6호의2가목 또는 제7호에 따른 청소년게임제공업 또는 인터넷컴퓨터게임 시설제공업의 시설은 제외한다)과 분리, 구획 또는 구분되어야 한다. (2) 유원시설업 내에 「게임산업진흥에 관한 법률」 제2조제6호의2가목 또는 제7호에 따른 청소년게임제공업 또는 인터넷컴퓨터게임시설제공업을 하려는 경우 청소년게임제공업 또는 인터넷컴퓨터게임시설제공업의 면적비율은 유원시설업 허가 또는 신고 면적의 50퍼센트 미만이어야 한다.
나. 종합유원시설업 및 일반 유원시설업	(1) 방송시설 및 휴식시설(의자 또는 차양시설 등을 갖춘 것을 말한다)을 설치하여야 한다. (2) 화장실(유원시설업의 허가구역으로부터 100미터 이내에 공동화장실을 갖춘 경우는 제외한다)을 갖추어야 한다. (3) 이용객을 지면으로 안전하게 이동시키는 비상조치가 필요한 유기시설 또는 유기기구에 대하여는 비상시에 이용객을 안전하게 대피시킬 수 있는 시설[축전지 또는 발전기 등의 예비전원설비, 사다리, 계단시설, 윈치(중량물을 끌어올리거나 당기는 기계설비), 로프 등 해당 시설에 적합한 시설]을 갖추어야 한다. (4) 물놀이형 유기시설 또는 유기기구를 설치한 경우 다음 각 호의 시설을 갖추어야 한다. 　① 수소이온화농도, 유리잔류염소농도를 측정할 수 있는 수질검사장비를 비치하여야 한다. 　② 익수사고를 대비한 수상인명구조장비(구명구, 구명조끼, 구명로프 등)를 갖추어야 한다. 　③ 물놀이 후 씻을 수 있는 시설(유원시설업의 허가구역으로부터 100미터 이내에 공동으로 씻을 수 있는 시설을 갖춘 경우는 제외한다)을 갖추어야 한다.

2. 개별기준

구 분	시설 및 설비기준
가. 종합유원시설업	(1) 대지 면적(실내에 설치한 유원시설업의 경우에는 건축물 연면적)은 1만 제곱미터 이상이어야 한다. (2) 법 제33조제1항에 따른 안전성검사 대상 유기시설 또는 유기기구 6종 이상을 설치하여야 한다. (3) 정전 등 비상시 유기시설 또는 유기기구 이외 사업장 전체의 안전에 필요한 설비를 작동하기 위한 예비전원시설과 의무시설(구급약품, 침상 등이 비치된 별도의 공간) 및 안내소를 설치하여야 한다. (4) 음식점 시설 또는 매점을 설치하여야 한다.

나. 일반유원시설업	(1) 법 제33조제1항에 따른 안전성검사 대상 유기시설 또는 유기기구 1종 이상을 설치하여야 한다. (2) 안내소를 설치하고, 구급약품을 비치하여야 한다.
다. 기타유원시설업	(1) 대지 면적(실내에 설치한 유원시설업의 경우에는 건축물 연면적)은 40제곱미터 이상이어야 한다.(시행규칙 제40조제1항 관련 별표 11 제2호나목2)에 해당되는 유기시설 또는 유기기구를 설치하는 경우는 제외한다) (2) 법 제33조제1항에 따른 안전성검사 대상이 아닌 유기시설 또는 유기기구 1종 이상을 설치하여야 한다. (3) 구급약품을 비치하여야 한다.

3. 제1호 및 제2호의 기준에 관한 특례

| 제1호 및 제2호의 기준에 관한 특례 | (1) 제1호 및 제2호에도 불구하고 제7조에 따라 6개월 미만의 단기로 일반유원시설업의 허가를 받으려 하거나 제11조에 따라 6개월 미만의 단기로 기타유원시설업의 신고를 하려는 경우에는 (2) 및 (3)의 기준을 적용한다.
(2) 공통기준
 (가) 실내에 설치하는 경우에는 독립된 건축물이거나 다른 용도의 시설(「게임산업진흥에 관한 법률」 제2조제6호의2가목 또는 제7호에 따른 청소년게임제공업 또는 인터넷컴퓨터게임시설제공업의 시설은 제외한다)과 분리, 구획 또는 구분되어야 한다.
 (나) 실내에 설치한 유원시설업 내에 「게임산업진흥에 관한 법률」 제2조제6호의2가목 또는 제7호에 따른 청소년게임제공업 또는 인터넷컴퓨터게임시설제공업을 하려는 경우 청소년게임제공업 또는 인터넷컴퓨터게임시설제공업의 면적비율은 유원시설업 허가 또는 신고 면적의 50퍼센트 미만이어야 한다.
 (다) 구급약품을 비치하여야 한다.
(3) 개별기준
 (가) 일반유원시설업
  1) 법 제33조제1항에 따른 안전성검사 대상 유기시설 또는 유기기구 1종 이상을 설치하여야 한다.
  2) 휴직시설 및 화장실을 갖추어야 하나, 불가피한 경우에는 허가구역으로부터 100미터 이내에 그 이용이 가능한 휴식시설 및 화장실을 갖추어야 한다.
  3) 비상시 유기시설 또는 유기기구로부터 이용객을 안전하게 대피시킬 수 있는 시설(사다리, 로프 등)을 갖추어야 한다.
  4) 물놀이형 유기시설 또는 유기기구를 설치한 경우 수질검사장비와 수상인명구조장비를 비치하여야 한다.
 (나) 기타유원시설업
  1) 대지 면적(실내에 설치한 유원시설업의 경우에는 건축물 연면적)은 40제곱미터 이상이어야 한다.(제40조제1항 관련 별표 11 제2호나목2)에 해당되는 유기시설 또는 유기기구를 설치하는 경우는 제외한다)
  2) 법 제33조제1항에 따른 안전성검사 대상이 아닌 유기시설 또는 유기기구 1종 이상을 설치하여야 한다. |

則 시행규칙 제8조(변경허가 및 변경신고 사항 등)

① 카지노업 또는 유원시설업의 허가를 받은 자가 법 제5조제3항 본문에 따라 다음 각 호의 어느 하나에 해당하는 사항을 변경하려는 경우에는 변경허가를 받아야 한다. <개정 2016.12.30., 2018.1.25.>

1. 카지노업의 경우

   가. 대표자의 변경

   나. 영업소 소재지의 변경

   다. 동일구내(같은 건물 안 또는 같은 울 안의 건물을 말한다)로의 영업장소 위치 변경 또는 영업장소의 면적 변경

   라. 별표 1의3제1호에서 정한 경우에 해당하는 게임기구의 변경 또는 교체

   마. 법 제23조제1항 및 이 규칙 제29조제1항제4호에 따른 카지노 전산시설 중 주전산기의 변경 또는 교체

   바. 법 제26조에 따른 영업종류의 변경

2. 유원시설업의 경우

   가. 영업소의 소재지 변경(유기시설 또는 유기기구의 이전을 수반하는 영업소의 소재지 변경은 제외한다)

   나. 안전성검사 대상 유기시설 또는 유기기구의 영업장 내에서의 신설ㆍ이전ㆍ폐기

   다. 영업장 면적의 변경

② 카지노업 또는 유원시설업의 허가를 받은 자가 법 제5조제3항 단서에 따라 다음 각 호의 어느 하나에 해당하는 사항을 변경하려는 경우에는 변경신고를 하여야 한다. <개정 2016.12.30., 2018.1.25.>

1. 대표자 또는 상호의 변경(유원시설업만 해당한다)

2. 별표 1의3제2호에서 정한 경우에 해당하는 게임기구의 변경 또는 교체(카지노업만 해당한다)

2의2. 법 제23조제1항 및 이 규칙 제29조제1항제4호에 따른 카지노 전산시설 중 주전산기를 제외한 시설의 변경 또는 교체(카지노업만 해당한다)

3. 안전성검사 대상이 아닌 유기시설 또는 유기기구의 신설ㆍ폐기(유원시설업만 해당한다)

4. 안전관리자의 변경(유원시설업만 해당한다)

5. 상호 또는 영업소의 명칭 변경(카지노업만 해당한다)

6. 안전성검사 대상 유기시설 또는 유기기구의 3개월 이상의 운행 정지 또는 그 운행의 재개(유원시설업만 해당한다)

7. 안전성검사 대상이 아닌 유기시설 또는 유기기구로서 제40조제4항 단서에 따라 정기 확인검사가 필요한 유기시설 또는 유기기구의 3개월 이상의 운행 정지 또는 그 운행의 재개(유원시설업만 해당한다)

則 시행규칙 제9조(카지노업의 변경허가 및 변경신고)

① 법 제5조제3항에 따라 카지노업의 변경허가를 받거나 변경신고를 하려는 자는 별지 제15호서식의 카지노업 변경허가신청서 또는 변경신고서에 변경계획서를 첨부하여 문화체육관광부장관에게 제출하여야 한다. 다만, 변경허가를 받거나 변경신고를 한 후 문화체육관광부장관이 요구하는 경우에는 변경내역을 증명할 수 있는 서류를 추가로 제출하여야 한다. <개정 2008.3.6., 2008.8.26., 2009.12.31., 2012.4.5.>

② 제1항에 따른 변경허가신청서 또는 변경신고서를 제출받은 문화체육관광부장관은 「전자정부법」 제36조제1항에 따른 행정정보의 공동이용을 통하여 「전기사업법 시행규칙」 제38조제3항에 따른 전기안전점검확인서(영업소의 소재지 또는 면적의 변경 등으로 「전기사업법」 제66조의2제1항에 따른 전기안전점검을 받아야 하는 경우로서 카지노업 변경허가 또는 변경신고를 신청한 경우만 해당한다)를 확인하여야 한다. 다만, 신청인이 전기안전점검확인서의 확인에 동의하지 아니하는 경우에는 그 서류를 첨부하도록 하여야 한다. <신설 2012.4.5., 2019.4.25.>

③ 문화체육관광부장관은 제2항에 따른 확인 결과 「전기사업법」 제66조의2제1항에 따른 전기안전점검을 받지 아니한 경우에는 관계기관 및 신청인에게 그 내용을 통지하여야 한다. <신설 2012.4.5.>

則 시행규칙 제10조(유원시설업의 변경허가 및 변경신고)

① 법 제5조제3항 본문에 따라 유원시설업의 변경허가를 받으려는 자는 그 사유가 발생한 날부터 30일 이내에 별지 제16호서식의 '유원시설업' 허가사항 변경허가신청서에 다음 각 호의 서류를 첨부하여 특별자치시장·특별자치도지사·시장·군수·구청장에게 제출해야 한다. <개정 2009.3.31., 2015.3.6., 2016.12.30., 2019.4.25., 2022.10.17.>

1. 허가증

2. 영업소의 소재지 또는 영업장의 면적을 변경하는 경우에는 그 변경내용을 증명하는 서류

3. 안전성검사 대상 유기시설 또는 유기기구를 신설·이전하는 경우에는 제7조제2항제8호에 따른 안전관리계획서 및 제40조제5항에 따른 검사결과서

4. 안전성검사 대상 유기시설 또는 유기기구를 폐기하는 경우에는 폐기내용을 증명하는 서류

② 법 제5조제3항 단서에 따라 유원시설업의 변경신고를 하려는 자는 그 변경사유가 발생한 날부터 30일 이내에 별지 제16호서식의 유원시설업 허가사항 변경신고서에 다음 각 호의 서류를 첨부하여 특별자치시장·특별자치도지사·시장·군수·구청장에게 제출해야 한다. <개정 2009.3.31., 2016.12.30., 2019.4.25., 2022.10.17.>

1. 대표자 또는 상호를 변경하는 경우에는 그 변경내용을 증명하는 서류(대표자가 변경된 경우에는 그 대표자의 성명·주민등록번호를 기재한 서류를 포함한다)

2. 안전성검사 대상이 아닌 유기시설 또는 유기기구를 신설하는 경우에는 제7조제2항제8호에 따른 안전관리계획서 및 제40조제5항에 따른 검사결과서

2의2. 안전성검사 대상이 아닌 유기시설 또는 유기기구를 폐기하는 경우에는 그 폐기내용을 증명하는 서류

3. 안전관리자를 변경하는 경우 그 안전관리자에 관한 별지 제12호서식에 따른 인적사항

4. 제8조제2항제6호 또는 제7호에 해당하는 경우에는 그 내용을 증명하는 서류

③ 제2항에 따른 신고서를 제출받은 특별자치시장·특별자치도지사·시장·군수·구청장은 「전자정부법」 제36조제1항에 따른 행정정보의 공동이용을 통하여 법인 등기사항증명서(법인의 상호가 변경된 경우만 해당한다)를 확인하여야 한다. <개정 2009.3.31., 2011.3.30., 2019.4.25.>

則 **시행규칙 제11조(유원시설업의 신고 등)**

① 법 제5조제4항에 따른 유원시설업의 신고를 하려는 자가 갖추어야 하는 시설 및 설비기준은 별표 1의2와 같다. <개정 2016.3.28.>

② 법 제5조제4항에 따른 유원시설업의 신고를 하려는 자는 별지 제17호서식의 기타유원시설업 신고서에 다음 각 호의 서류를 첨부하여 특별자치시장·특별자치

도지사·시장·군수·구청장에게 제출하여야 한다. 이 경우 6개월 미만의 단기로 기타유원시설업의 신고를 하려는 자는 신고서에 해당 기간을 표시하여 제출하여야 한다. <개정 2009.3.31., 2015.3.6., 2016.12.30., 2019.4.25., 2019.10.16.>

1. 영업시설 및 설비개요서

2. 유기시설 또는 유기기구가 안전성검사 대상이 아님을 증명하는 서류

3. 법 제9조에 따른 보험가입 등을 증명하는 서류

4. 임대차계약서 사본(대지 또는 건물을 임차한 경우만 해당한다)

5. 다음 각 목의 사항이 포함된 안전관리계획서

　가. 안전점검 계획

　나. 비상연락체계

　다. 비상 시 조치계획

　라. 안전요원 배치계획(물놀이형 유기시설 또는 유기기구를 설치하는 경우만 해당한다)

③ 제2항에 따른 신고서를 제출받은 특별자치시장·특별자치도지사·시장·군수·구청장은 「전자정부법」 제36조제1항에 따른 행정정보의 공동이용을 통하여 법인 등기사항증명서(법인만 해당한다)를 확인하여야 한다. <개정 2009.3.31., 2011.3.30., 2019.4.25.>

④ 특별자치시장·특별자치도지사·시장·군수·구청장은 제2항에 따른 신고를 받은 경우에는 별지 제18호서식의 유원시설업 신고증을 발급하고, 별지 제14호서식에 따른 유원시설업 허가·신고 관리대장을 작성하여 관리하여야 한다. <개정 2009.3.31., 2019.4.25.>

⑤ 유원시설업 신고증의 재발급에 관하여는 제5조를 준용한다.

則 **시행규칙 제12조(중요사항의 변경신고)**

법 제5조제4항 후단에서 "문화체육관광부령으로 정하는 중요사항"이란 다음 각 호의 사항을 말한다. <개정 2008.3.6., 2016.12.30.>

1. 영업소의 소재지 변경(유기시설 또는 유기기구의 이전을 수반하는 영업소의 소재지 변경은 제외한다)

2. 안전성검사 대상이 아닌 유기시설 또는 유기기구의 신설·폐기 또는 영업장 면적의 변경

3. 대표자 또는 상호의 변경

4. 안전성검사 대상이 아닌 유기시설 또는 유기기구로서 제40조제4항 단서에 따라 정기 확인검사가 필요한 유기시설 또는 유기기구의 3개월 이상의 운행 정지 또는 그 운행의 재개

則 시행규칙 제13조(신고사항 변경신고)

법 제5조제4항 후단에 따라 신고사항의 변경신고를 하려는 자는 그 변경사유가 발생한 날부터 30일 이내에 별지 제19호서식의 기타 유원시설업 신고사항 변경신고서에 다음 각 호의 서류를 첨부하여 특별자치시장·특별자치도지사·시장·군수·구청장에게 제출해야 한다. <개정 2009.3.31., 2016.12.30., 2019.4.25., 2022.10.17.>

1. 신고증

2. 영업소의 소재지 또는 영업장의 면적을 변경하는 경우에는 그 변경내용을 증명하는 서류

3. 안전성검사 대상이 아닌 유기시설 또는 유기기구를 신설하는 경우에는 제11조제2항제5호에 따른 안전관리계획서 및 제40조제5항에 따른 검사결과서

4. 안전성검사 대상이 아닌 유기시설 또는 유기기구를 폐기하는 경우에는 그 폐기내용을 증명하는 서류

5. 대표자 또는 상호를 변경하는 경우에는 그 변경내용을 증명하는 서류

6. 제12조제4호에 해당하는 경우에는 그 내용을 증명하는 서류

▶관광진흥법
제6조(지정)
▶시행규칙
제14조(관광 편의시설업의 지정신청), 제15조(관광 편의시설업의 지정기준)

法 「관광진흥법」 제6조(지정)

제6조(지정) ① 제3조제1항제7호에 따른 관광 편의시설업을 경영하려는 자는 문화체육관광부령으로 정하는 바에 따라 특별시장·광역시장·특별자치시

장·도지사·특별자치도지사(이하 "시·도지사"라 한다) 또는 시장·군수·구청장의 지정을 받아야 한다. <개정 2007.7.19., 2008.2.29., 2009.3.25., 2017.11.28., 2018.6.12.>

② 제1항에 따른 관광 편의시설업으로 지정을 받으려는 자는 관광객이 이용하기 적합한 시설이나 외국어 안내서비스 등 문화체육관광부령으로 정하는 기준을 갖추어야 한다. <신설 2017.11.28.>

則 **시행규칙 제14조(관광 편의시설업의 지정신청)**

① 법 제6조제1항 및 영 제65조제1항제1호에 따라 관광 편의시설업의 지정을 받으려는 자는 다음 각 호의 구분에 따라 신청을 하여야 한다. <개정 2009.12.31., 2011.12.30., 2016.3.28., 2018.11.29., 2019.4.25., 2019.7.10., 2020.4.28.>

1. 관광유흥음식점업, 관광극장유흥업, 외국인전용 유흥음식점업, 관광순환버스업, 관광펜션업, 관광궤도업, 관광면세업 및 관광지원서비스업: 특별자치시장·특별자치도지사·시장·군수·구청장

2. 관광식당업, 관광사진업 및 여객자동차터미널시설업: 지역별 관광협회

② 법 제6조제1항에 따라 관광 편의시설업의 지정을 받으려는 자는 별지 제21호서식의 관광 편의시설업 지정신청서에 다음 각 호의 서류를 첨부하여 제1항에 따라 특별자치시장·특별자치도지사·시장·군수·구청장 또는 지역별 관광협회에 제출해야 한다. 다만, 제4호의 서류는 관광지원서비스업으로 지정을 받으려는 자만 제출한다. <개정 2009.10.22., 2011.12.30., 2015.4.22., 2016.3.28., 2018.11.29., 2019.4.25., 2019.7.10., 2021.6.23.>

1. 신청인(법인의 경우에는 대표자 및 임원)이 내국인인 경우에는 성명 및 주민등록번호를 기재한 서류

1의2. 신청인(법인의 경우에는 대표자 및 임원)이 외국인인 경우에는 법 제7조제1항 각 호에 해당하지 아니함을 증명하는 다음 각 목의 어느 하나에 해당하는 서류. 다만, 법 또는 다른 법령에 따라 인·허가 등을 받아 사업자등록을 하고 해당 영업 또는 사업을 영위하고 있는 자(법인의 경우에는 최근 1년 이내에 법인세를 납부한 시점부터 지정 신청 시점까지의 기간 동안 대표자 및 임원의 변경이 없는 경우로 한정한다)는 해당 영업 또는 사업의 인·허가증 등 인·허가 등을 받았음을 증명하는 서류와 최근 1년 이내에 소득세(법인의 경우에는 법인세를 말한다)를 납부한 사실을 증명하는 서류를 제출하는 경우

에는 그 영위하고 있는 영업 또는 사업의 결격사유 규정과 중복되는 법 제7조 제1항의 결격사유에 한하여 다음 각 목의 서류를 제출하지 아니할 수 있다.

　가. 해당 국가의 정부나 그 밖의 권한 있는 기관이 발행한 서류 또는 공증인이 공증한 신청인의 진술서로서 「재외공관 공증법」에 따라 해당 국가에 주재하는 대한민국공관의 영사관이 확인한 서류

　나. 「외국공문서에 대한 인증의 요구를 폐지하는 협약」을 체결한 국가의 경우에는 해당 국가의 정부나 그 밖의 권한 있는 기관이 발행한 서류 또는 공증인이 공증한 신청인의 진술서로서 해당 국가의 아포스티유(Apostille) 확인서 발급 권한이 있는 기관이 그 확인서를 발급한 서류

2. 업종별 면허증·허가증·특허장·지정증·인가증·등록증·신고증명서 사본 (다른 법령에 따라 면허·허가·특허·지정·인가를 받거나 등록·신고를 해야 하는 사업만 해당한다)

3. 시설의 배치도 또는 사진 및 평면도

4. 다음 각 목의 어느 하나에 해당하는 서류

　가. 평균매출액(「중소기업기본법 시행령」 제7조에 따른 방법으로 산출한 것을 말한다. 이하 같다) 검토의견서(공인회계사, 세무사 또는 「경영지도사 및 기술지도사에 관한 법률」에 따른 경영지도사가 작성한 것으로 한정한다)

　나. 사업장이 법 제52조에 따라 관광지 또는 관광단지로 지정된 지역에 소재하고 있음을 증명하는 서류

　다. 법 제48조의10제1항에 따라 한국관광 품질인증을 받았음을 증명하는 서류

　라. 중앙행정기관의 장 또는 지방자치단체의 장이 공모 등의 방법을 통해 우수 관광사업으로 선정한 사업임을 증명하는 서류

③ 제2항에 따른 신청서를 받은 특별자치시장·특별자치도지사·시장·군수·구청장은 「전자정부법」 제36조제1항에 따른 행정정보의 공동이용을 통하여 다음 각 호의 서류를 확인하여야 한다. 다만, 신청인이 확인에 동의하지 아니하는 경우(제2호만 해당한다)와 영 제65조에 따라 관광협회에 위탁된 업종의 경우에는 신청인으로 하여금 해당 서류를 첨부하도록 하여야 한다. <개정 2009.3.31., 2009.10.22., 2011.3.30., 2019.4.25., 2019.7.10.>

1. 법인 등기사항증명서(법인만 해당한다)

2. 사업자등록증 사본

④ 특별자치시장·특별자치도지사·시장·군수·구청장 또는 지역별 관광협회

는 제2항에 따른 신청을 받은 경우 그 신청내용이 별표 2의 지정기준에 적합하
다고 인정되는 경우에는 별지 제22호서식의 관광 편의시설업 지정증을 신청인
에게 발급하고, 관광 편의시설업자 지정대장에 다음 각 호의 사항을 기재하여
야 한다. <개정 2009.10.22., 2019.4.25.>

1. 상호 또는 명칭

2. 대표자 및 임원의 성명·주소

3. 사업장의 소재지

⑤ 관광 편의시설업 지정사항의 변경 및 관광 편의시설업 지정증의 재발급에
관하여는 제3조와 제5조를 각각 준용한다.

[제15조에서 이동, 종전 제14조는 삭제 <2018.11.29.>]

則 시행규칙 제15조(관광 편의시설업의 지정기준)

법 제6조제2항에서 "문화체육관광부령으로 정하는 기준"이란 별표 2와 같다.

[본조신설 2018.11.29.]

[종전 제15조는 제14조로 이동 <2018.11.29.>]

[별표 2] 〈개정 2022.10.7.〉

관광 편의시설업의 지정기준(시행규칙 제15조 관련)

업종	지정기준
1. 관광유흥음식점업	가. 건물은 연면적이 특별시의 경우에는 330제곱미터 이상, 그 밖의 지역은 200제곱미터 이상으로 한국적 분위기를 풍기는 아담하고 우아한 건물일 것 나. 관광객의 수용에 적합한 다양한 규모의 방을 두고 실내는 고유의 한국적 분위기를 풍길 수 있도록 서화·문갑·병풍 및 나전칠기 등으로 장식할 것 다. 영업장 내부의 노랫소리 등이 외부에 들리지 아니하도록 할 것
2. 관광극장유흥업	가. 건물 연면적은 1,000제곱미터 이상으로 하고, 홀면적(무대면적을 포함한다)은 500제곱미터 이상으로 할 것 나. 관광객에게 민속과 가무를 감상하게 할 수 있도록 특수조명장치 및 배경을 설치한 50제곱미터 이상의 무대가 있을 것 다. 영업장 내부의 노랫소리 등이 외부에 들리지 아니하도록 할 것
3. 외국인전용 유흥음식점업	가. 홀면적(무대면적을 포함한다)은 100제곱미터 이상으로 할 것 나. 홀에는 노래와 춤 공연을 할 수 있도록 20제곱미터 이상의 무대를 설치하고, 특수조명 시설을 갖출 것

	다. 영업장 내부의 노랫소리 등이 외부에 들리지 아니하도록 할 것 라. 외국인을 대상으로 영업할 것

4. 관광식당업	가. 인적요건
	  1) 한국 전통음식을 제공하는 경우에는 「국가기술자격법」에 따른 해당 조리사 자격증 소지자를 둘 것
	  2) 특정 외국의 전문음식을 제공하는 경우에는 다음의 요건 중 1개 이상의 요건을 갖춘 자를 둘 것
	    가) 해당 외국에서 전문조리사 자격을 취득한 자
	    나) 「국가기술자격법」에 따른 해당 조리사 자격증 소지자로서 해당 분야에서의 조리경력이 2년 이상인 자
	    다) 해당 외국에서 6개월 이상의 조리교육을 이수한 자
	나. 삭제 〈2014.9.16.〉
	다. 최소 한 개 이상의 외국어로 음식의 이름과 관련 정보가 병기된 메뉴판을 갖추고 있을 것
	라. 출입구가 각각 구분된 남·녀 화장실을 갖출 것

5. 관광순환버스업	○ 안내방송 등 외국어 안내서비스가 가능한 체제를 갖출 것
6. 관광사진업	○ 사진촬영기술이 풍부한 자 및 외국어 안내서비스가 가능한 체제를 갖출 것
7. 여객자동차터미널업	○ 인근 관광지역 등의 안내서 등을 비치하고, 인근 관광자원 및 명소 등을 소개하는 관광안내판을 설치할 것
8. 관광펜션업	가. 자연 및 주변환경과 조화를 이루는 4층 이하의 건축물일 것 나. 객실이 30실 이하일 것 다. 취사 및 숙박에 필요한 설비를 갖출 것 라. 바비큐장, 캠프파이어장 등 주인의 환대가 가능한 1종류 이상의 이용시설을 갖추고 있을 것(다만, 관광펜션이 수개의 건물 동으로 이루어진 경우에는 그 시설을 공동으로 설치할 수 있다) 마. 숙박시설 및 이용시설에 대하여 외국어 안내 표기를 할 것
9. 관광궤도업	가. 자연 또는 주변 경관을 관람할 수 있도록 개방되어 있거나 밖이 보이는 창을 가진 구조일 것 나. 안내방송 등 외국어 안내서비스가 가능한 체제를 갖출 것
10. 한옥체험업	〈삭제 2020.4.28.〉
11. 관광면세업	가. 외국어 안내 서비스가 가능한 체제를 갖출 것 나. 한 개 이상의 외국어로 상품명 및 가격 등 관련 정보가 명시된 전체 또는 개별 안내판을 갖출 것 다. 주변 교통의 원활한 소통에 지장을 초래하지 않을 것

12. 관광지원서비스업	가. 다음의 어느 하나에 해당할 것
	  1) 해당 사업의 평균매출액 중 관광객 또는 관광사업자와의 거래로 인한 매출액의 비율이 100분의 50 이상일 것
	  2) 법 제52조에 따라 관광지 또는 관광단지로 지정된 지역에서 사업장을 운영할 것
	  3) 법 제48조의10제1항에 따라 한국관광 품질인증을 받았을 것
	  4) 중앙행정기관의 장 또는 지방자치단체의 장이 공모 등의 방법을 통해 우수 관광사업으로 선정한 사업일 것
	나. 시설 등을 이용하는 관광객의 안전을 확보할 것

> ▶관광진흥법
> 제7조(결격사유)

法 「관광진흥법」 제7조(결격사유)

> ① 다음 각 호의 어느 하나에 해당하는 자는 관광사업의 등록등을 받거나 신고를 할 수 없고, 제15조제1항 및 제2항에 따른 사업계획의 승인을 받을 수 없다. 법인의 경우 그 임원 중에 다음 각 호의 어느 하나에 해당하는 자가 있는 경우에도 또한 같다. <개정 2017.3.21.>
> 1. 피성년후견인ㆍ피한정후견인
> 2. 파산선고를 받고 복권되지 아니한 자
> 3. 이 법에 따라 등록등 또는 사업계획의 승인이 취소되거나 제36조제1항에 따라 영업소가 폐쇄된 후 2년이 지나지 아니한 자
> 4. 이 법을 위반하여 징역 이상의 실형을 선고받고 그 집행이 끝나거나 집행을 받지 아니하기로 확정된 후 2년이 지나지 아니한 자 또는 형의 집행유예 기간 중에 있는 자
> ② 관광사업의 등록등을 받거나 신고를 한 자 또는 사업계획의 승인을 받은 자가 제1항 각 호의 어느 하나에 해당하면 문화체육관광부장관, 시ㆍ도지사 또는 시장ㆍ군수ㆍ구청장(이하 "등록기관등의 장"이라 한다)은 3개월 이내에 그 등록등 또는 사업계획의 승인을 취소하거나 영업소를 폐쇄하여야 한다. 다만, 법인의 임원 중 그 사유에 해당하는 자가 있는 경우 3개월 이내에 그 임원을 바꾸어 임명한 때에는 그러하지 아니하다. <개정 2008.2.29.>

> ▶관광진흥법
> 제8조(관광사업의 양수 등)
> ▶시행규칙
> 제16조(관광사업의 지위승계), 제17조(휴업 또는 폐업의 통보)

法 「관광진흥법」 제8조(관광사업의 양수 등)

> ① 관광사업을 양수(讓受)한 자 또는 관광사업을 경영하는 법인이 합병한 때에는 합병 후 존속하거나 설립되는 법인은 그 관광사업의 등록등 또는 신고에 따른 관

광사업자의 권리·의무(제20조제1항에 따라 분양이나 회원 모집을 한 경우에는 그 관광사업자와 소유자등 또는 회원 간에 약정한 사항을 포함한다)를 승계한다. <개정 2023.8.8.>

② 다음 각 호의 어느 하나에 해당하는 절차에 따라 문화체육관광부령으로 정하는 주요한 관광사업 시설의 전부(제20조제1항에 따라 분양한 경우에는 분양한 부분을 제외한 나머지 시설을 말한다)를 인수한 자는 그 관광사업자의 지위(제20조제1항에 따라 분양이나 회원 모집을 한 경우에는 그 관광사업자와 소유자등 또는 회원 간에 약정한 권리 및 의무 사항을 포함한다)를 승계한다. <개정 2008.2.29., 2010.3.31., 2016.12.27., 2019.12.3., 2023.8.8.>

1. 「민사집행법」에 따른 경매
2. 「채무자 회생 및 파산에 관한 법률」에 따른 환가(換價)
3. 「국세징수법」, 「관세법」 또는 「지방세징수법」에 따른 압류 재산의 매각
4. 그 밖에 제1호부터 제3호까지의 규정에 준하는 절차

③ 관광사업자가 제35조제1항 및 제2항에 따른 취소·정지처분 또는 개선명령을 받은 경우 그 처분 또는 명령의 효과는 제1항에 따라 관광사업자의 지위를 승계한 자에게 승계되며, 그 절차가 진행 중인 때에는 새로운 관광사업자에게 그 절차를 계속 진행할 수 있다. 다만, 그 승계한 관광사업자가 양수나 합병 당시 그 처분·명령이나 위반 사실을 알지 못하였음을 증명하면 그러하지 아니하다.

④ 제1항과 제2항에 따라 관광사업자의 지위를 승계한 자는 승계한 날부터 1개월 이내에 관할 등록기관등의 장에게 신고하여야 한다.

⑤ 관할 등록기관등의 장은 제4항에 따른 신고를 받은 경우 그 내용을 검토하여 이 법에 적합하면 신고를 수리하여야 한다. <신설 2018.6.12.>

⑥ 제15조제1항 및 제2항에 따른 사업계획의 승인을 받은 자의 지위승계에 관하여는 제1항부터 제5항까지의 규정을 준용한다. <개정 2018.6.12.>

⑦ 제1항과 제2항에 따른 관광사업자의 지위를 승계하는 자에 관하여는 제7조를 준용하되, 카지노사업자의 경우에는 제7조 및 제22조를 준용한다. <개정 2008.3.28., 2018.6.12.>

⑧ 관광사업자가 그 사업의 전부 또는 일부를 휴업하거나 폐업한 때에는 관할 등록기관등의 장에게 알려야 한다. 다만, 카지노사업자가 카지노업을 휴업 또는 폐업하고자 하는 때에는 문화체육관광부령으로 정하는 바에 따라 미리 신고하여야 한다. <개정 2018.6.12., 2018.12.11.>

⑨ 관할 등록기관등의 장은 관광사업자가 「부가가치세법」 제8조에 따라 관할

세무서장에게 폐업신고를 하거나 관할 세무서장이 사업자등록을 말소한 경우에는 등록등 또는 신고 사항을 직권으로 말소하거나 취소할 수 있다. 다만, 카지노업에 대해서는 그러하지 아니하다. <신설 2020.12.22.>

⑩ 관할 등록기관등의 장은 제9항에 따른 직권말소 또는 직권취소를 위하여 필요한 경우 관할 세무서장에게 관광사업자의 폐업 여부에 대한 정보를 제공하도록 요청할 수 있다. 이 경우 요청을 받은 관할 세무서장은 「전자정부법」 제36조제1항에 따라 관광사업자의 폐업 여부에 대한 정보를 제공하여야 한다. <신설 2020.12.22.>

[시행일: 2024.2.9.] 제8조

則 시행규칙 제16조(관광사업의 지위승계)

① 법 제8조제2항에서 "문화체육관광부령으로 정하는 주요한 관광사업시설"이란 다음 각 호의 시설을 말한다. <개정 2008.3.6., 2018.11.29.>

1. 관광사업에 사용되는 토지와 건물

2. 영 제5조에 따른 관광사업의 등록기준에서 정한 시설(등록대상 관광사업만 해당한다)

3. 제15조에 따른 관광 편의시설업의 지정기준에서 정한 시설(지정대상 관광사업만 해당한다)

4. 제29조제1항제1호의 카지노업 전용 영업장(카지노업만 해당한다)

5. 제7조제1항에 따른 유원시설업의 시설 및 설비기준에서 정한 시설(유원시설업만 해당한다)

② 법 제8조제4항에 따라 관광사업자의 지위를 승계한 자는 그 사유가 발생한 날부터 1개월 이내에 별지 제23호서식의 관광사업 양수(지위승계)신고서에 다음 각 호의 서류를 첨부하여 문화체육관광부장관, 특별자치시장·특별자치도지사·시장·군수·구청장 또는 지역별 관광협회장(이하 "등록기관등의 장"이라 한다)에게 제출해야 한다. <개정 2009.10.22., 2011.3.30., 2015.4.22., 2019.4.25., 2021.4.19.>

1. 지위를 승계한 자(법인의 경우에는 대표자)가 내국인인 경우에는 성명 및 주민등록번호를 기재한 서류

1의2. 지위를 승계한 자(법인의 경우에는 대표자 및 임원)가 외국인인 경우에는 법 제7조제1항 각 호(여행업의 경우에는 법 제11조의2제1항을 포함하고, 카지노업의 경우에는 법 제22조제1항 각 호를 포함한다)의 결격사유에 해당하지 않음을 증명하는 다음 각 목의 어느 하나에 해당하는 서류. 다만, 법 또는 다

른 법령에 따라 인·허가 등을 받아 사업자등록을 하고 해당 영업 또는 사업을 영위하고 있는 자(법인의 경우에는 최근 1년 이내에 법인세를 납부한 시점부터 신고 시점까지의 기간 동안 대표자 및 임원의 변경이 없는 경우로 한정한다)는 해당 영업 또는 사업의 인·허가증 등 인·허가 등을 받았음을 증명하는 서류와 최근 1년 이내에 소득세(법인의 경우에는 법인세를 말한다)를 납부한 사실을 증명하는 서류를 제출하는 경우에는 그 영위하고 있는 영업 또는 사업의 결격사유 규정과 중복되는 법 제7조제1항 각 호(여행업의 경우에는 법 제11조의2제1항을 포함하고, 카지노업의 경우에는 법 제22조제1항을 포함한다)의 결격사유에 한하여 다음 각 목의 서류를 제출하지 아니할 수 있다.

가. 해당 국가의 정부나 그 밖의 권한 있는 기관이 발행한 서류 또는 공증인이 공증한 신청인의 진술서로서 「재외공관 공증법」에 따라 해당 국가에 주재하는 대한민국공관의 영사관이 확인한 서류

나. 「외국공문서에 대한 인증의 요구를 폐지하는 협약」을 체결한 국가의 경우에는 해당 국가의 정부나 그 밖의 권한 있는 기관이 발행한 서류 또는 공증인이 공증한 신청인의 진술서로서 해당 국가의 아포스티유(Apostille) 확인서 발급 권한이 있는 기관이 그 확인서를 발급한 서류

2. 양도·양수 등 지위승계를 증명하는 서류(시설인수 명세를 포함한다)

③ 제2항에 따른 신고서를 제출받은 담당공무원은 「전자정부법」 제36조제1항에 따른 행정정보의 공동이용을 통하여 지위를 승계한 자의 법인 등기사항증명서(법인만 해당한다)를 확인하여야 한다. 다만, 영 제65조에 따라 관광협회에 위탁된 업종의 경우에는 신고인으로 하여금 해당 서류를 첨부하도록 하여야 한다. <개정 2009.3.31., 2011.3.30.>

則 **시행규칙 제17조(휴업 또는 폐업의 통보)**

① 법 제8조제8항 본문에 따라 관광사업의 전부 또는 일부를 휴업하거나 폐업한 자는 휴업 또는 폐업을 한 날부터 30일 이내에 별지 제24호서식의 관광사업 휴업 또는 폐업통보(신고)서를 등록기관등의 장에게 제출해야 한다. 다만, 6개월 미만의 유원시설업 허가 또는 신고일 경우에는 폐업통보서를 제출하지 않아도 해당 기간이 끝나는 때에 폐업한 것으로 본다. <개정 2011.10.6., 2016.12.30., 2019.4.25., 2019.6.12., 2020.12.10.>

② 법 제8조제8항 단서에 따라 카지노업을 휴업 또는 폐업하려는 자는 휴업 또

는 폐업 예정일 10일 전까지 별지 제24호서식의 관광사업 휴업 또는 폐업 통보(신고)서에 카지노기구의 관리계획에 관한 서류를 첨부하여 문화체육관광부장관에게 제출해야 한다. 다만, 천재지변이나 그 밖의 부득이한 사유가 있는 경우에는 휴업 또는 폐업 예정일까지 제출할 수 있다. <신설 2019.6.12.>

③ 제1항에 따라 폐업신고(카지노업의 폐업신고는 제외한다. 이하 이 조에서 같다)를 하려는 자가 「부가가치세법」 제8조제7항에 따른 폐업신고를 같이 하려는 때에는 제1항에 따른 폐업신고서와 「부가가치세법 시행규칙」 별지 제9호서식의 폐업신고서를 함께 등록기관등의 장에게 제출하거나, 「민원 처리에 관한 법률 시행령」 제12조제10항에 따른 통합 폐업신고서(이하 "통합 폐업신고서"라 한다)를 등록기관등의 장에게 제출해야 한다. 이 경우 등록기관등의 장은 함께 제출받은 「부가가치세법 시행규칙」에 따른 폐업신고서 또는 통합 폐업신고서를 지체 없이 세무서장에게 송부(정보통신망을 이용한 송부를 포함한다)해야 한다. <신설 2020.12.10.>

④ 관할 세무서장이 「부가가치세법 시행령」 제13조제5항에 따라 제1항에 따른 폐업신고를 받아 이를 해당 등록기관등의 장에게 송부한 경우에는 제1항에 따른 폐업신고서가 제출된 것으로 본다. <신설 2020.12.10.>

▶관광진흥법
　제9조(보험가입 등)
▶시행규칙
　제18조(보험의 가입 등)

法 「관광진흥법」 제9조(보험 가입 등)

관광사업자는 해당 사업과 관련하여 사고가 발생하거나 관광객에게 손해가 발생하면 문화체육관광부령으로 정하는 바에 따라 피해자에게 보험금을 지급할 것을 내용으로 하는 보험 또는 공제에 가입하거나 영업보증금을 예치(이하 "보험 가입등"이라 한다)하여야 한다. <개정 2008.2.29., 2015.5.18.>

則 시행규칙 제18조(보험의 가입 등)

① 여행업의 등록을 한 자(이하 "여행업자"라 한다)는 법 제9조에 따라 그 사업을 시작하기 전에 여행계약의 이행과 관련한 사고로 인하여 관광객에게 피해를

준 경우 그 손해를 배상할 것을 내용으로 하는 보증보험 또는 영 제39조에 따른 공제(이하 "보증보험등"이라 한다)에 가입하거나 법 제45조에 따른 업종별 관광협회(업종별 관광협회가 구성되지 않은 경우에는 법 제45조에 따른 지역별 관광협회, 지역별 관광협회가 구성되지 않은 경우에는 법 제48조의9에 따른 광역 단위의 지역관광협의회)에 영업보증금을 예치하고 그 사업을 하는 동안(휴업기간을 포함한다) 계속하여 이를 유지해야 한다. <개정 2008.8.26., 2017.2.28., 2021.4.19.>

② 여행업자 중에서 법 제12조에 따라 기획여행을 실시하려는 자는 그 기획여행 사업을 시작하기 전에 제1항에 따라 보증보험등에 가입하거나 영업보증금을 예치하고 유지하는 것 외에 추가로 기획여행과 관련한 사고로 인하여 관광객에게 피해를 준 경우 그 손해를 배상할 것을 내용으로 하는 보증보험등에 가입하거나 법 제45조에 따른 업종별 관광협회(업종별 관광협회가 구성되지 아니한 경우에는 법 제45조에 따른 지역별 관광협회, 지역별 관광협회가 구성되지 아니한 경우에는 법 제48조의9에 따른 광역 단위의 지역관광협의회)에 영업보증금을 예치하고 그 기획여행 사업을 하는 동안(기획여행 휴업기간을 포함한다) 계속하여 이를 유지하여야 한다. <개정 2010.8.17., 2017.2.28.>

③ 제1항 및 제2항에 따라 여행업자가 가입하거나 예치하고 유지하여야 할 보증보험등의 가입금액 또는 영업보증금의 예치금액은 직전 사업연도의 매출액(손익계산서에 표시된 매출액을 말한다) 규모에 따라 별표 3과 같이 한다. <개정 2010.8.17.>

④ 제1항부터 제3항까지의 규정에 따라 보증보험등에 가입하거나 영업보증금을 예치한 자는 그 사실을 증명하는 서류를 지체 없이 특별자치시장·특별자치도지사·시장·군수·구청장에게 제출하여야 한다. <개정 2009.10.22., 2019.4.25.>

⑤ 제1항부터 제3항까지의 규정에 따른 보증보험등의 가입, 영업보증금의 예치 및 그 배상금의 지급에 관한 절차 등은 문화체육관광부장관이 정하여 고시한다. <개정 2008.3.6.>

⑥ 야영장업의 등록을 한 자는 법 제9조에 따라 그 사업을 시작하기 전에 야영장 시설에서 발생하는 재난 또는 안전사고로 인하여 야영장 이용자에게 피해를 준 경우 그 손해를 배상할 것을 내용으로 하는 책임보험 또는 영 제39조에 따른 공제에 가입해야 한다. <신설 2019.3.4.>

⑦ 야영장업의 등록을 한 자가 제6항에 따라 가입해야 하는 책임보험 또는 공제는 다음 각 호의 기준을 충족하는 것이어야 한다. <신설 2019.3.4.>

1. 사망의 경우: 피해자 1명당 1억원의 범위에서 피해자에게 발생한 손해액을 지급할 것. 다만, 그 손해액이 2천만원 미만인 경우에는 2천만원으로 한다.

2. 부상의 경우: 피해자 1명당 별표 3의2에서 정하는 금액의 범위에서 피해자에게 발생한 손해액을 지급할 것

3. 부상에 대한 치료를 마친 후 더 이상의 치료효과를 기대할 수 없고 그 증상이 고정된 상태에서 그 부상이 원인이 되어 신체에 장애(이하 "후유장애"라 한다)가 생긴 경우: 피해자 1명당 별표 3의3에서 정하는 금액의 범위에서 피해자에게 발생한 손해액을 지급할 것

4. 재산상 손해의 경우: 사고 1건당 1억원의 범위에서 피해자에게 발생한 손해액을 지급할 것

⑧ 제7항에 따른 책임보험 또는 공제는 하나의 사고로 제7항제1호부터 제3호까지 중 둘 이상에 해당하게 된 경우 다음 각 호의 기준을 충족하는 것이어야 한다. <신설 2019.3.4.>

1. 부상당한 사람이 치료 중 그 부상이 원인이 되어 사망한 경우: 피해자 1명당 제7항제1호에 따른 금액과 제7항제2호에 따른 금액을 더한 금액을 지급할 것

2. 부상당한 사람에게 후유장애가 생긴 경우: 피해자 1명당 제7항제2호에 따른 금액과 제7항제3호에 따른 금액을 더한 금액을 지급할 것

3. 제7항제3호에 따른 금액을 지급한 후 그 부상이 원인이 되어 사망한 경우: 피해자 1명당 제7항제1호에 따른 금액에서 제7항제3호에 따른 금액 중 사망한 날 이후에 해당하는 손해액을 뺀 금액을 지급할 것

⑨ 특별자치시장·특별자치도지사·시장·군수·구청장은 여행업자가 가입한 보증보험등의 기간 만료 전에 여행업자에게 별지 제47호서식의 여행업 보증보험·공제 갱신 안내서를 발송할 수 있다. <신설 2021.4.19.>

[별표 3] 〈개정 2021.9.24.〉

보증보험 등 가입금액(영업보증금 예치금액) 기준(시행규칙 제18조제3항 관련)

(단위: 천원)

직전 사업연도 매출액 \ 여행업의 종류 (기획여행 포함)	국내여행업	국내외여행업	종합여행업	국내외여행업의 기획여행	종합여행업의 기획여행
1억원 미만	20,000	30,000	50,000		
1억원 이상 5억원 미만	30,000	40,000	65,000	200,000	200,000
5억원 이상 10억원 미만	45,000	55,000	85,000		
10억원 이상 50억원 미만	85,000	100,000	150,000		
50억원 이상 100억원 미만	140,000	180,000	250,000	300,000	300,000
100억원 이상 1,000억원 미만	450,000	750,000	1,000,000	500,000	500,000
1,000억원 이상	750,000	1,250,000	1,510,000	700,000	700,000

(비고) 1. 국내외여행업 또는 종합여행업을 하는 여행업자 중에서 기획여행을 실시하려는 자는 국내외여행업 또는 종합여행업에 따른 보증보험등에 가입하거나 영업보증금을 예치하고 유지하는 것 외에 추가로 기획여행에 따른 보증보험등에 가입하거나 영업보증금을 예치하고 유지하여야 한다.

2. 「소득세법」 제160조제3항 및 같은 법 시행령 제208조제5항에 따른 간편장부대상자(손익계산서를 작성하지 아니한 자만 해당한다)의 경우에는 보증보험 등 가입금액 또는 영업보증금 예치금액을 직전 사업연도 매출액이 1억원 미만인 경우에 해당하는 금액으로 한다.

3. 직전 사업연도의 매출액이 없는 사업개시 연도의 경우에는 보증보험등 가입금액 또는 영업보증금 예치금액을 직전 사업연도 매출액이 1억 원 미만인 경우에 해당하는 금액으로 한다. 직전 사업연도의 매출액이 없는 기획여행의 사업개시 연도의 경우에도 또한 같다.

4. 여행업과 함께 다른 사업을 병행하는 여행업자인 경우에는 직전 사업연도 매출액을 산정할 때에 여행업에서 발생한 매출액만으로 산정하여야 한다.

5. 종합여행업의 경우 직전 사업연도 매출액을 산정할 때에, 「부가가치세법 시행령」 제33조제2항제7호에 따라 외국인 관광객에게 공급하는 관광알선용역으로서 그 대가를 받은 금액은 매출액에서 제외한다.

사례2

■ 여행피해 판례

기획여행의 안전배려의무, 여행업자의 손해배상책임의 판례

[서울중앙지법 2009.6.30., 선고, 2008가합107783, 판결 : 항소]

【판시사항】

[1] 여행업자가 기획여행계약상의 부수의무로 여행자에게 부담하는 안전배려의무의 내용

[2] 기획여행계약에 따라 해외여행을 하던 중 여행업자가 선정한 현지 운전자의 과실로 교통사고가 발생한 사안에서, 여행자에 대한 여행업자의 손해배상책임을 인정한 사례

[3] 여행 중 발생한 사고로 여행업자가 여행자에 대하여 손해배상책임을 부담하는 경우, 상해보험인 여행자보험에 의한 급부금이 배상액 산정 시 손익상계로 공제하여야 할 이익에 해당하는지 여부(소급)

【판결요지】

[1] 여행업자는 통산 여행 일반은 물론 목적지의 자연적 · 사회적 조건에 관하여 전문적 지식을 가진 자로서 우월적 지위에서 행선지나 여행시설의 이용 등에 관한 계약 내용을 일방적으로 결정하는 반면, 여행자는 그 안전성을 신뢰하고 여행업자가 제시하는 조건에 따라 여행계약을 체결하게 되는 점을 감안할 때, 여행업자는 기획여행계약의 상대방인 여행자에 대하여 기획여행계약상의 부수의무로 여행자의 생명 · 신체 · 재산 등의 안전을 확보하기 위하여 여행목적지 · 여행일정 · 여행행정 · 여행서비스기관의 선택 등에 관하여 미리 충분히 조사 · 검토하여 전문업자로서의 합리적인 판단을 하고, 또한 그 계약 내용의 실시에 관하여 조우할지 모르는 위험을 미리 제거할 수단을 강구하거나 또는 여행자에게 그 뜻을 고지하여 여행자 스스로 그 위험을 수용할지 여부에 관하여 선택의 기회를 주는 등의 합리적 조치를 취할 신의칙상의 주의의무를 지고, 여행약관에서 그 여행업자의

여행자에 대한 책임의 내용 및 범위 등에 관하여 규정하고 있는 내용은 여행업자의 위와 같은 안전배려의무를 구체적으로 명시한 것으로 보아야 한다.

[2] 기획여행계약에 따라 해외여행을 하던 중 여행업자가 선정한 현지 운전자의 과실로 교통사고가 발생한 사안에서, 여행자에 대한 여행업자의 손해배상책임을 인정한 사례

[3] 해외여행보험은 기본적으로 여행 도중에 급격하고도 우연한 외래의 사고로 신체에 상해를 입었을 경우 그 상해로 인한 손해를 보상하는 일종의 상해보험이고, 상해보험인 여행자보험에 의한 급부금은 이미 납입한 보험료의 대가적 성질을 가지는 것으로서, 그 부상에 관하여 제3자가 불법행위 또는 채무불이행에 기한 손해배상의무를 부담하는 경우에도, 보험계약의 당사자 사이에 다른 약정이 없는 한, 상법 제729조에 의하여 보험자대위가 금지됨은 물론 그 배상액의 산정에 있어 손익상계로 공제하여야 할 이익에 해당하지 아니한다.

자료: 국가법령정보센터 판례 사례

사례3

■ **여행피해신고 공고**

여행계약과 관련된 채권신고를 다음과 같이 공고하오니 동 기간 내에 신고하시기 바랍니다(단, 동 기간 내에 신고하지 않은 채권자는 변상에서 제외될 수 있습니다).

1. 여행사명 : ○○○투어(대표 ○○○) [종합여행업]
   소재지 : 서울특별시 종로구 ○○○ (종로6가)

2. 채권범위 : 여행계약과 관련하여 지급한 여행경비 일체
   (단, 2023.7.20. 이전 계약건에 한하며, 피해가 증빙되어야 함)

3. 접수처 : 한국여행업협회 여행불편처리센터(전화 1588-8692)
   　　　　　(04158) 서울특별시 마포구 마포대로 49, 성우빌딩 1206호
   ※ 등기우편접수를 원칙으로 하며 배송조회(우체국 인터넷 사이트 참조)를 통해 도착여부를 반드시 확인하시기 바람

4. 신고기간 : 2023.8.7.(월)~2023.10.6.(금)까지 (61일간)[마감일 도착분에 한함]

5. 제출서류 : 피해사실확인서(소정양식), 개인정보처리동의서(소정양식), 여행계약서, 여행일정표, 입금영수증원본(은행대조필 확인서류), 출입국사실증명원(타 여행사를 통해 다녀온 경우 해당 여행사 확인서 포함), 본인명의통장사본, 본인 신분증 사본, 기타 계약관련 서류일체(예약내역, 바우처 등), 고소장 및 민원접수증 등

2023년 8월 7일

한국여행업협회장 ○○○

피 해 사 실 확 인 서

사고업체명	○○○투어		업체 대표자명	○○○
계약일자		년 월 일	피해금액	
계약상품				
입금방법				

(피해내용)

첨부서류	여행계약서 원본, 여행일정표, 입금영수증 원본(원본 없을 시 은행대조필 확인서류), 출입국사실증명원 1부, 본인명의 통장사본, 본인 신분증 사본, 개인정보처리동의서, 기타 계약 관련 서류 일체(예약내역, 바우처 등), 다른 여행사를 통해 여행을 다녀온 경우 해당 여행사와의 계약서, 여행일정표, 입금영수증 등

20 . . .

(작 성 인)

주   소 :

성   명 :   (인)

휴대전화번호 :

한국여행업협회장 귀하

(20-02-013, 2017.10.19)

보험금 청구를 위한 필수 동의서

서울보증보험㈜ 귀중

소비자 권익보호에 관한 사항

○ 본 동의를 거부하시는 경우에는 보험금 청구가 거절되거나 정상적인 서비스 제공·유지가 불가 능함을 알려드립니다.

1. 개인(신용)정보의 수집·이용에 관한 사항

당사 및 당사 업무수탁자는 「개인정보 보호법」 및 「신용정보의 이용 및 보호에 관한 법률」에 따라 귀하의 개인(신용)정보를 다음과 같이 **수집·이용**하고자 합니다.
이에 대하여 동의하십니까?　　　　　　　　　　　　　　　　　　　　　　(동의함 ☐)

☐ 개인(신용)정보의 수집·이용 목적
 ○ 보험금 지급·심사 및 보험사고 조사(보험사기 조사 포함), 보험금 지급 관련 민원처리 및 분쟁대응, 상담
 ○ 통계업무 처리　　　　　　　　　　○ 법령상 의무이행

☐ 수집·이용할 개인(신용)정보의 내용
 ○ 개인식별정보(성명, **주민등록번호** 등 고유식별정보, 주소, 전화번호, 전자우편주소 등), 계좌 정보
 ○ 보험계약, 보험사고 조사(보험사기 조사 포함) 및 손해사정업무 수행 등 보험금 지급과 관 련한 개인(신용)정보

☐ 개인(신용)정보의 보유·이용 기간
 ○ **수집·이용 동의일로부터 거래종료 후 5년까지(단, 거래종료 후 5년이 경과한 후에는 보험 금 지급, 금융사고 조사, 보험사기 방지·적발, 민원처리, 법령상 의무이행을 위한 경우에 한 하여 보유·이용하며, 별도 보관)**
 ※ 거래종료일이란 당사와의 모든 계약(보험계약, 보험금 지급, 대위변제 채권, 담보 제공 등) 의 해지·해제·취소, 보험금 청구권 소멸시효의 완성, 당사 채권의 변제·소멸시효 완성· 매각 및 그 밖의 사유로 거래관계가 종료된 날을 뜻합니다. [아래 「2. 개인(신용)정보의 제 공에 관한 사항」에서의 거래종료일도 동일]

2. 개인(신용)정보의 제공에 관한 사항

당사는 「개인정보 보호법」 및 「신용정보의 이용 및 보호에 관한 법률」에 따라 귀하의 개인(신용) 정보를 다음과 같이 제3자(당사의 해외지점 및 사무소 포함)에게 **제공**하고자 합니다.
이에 대하여 동의하십니까?　　　　　　　　　　　　　　　　　　　　　　(동의함 ☐)

□ 개인(신용)정보를 제공받는 자

   ○ 손해보험협회, 생명보험협회

   ○ 공공기관 등 : 금융위원회, 금융감독원, 감사원, 예금보험공사 등 법령에 따른 검사·감사기관, 법원, 정부 및 지방자치단체

   ○ 금융기관 : 국내·외 재보험사(공제사업자), 계좌 개설 금융기관, 금융결제원

   ○ 업무수탁자 : 보험금 지급·심사 및 보험사고 조사·안내 등에 필요한 업무를 위탁받은 자 (변호사, 우편물·문자 발송업체 등)

□ 개인(신용)정보를 제공받는 자의 이용목적

   ○ 손해보험협회, 생명보험협회 : 보험금 지급관련 정보의 집중관리 및 활용 등

   ○ 공공기관 등 : 법령에 의한 업무수행(위탁업무 포함)

   ○ 금융기관 : 재보험업무 수행(재보험금 청구), 보험금의 출·수납

   ○ 업무수탁자 : 보험금 지급·심사 및 보험사고 조사·안내 등에 필요한 업무

□ 제공할 개인(신용)정보의 내용

   ○「1. 개인(신용)정보의 수집·이용에 관한 사항」의 정보내용중 제공목적의 달성을 위해 필요한 정보

□ 제공받는 자의 개인(신용)정보 보유·이용기간

   ○ 개인(신용)정보를 제공받은 자의 이용목적을 달성할 때까지(최대, 거래종료 후 5년까지)

   ※ 각 제공대상기관 및 이용목적의 구체적인 정보는 당사 홈페이지[www.sgic.co.kr]에서 확인할 수 있습니다.

3. 고유식별정보의 처리에 관한 사항

당사 및 당사 업무수탁자는「개인정보 보호법」에 따라 **상기의 개인(신용)정보에 대한 개별 동의사항**에 대하여「1. 개인(신용)정보의 수집·이용에 관한 사항」및「2. 개인(신용)정보의 제공에 관한 사항」과 같이 귀하의 **고유식별정보(주민등록번호·외국인등록번호·운전면허번호·여권번호)를 처리(수집·이용, 제공)**하고자 합니다.

이에 대하여 동의하십니까?   (동의함 □)

동의일자	동 의 인	법정대리인
20 년 월 일	(인)	(인)
		(인)

※ 만14세 미만의 경우 법정대리인이 작성 후 서명을 하시고, 만14세 이상 미성년자는 본인의 직접 동의 또는 법정대리인의 대리 동의 후 서명하시기 바랍니다.

위 임 장

(   )여행사와 관련한 여행사고 피해 접수 및 피해신청금 수령에 관한 일체를 아래 위임받는 자에게 위임합니다.

20   .   .   .

■ 위임받는자
○ 성   명:
○ 주민번호:
○ 주   소:
○ 연락처(휴대전화번호):

■ 위 임 자

※ 위임자는 인감증명서 1부를 반드시 첨부할 것.

번호	성 명	주민번호	주소	연락처	관계	인감 날인
1						
2						
3						
4						
5						
6						
7						
8						
9						
10						

한국여행업협회장 귀하

문제가 되고 있는 점을 정리하여 올릴 테니 제가 보상받을 수 있는 부분에 관하여 알려주시면 감사하겠습니다.

1. 중남미 여행을 계획

2. 모객의 문제로 7월 27일 출발 예정인 중남미 연합상품을 1주일 전에 계약

3. **투어 직영 대리점에서 구두계약

4. 일주일 전에 카드로 결제

5. 여행사 본인 모두 7월 27일 출발 8월 8일 오후 4시 50분 귀국으로 인식

6. 현재도 **투어 사이트에는 란팩 중남미 13일 투어라고 되어 있음

7. 7월 27일 출국

8. 출국 당일날 공항에서 가이드에게 받은 일정표에도 7월 27일 출국 8월 8일 도착이라고 쓰여 있음

9. 8월 6일 리마에서 도착 날이 8월 7일이며 일정이 11박 12일임을 알게 됨

10. 일행 중 **투어로 계약한 사람들은 모두 12박 13일로 알고 있었음

11. 지방에서 온 분들은 8월 8일 지방으로 돌아가는 비행기를 예매한 상태

12. 8월 7일 한국에 돌아와 여행사에 항의

13. 여행사 메인 타이틀에는 8월 8일 도착이라고 쓰여 있지만 상세 일정표에는 8월 7일 도착이라고 명시. 그리고 실제로 하나하나 세어보면 11박 12일이므로 도의적 책임으로 일인당 5만원을 보상하겠다고 함

14. 여행사 홈페이지 수정. 하지만 아직도 12박 13일만 11박 12일로 수정하였음

15. 현재 계약서는 없음. 하지만 홈페이지에 13일 일정이라고 나와 있는 부분을 캡처해서 가지고 있으며 12박 13일이라고 나와 있는 일정표 소지

답변

법률적인 책임관계는 변호사에게 여쭈어야 됨을 말씀드리며, 변호사에게 여쭐 경우 무료가 아니므로 여기서는 관례나 사례 등을 말씀드리고자 합니다. 착각이나 고의를 구분치 아니하고 잘못된 일정, 특히 축소된 일정으로 불편(연결 교통

편 취소·예약 등)을 겪었다면 응당 해당 여행사에 책임을 추궁할 수 있습니다. 물론 고의에 의한 일정 단축이라면 상당한 변상도 추진할 수 있을 것입니다. 귀하의 경우 고의냐 과실(착각)이냐가 보상금에 크게 영향을 미칠 것입니다. 가장 확실한 방법은 받으신 상세일정표대로 관광지나 숙박을 모두 했느냐, 중간중간 빼먹거나 생략한 일정이 있느냐로 쉽게 알 수 있을 것입니다.

귀하의 경우 출발 전 고객이나 여행사 모두 12박 13일로 알고(계산하고) 출발·귀국했고, 여행 후 항의에 대해 해당 여행사가 home page를 정정했으며, 5만원을 보상하겠다고 하는 등 여러 가지로 보아 착각에 의한 경우로 사료됩니다만, 귀하의 판단사항입니다. 판단 후에는 다음을 참고 바랍니다.

착각이나 과실에 의한 경우로 판단되면 : 사과와 함께 실피해액을 보상하는 것이 업계 관행입니다. 고의 또는 업무상 편의에 의한 경우라면 : 실피해액은 물론 적절한 배상을 청구할 수 있을 것입니다. 관례적으로는 1) 항공요금을 제외한 나머지 요금을 여행일정으로 나누어 나온 금액을 기준으로 하는 방법, 2) 국외여행표준약관이나 소비자피해 보상규정 중 여행불가 통보 날짜를 기준으로 하는 방법, 3) 제공하지 아니한 서비스의 요금을 기준으로 하는 방법, 4) 유사한 타사 상품의 가격을 기준으로 계산하는 방법, 5) 기타 담당자의 직관에 의한 방법, 6) 여행불편처리센터의 심의결정에 의한 방법 등이 있습니다.

당사자 간 합의가 최고의 방법입니다.

자료: 한국여행업협회

사례5

8월 19일 결혼하는 예비 신랑입니다. 신혼여행을 8월 20일~24일 발리로 잡아 여행비를 완납한 상태입니다. 자꾸 일어나는 지진으로 약간 걱정이 되었는데 며칠 전 AI까지. 신부가 걱정을 많이 합니다. 아울러 신혼여행 가서도 편하게 지내기 힘들 것 같고요. 그래서 취소하려고 여행사에 전화했더니 풀빌라 신청이고 계약서에 1달 이내의 취소 약관을 자꾸 이야기하며 지진, AI는 정당한 취소사유가 안 되어서 전액 환불이 안 되고 50%가량 손해를 봐야 한다고 이야기합니다. 실제 취소할 경우 어느 정도 손해를 봐야 하는 건가요?

답변

귀하의 경우처럼 여행을 취소할 경우 취소료를 지급해야 하는데, 별도의 약속이 없는 경우, 즉 국내외여행 표준약관에 의거 계약을 체결한 경우 동 약관 및 소비자피해보상규정에서는 출발일을 기준으로 당일 통보 시 50%, 1일 전 20%, 8일 전 10%, 10일 전 5%, 20일 전 계약금 환급으로 되어 있습니다. 언급했듯이 별도로 약속(약정 또는 계약)한 경우에는 그 규정을 우선하게 되어 있습니다. 이는 동 약관 제5조(특약)에 명시되어 있는데 단서조항으로 표준약관과 다름을 설명토록 하고 있습니다.

여행자가 취소료 없이 여행을 취소할 수 있는 경우도 제15조에 명시되어 있는데, 정부나 공공단체의 여행금지 요청이 있는 경우 취소료 없이 취소가 가능합니다. 그러나 AI와 관련하여 현지정부나 우리 정부 및 한국여행업협회(KATA) 등에서 여행을 금지시킨 지역은 없습니다. 다만, 타 전염병으로 여행주의나 여행자제 정도의 안내를 요청한 지역은 상당히 있습니다. 이러한 자제 정도의 문서를 근거로 취소료를 면제받지는 못합니다.

기타 자세한 사항은 국내외여행 표준약관(2019.8.30. 개정)을 참조하여 주시기 바랍니다.

자료: 한국여행업협회

국내외여행 표준약관
(공정거래위원회 표준약관 제10021호 〈개정 2019.8.30.〉)

제1조(목적) 이 약관은 ○○여행사와 여행자가 체결한 국내외여행계약의 세부 이행 및 준수사항을 정함을 목적으로 합니다.

제2조(용어의 정의) 여행의 종류 및 정의, 해외여행수속대행업의 정의는 다음과 같습니다.

1. 기획여행 : 여행사가 미리 여행목적지 및 관광일정, 여행자에게 제공될 운송 및 숙식서비스 내용(이하 '여행서비스'라 함), 여행요금을 정하여 광고 또는 기타 방법으로 여행자를 모집하여 실시하는 여행

2. 희망여행 : 여행자(개인 또는 단체)가 희망하는 여행조건에 따라 여행사가 운송·숙식·관광 등 여행에 관한 전반적인 계획을 수립하여 실시하는 여행

3. 해외여행 수속대행(이하 '수속대행계약'이라 함) : 여행사가 여행자로부터 소정의 수속대행요금을 받기로 약정하고, 여행자의 위탁에 따라 다음에 열거하는 업무(이하 '수속대행업무'라 함)를 대행하는 것
   1) 사증, 재입국 허가 및 각종 증명서 취득에 관한 수속
   2) 출입국 수속서류 작성 및 기타 관련업무

제3조(여행사와 여행자 의무) ① 여행사는 여행자에게 안전하고 만족스러운 여행서비스를 제공하기 위하여 여행알선 및 안내·운송·숙박 등 여행계획의 수립 및 실행과정에서 맡은바 임무를 충실히 수행하여야 합니다.
② 여행자는 안전하고 즐거운 여행을 위하여 여행자 간 화합도모 및 여행사의 여행질서 유지에 적극 협조하여야 합니다.

제4조(계약의 구성)

① 여행계약은 여행계약서(붙임)와 여행약관·여행일정표(또는 여행 설명서)를 계약내용으로 합니다.
② 여행계약서에는 여행사의 상호, 소재지 및 관광진흥법 제9조에 따른 보증보험 등의 가입(또는 영업보증금의 예치 현황) 내용이 포함되어야 합니다.
③ 여행일정표(또는 여행설명서)에는 여행일자별 여행지와 관광내용·교통수단·쇼핑횟수·숙박장소·식사 등 여행실시일정 및 여행사 제공 서비스 내용과 여행자 유의사항이 포함되어야 합니다.

제5조(계약체결의 거절) 여행사는 여행자에게 다음 각 호의 1에 해당하는 사유가 있을 경우에는 여행자와의 계약체결을 거절할 수 있습니다.

1. 질병, 신체이상 등의 사유로 개별관리가 필요하거나, 단체여행(다른 여행자의 여행에 지장을 초래하는 등)의 원활한 실시에 지장이 있다고 인정되는 경우

2. 계약서에 명시한 최대행사인원이 초과된 경우

제6조(특약) 여행사와 여행자는 관련법규에 위반되지 않는 범위 내에서 서면(전자문서를 포함한다. 이하 같다)으로 특약을 맺을 수 있습니다. 이 경우 여행사는 특약의 내용이 표준약관과 다르고 표준약관보다 우선 적용됨을 여행자에게 설명하고 별도의 확인을 받아야 합니다.

제7조(계약서 등 교부 및 안전정보 제공) 여행사는 여행자와 여행계약을 체결한 경우 계약서와 약관 및 여행일정표(또는 여행설명서)를 각 1부씩 여행자에게 교부하고, 여행목적지에 관한 안전정보를 제공하여야 합니다. 또한 여행 출발 전 해당 여행지에 대한 안전정보가 변경된 경우에도 변경된 안전정보를 제공하여야 합니다.

제8조(계약서 및 약관 등 교부 간주) 다음 각 호의 경우 여행계약서와 여행약관 및 여행일정표(또는 여행설명서)가 교부된 것으로 간주합니다.

1. 여행자가 인터넷 등 전자정보망으로 제공된 여행계약서, 약관 및 여행일정표(또는 여행설명서)의 내용에 동의하고 여행계약의 체결을 신청한 데 대해 여행사가 전자정보망 내지 기계적 장치 등을 이용하여 여행자에게 승낙의 의사를 통지한 경우

2. 여행사가 팩시밀리 등 기계적 장치를 이용하여 제공한 여행계약서, 약관 및 여행일정표(또는 여행설명서)의 내용에 대하여 여행자가 동의하고 여행계약의 체결을 신청하는 서면을 송부한 데 대해 여행사가 전자정보망 내지 기계적 장치 등을 이용하여 여행자에게 승낙의 의사를 통지한 경우

제9조(여행사의 책임) 여행사는 여행 출발시부터 도착시까지 여행사 본인 또는 그 고용인, 현지여행사 또는 그 고용인 등(이하 '사용인'이라 함)이 제3조제1항에서 규정한 여행사 임무와 관련하여 여행자에게 고의 또는 과실로 손해를 가한 경우 책임을 집니다.

제10조(여행요금) ① 여행계약서의 여행요금에는 다음 각 호가 포함됩니다. 다만, 희망여행은 당사자 간 합의에 따릅니다.

1. 항공기, 선박, 철도 등 이용운송기관의 운임(보통운임기준)
2. 공항, 역, 부두와 호텔 사이 등 송영버스요금
3. 숙박요금 및 식사요금
4. 안내자경비
5. 여행 중 필요한 각종 세금
6. 국내외 공항·항만세
7. 관광진흥개발기금
8. 일정표내 관광지 입장료
9. 기타 개별계약에 따른 비용

② 제1항에도 불구하고 반드시 현지에서 지불해야 하는 경비가 있는 경우 그 내역과 금액을 여행계약서에 별도로 구분하여 표시하고, 여행사는 그 사유를 안내하여야 합니다.

③ 여행자는 계약 체결 시 계약금(여행요금 중 10% 이하 금액)을 여행사에게 지급하여야 하며, 계약금은 여행요금 또는 손해배상액의 전부 또는 일부로 취급합니다.

④ 여행자는 제1항의 여행요금 중 계약금을 제외한 잔금을 여행출발 7일 전까지 여행사에게 지급하여야 합니다.

⑤ 여행자는 제1항의 여행요금을 당사자가 약정한 바에 따라 카드, 계좌이체 또는 무통장입금 등의 방법으로 지급하여야 합니다.

⑥ 희망여행요금에 여행자 보험료가 포함되는 경우 여행사는 보험회사명, 보상내용 등을 여행자에게 설명하여야 합니다.

제11조(여행요금의 변경) ① 국외여행을 실시함에 있어서 이용운송·숙박기관에 지급하여야 할 요금이 계약체결 시보다 5% 이상 증감하거나 여행요금에 적용된 외화환율이 계약체결 시보다 2% 이상 증감한 경우 여행사 또는 여행자는 그 증감된 금액 범위 내에서 여행요금의 증감을 상대방에게 청구할 수 있습니다.

② 여행사는 제1항의 규정에 따라 여행요금을 증액하였을 때에는 여행출발일 15일 전에 여행자에게 통지하여야 합니다.

제12조(여행조건의 변경요건 및 요금 등의 정산) ① 계약서 등에 명시된 여행조건은 다음 각 호의 1의 경우에 한하여 변경될 수 있습니다.

1. 여행자의 안전과 보호를 위하여 여행자의 요청 또는 현지사정에 의하여 부득이하다고 쌍방이 합의한 경우
2. 천재지변, 전란, 정부의 명령, 운송·숙박기관 등의 파업·휴업 등으로 여행의 목적을 달성할 수 없는 경우

② 여행사가 계약서 등에 명시된 여행일정을 변경하는 경우에는 해당 날짜의 일정이 시작되기 전에 여행자의 서면 동의를 받아야 합니다. 이때 서면동의서에는 변경일시, 변경내용, 변경으로 발생하는 비용이 포함되어야 합니다.

③ 천재지변, 사고, 납치 등 긴급한 사유가 발생하여 여행자로부터 여행일정 변경 동의를 받기 어렵다고 인정되는 경우에는 제2항에 따른 일정변경 동의서를 받지 아니할 수 있습니다. 다만, 여행사는 사후에 서면으로 그 변경 사유 및 비용 등을 설명하여야 합니다.

④ 제1항의 여행조건 변경 및 제11조의 여행요금 변경으로 인하여 제10조제1항의 여행요금에 증감이 생기는 경우에는 여행출발 전 변경분은 여행출발 이전에, 여행 중 변경분은 여행종료 후 10일 이내에 각각 정산(환급)하여야 합니다.

⑤ 제1항의 규정에 의하지 아니하고 여행조건이 변경되거나 제16조 내지 제18조의 규정에 의한 계약의 해제·해지로 인하여 손해배상액이 발생한 경우에는 여행출발 전 발생분은 여행출발 이전에, 여행 중 발생분은 여행종료 후 10일 이내에 각각 정산(환급)하여야 합니다.

⑥ 여행자는 여행출발 후 자기의 사정으로 숙박, 식사, 관광 등 여행요금에 포함된 서비스를 제공받지 못한 경우 여행사에게 그에 상응하는 요금의 환급을 청구할 수 없습니다. 다만, 여행이 중도에 종료된 경우에는 제18조에 준하여 처리합니다.

제13조(여행자 지위의 양도) ① 여행자가 개인사정 등으로 여행자의 지위를 양도하기 위해서는 여행사의 승낙을 받아야 합니다. 이때 여행사는 여행자 또는 여행자의 지위를 양도받으려는 자가 양도로 발생하는 비용을 지급할 것을 조건으로 양도를 승낙할 수 있습니다.

② 전항의 양도로 발생하는 비용이 있을 경우 여행사는 기한을 정하여 그 비용의 지급을 청구하여야 합니다.

③ 여행사는 계약조건 또는 양도하기 어려운 불가피한 사정 등을 이유로 제1항의 양도를 승낙하지 않을 수 있습니다.

④ 제1항의 양도는 여행사가 승낙한 때 효력이 발생합니다. 다만, 여행사가 양도로 인해 발생한 비용의 지급을 조건으로 승낙한 경우에는 정해진 기한 내에 비용이 지급되는 즉시 효력이 발생합니다.

⑤ 여행자의 지위가 양도되면, 여행계약과 관련한 여행자의 모든 권리 및 의무도 그 지위를 양도받는 자에게 승계됩니다.

제14조(여행사의 하자담보 책임) ① 여행자는 여행에 하자가 있는 경우에 여행사에게 하자의 시정 또는 대금의 감액을 청구할 수 있습니다. 다만, 그 시정에 지나치게 많은 비용이 들거나 그 밖에 시정을 합리적으로 기대할 수 없는 경우에는 시정을 청구할 수 없습니다.

② 여행자는 시정 청구, 감액 청구를 갈음하여 손해배상을 청구하거나 시정 청구, 감액 청구와 함께 손해배상을 청구할 수 있습니다.

③ 제1항 및 제2항의 권리는 여행기간 중에도 행사할 수 있으며, 여행종료일부터 6개월 내에 행사하여야 합니다.

제15조(손해배상) ① 여행사는 현지여행사 등의 고의 또는 과실로 여행자에게 손해를 가한 경우 여행사는 여행자에게 손해를 배상하여야 합니다.

② 여행사의 귀책사유로 여행자의 국외여행에 필요한 사증, 재입국 허가 또는 각종 증명서 등을 취득하지 못하여 여행자의 여행일정에 차질이 생긴 경우 여행사는 여행자로부터 절차대행을 위하여 받은 금액 전부 및 그 금액의 100% 상당액을 여행자에게 배상하여야 합니다.

③ 여행사는 항공기, 기차, 선박 등 교통기관의 연발착 또는 교통체증 등으로 인하여 여행자가 입은 손해를 배상하여야 합니다. 다만, 여행사가 고의 또는 과실이 없음을 입증한 때에는 그러하지 아니합니다.

④ 여행사는 자기나 그 사용인이 여행자의 수하물 수령, 인도, 보관 등에 관하여 주의를 해태(懈怠)하지 아니하였음을 증명하지 아니하면 여행자의 수하물 멸실, 훼손 또는 연착으로 인한 손해를 배상할 책임을 면하지 못합니다.

제16조(여행출발 전 계약해제) ① 여행사 또는 여행자는 여행출발 전 이 여행계약을 해제할 수 있습니다. 이 경우 발생하는 손해액은 '소비자분쟁해결기준'(공정거래위원회 고시)에 따라 배상합니다.

② 여행사 또는 여행자는 여행출발 전에 다음 각 호의 1에 해당하는 사유가 있는 경우 상대방에게 제1항의 손해배상액을 지급하지 아니하고 이 여행계약을 해제할 수 있습니다.

1. 여행사가 해제할 수 있는 경우

　가. 제12조제1항제1호 및 제2호 사유의 경우

　나. 여행자가 다른 여행자에게 폐를 끼치거나 여행의 원활한 실시에 현저한 지장이 있다고 인정될 때

　다. 질병 등 여행자의 신체에 이상이 발생하여 여행에의 참가가 불가능한 경우

　라. 여행자가 계약서에 기재된 기일까지 여행요금을 납입하지 아니한 경우

2. 여행자가 해제할 수 있는 경우

　가. 제12조제1항제1호 및 제2호의 사유가 있는 경우

　나. 여행사가 제21조에 따른 공제 또는 보증보험에 가입하지 아니하였거나 영업보증금을 예치하지 않은 경우

　다. 여행자의 3촌 이내 친족이 사망한 경우

라. 질병 등 여행자의 신체에 이상이 발생하여 여행에의 참가가 불가능한 경우

마. 배우자 또는 직계존비속이 신체이상으로 3일 이상 병원(의원)에 입원하여 여행 출발 전까지 퇴원이 곤란한 경우 그 배우자 또는 보호자 1인

바. 여행사의 귀책사유로 계약서 또는 여행일정표(여행설명서)에 기재된 여행일정대로의 여행실시가 불가능해진 경우

사. 제10조제1항의 규정에 의한 여행요금의 증액으로 인하여 여행 계속이 어렵다고 인정될 경우

제17조(최저행사인원 미충족 시 계약해제) ① 여행사는 최저행사인원이 충족되지 아니하여 여행계약을 해제하는 경우 여행출발 7일전까지 여행자에게 통지하여야 합니다.

② 여행사가 여행참가자 수 미달로 전항의 기일내 통지를 하지 아니하고 계약을 해제하는 경우 이미 지급받은 계약금 환급 외에 다음 각 목의 1의 금액을 여행자에게 배상하여야 합니다.

가. 여행출발 1일 전까지 통지 시 : 여행요금의 30%

나. 여행출발 당일 통지 시 : 여행요금의 50%

제18조(여행출발 후 계약해지) ① 여행사 또는 여행자는 여행출발 후 부득이한 사유가 있는 경우 각 당사자는 여행계약을 해지할 수 있습니다. 다만, 그 사유가 당사자 한쪽의 과실로 인하여 생긴 경우에는 상대방에게 손해를 배상하여야 합니다.

② 제1항에 따라 여행계약이 해지된 경우 귀환운송 의무가 있는 여행사는 여행자를 귀환운송할 의무가 있습니다.

③ 제1항의 계약해지로 인하여 발생하는 추가 비용은 그 해지사유가 어느 당사자의 사정에 속하는 경우에는 그 당사자가 부담하고, 양 당사자 누구의 사정에도 속하지 아니하는 경우에는 각 당사자가 추가 비용의 50%씩을 부담합니다.

④ 여행자는 여행에 중대한 하자가 있는 경우에 그 시정이 이루어지지 아니하거나 계약의 내용에 따른 이행을 기대할 수 없는 경우에는 계약을 해지할 수 있습니다.

⑤ 제4항에 따라 계약이 해지된 경우 여행사는 대금청구권을 상실합니다. 다만, 여행자가 실행된 여행으로 이익을 얻은 경우에는 그 이익을 여행사에게 상환하여야 합니다.

⑥ 제4항에 따라 계약이 해지된 경우 여행사는 계약의 해지로 인하여 필요하게 된 조치를 할 의무를 지며, 계약상 귀환운송 의무가 있으면 여행자를 귀환운송하여야 합니다. 이 경우 귀환운송비용은 원칙적으로 여행사가 부담하여야 하나, 상당한 이유가 있는 때에는 여행사는 여행자에게 그 비용의 일부를 청구할 수 있습니다.

제19조(여행의 시작과 종료) 여행의 시작은 탑승수속(선박인 경우 승선수속)을 마친 시점으로 하며, 여행의 종료는 여행자가 입국장 보세구역을 벗어나는 시점으로 합니다. 다만, 계약내용상 국내이동이 있을 경우에는 최초 출발지에서 이용하는 운송수단의 출발시각과 도착시각으로 합니다.

제20조(설명의무) 여행사는 계약서에 정하여져 있는 중요한 내용 및 그 변경사항을 여행자가 이해할 수 있도록 설명하여야 합니다.

제21조(보험가입 등) 여행사는 이 여행과 관련하여 여행자에게 손해가 발생한 경우 여행자에게 보험금을 지급하기 위한 보험 또는 공제에 가입하거나 영업보증금을 예치하여야 합니다.

제22조(기타사항) ① 이 계약에 명시되지 아니한 사항 또는 이 계약의 해석에 관하여 다툼이 있는 경우에는 여행사 또는 여행자가 합의하여 결정하되, 합의가 이루어지지 아니한 경우에는 관계법령 및 일반관례에 따릅니다.

② 특수지역에의 여행으로서 정당한 사유가 있는 경우에는 이 표준약관의 내용과 달리 정할 수 있습니다.

국내여행 표준약관
(공정거래위원회 표준약관 제10020호 〈개정 2019.8.30.〉)

제1조(목적) 이 약관은 ○○여행사와 여행자가 체결한 국내여행계약의 세부이행 및 준수사항을 정함을 목적으로 합니다.

제2조(여행의 종류 및 정의) 여행의 종류와 정의는 다음과 같습니다.

1. 일반모집여행 : 여행사가 수립한 여행조건에 따라 여행자를 모집하여 실시하는 여행
2. 희 망 여 행 : 여행자가 희망하는 여행조건에 따라 여행사가 실시하는 여행
3. 위탁모집여행 : 여행사가 만든 모집여행상품의 여행자 모집을 타 여행업체에 위탁하여 실시하는 여행

제3조(여행사와 여행자 의무) ① 여행사는 여행자에게 안전하고 만족스러운 여행서비스를 제공하기 위하여 여행알선 및 안내·운송·숙박 등 여행계획의 수립 및 실행과정에서 맡은바 임무를 충실히 수행하여야 합니다.

② 여행자는 안전하고 즐거운 여행을 위하여 여행자 간 화합도모 및 여행사의 여행질서 유지에 적극 협조하여야 합니다.

제4조(계약의 구성) ① 여행계약은 여행계약서(붙임)와 여행약관·여행일정표(또는 여행 설명서)를 계약내용으로 합니다.

② 여행계약서에는 여행사의 상호, 소재지 및 관광진흥법 제9조에 따른 보증보험 등의 가입(또는 영업보증금의 예치 현황) 내용이 포함되어야 합니다.

③ 여행일정표(또는 여행설명서)에는 여행일자별 여행지와 관광내용·교통수단·쇼핑횟수·숙박장소·식사 등 여행실시일정 및 여행사 제공 서비스 내용과 여행자 유의사항이 포함되어야 합니다.

제5조(계약체결 거절) 여행사는 여행자에게 다음 각 호의 1에 해당하는 사유가 있을 경우에는 여행자와의 계약체결을 거절할 수 있습니다.

1. 질병, 신체이상 등의 사유로 개별관리가 필요하거나, 단체여행(다른 여행자의 여행에 지장을 초래하는 등)의 원활한 실시에 지장이 있다고 인정되는 경우
2. 계약서에 명시한 최대행사인원이 초과된 경우

제6조(특약) 여행사와 여행자는 관련법규에 위반되지 않는 범위 내에서 서면(전자문서를 포함한다. 이하 같다)으로 특약을 맺을 수 있습니다. 이 경우 여행사는 특약의 내용이 표준약관과 다르고 표준약관보다 우선 적용됨을 여행자에게 설명하고 별도의 확인을 받아야 합니다.

제7조(계약서 등 교부 및 안전정보 제공) 여행사는 여행자와 여행계약을 체결한 경우 계약서와 여행약관, 여행일정표(또는 여행설명서)를 각 1부씩 여행자에게 교부하고, 여행목적지에 관한 안전정보를 제공하여야 합니다. 또한 여행 출발 전 해당 여행지에 대한 안전정보가 변경된 경우에도 변경된 안전정보를 제공하여야 합니다.

제8조(계약서 및 약관 등 교부 간주) 다음 각 호의 경우에는 여행사가 여행자에게 여행계약서와 여행약관 및 여행일정표(또는 여행설명서)가 교부된 것으로 간주합니다.

1. 여행자가 인터넷 등 전자정보망으로 제공된 여행계약서, 약관 및 여행일정표(또는 여행설명서)의 내용에 동의하고 여행계약의 체결을 신청한 데 대해 여행사가 전자정보망 내지 기계적 장치 등을 이용하여 여행자에게 승낙의 의사를 통지한 경우
2. 여행사가 팩시밀리 등 기계적 장치를 이용하여 제공한 여행계약서, 약관 및 여행일정표(또는 여행설명서)의 내용에 대하여 여행자가 동의하고 여행계약의 체결을 신청하는 서면을 송부한 데 대해 여행사가 전자정보망 내지 기계적 장치 등을 이용하여 여행자에게 승낙의 의사를 통지한 경우

제9조(여행요금) ① 여행계약서의 여행요금에는 다음 각 호가 포함됩니다. 다만, 희망여행은 당사자 간 합의에 따릅니다.

1. 항공기, 선박, 철도 등 이용운송기관의 운임(보통운임기준)
2. 공항, 역, 부두와 호텔 사이 등 송영버스요금
3. 숙박요금 및 식사요금
4. 안내자경비
5. 여행 중 필요한 각종 세금
6. 국내 공항·항만 이용료
7. 일정표 내 관광지 입장료
8. 기타 개별계약에 따른 비용

② 여행자는 계약체결 시 계약금(여행요금 중 10% 이하의 금액)을 여행사에게 지급하여야 하며, 계약금은 여행요금 또는 손해배상액의 전부 또는 일부로 취급합니다.

③ 여행자는 제1항의 여행요금 중 계약금을 제외한 잔금을 여행출발 전일까지 여행사에게 지급하여야 합니다.

④ 여행자는 제1항의 여행요금을 당사자가 약정한 바에 따라 카드, 계좌이체 또는 무통장입금 등의 방법으로 지급하여야 합니다.

⑤ 희망여행요금에 여행자 보험료가 포함되는 경우 여행사는 보험회사명, 보상내용 등을 여행자에게 설명하여야 합니다.

제10조(여행조건의 변경요건 및 요금 등의 정산) ① 계약서 등에 명시된 여행조건은 다음 각 호의 1의 경우에 한하여 변경될 수 있습니다.

1. 여행자의 안전과 보호를 위하여 여행자의 요청 또는 현지사정에 의하여 부득이하다고 쌍방이 합의한 경우
2. 천재지변, 전란, 정부의 명령, 운송·숙박기관 등의 파업·휴업 등으로 여행의 목적을 달성할 수 없는 경우

② 여행사가 계약서 등에 명시된 여행일정을 변경하는 경우에는 해당 날짜의 일정이 시작되기 전에 여행자의 서면 동의를 받아야 합니다. 이때 서면동의서에는 변경일시, 변경내용, 변경으로 발생하는 비용이 포함되어야 합니다.

③ 천재지변, 사고, 납치 등 긴급한 사유가 발생하여 여행자로부터 여행일정 변경 동의를 받기 어렵다고 인정되는 경우에는 제2항에 따른 일정변경 동의서를 받지 아니할 수 있습니다. 다만, 여행사는 사후에 서면으로 그 변경 사유 및 비용 등을 설명하여야 합니다.

④ 제1항의 여행조건 변경으로 인하여 제9조제1항의 여행요금에 증감이 생기는 경우에는 여행출발 전 변경분은 여행출발 이전에, 여행 중 변경분은 여행종료 후 10일 이내에 각각 정산(환급)하여야 합니다.

⑤ 제1항의 규정에 의하지 아니하고 여행조건이 변경되거나 제13조 내지 제15조의 규정에 의한 계약의 해제·해지로 인하여 손해배상액이 발생한 경우에는 여행출발 전 발생분은 여행출발 이전에, 여행 중 발생분은 여행종료 후 10일 이내에 각각 정산(환급)하여야 합니다.

⑥ 여행자는 여행출발 후 자기의 사정으로 숙박, 식사, 관광 등 여행요금에 포함된 서비스를 제공받지 못한 경우 여행사에게 그에 상응하는 요금의 환급을 청구할 수 없습니다. 다만, 여행이 중도에 종료된 경우에는 제15조에 준하여 처리합니다.

제11조(여행자 지위의 양도) ① 여행자가 개인사정 등으로 여행자의 지위를 양도하기 위해서는 여행사의 승낙을 받아야 합니다. 이때 여행사는 여행자 또는 여행자의 지위를 양도받으려는 자가 양도로 발생하는 비용을 지급할 것을 조건으로 양도를 승낙할 수 있습니다.

② 전항의 양도로 발생하는 비용이 있을 경우 여행사는 기한을 정하여 그 비용의 지급을 청구하여야 합니다.

③ 여행사는 계약조건 또는 양도하기 어려운 불가피한 사정 등을 이유로 제1항의 양도를 승낙하지 않을 수 있습니다.

④ 제1항의 양도는 여행사가 승낙한 때 효력이 발생합니다. 다만, 여행사가 양도로 인해 발생한 비용의 지급을 조건으로 승낙한 경우에는 정해진 기한 내에 비용이 지급되는 즉시 효력이 발생합니다.

⑤ 여행자의 지위가 양도되면, 여행계약과 관련한 여행자의 모든 권리 및 의무도 그 지위를 양도받는 자에게 승계됩니다.

제12조(여행사의 책임) ① 여행자는 여행에 하자가 있는 경우에 여행사에게 하자의 시정 또는 대금의 감액을 청구할 수 있습니다. 다만, 그 시정에 지나치게 많은 비용이 들거나 그 밖에 시정을 합리적으로 기대할 수 없는 경우에는 시정을 청구할 수 없습니다.

② 여행자는 시정 청구, 감액 청구를 갈음하여 손해배상을 청구하거나 시정 청구, 감액 청구와 함께 손해배상을 청구할 수 있습니다.

③ 제1항 및 제2항의 권리는 여행기간 중에도 행사할 수 있으며, 여행종료일부터 6개월 내에 행사하여야 합니다.

④ 여행사는 여행 출발 시부터 도착 시까지 여행사 본인 또는 그 고용인, 현지여행사 또는 그 고용인 등(이하 '사용인'이라 함)이 제3조제1항에서 규정한 여행사 임무와 관련하여 여행자에게 고의 또는 과실로 손해를 가한 경우 책임을 집니다.

⑤ 여행사는 항공기, 기차, 선박 등 교통기관의 연발착 또는 교통체증 등으로 인하여 여행자가 입은 손해를 배상하여야 합니다. 다만, 여행사가 고의 또는 과실이 없음을 입증한 때에는 그러하지 아니합니다.

⑥ 여행사는 자기나 그 사용인이 여행자의 수하물 수령·인도·보관 등에 관하여 주의를 해태하지 아니하였음을 증명하지 아니하는 한 여행자의 수하물 멸실, 훼손 또는 연착으로 인하여 발생한 손해를 배상하여야 합니다.

제13조(여행출발 전 계약해제) ① 여행사 또는 여행자는 여행출발 전 이 여행계약을 해제할 수 있습니다. 이 경우 발생하는 손해액은 '소비자분쟁해결기준'(공정거래위원회 고시)에 따라 배상합니다.

② 여행사 또는 여행자는 여행출발 전에 다음 각 호의 1에 해당하는 사유가 있는 경우 상대방에게 제1항의 손해배상액을 지급하지 아니하고 이 여행계약을 해제할 수 있습니다.

 1. 여행사가 해제할 수 있는 경우
   가. 제10조제1항제1호 및 제2호 사유의 경우
   나. 여행자가 다른 여행자에게 폐를 끼치거나 여행의 원활한 실시에 현저한 지장이 있다고 인정될 때
   다. 질병 등 여행자의 신체에 이상이 발생하여 여행에의 참가가 불가능한 경우
   라. 여행자가 계약서에 기재된 기일까지 여행요금을 지급하지 아니하는 경우
 2. 여행자가 해제할 수 있는 경우
   가. 제10조제1항제1호 및 제2호 사유의 경우
   나. 여행사가 제18조에 따른 공제 또는 보증보험에 가입하지 아니하였거나 영업보증금을 예치하지 않은 경우
   다. 여행자의 3촌 이내 친족이 사망한 경우
   라. 질병 등 여행자의 신체에 이상이 발생하여 여행에의 참가가 불가능한 경우
   마. 배우자 또는 직계존비속이 신체이상으로 3일 이상 병원(의원)에 입원하여 여행 출발 시까지 퇴원이 곤란한 경우 그 배우자 또는 보호자 1인
   바. 여행사의 귀책사유로 계약서에 기재된 여행일정대로의 여행실시가 불가능해진 경우

제14조(최저행사인원 미충족 시 계약해제) ① 여행사는 최저행사인원이 충족되지 아니하여 여행계약을 해제하는 경우 당일여행의 경우 여행출발 24시간 이전까지, 1박2일 이상인 경우에는 여행출발 48시간 이전까지 여행자에게 통지하여야 합니다.

② 여행사가 여행참가자 수의 미달로 전항의 기일 내 통지를 하지 아니하고 계약을 해제하는 경우 이미 지급받은 계약금 환급 외에 계약금 100% 상당액을 여행자에게 배상하여야 합니다.

제15조(여행출발 후 계약해지) ① 여행사 또는 여행자는 여행출발 후 부득이한 사유가 있는 경우 각 당사자는 여행계약을 해지할 수 있습니다. 다만, 그 사유가 당사자 한쪽의 과실로 인하여 생긴 경우에는 상대방에게 손해를 배상하여야 합니다.

② 제1항에 따라 여행계약이 해지된 경우 귀환운송 의무가 있는 여행사는 여행자를 귀환운송할 의무가 있습니다.

③ 제1항의 계약해지로 인하여 발생하는 추가 비용은 그 해지사유가 어느 당사자의 사정에 속하는 경우에는 그 당사자가 부담하고, 양 당사자 누구의 사정에도 속하지 아니하는 경우에는 각 당사자가 추가 비용의 50%씩을 부담합니다.

④ 여행자는 여행에 중대한 하자가 있는 경우에 그 시정이 이루어지지 아니하거나 계약의 내용에 따른 이행을 기대할 수 없는 경우에는 계약을 해지할 수 있습니다.

⑤ 제4항에 따라 계약이 해지된 경우 여행사는 대금청구권을 상실합니다. 다만, 여행자가 실행된 여행으로 이익을 얻은 경우에는 그 이익을 여행사에게 상환하여야 합니다.

⑥ 제4항에 따라 계약이 해지된 경우 여행사는 계약의 해지로 인하여 필요하게 된 조치를 할 의무를 지며, 계약상 귀환운송 의무가 있으면 여행자를 귀환운송하여야 합니다. 이 경우 귀환운송비용은 원칙적으로 여행사가 부담하여야 하나, 상당한 이유가 있는 때에는 여행사는 여행자에게 그 비용의 일부를 청구할 수 있습니다.

제16조(여행의 시작과 종료) 여행의 시작은 출발하는 시점부터 시작하며 여행일정이 종료하여 최종목적지에 도착함과 동시에 종료합니다. 다만, 계약 및 일정을 변경할 때에는 예외로 합니다.

제17조(설명의무) 여행사는 이 계약서에 정하여져 있는 중요한 내용 및 그 변경사항을 여행자가 이해할 수 있도록 설명하여야 합니다.

제18조(보험가입 등) 여행사는 여행과 관련하여 여행자에게 손해가 발생한 경우 여행자에게 보험금을 지급하기 위한 보험 또는 공제에 가입하거나 영업 보증금을 예치하여야 합니다.

제19(기타사항) ① 이 계약에 명시되지 아니한 사항 또는 이 계약의 해석에 관하여 다툼이 있는 경우에는 여행사와 여행자가 합의하여 결정하되, 합의가 이루어지지 아니한 경우에는 관계법령 및 일반관례에 따릅니다.

② 특수지역에의 여행으로서 정당한 사유가 있는 경우에는 이 표준약관의 내용과 다르게 정할 수 있습니다.

국내외여행 계약서(여행자용)

( ) 여행사와 여행자는 다음 조건으로(□기획, □희망) 여행계약을 체결하고 계약서와 여행약관
(계약서 이면첨부)·여행일정표(또는 여행설명서)를 교부한다.
※ 해당란에 기록하거나 ☑로 표기, ( )는 선택입니다.

여행상품명			여행기간	. . . ~ . . . (박 일) [기내 숙박 ( )일 포함]		
보험가입 등	□영업보증 □공제 □예치금, 계약금액 :			만원, 보험기간 : ~ , 피보험자 :		
여행인원	명	행사인원	최저 : 명, 최대 : 명	여행지역	*여행 일정표 참조	
여행요금	1인당 : 원 총 액 : 원		계약금 : 원 *계약과 동시 납부	잔액 완납일 : 금액 : 원		
	계좌번호 : , ○○○여행사 ○○○ ※영수증, 지로용지, 은행계좌 등은 여행사명이나 대표자명일 때만 유효함					
출발(도착) 일시 및 장소	출발 : , . 시 분, 에서 도착 : . . 시 분. 에서			교통수단	항공기(등석), 기차(등석) 선 박(등석), 기타 :	
숙박시설	□관광호텔 : 등급 □일반호텔 □여관 □여인숙 □기타 , 1실 투숙인원 : 명					
식사횟수	□일정표에 표시 / 조식( )회, 중식( )회, 석식( )회 *기내식 포함					
여행인솔자	□유 □무			현지 안내원	□유 □무 *일정표 참조	
현지교통	□버스( )인승 □승용차 □기타			현지 여행사	□유 □무 *일정표 참조	
여행경비에 포함된 사항	필수포함항목			기타선택항목		
	□항공기·선박·철도 등 운임 □숙박·식사료 □안내자 경비 □국내외 공항·항만세 □관광진흥개발기금 □제세금 □일정표 내 관광지입장료 ※희망여행인 경우 해당란에 ☑로 표기			□여권발급비 □비자발급비 □봉사료 □포터비 □여행보험료(최고한도액 : 원) □쇼핑 □선택관광(※선택관광은 강요될 수 없으며 전적으로 여행자의 의사에 따름) □기타( )		
기타사항						

( )여행사와 여행자는 위 계약내용과 약관을 상호 성실히 이행 및 준수할 것을 확인하며 아래와 같
이 서명·날인하여 본 계약서를 작성합니다.

(본 계약이 체결됨과 동시에 약관설명의무를 다한 것으로 본다.)

※ 본 계약과 관련한 다툼이 있을 경우, 문화체육관광부고시에 의거 운영되는 여행불편처리센터(전화
1588-8692) 또는 여행사 본사 소재 시·도청(시·군·구 포함) 문화관광과로 중재를 요청할 수 있음

작성일 : . . .

여행업자 상 호 :
　　　　　주 소 :
　　　　　대 표 자 : (인) 전 화:
　　　　　등록번호 : 담당자: (인)

대리판매 상 호 :
　　　　　주 소 :
　　　　　대 표 자 : (인) 전 화:
　　　　　등록번호 : 담당자: (인)

여행자 성 명 : (서명) 전 화 :
　　　　주 소 :

국내여행 계약서(여행자용)

(   ) 여행사와 여행자는 다음 조건으로(☐모집, ☐희망) 여행계약을 체결하고 계약서와 여행약관 (계약서 이면첨부)·여행일정표(또는 여행설명서)를 교부한다.

※ 해당란에 기록하거나 ☑로 표기, ( )는 선택입니다.

여행상품명				여행기간	. . . ~ . . . (박 일)		
보험가입 등	☐영업보증 ☐공제 ☐예치금, 계약금액 : 만원, 보험기간 : ~ , 피보험자 :						
여행인원	명	행사인원	최저 : 명, 최대 : 명	여행지역	*여행 일정표 참조		
여행요금	1인당 : 원 총 액 : 원		계약금 : 원 *계약과 동시 납부		잔액 완납일 금액 : 원		
	계좌번호 : , ○○○여행사 ○○○ ※영수증, 지로용지, 은행계좌 등은 여행사명이나 대표자명일 때만 유효함						
출발(도착) 일시 및 장소	출발 : , . 시 분, 에서 도착 : , . 시 분. 에서			교통수단	항공기(등석), 기차(등석) 선 박(등석), 기타 :		
숙박시설	☐관광호텔 : 등급 ☐일반호텔 ☐여관 ☐여인숙 ☐기타 , 1실 투숙인원 : 명						
식사횟수	☐일정표에 표시 / 조식( )회, 중식( )회, 석식( )회 *기내식 포함						
여행인솔자	☐유 ☐무			현지 안내원	☐유 ☐무 *일정표 참조		
현지교통	☐버스( )인승 ☐승용차 ☐기타			현지 여행사	☐유 ☐무 *일정표 참조		
여행경비에 포함된 사항	**필 수 포 함 항 목**			**기 타 선 택 항 목**			
	☐항공기·선박·철도 등 운임 ☐숙박·식사료 ☐안내자 경비 ☐제세금 ☐국내 공항·항만 이용료 ☐일정표 내 관광지입장료 ※희망여행인 경우 해당란에 ☑로 표기			☐봉사비 ☐포터비 ☐여행보험료(최고한도액 : 원) ☐쇼핑 ☐선택관광(※선택관광은 강요될 수 없으며 전적으로 여행자의 의사에 따른다) ☐기타( )			
기타사항							

(   )여행사와 여행자는 위 계약내용과 약관을 상호 성실히 이행 및 준수할 것을 확인하며 아래와 같이 서명·날인하여 본 계약서를 작성합니다.

(본 계약이 체결됨과 동시에 약관설명의무를 다한 것으로 본다.)

※ 본 계약과 관련한 다툼이 있을 경우, 문화체육관광부고시에 의거 운영되는 여행불편처리센터(전화 1588-8692) 또는 여행사 본사 소재 시·도청(시·군·구 포함) 문화관광과로 중재를 요청할 수 있음

작성일 :   .   .   .

여행업자 상   호 :
주   소 :
대 표 자 :   (인) 전 화:
등록번호 :   담당자 :   (인)

대리판매 상   호 :
주   소 :
대 표 자 :   (인) 전 화:
등록번호 :   담당자: (인)

여행자 성   명 :   (서명) 전 화 :
주   소 :

사례6

■ 소비자피해보상

- 출처 : 소비자분쟁해결기준(공정거래위원회 고시 제2022-25호)
- 소비자피해를 신속·공정하게 구제하기 위해 제정
- 소비자와 사업 간의 분쟁을 원활하게 해결하기 위한 최저 기준

국내여행		
분쟁유형	해결기준	비고
1) 여행취소로 인한 피해 - 여행사의 귀책사유로 여행사가 취소하는 경우 〈당일여행인 경우〉		*국내여행 표준 약관과 동일하 게 규정함
• 여행개시 3일 전까지 통보 시	○ 계약금 환급	
• 여행개시 2일 전까지 통보 시	○ 계약금 환급 및 요금의 10% 배상	
• 여행개시 1일 전까지 통보 시	○ 계약금 환급 및 요금의 20% 배상	
• 여행당일 통보 및 통보가 없는 경우	○ 계약금 환급 및 요금의 30% 배상	
〈숙박여행인 경우〉		
• 여행개시 5일 전까지 통보 시	○ 계약금 환급	
• 여행개시 2일 전까지 통보 시	○ 계약금 환급 및 요금의 10% 배상	
• 여행개시 1일 전까지 통보 시	○ 계약금 환급 및 요금의 20% 배상	
• 여행당일 통보 및 통보가 없는 경우	○ 계약금 환급 및 요금의 30% 배상	
- 여행자의 귀책사유로 여행자가 취소하는 경우 〈당일여행인 경우〉		
• 여행개시 3일 전까지 통보 시	○ 전액 환급	
• 여행개시 2일 전까지 통보 시	○ 요금의 10% 배상	
• 여행개시 1일 전까지 통보 시	○ 요금의 20% 배상	
• 여행개시 당일 취소하거나 연락 없이 불참할 경우	○ 요금의 30% 배상	
〈숙박여행인 경우〉		
• 여행개시 5일 전까지 통보 시	○ 전액 환급	
• 여행개시 2일 전까지 통보 시	○ 요금의 10% 배상	
• 여행개시 1일 전까지 통보 시	○ 요금의 20% 배상	
• 여행개시 당일 취소하거나 연락 없이 불참할 경우	○ 요금의 30% 배상	
- 여행사의 계약조건 위반으로 여행자가 여행계약을 해지하는 경우(여행 전) 〈당일여행인 경우〉		
• 여행개시 3일 전까지 계약조건 변경 통보 시	○ 계약금 환급	
• 여행개시 2일 전까지 계약조건 변경 통보 시	○ 계약금 환급 및 요금의 10% 배상	
• 여행개시 1일 전까지 계약조건 변경 통보 시	○ 계약금 환급 및 요금의 20% 배상	
• 여행개시 계약조건 변경통보 또는 통보가 없을 시	○ 계약금 환급 및 요금의 30% 배상	

〈숙박여행인 경우〉		
• 여행개시 5일 전까지 계약조건 변경 통보 시	○ 계약금 환급	
• 여행개시 2일 전까지 계약조건 변경 통보 시	○ 계약금 환급 및 요금의 10% 배상	
• 여행개시 1일 전까지 계약조건 변경 통보 시	○ 계약금 환급 및 요금의 20% 배상	
• 여행당일 계약조건 변경통보 또는 통보가 없을 시	○ 계약금 환급 및 요금의 30% 배상	
- 여행참가자 수의 미달로 여행사가 여행을 취소 하는 경우(사전 통지기일 미준수)	○ 계약금 환급 및 계약금의 100% (위약금) 배상	
- 천재지변, 전란, 정부의 명령, 운송·숙박기관 등의 파업·휴업 등으로 여행의 목적을 달성할 수 없는 사유로 취소하는 경우	○ 계약금 환급	
2) 여행사의 계약조건 위반으로 인한 피해(여행 후)	○ 여행자가 입은 손해배상	
3) 여행사 또는 여행종사자의 고의 또는 과실로 인한 여행자의 피해	○ 여행자가 입은 손해배상	
4) 여행 중 위탁수하물의 분실, 도난, 기타 사고 로 인한 피해	○ 여행자가 입은 손해배상	
5) 여행사의 고의·과실로 인해 여행일정의 지연 또는 운송 미완수	○ 여행자가 입은 손해배상	*운송수단의 고 장, 교통 사고 등 운수업체의 고의·과실에 의한 경우도 포 함함
6) 1급감염병 발생으로 사업자 또는 여행자가 계약 해제를 요청한 경우		*「감염병의 예방 및 관리에 관 한 법률」상의 1급감염병을 의미함
- 여행일정에 포함된 지역·시설에 대해 집합금지· 시설폐쇄·시설운영중단 등 행정명령 발령으로 계약을 이행할 수 없는 경우, 계약체결 이후 여행 지역이나 여행자의 거주 출발(지역)이 특별재난 지역으로 선포되어 계약을 이행할 수 없는 경우, 계약체결 이후 필수 사회·경제활동 이외의 활 동이 사실상 제한(사회적 거리두기 3단계 및 이에 준하는 조치)되어 계약을 이행할 수 없는 경우	○ 위약금 없이 계약금 환급	
- 계약체결 이후 여행지역에 재난사태가 선포되어 계약을 이행하기 상당히 어려운 경우, 계약체결 이후 여행지역에 감염병 위기경보 심각단계가 발령되고 정부의 여행 취소·연기 및 이동자제 권고(사회적 거리두기 2단계 및 2.5단계 조치) 등으로 계약을 이행하기 상당히 어려운 경우	○ 위약금 50% 감경	*사업자는 이미 지급받은 여행 요금(계약금 포함) 등에서 위약금 감경 후 잔액을 이용자 에게 환급함

국내외여행		
분쟁유형	해결기준	비고
1) 여행취소로 인한 피해	○ 여행자가 입은 손해배상	
- 여행사의 귀책사유로 여행사가 취소하는 경우		
• 여행개시 30일 전까지(～30) 통보 시	○ 계약금 환급	
• 여행개시 20일 전까지(29～20) 통보 시	○ 여행요금의 10% 배상	
• 여행개시 10일 전까지(19～10) 통보 시	○ 여행요금의 15% 배상	
• 여행개시 8일 전까지(9～8) 통보 시	○ 여행요금의 20% 배상	
• 여행개시 1일 전까지(7～1) 통보 시	○ 여행요금의 30% 배상	
• 여행 당일 통보 시	○ 여행요금의 50% 배상	
- 여행자의 여행계약 해제 요청이 있는 경우	○ 계약금 환급	
• 여행개시 30일 전까지(～30) 통보 시	○ 여행요금의 10% 배상	
• 여행개시 20일 전까지(29～20) 통보 시	○ 여행요금의 15% 배상	
• 여행개시 10일 전까지(19～10) 통보 시	○ 여행요금의 20% 배상	
• 여행개시 8일 전까지(9～8) 통보 시	○ 여행요금의 30% 배상	
• 여행개시 1일 전까지(7～1) 통보 시	○ 여행요금의 50% 배상	
• 여행 당일 통보 시		
- 여행참가자 수의 미달로 여행개시 7일 전까지 여행계약 해제 통지 시	○ 계약금 환급	
- 여행참가자 수의 미달로 인한 여행 개시 7일 전까지 통지기일 미준수		
• 여행개시 1일 전까지 통지 시	○ 여행요금의 30% 배상	
• 여행출발 당일 통지 시	○ 여행요금의 50% 배상	
- 천재지변, 전란, 정부의 명령, 운송·숙박기관 등의 파업·휴업 등으로 여행의 목적을 달성할 수 없는 사유로 취소하는 경우	○ 계약금 환급	
2) 여행사의 계약조건 위반으로 인한 피해 (여행 후)	○ 신체 손상이 없을 때 최대 여행 대금 범위 내에서 배상 ○ 신체손상 시 위자료, 치료비, 휴업손해 등 배상	
3) 여행계약의 이행에 있어 여행종사자의 고의 또는 과실로 여행자에게 손해를 끼쳤을 경우	○ 여행자가 입은 손해배상	
4) 여행 출발 이후 소비자와 사업자의 귀책사유 없이 당초 계약과 달리 이행되지 않은 일정 이 있는 경우	○ 사업자는 이행되지 않은 일정에 해당하는 금액을 소비자에게 환급	*단, 사업자가 이미 비용을 지급하고 환급받지 못하였음을 소비자에게 입증하는 경우와 별도의 비용 지출이 없음을 입증하는 경우는 제외함

5) 여행 출발 이후 당초 계획과 다른 일정으로 대체되는 경우		
- 당초 일정의 소요 비용보다 대체 일정의 소요 비용이 적게 든 경우	o 사업자는 그 차액을 소비자에게 환급	
6) 감염병 발생으로 사업자 또는 여행자가 계약 해제를 요청한 경우		
- 외국정부가 우리 국민에 대해 입국금지·격리 조치 및 이에 준하는 명령을 발령하여 계약을 이행할 수 없는 경우, 계약체결 이후 외교부가 여행지역·국가에 여행경보 3단계(철수권고)·4단계(여행금지)를 발령하여 계약을 이행할 수 없는 경우, 항공·철도·선박 등의 운항이 중단되어 계약을 이행할 수 없는 경우	o 위약금 없이 계약금 환급	
- 계약체결 이후 외교부가 여행지역·국가에 특별 여행주의보를 발령하거나 세계보건기구(WHO)가 감염병 경보 6단계(세계적 대유행, 팬데믹)·5단계를 선언하여 계약을 이행하기 상당히 어려운 경우	o 위약금 50% 감경	*사업자는 이미 지급받은 여행요금(계약금 포함) 등에서 위약금 감경 후 잔액을 여행자에게 환급함 *세계보건기구(WHO)가 감염병 경보 5단계를 선언한 경우는 감염병이 발생한 해당 지역에 한함

자료: 공정거래위원회(2022.12.28.)

■ **여행사 피해보상 업무 절차 안내**

1. 사고 접수
   - 계약 불이행에 따른 여행계약 피해 사례 조사(증빙서류 팩스 요청)

2. 피해자 보험처리 절차 안내(협회)

3. 해당 등록관청(구청) 폐업 공문 수령(부도, 등록 취소 등)

4. 일간지 및 협회 홈페이지 피해 접수 공고(60일간)
   - 접수 서류
     ① 피해사실확인서(언제, 어디서, 누가, 무엇을, 어떻게, 왜, 고소, 타 여행사 이용 등)
     ② 여행계약서 원본
     ③ 여행일정표
     ④ 입금영수증 원본(은행창구 발급, 카드사용 내역서 등)
     ⑤ 출입국사실증명원
     ⑥ 기타 계약 관련 증빙서류 일체
     ⑦ 신분증 사본
     ⑧ 본인명의 통장 사본 등

   ※ 타 여행사를 통해 진행 중 또는 다녀온 경우 추가 제출 서류
     ① 여행계약서 사본 또는 여행 사실 확인서 원본(회사 도장이 날인된 원본)
     ② 여행일정표
     ③ 입금영수증 원본

   ※ 본인 이외 피해자(본인 대신 결제한 경우)의 경우
     ① 위임장(위임자, 위임받는 자 2명 모두 인감도장 날인)
     ② 인감증명서
     ③ 신분증 사본

5. 협회, 피해 사례 취합, 보험사에 보험금 청구

6. 보험사 보상 심사 및 보험금 지급(30일)
   - 재판, 추가 서류 제출 등 심사기간이 길어질 경우 있음

7. 협회 피해자에게 보험금 지급(안내 문자 발송)
   - 총 피해금액이 지급 한도액 이상일 경우 비율 배분

자료: 서울특별시관광협회

사례8

안녕하세요.

○○투어 관련 문의답변으로

○○투어와 관련 여행피해보상이 진행되려면 우선 해당지역 구청(영등포구청)에서 관광사업이 폐업이 되어야만 여행피해 신청이 가능하며, 해당 여행사의 경우 국외여행업 4천만원 보험 가입이 되어 있고, 60일간 접수한 모든 피해자분들이 4천만원 한도 내에서 신청을 하게 된다는 답변을 봤습니다.

여기서 4천만원 한도 내에서 신청 가능하다는 것이 1인당 4천만원인가요 아니면 피해받은 고객 모두 합해서 4천만원 이내로 보상받을 수 있다는 뜻인가요? 빠른 답변 부탁드립니다.

답변

안녕하세요

서울특별시관광협회입니다.

문의주신 내용에 대해 답변 드립니다.

개인이 아닌, 여행피해 신청자 전원에 대해서 4천만원 한도입니다.

감사합니다.

자료: 서울특별시관광협회

> ▶관광진흥법
> 　제10조(관광표지의 부착 등)
> ▶시행령
> 　제8조(상호의 사용제한)
> ▶시행규칙
> 　제19조(관광사업장의 표지)

法 「관광진흥법」 제10조(관광표지의 부착 등)

① 관광사업자는 사업장에 문화체육관광부령으로 정하는 관광표지를 붙일 수 있다. <개정 2008.2.29.>

② 관광사업자는 사실과 다르게 제1항에 따른 관광표지(이하 "관광표지"라 한다)를 붙이거나 관광표지에 기재되는 내용을 사실과 다르게 표시 또는 광고하는 행위를 하여서는 아니 된다. <신설 2014.3.11.>

③ 관광사업자가 아닌 자는 제1항에 따른 관광표지를 사업장에 붙이지 못하며, 관광사업자로 잘못 알아볼 우려가 있는 경우에는 제3조에 따른 관광사업의 명칭 중 전부 또는 일부가 포함되는 상호를 사용할 수 없다. <개정 2014.3.11.>

④ 제3항에 따라 관광사업자가 아닌 자가 사용할 수 없는 상호에 포함되는 관광사업의 명칭 중 전부 또는 일부의 구체적인 범위에 관하여는 대통령령으로 정한다. <개정 2014.3.11.>

[제목개정 2014.3.11.]

令 시행령 제8조(상호의 사용제한)

법 제10조제3항 및 제4항에 따라 관광사업자가 아닌 자는 다음 각 호의 업종 구분에 따른 명칭을 포함하는 상호를 사용할 수 없다. <개정 2009.1.20., 2010.6.15., 2014.9.11., 2016.3.22.>

1. 관광숙박업과 유사한 영업의 경우 관광호텔과 휴양 콘도미니엄
2. 관광유람선업과 유사한 영업의 경우 관광유람
3. 관광공연장업과 유사한 영업의 경우 관광공연
4. 삭제 <2014.7.16.>
5. 관광유흥음식점업, 외국인전용 유흥음식점업 또는 관광식당업과 유사한 영업의 경우 관광식당
5의2. 관광극장유흥업과 유사한 영업의 경우 관광극장

6. 관광펜션업과 유사한 영업의 경우 관광펜션

7. 관광면세업과 유사한 영업의 경우 관광면세

則 시행규칙 제19조(관광사업장의 표지)

법 제10조제1항에서 "문화체육관광부령으로 정하는 관광표지"란 다음 각 호의 표지를 말한다. <개정 2008.3.6., 2014.12.31.>

1. 별표 4의 관광사업장 표지

2. 별지 제5호서식의 관광사업 등록증 또는 별지 제22호서식의 관광 편의시설업 지정증

3. 등급에 따라 별 모양의 개수를 달리하는 방식으로 문화체육관광부장관이 정하여 고시하는 호텔 등급 표지(호텔업의 경우에만 해당한다)

4. 별표 6의 관광식당 표지(관광식당업만 해당한다)

[별표 4] 〈개정 2008.3.6.〉

관광사업장 표지(시행규칙 제19조제1호 관련)

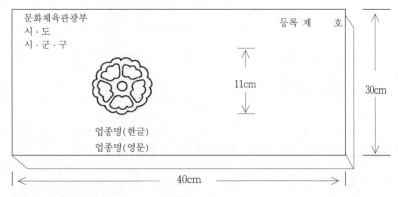

(제작상 유의사항)

1. 소재는 놋쇠로 한다.

2. 그림을 제외한 바탕색은 녹색으로 한다.

3. 표지의 두께는 5mm로 한다.

[별표 5] 삭제 〈2014.12.31.〉

[별표 6] 〈개정 2008.3.6.〉

관광식당 표지(시행규칙 제19조제4호 관련)

**TOURIST
RESTAURANT
觀光食堂 ◑**

**REGISTERED TO
TOURIST ASSOCIATION
○○觀光協會指定　第000號**

(제작상 유의사항)
1. 기본모형은 위와 같이 하고, 흰색 바탕에 원은 오렌지색, 글씨는 검은색으로 한다.
2. 크기와 제작방법은 문화체육관광부장관이 별도로 정한다.
3. 지정권자의 표기는 한글·영문 또는 한문 중 하나를 선택하여 사용한다.

▶관광진흥법
　제11조(관광시설의 타인경영 및 처분과 위탁 경영), 제11조의2(결격사유)
▶시행규칙
　제20조(타인경영 금지 관광시설)

法 「관광진흥법」 제11조(관광시설의 타인경영 및 처분과 위탁 경영)

① 관광사업자는 관광사업의 시설 중 다음 각 호의 시설 및 기구 외의 부대시설을 타인에게 경영하도록 하거나, 그 용도로 계속하여 사용하는 것을 조건으로 타인에게 처분할 수 있다. <개정 2007.7.19., 2008.2.29., 2011.4.5.>

1. 제4조제3항에 따른 관광숙박업의 등록에 필요한 객실
2. 제4조제3항에 따른 관광객 이용시설업의 등록에 필요한 시설 중 문화체육관광부령으로 정하는 시설
3. 제23조에 따른 카지노업의 허가를 받는 데 필요한 시설과 기구

4. 제33조제1항에 따라 안전성검사를 받아야 하는 유기시설 및 유기기구

② 관광사업자는 관광사업의 효율적 경영을 위하여 제1항에도 불구하고 제1항 제1호에 따른 관광숙박업의 객실을 타인에게 위탁하여 경영하게 할 수 있다. 이 경우 해당 시설의 경영은 관광사업자의 명의로 하여야 하고, 이용자 또는 제3자와 의 거래행위에 따른 대외적 책임은 관광사업자가 부담하여야 한다. <신설 2011.4.5.>

[제목개정 2007.7.19., 2011.4.5.]

法 「관광진흥법」 제11조2(결격사유)

① 관광사업의 영위와 관련하여 「형법」 제347조의2, 제348조, 제355조 또는 제 356조에 따라 금고 이상의 실형을 선고받고 그 집행이 끝나거나 집행을 받지 아니하기로 확정된 후 2년이 지나지 아니한 자 또는 형의 집행유예 기간 중에 있는 자는 여행업의 등록을 할 수 없다.

② 특별자치시장·특별자치도지사·시장·군수·구청장은 여행업자가 제1항에 해당하면 3개월 이내에 그 등록을 취소하여야 한다. 다만, 법인의 임원 중 그 사유에 해당하는 자가 있는 경우 3개월 이내에 그 임원을 바꾸어 임명한 때에 는 그러하지 아니하다.

[본조신설 2020.12.22.]

則 시행규칙 제20조(타인경영 금지 관광시설)

법 제11조제1항제2호에서 "문화체육관광부령으로 정하는 시설"이란 전문휴양업 의 개별기준에 포함된 시설(수영장 및 등록 체육시설업 시설의 경우에는 「체육 시설의 설치·이용에 관한 법률 시행규칙」 제8조 및 같은 법 시행규칙 별표 4 의 체육시설업 시설기준 중 필수시설만 해당한다)을 말한다.

[전문개정 2011.10.6.]

■ 「체육시설의 설치·이용에 관한 법률 시행규칙」 제8조 및 같은 법 시행규칙 별표 4의 체육시설 업의 시설기준 중 필수시설이란 편의시설, 안전시설 및 관리시설을 말한다.

제2절 여행업

> ▶관광진흥법
> 　제12조(기획여행의 실시)
> ▶시행규칙
> 　제21조(기획여행의 광고)

法 「관광진흥법」 제12조(기획여행의 실시)

> 제4조제1항에 따라 여행업의 등록을 한 자(이하 "여행업자"라 한다)는 문화체육
> 관광부령으로 정하는 요건을 갖추어 문화체육관광부령으로 정하는 바에 따라
> 기획여행을 실시할 수 있다. <개정 2008.2.29.>

則 시행규칙 제21조(기획여행의 광고)

> 법 제12조에 따라 기획여행을 실시하는 자가 광고를 하려는 경우에는 다음 각
> 호의 사항을 표시하여야 한다. 다만, 2 이상의 기획여행을 동시에 광고하는 경
> 우에는 다음 각 호의 사항 중 내용이 동일한 것은 공통으로 표시할 수 있다.
> <개정 2008.8.26., 2009.10.22., 2010.8.17., 2014.9.16.>
> 1. 여행업의 등록번호, 상호, 소재지 및 등록관청
> 2. 기획여행명ㆍ여행일정 및 주요 여행지
> 3. 여행경비
> 4. 교통ㆍ숙박 및 식사 등 여행자가 제공받을 서비스의 내용
> 5. 최저 여행인원
> 6. 제18조제2항에 따른 보증보험등의 가입 또는 영업보증금의 예치 내용
> 7. 여행일정 변경 시 여행자의 사전 동의 규정
> 8. 제22조의4제1항제2호에 따른 여행목적지(국가 및 지역)의 여행경보단계

> ▶관광진흥법
> 　제12조의2(의료관광 활성화)
> ▶시행령
> 　제8조의2(외국인 의료관광 유치ㆍ지원 관련 기관), 제8조의3(외국인 의료관광 지원)

法 「관광진흥법」 제12조의2(의료관광 활성화)

① 문화체육관광부장관은 외국인 의료관광(의료관광이란 국내 의료기관의 진료, 치료, 수술 등 의료서비스를 받는 환자와 그 동반자가 의료서비스와 병행하여 관광하는 것을 말한다. 이하 같다)의 활성화를 위하여 대통령령으로 정하는 기준을 충족하는 외국인 의료관광 유치·지원 관련 기관에 「관광진흥개발기금법」에 따른 관광진흥개발기금을 대여하거나 보조할 수 있다.

② 제1항에 규정된 사항 외에 외국인 의료관광 지원에 필요한 사항에 대하여 대통령령으로 정할 수 있다.

[본조신설 2009.3.25.]

令 시행령 제8조의2(외국인 의료관광 유치·지원 관련 기관)

① 법 제12조의2제1항에서 "대통령령으로 정하는 기준을 충족하는 외국인 의료관광 유치·지원 관련 기관"이란 다음 각 호의 어느 하나에 해당하는 것을 말한다. <개정 2013.11.29., 2016.6.21.>

1. 「의료 해외진출 및 외국인환자 유치 지원에 관한 법률」 제6조제1항에 따라 등록한 외국인환자 유치 의료기관(이하 "외국인환자 유치 의료기관"이라 한다) 또는 같은 조 제2항에 따라 등록한 외국인환자 유치업자(이하 "유치업자"라 한다)

2. 「한국관광공사법」에 따른 한국관광공사

3. 그 밖에 법 제12조의2제1항에 따른 의료관광(이하 "의료관광"이라 한다)의 활성화를 위한 사업의 추진실적이 있는 보건·의료·관광 관련 기관 중 문화체육관광부장관이 고시하는 기관

② 법 제12조의2제1항에 따른 외국인 의료관광 유치·지원 관련 기관에 대한 관광진흥개발기금의 대여나 보조의 기준 및 절차는 「관광진흥개발기금법」에서 정하는 바에 따른다.

[본조신설 2009.10.7.]

令 시행령 제8조의3(외국인 의료관광 지원)

① 문화체육관광부장관은 법 제12조의2제2항에 따라 외국인 의료관광을 지원하기 위하여 외국인 의료관광 전문인력을 양성하는 전문교육기관 중에서 우수 전문교육기관이나 우수 교육과정을 선정하여 지원할 수 있다.

② 문화체육관광부장관은 외국인 의료관광 안내에 대한 편의를 제공하기 위하여 국내외에 외국인 의료관광 유치 안내센터를 설치·운영할 수 있다.

③ 문화체육관광부장관은 의료관광의 활성화를 위하여 지방자치단체의 장이나 외국인환자 유치 의료기관 또는 유치업자와 공동으로 해외마케팅사업을 추진할 수 있다. <개정 2013.11.29.>

[본조신설 2009.10.7.]

▶관광진흥법
  제13조(국외여행 인솔자)
▶시행규칙
  제22조(국외여행인솔자의 자격요건), 제22조의2(국외여행 인솔자의 등록 및 자격증 발급),
  제22조의3(국외여행 인솔자 자격증의 재발급)

法 「관광진흥법」 제13조(국외여행 인솔자)

① 여행업자가 내국인의 국외여행을 실시할 경우 여행자의 안전 및 편의 제공을 위하여 그 여행을 인솔하는 사람을 둘 때에는 문화체육관광부령으로 정하는 자격요건에 맞는 사람을 두어야 한다. 〈개정 2008.2.29., 2011.4.5., 2023.8.8.〉

② 제1항에 따른 국외여행 인솔자의 자격요건을 갖춘 사람이 내국인의 국외여행을 인솔하려면 문화체육관광부장관에게 등록하여야 한다. <신설 2011.4.5., 2023.8.8.>

③ 문화체육관광부장관은 제2항에 따라 등록한 사람에게 국외여행 인솔자 자격증을 발급하여야 한다. <신설 2011.4.5., 2023.8.8.>

④ 제3항에 따라 발급받은 자격증은 다른 사람에게 빌려주거나 빌려서는 아니 되며, 이를 알선해서도 아니 된다. <신설 2019.12.3.>

⑤ 제2항 및 제3항에 따른 등록의 절차 및 방법, 자격증의 발급 등에 필요한 사항은 문화체육관광부령으로 정한다. <신설 2011.4.5., 2019.12.3.>

則 시행규칙 제22조(국외여행 인솔자의 자격요건)

① 법 제13조제1항에 따라 국외여행을 인솔하는 자는 다음 각 호의 어느 하나에 해당하는 자격요건을 갖추어야 한다. <개정 2008.3.6., 2008.8.26., 2009.10.22., 2011.10.6.>

1. 관광통역안내사 자격을 취득할 것

2. 여행업체에서 6개월 이상 근무하고 국외여행 경험이 있는 자로서 문화체육

> 관광부장관이 정하는 소양교육을 이수할 것
>
> 3. 문화체육관광부장관이 지정하는 교육기관에서 국외여행 인솔에 필요한 양성 교육을 이수할 것
>
> ② 문화체육관광부장관은 제1항제2호 및 제3호에 따른 교육내용·교육기관의 지정기준 및 절차, 그 밖에 지정에 필요한 사항을 정하여 고시하여야 한다. <개정 2008.3.6.>

■ 국외여행인솔자(TC; Tour Conductor)는 외국인을 안내하는 관광통역안내원과는 달리 외국여행을 하고자 하는 내국인을 인솔하는 일이므로 관광지를 외국어로 설명하거나 일상회화를 외국어로 해야 하는 부담은 크게 없다. 그러나 외국 각지를 돌아다녀야 하므로 각 나라의 예절 및 상황에 대해 잘 파악하고 있어야 하고, 현지 가이드와 업무조율이 잘 되어야 하며, 건강한 체력과 관광객들을 상대로 하기에 열린 사고와 친절함, 사교성, 긴급사태에 대처하는 순발력과 침착성 등이 다른 것 못지않게 중요하다.

■ 해외여행이 자율화되면서 1989년부터 패키지상품을 이용해 외국 여행을 하는 사람이 늘어나면서 생긴 직종이 국외여행인솔자이다. 국외여행인솔자는 여행자들을 인솔해 출국에서 입국까지 책임지는 일을 하는데, 여행사에서 직원으로 채용돼 일하기도 하지만 프리랜서(Free Lancer)로 활동하기도 한다. 국외여행인솔자는 각 여행사의 사정에 따라 내국인의 단체 외국여행에 동행하면서 관광객들을 안내하기도 하고, 현지에 도착하면 그쪽 현지안내원(Local Guide)에게 일반적으로 임무를 인계한다. 참고로 관광안내자에는 현지가이드가 있다. 이는 외국에 체류하면서 내국인(한국인) 관광객이 관광지에서 관광을 원활하게 할 수 있도록 안내하는 현지관광안내원을 의미하는데, 이들은 현지 교포나 언어소통이 가능한 유학생들이 주류를 이룬다.

則 **시행규칙 제22조의2(국외여행 인솔자의 등록 및 자격증 발급)**

> ① 법 제13조제2항에 따라 국외여행 인솔자로 등록하려는 사람은 별지 제24호의2서식의 국외여행 인솔자 등록신청서에 다음 각 호의 어느 하나에 해당하는 서류 및 사진(최근 6개월 이내에 모자를 쓰지 않고 촬영한 상반신 반명함판) 2매를 첨부하여 관련 업종별 관광협회에 제출하여야 한다. <개정 2019.10.7.>
>
> 1. 관광통역안내사 자격증
>
> 2. 제22조제1항제2호 또는 제3호에 따른 자격요건을 갖추었음을 증명하는 서류
>
> ② 관련 업종별 관광협회는 제1항에 따른 등록 신청을 받으면 제22조제1항에 따른 자격요건에 적합하다고 인정되는 경우에는 별지 제24호의3서식의 국외여행 인솔자 자격증을 발급하여야 한다.
>
> [본조신설 2011.10.6.]

則 시행규칙 제22조의3(국외여행 인솔자 자격증의 재발급)

제22조의2에 따라 발급받은 국외여행 인솔자 자격증을 잃어버리거나 헐어 못 쓰게 되어 자격증을 재발급받으려는 사람은 별지 제24호의2서식의 국외여행 인솔자 자격증 재발급 신청서에 자격증(자격증이 헐어 못 쓰게 된 경우만 해당한다) 및 사진(최근 6개월 이내에 모자를 쓰지 않고 촬영한 상반신 반명함판) 2매를 첨부하여 관련 업종별 관광협회에 제출하여야 한다. <개정 2019.10.7.>

[본조신설 2011.10.6.]

▶관광진흥법
  제14조(여행계약 등)
▶시행규칙
  제22조의4(여행지 안전정보 등)

法 「관광진흥법」 제14조(여행계약 등)

① 여행업자는 여행자와 계약을 체결할 때에는 여행자를 보호하기 위하여 문화체육관광부령으로 정하는 바에 따라 해당 여행지에 대한 안전정보를 서면으로 제공하여야 한다. 해당 여행지에 대한 안전정보가 변경된 경우에도 또한 같다. <개정 2011.4.5., 2015.2.3.>

② 여행업자는 여행자와 여행계약을 체결하였을 때에는 그 서비스에 관한 내용을 적은 여행계약서(여행일정표 및 약관을 포함한다. 이하 같다) 및 보험가입 등을 증명할 수 있는 서류를 여행자에게 내주어야 한다. <개정 2015.5.18.>

③ 여행업자는 여행일정(선택관광 일정을 포함한다)을 변경하려면 문화체육관광부령으로 정하는 바에 따라 여행자의 사전 동의를 받아야 한다.

[전문개정 2009.3.25]

則 시행규칙 제22조의4(여행지 안전정보 등)

① 법 제14조제1항에 따른 안전정보는 다음 각 호와 같다. <개정 2013.3.23., 2015.8.4.>

1. 「여권법」 제17조에 따라 여권의 사용을 제한하거나 방문·체류를 금지하는 국가 목록 및 같은 법 제26조제3호에 따른 벌칙

2. 외교부 해외안전여행 인터넷홈페이지에 게재된 여행목적지(국가 및 지역)의

여행경보단계 및 국가별 안전정보(긴급연락처를 포함한다)

3. 해외여행자 인터넷 등록제도에 관한 안내

② 법 제14조제3항에 따라 여행업자는 여행계약서(여행일정표 및 약관을 포함한다)에 명시된 숙식, 항공 등 여행일정(선택관광 일정을 포함한다)을 변경하는 경우 해당 날짜의 일정을 시작하기 전에 여행자로부터 서면으로 동의를 받아야 한다.

③ 제2항에 따른 서면동의서에는 변경일시, 변경내용, 변경으로 발생하는 비용 및 여행자 또는 단체의 대표자가 일정변경에 동의한다는 의사를 표시하는 자필 서명이 포함되어야 한다.

④ 여행업자는 천재지변, 사고, 납치 등 긴급한 사유가 발생하여 여행자로부터 사전에 일정변경 동의를 받기 어렵다고 인정되는 경우에는 사전에 일정변경 동의서를 받지 아니할 수 있다. 다만, 여행업자는 사후에 서면으로 그 변경내용 등을 설명하여야 한다.

[본조신설 2009.10.22.]

[제21조의2에서 이동 <2011.10.6.>]

제3절 관광숙박업 및 관광객 이용시설업 등

▶관광진흥법
  제15조(사업계획의 승인)
▶시행령
  제9조(사업계획 변경승인), 제10조(사업계획의 승인신청 등), 제11조(사업계획승인의 통보), 제12조(사업계획승인 대상 관광객 이용시설업, 국제회의업), 제13조(사업계획 승인기준)
▶시행규칙
  제23조(사업계획의 승인신청), 제24조(사업계획의 변경승인 신청)

法 「관광진흥법」 제15조(사업계획의 승인)

① 관광숙박업을 경영하려는 자는 제4조제1항에 따른 등록을 하기 전에 그 사업에 대한 사업계획을 작성하여 특별자치시장·특별자치도지사·시장·군수·구청장의 승인을 받아야 한다. 승인을 받은 사업계획 중 부지, 대지 면적, 건축 연면적의 일정 규모 이상의 변경 등 대통령령으로 정하는 사항을 변경하려는 경우에도 또한 같다. <개정 2008.6.5., 2009.3.25., 2018.6.12.>

② 대통령령으로 정하는 관광객 이용시설업이나 국제회의업을 경영하려는 자는

제4조제1항에 따른 등록을 하기 전에 그 사업에 대한 사업계획을 작성하여 특별
자치시장·특별자치도지사·시장·군수·구청장의 승인을 받을 수 있다. 승인을
받은 사업계획 중 부지, 대지 면적, 건축 연면적의 일정 규모 이상의 변경 등 대
통령령으로 정하는 사항을 변경하려는 경우에도 또한 같다. <개정 2008.6.5., 2009.3.25.,
2018.6.12.>

③ 제1항과 제2항에 따른 사업계획의 승인 또는 변경승인의 기준·절차 등에
필요한 사항은 대통령령으로 정한다.

슈 시행령 제9조(사업계획 변경승인)

① 법 제15조제1항 후단에 따라 관광숙박업의 사업계획 변경에 관한 승인을 받
아야 하는 경우는 다음 각 호와 같다. <개정 2011.12.30.>

1. 부지 및 대지 면적을 변경할 때에 그 변경하려는 면적이 당초 승인받은 계획
   면적의 100분의 10 이상이 되는 경우
2. 건축 연면적을 변경할 때에 그 변경하려는 연면적이 당초 승인받은 계획면
   적의 100분의 10 이상이 되는 경우
3. 객실 수 또는 객실면적을 변경하려는 경우(휴양 콘도미니엄업만 해당한다)
4. 변경하려는 업종의 등록기준에 맞는 경우로서, 호텔업과 휴양 콘도미니엄업
   간의 업종변경 또는 호텔업 종류 간의 업종 변경

② 법 제15조제2항 후단에 따라 관광객 이용시설업이나 국제회의업의 사업계획
의 변경승인을 받을 수 있는 경우는 다음 각 호와 같다.

1. 전문휴양업이나 종합휴양업의 경우 부지, 대지 면적 또는 건축 연면적을 변
   경할 때에 그 변경하려는 면적이 당초 승인받은 계획면적의 100분의 10 이상
   이 되는 경우
2. 국제회의업의 경우 국제회의시설 중 다음 각 목의 어느 하나에 해당하는 변
   경을 하려는 경우
   가.「국제회의산업 육성에 관한 법률 시행령」제3조제2항에 따른 전문회의시
      설의 회의실 수 또는 옥내전시면적을 변경할 때에 그 변경하려는 회의실
      수 또는 옥내전시면적이 당초 승인받은 계획의 100분의 10 이상이 되는
      경우
   나.「국제회의산업 육성에 관한 법률 시행령」제3조제4항에 따른 전시시설의
      회의실 수 또는 옥내전시면적을 변경할 때에 그 변경하려는 회의실 수 또
      는 옥내전시면적이 당초 승인받은 계획의 100분의 10 이상이 되는 경우

슈 시행령 제10조(사업계획의 승인신청 등)

① 법 제15조제1항 및 제2항에 따라 관광호텔업·수상관광호텔업·한국전통호텔업·가족호텔업·호스텔업·소형호텔업·의료관광호텔과 휴양 콘도미니엄업 및 제12조 각 호의 어느 하나에 해당하는 관광사업의 사업계획(이하 "사업계획"이라 한다) 승인을 받으려는 자는 문화체육관광부령으로 정하는 바에 따라 사업계획 승인신청서를 특별자치시장·특별자치도지사·시장·군수·구청장에게 제출하여야 한다. <개정 2008.2.29., 2009.1.20., 2010.6.15., 2013.11.29., 2019.4.9.>

② 제9조에 따라 사업계획의 변경승인을 받으려는 자는 문화체육관광부령으로 정하는 바에 따라 사업계획 변경승인신청서를 특별자치시장·특별자치도지사·시장·군수·구청장에게 제출하여야 한다. <개정 2008.2.29., 2009.1.20., 2019.4.9.>

③ 제1항과 제2항에 따라 사업계획의 승인 또는 변경승인신청서를 접수한 특별자치시장·특별자치도지사·시장·군수·구청장은 해당 관광사업이 법 제16조 제1항에 따라 인·허가 등이 의제되는 사업인 경우에는 같은 조 제2항에 따라 소관 행정기관의 장과 협의하여야 한다. <개정 2009.1.20., 2019.4.9.>

④ 제3항에 따라 협의 요청을 받은 소관 행정기관의 장은 협의 요청을 받은 날부터 30일 이내에 그 의견을 제출하여야 한다. 이 경우 그 기간 이내에 의견제출이 없는 때에는 협의가 이루어진 것으로 본다. <개정 2014.11.28.>

슈 시행령 제11조(사업계획승인의 통보)

특별자치시장·특별자치도지사·시장·군수·구청장은 제10조에 따라 신청한 사업계획 또는 사업계획의 변경을 승인하는 경우에는 사업계획승인 또는 변경승인을 신청한 자에게 지체 없이 통보하여야 한다. <개정 2009.1.20., 2019.4.9.>

슈 시행령 제12조(사업계획승인 대상 관광객 이용시설업, 국제회의업)

법 제15조제2항 전단에서 "대통령령으로 정하는 관광객 이용시설업이나 국제회의업"이란 다음 각 호의 관광사업을 말한다.

1. 전문휴양업
2. 종합휴양업
3. 관광유람선업
4. 국제회의시설업

슈 시행령 제13조(사업계획 승인기준)

① 법 제15조에 따른 사업계획의 승인 및 변경승인의 기준은 다음 각 호와 같다. <개정 2010.6.15., 2013.11.29., 2014.11.28., 2016.3.22., 2018.12.18., 2019.4.9.>

1. 사업계획의 내용이 관계 법령의 규정에 적합할 것
2. 사업계획의 시행에 필요한 자금을 조달할 능력 및 방안이 있을 것
3. 일반 주거지역의 관광숙박시설 및 그 시설 안의 위락시설은 주거환경을 보호하기 위하여 다음 각 목의 기준에 맞아야 하고, 준주거지역의 경우에는 다목의 기준에 맞을 것. 다만, 일반 주거지역에서의 사업계획의 변경승인(신축 또는 기존 건축물 전부를 철거하고 다시 축조하는 개축을 하는 경우는 포함하지 아니한다)의 경우에는 가목의 기준을 적용하지 아니하고, 일반 주거지역의 호스텔업의 시설의 경우에는 라목의 기준을 적용하지 아니한다.

   가. 다음의 구분에 따라 사람 또는 차량의 통행이 가능하도록 대지가 도로에 연접할 것. 다만, 특별자치시·특별자치도·시·군·구(자치구를 말한다. 이하 같다)는 주거환경을 보호하기 위하여 필요하면 지역 특성을 고려하여 조례로 이 기준을 강화할 수 있다.

      1) 관광호텔업, 수상관광호텔업, 한국전통호텔업, 가족호텔업, 의료관광호텔업 및 휴양 콘도미니엄업 : 대지가 폭 12미터 이상의 도로에 4미터 이상 연접할 것

      2) 호스텔업 및 소형호텔업 : 대지가 폭 8미터(관광객의 수, 관광특구와의 거리 등을 고려하여 특별자치시장·특별자치도지사·시장·군수·구청장이 지정하여 고시하는 지역에서 20실 이하의 객실을 갖추어 경영하는 호스텔업의 경우에는 4미터) 이상의 도로에 4미터 이상 연접할 것

   나. 건축물(관광숙박시설이 설치되는 건축물 전부를 말한다) 각 부분의 높이는 그 부분으로부터 인접대지를 조망할 수 있는 창이나 문 등의 개구부가 있는 벽면에서 직각 방향으로 인접된 대지의 경계선[대지와 대지 사이가 공원·광장·도로·하천이나 그 밖의 건축이 허용되지 아니하는 공지(空地)인 경우에는 그 인접된 대지의 반대편 경계선을 말한다]까지의 수평거리의 두 배를 초과하지 아니할 것

   다. 소음 공해를 유발하는 시설은 지하층에 설치하거나 그 밖의 방법으로 주변의 주거환경을 해치지 아니하도록 할 것

   라. 대지 안의 조경은 대지면적의 15퍼센트 이상으로 하되, 대지 경계선 주위에는 다 자란 나무를 심어 인접 대지와 차단하는 수림대(樹林帶)를 조성할 것

4. 연간 내국인 투숙객 수가 객실의 연간 수용가능 총인원의 40퍼센트를 초과하지 아니할 것(의료관광호텔업만 해당한다)

② 특별자치시장·특별자치도지사·시장·군수·구청장은 휴양 콘도미니엄업의 규모를 축소하는 사업계획에 대한 변경승인신청을 받은 경우에는 다음 각 호의 어느 하나의 감소 비율이 당초 승인한 분양 및 회원 모집 계획상의 피분양자 및 회원(이하 이 항에서 "회원등"이라 한다) 총 수에 대한 사업계획 변경승인 예정일 현재 실제로 미분양 및 모집 미달이 되고 있는 잔여 회원등 총 수의 비율(이하 이 항에서 "미분양률"이라 한다)을 초과하지 아니하는 한도에서 그 변경승인을 하여야 한다. 다만, 사업자가 이미 분양받거나 회원권을 취득한 회원등에 대하여 그 대지면적 및 객실면적(전용 및 공유면적을 말하며, 이하 이 항에서 같다)의 감소분에 비례하여 분양가격 또는 회원 모집가격을 인하하여 해당 회원등에게 통보한 경우에는 미분양률을 초과하여 변경승인을 할 수 있다. <개정 2009.1.20., 2019.4.9.>

1. 당초계획(승인한 사업계획을 말한다. 이하 이 항에서 같다)상의 대지면적에 대한 변경계획상의 대지면적 감소비율

2. 당초계획상의 객실 수에 대한 변경계획상의 객실 수 감소비율

3. 당초계획상의 전체 객실면적에 대한 변경계획상의 전체 객실면적 감소비율

則 **시행규칙 제23조(사업계획의 승인신청)**

① 영 제10조제1항에 따라 사업계획승인을 받으려는 자는 별지 제25호서식의 사업계획 승인신청서에 다음 각 호의 서류를 첨부하여 특별자치시장·특별자치도지사·시장·군수·구청장에게 제출하여야 한다. 다만, 등록체육시설의 경우에는 「체육시설의 설치·이용에 관한 법률 시행령」 제10조에 따른 사업계획승인서 사본으로 각 호의 서류를 갈음한다. <개정 2009.3.31., 2009.12.31., 2015.4.22., 2019.4.25.>

1. 다음 각 목의 사항이 포함된 건설계획서

  가. 건설장소, 총부지면적 및 토지이용계획

  나. 공사계획

  다. 공사자금 및 그 조달방법

  라. 시설별·층별 면적 및 시설내용

  마. 조감도

  바. 전문휴양업 및 종합휴양업의 경우에는 사업예정지역의 위치도(축척 2만 5천분의 1 이상이어야 한다), 사업예정지역의 현황도(축척 3천분의 1 이상

으로서 등고선이 표시되어야 한다), 시설배치계획도(지적도면상에 표시하여야 한다), 토지명세서, 하수처리계획서, 녹지 및 환경조성계획서(「환경영향평가법」에 따른 환경영향평가를 받은 경우 하수처리계획서, 녹지 및 환경조성계획서를 생략한다)

2. 신청인(법인의 경우에는 대표자 및 임원)이 내국인인 경우에는 성명 및 주민등록번호를 기재한 서류

2의2. 신청인(법인의 경우에는 대표자 및 임원)이 외국인인 경우에는 법 제7조제1항 각 호에 해당하지 아니함을 증명하는 다음 각 목의 어느 하나에 해당하는 서류. 다만, 법 또는 다른 법령에 따라 인·허가 등을 받아 사업자등록을 하고 해당 영업 또는 사업을 영위하고 있는 자(법인의 경우에는 최근 1년 이내에 법인세를 납부한 시점부터 승인 신청 시점까지의 기간 동안 대표자 및 임원의 변경이 없는 경우로 한정한다)는 해당 영업 또는 사업의 인·허가증 등 인·허가 등을 받았음을 증명하는 서류와 최근 1년 이내에 소득세(법인의 경우에는 법인세를 말한다)를 납부한 사실을 증명하는 서류를 제출하는 경우에는 그 영위하고 있는 영업 또는 사업의 결격사유 규정과 중복되는 법 제7조제1항의 결격사유에 한하여 다음 각 목의 서류를 제출하지 아니할 수 있다.

　가. 해당 국가의 정부나 그 밖의 권한 있는 기관이 발행한 서류 또는 공증인이 공증한 신청인의 진술서로서 「재외공관 공증법」에 따라 해당 국가에 주재하는 대한민국공관의 영사관이 확인한 서류

　나. 「외국공문서에 대한 인증의 요구를 폐지하는 협약」을 체결한 국가의 경우에는 해당 국가의 정부나 그 밖의 권한 있는 기관이 발행한 서류 또는 공증인이 공증한 신청인의 진술서로서 해당 국가의 아포스티유(Apostille) 확인서 발급 권한이 있는 기관이 그 확인서를 발급한 서류

3. 부동산의 소유권 또는 사용권을 증명하는 서류

4. 분양 및 회원모집계획 개요서(분양 및 회원을 모집하는 경우만 해당한다)

5. 법 제16조제1항 각 호에 따른 인·허가 등의 의제를 받거나 신고를 하려는 경우에는 해당 법령에서 제출하도록 한 서류

6. 법 제16조제1항 각 호에서 규정한 신고를 이미 하였거나 인·허가 등을 받은 경우에는 이를 증명하는 서류

② 제1항에 따른 신청서를 받은 특별자치시장·특별자치도지사·시장·군수·구청장은 「전자정부법」 제36조제1항에 따른 행정정보의 공동이용을 통하여 법인 등기사항증명서(법인만 해당한다)를 확인하여야 한다. <개정 2009.3.31., 2011.3.30., 2019.4.25.>

則 **시행규칙 제24조(사업계획의 변경승인 신청)**

영 제10조제2항에 따라 사업계획의 변경승인을 받으려는 자는 별지 제26호서식의 사업계획 변경승인 신청서에 다음 각 호의 서류를 첨부하여 특별자치시장·특별자치도지사·시장·군수·구청장에게 제출하여야 한다. <개정 2009.3.31., 2019.4.25.>

1. 변경사유서
2. 변경하고자 하는 층의 변경 전후의 평면도(건축물의 용도변경이 필요한 경우만 해당한다)
3. 용도변경에 따라 변경되는 사항 중 내화·내장·방화·피난건축설비에 관한 사항을 표시한 도서(건축물의 용도변경이 필요한 경우만 해당한다)
4. 전문휴양업 및 종합휴양업의 경우 제23조제1항제1호바목에서 정한 승인신청 사항이 변경되는 경우에는 각각 그 변경에 관계되는 서류

▶관광진흥법
　제16조(사업계획 승인 시의 인·허가 의제 등)
▶시행령
　제14조(관광숙박시설 건축지역), 제14조의2(학교환경위생 정화구역 내 관광숙박시설의 설치)

法 **「관광진흥법」 제16조(사업계획 승인 시의 인·허가 의제 등)**

① 제15조제1항 및 제2항에 따라 사업계획의 승인을 받은 때에는 다음 각 호의 허가, 해제 또는 신고에 관하여 특별자치시장·특별자치도지사·시장·군수·구청장이 소관 행정기관의 장과 미리 협의한 사항에 대해서는 해당 허가 또는 해제를 받거나 신고를 한 것으로 본다. <개정 2007.12.27., 2009.3.25., 2010.5.31., 2022.12.27., 2023.5.16.>

1. 「농지법」 제34조제1항에 따른 농지전용의 허가
2. 「산지관리법」 제14조·제15조에 따른 산지전용허가 및 산지전용신고, 같은 법 제15조의2에 따른 산지일시사용허가·신고, 「산림자원의 조성 및 관리에 관한 법률」 제36조제1항·제5항 및 제45조제1항·제2항에 따른 입목벌채 등의 허가·신고
3. 「사방사업법」 제20조에 따른 사방지(砂防地) 지정의 해제
4. 「초지법」 제23조에 따른 초지전용(草地轉用)의 허가

5. 「하천법」 제30조에 따른 하천공사 등의 허가 및 실시계획의 인가, 같은 법 제33조에 따른 점용허가(占用許可) 및 실시계획의 인가

6. 「공유수면 관리 및 매립에 관한 법률」 제8조에 따른 공유수면의 점용·사용 허가 및 같은 법 제17조에 따른 점용·사용 실시계획의 승인 또는 신고

7. 「사도법」 제4조에 따른 사도개설(私道開設)의 허가

8. 「국토의 계획 및 이용에 관한 법률」 제56조에 따른 개발행위의 허가

9. 「장사 등에 관한 법률」 제8조제3항에 따른 분묘의 개장신고(改葬申告) 및 같은 법 제27조에 따른 분묘의 개장허가(改葬許可)

② 특별자치시장·특별자치도지사·시장·군수·구청장은 제1항 각 호의 어느 하나에 해당하는 사항이 포함되어 있는 사업계획을 승인하려면 미리 소관 행정기관의 장과 협의하여야 한다. <개정 2008.6.5., 2018.6.12., 2023.5.16.>

③ 특별자치시장·특별자치도지사·시장·군수·구청장은 제15조제1항 및 제2항에 따른 사업계획의 변경승인을 하려는 경우 건축물의 용도변경이 포함되어 있으면 미리 소관 행정기관의 장과 협의하여야 한다. <개정 2008.6.5., 2018.6.12.>

④ 관광사업자(관광숙박업만 해당한다)가 제15조제1항 후단에 따라 사업계획의 변경승인을 받은 경우에는 「건축법」에 따른 용도변경의 허가를 받거나 신고를 한 것으로 본다.

⑤ 제15조제1항에 따른 사업계획의 승인 또는 변경승인을 받은 경우 그 사업계획에 따른 관광숙박시설 및 그 시설 안의 위락시설로서 「국토의 계획 및 이용에 관한 법률」에 따라 지정된 다음 각 호의 용도지역의 시설에 대하여는 같은 법 제76조제1항을 적용하지 아니한다. 다만, 주거지역에서는 주거환경의 보호를 위하여 대통령령으로 정하는 사업계획승인기준에 맞는 경우에 한정한다. <개정 2023.8.8.>

1. 상업지역

2. 주거지역·공업지역 및 녹지지역 중 대통령령으로 정하는 지역

⑥ 제15조제1항에 따른 사업계획의 승인을 받은 경우 그 사업계획에 따른 관광숙박시설로서 대통령령으로 정하는 지역 내 위치하면서 「학교보건법」 제2조에 따른 학교 출입문 또는 학교설립예정지 출입문으로부터 직선거리로 75미터 이내에 위치한 관광숙박시설의 설치와 관련하여서는 「학교보건법」 제6조제1항 각 호 외의 부분 단서를 적용하지 아니한다. <신설 2015.12.22.>

⑦ 제15조제1항에 따른 사업계획의 승인 또는 변경승인을 받은 경우 그 사업계

획에 따른 관광숙박시설로서 다음 각 호에 적합한 시설에 대해서는 「학교보건법」 제6조제1항제13호를 적용하지 아니한다. <신설 2015.12.22.>

1. 관광숙박시설에서 「학교보건법」 제6조제1항제12호, 제14호부터 제16호까지 또는 제18호부터 제20호까지의 규정에 따른 행위 및 시설 중 어느 하나에 해당하는 행위 및 시설이 없을 것
2. 관광숙박시설의 객실이 100실 이상일 것
3. 대통령령으로 정하는 지역 내 위치할 것
4. 대통령령으로 정하는 바에 따라 관광숙박시설 내 공용공간을 개방형 구조로 할 것
5. 「학교보건법」 제2조에 따른 학교 출입문 또는 학교설립예정지 출입문으로부터 직선거리로 75미터 이상에 위치할 것

⑧ 제7항 각 호의 요건을 충족하여 「학교보건법」 제6조제1항제13호를 적용받지 아니하고 관광숙박시설을 설치하려는 자는 「건축법」 제4조에 따른 건축위원회의 교육환경 저해여부에 관한 심의를 받아야 한다. <신설 2015.12.22.>

⑨ 특별자치시장·특별자치도지사·시장·군수·구청장은 제15조제1항에 따른 사업계획(제7항 각 호의 요건을 충족하여 「학교보건법」 제6조제1항제13호를 적용받지 아니하고 관광숙박시설을 설치하려는 자의 사업계획에 한정한다)의 승인 또는 변경승인을 하려는 경우에는 교육환경 보호 및 교통안전 보호조치를 취하도록 하는 조건을 붙일 수 있다. <신설 2015.12.22., 2018.6.12.>

⑩ 제1항부터 제4항까지에서 규정한 사항 외에 이 조에 따른 의제의 기준 및 효과 등에 관하여는 「행정기본법」 제24조부터 제26조까지를 준용한다. <신설 2023.5.16.>

[법률 제13594호(2015.12.22.) 부칙 제2조의 규정에 의하여 이 조 제6항부터 제9항까지는 2021년 3월 24일까지 유효함]

슈 시행령 제14조(관광숙박시설 건축지역)

법 제16조제5항제2호에서 "대통령령으로 정하는 지역"이란 다음 각 호의 지역을 말한다.
1. 일반주거지역
2. 준주거지역
3. 준공업지역
4. 자연녹지지역

令 시행령 제14조의2(학교환경위생 정화구역 내 관광숙박시설의 설치)

① 법 제16조제6항 및 같은 조 제7항제3호에서 "대통령령으로 정하는 지역"이란 각각 다음 각 호의 지역을 말한다.
1. 서울특별시
2. 경기도
② 법 제16조제7항에 따라 「학교보건법」 제6조제1항제13호를 적용하지 아니하는 관광숙박시설은 법 제16조제7항제4호에 따라 그 투숙객이 차량 또는 도보 등을 통하여 해당 관광숙박시설에 드나들 수 있는 출입구, 주차장, 로비 등의 공용공간을 외부에서 조망할 수 있는 개방적인 구조로 하여야 한다.
[본조신설 2016.3.22.]

▶관광진흥법
　제17조(관광숙박업 등의 등록심의위원회)
▶시행령
　제15조(위원장의 직무 등), 제16조(회의), 제17조(의견청취), 제18조(간사), 제19조(운영세칙),
　제20조(등록심의대상 관광사업)

法 「관광진흥법」 제17조(관광숙박업 등의 등록심의위원회)

① 제4조제1항에 따른 관광숙박업 및 대통령령으로 정하는 관광객 이용시설업이나 국제회의업의 등록(등록 사항의 변경을 포함한다. 이하 이 조에서 같다)에 관한 사항을 심의하기 위하여 특별자치시장·특별자치도지사·시장·군수·구청장(권한이 위임된 경우에는 그 위임을 받은 기관을 말한다. 이하 이 조 및 제18조에서 같다) 소속으로 관광숙박업 및 관광객 이용시설업 등록심의위원회(이하 "위원회"라 한다)를 둔다. <개정 2008.6.5., 2009.3.25., 2018.6.12.>
② 위원회는 위원장과 부위원장 각 1명을 포함한 위원 10명 이내로 구성하되, 위원장은 특별자치시·특별자치도·시·군·구(자치구만 해당한다. 이하 같다)의 부지사·부시장·부군수·부구청장이 되고, 부위원장은 위원 중에서 위원장이 지정하는 자가 되며, 위원은 제18조제1항 각 호에 따른 신고 또는 인·허가 등의 소관 기관의 직원이 된다. <개정 2008.6.5., 2018.6.12.>
③ 위원회는 다음 각 호의 사항을 심의한다. <개정 2007.7.19., 2015.12.22.>
1. 관광숙박업 및 대통령령으로 정하는 관광객 이용시설업이나 국제회의업의 등록기준 등에 관한 사항

2. 제18조제1항 각 호에서 정한 사업이 관계 법령상 신고 또는 인·허가 등의 요건에 해당하는지에 관한 사항

3. 제15조제1항에 따라 사업계획 승인 또는 변경승인을 받고 관광사업 등록(제16조제7항에 따라 「학교보건법」 제6조제1항제13호를 적용받지 아니하고 관광숙박시설을 설치하려는 경우에 한정한다)을 신청한 경우 제16조제7항 각 호의 요건을 충족하는지에 관한 사항

④ 특별자치시장·특별자치도지사·시장·군수·구청장은 제1항에 따른 관광숙박업, 관광객 이용시설업, 국제회의업의 등록을 하려면 미리 위원회의 심의를 거쳐야 한다. 다만, 대통령령으로 정하는 경미한 사항의 변경에 관하여는 위원회의 심의를 거치지 아니할 수 있다. <개정 2008.6.5., 2018.6.12.>

⑤ 위원회의 회의는 재적인원 3분의 2 이상의 출석과 출석위원 3분의 2 이상의 찬성으로 의결한다. <신설 2018.6.12.>

⑥ 위원회의 구성·운영이나 그 밖에 위원회에 필요한 사항은 대통령령으로 정한다. <개정 2018.12.11.>

[법률 제13594호(2015.12.22.) 부칙 제2조의 규정에 의하여 이 조 제3항제3호는 2021년 3월 24일까지 유효함]

令 시행령 제15조(위원장의 직무 등)

① 법 제17조제1항에 따른 관광숙박업 및 관광객 이용시설업 등록심의위원회(이하 "위원회"라 한다) 위원장은 위원회를 대표하고, 위원회의 직무를 총괄한다.
② 부위원장은 위원장을 보좌하고, 위원장이 부득이한 사유로 직무를 수행할 수 없을 때에는 그 직무를 대행한다.

令 시행령 제16조(회의)

① 위원장은 위원회의 회의를 소집하고 그 의장이 된다.
② 삭제 <2019.4.9.>

令 시행령 제17조(의견청취)

위원장은 위원회의 심의사항과 관련하여 필요하다고 인정하면 관계인 또는 안전·소방 등에 대한 전문가를 출석시켜 그 의견을 들을 수 있다.

[令] 시행령 제18조(간사)

위원회의 서무를 처리하기 위하여 위원회에 간사 1명을 둔다.

[令] 시행령 제19조(운영세칙)

이 영에 규정된 사항 외에 위원회의 운영에 필요한 사항은 위원회의 의결을 거쳐 위원장이 정한다.

[令] 시행령 제20조(등록심의대상 관광사업)

① 법 제17조제1항 및 제3항제1호에서 "대통령령으로 정하는 관광객 이용시설업이나 국제회의업"이란 제12조 각 호의 어느 하나에 해당하는 관광사업을 말한다.

② 법 제17조제4항 단서에서 "대통령령으로 정하는 경미한 사항의 변경"이란 법 제17조제3항에 따른 심의사항의 변경 중 관계되는 기관이 둘 이하인 경우의 심의사항 변경을 말한다.

▶관광진흥법
  제18조(등록 시의 신고·허가 의제 등), 제18조의2(관광숙박업자의 준수사항)
▶시행령
  제21조(인·허가 등을 받은 것으로 보는 영업), 제21조의2(관광숙박업자의 준수사항)

[法] 「관광진흥법」 제18조(등록 시의 신고·허가 의제 등)

① 특별자치시장·특별자치도지사·시장·군수·구청장이 위원회의 심의를 거쳐 등록을 하면 그 관광사업자는 위원회의 심의를 거친 사항에 대해서는 다음 각 호의 신고를 하였거나 인·허가 등을 받은 것으로 본다. <개정 2008.6.5., 2009.2.6., 2011.6.15., 2017.1.17., 2018.6.12., 2020.12.29., 2023.5.16., 2023.7.25.>

1. 「공중위생관리법」 제3조에 따른 숙박업·목욕장업·이용업·미용업 또는 세탁업의 신고

2. 「식품위생법」 제36조에 따른 식품접객업으로서 대통령령으로 정하는 영업의 허가 또는 신고

3. 「주류 면허 등에 관한 법률」 제5조에 따른 주류판매업의 면허 또는 신고

4. 「외국환거래법」 제8조제3항제1호에 따른 외국환업무의 등록

5. 「담배사업법」 제16조에 따른 담배소매인의 지정

6. 삭제 <2015.12.22.>

7. 「체육시설의 설치·이용에 관한 법률」 제10조에 따른 신고 체육시설업으로서 같은 법 제20조에 따른 체육시설업의 신고

8. 「해상교통안전법」 제33조제3항에 따른 해상 레저 활동의 허가

9. 「의료법」 제35조에 따른 부속의료기관의 개설신고 또는 개설허가

② 제1항에 따른 의제의 기준 및 효과 등에 관하여는 「행정기본법」 제24조부터 제26조까지(제24조제4항은 제외한다)를 준용한다. <개정 2023.5.16.>

[시행일: 2024.1.26.] 제18조

法 「관광진흥법」 제18조의2(관광숙박업자의 준수사항)

제4조제1항에 따라 등록한 관광숙박업자 중 제16조제7항에 따라 「학교보건법」 제6조제1항제13호를 적용받지 아니하고 관광숙박시설을 설치한 자는 다음 각 호의 사항을 준수하여야 한다.

1. 관광숙박시설에서 「학교보건법」 제6조제1항제12호, 제14호부터 제16호까지 또는 제18호부터 제20호까지의 규정에 따른 행위 및 시설 중 어느 하나에 해당하는 행위 및 시설이 없을 것

2. 관광숙박시설의 객실이 100실 이상일 것

3. 대통령령으로 정하는 지역 내 위치할 것

4. 대통령령으로 정하는 바에 따라 관광숙박시설 내 공용공간을 개방형 구조로 할 것

5. 「학교보건법」 제2조에 따른 학교 출입문 또는 학교설립예정지 출입문으로부터 직선거리로 75미터 이상에 위치할 것

[본조신설 2015.12.22.]

令 시행령 제21조(인·허가 등을 받은 것으로 보는 영업)

법 제18조제1항제2호에서 "대통령령으로 정하는 영업"이란 「식품위생법 시행령」 제21조제8호 가목부터 라목까지 및 바목에 따른 휴게음식점영업·일반음식점영업·단란주점영업·유흥주점영업 및 제과점영업을 말한다. <개정 2009.8.6.>

슈 시행령 제21조의2(관광숙박업자의 준수사항)

① 법 제18조의2제3호에서 "대통령령으로 정하는 지역"이란 다음 각 호의 지역을 말한다.

1. 서울특별시

2. 경기도

② 법 제16조제7항에 따라 「학교보건법」 제6조제1항제13호를 적용받지 아니하고 관광숙박시설을 설치한 자는 법 제18조의2제4호에 따라 그 투숙객이 차량 또는 도보 등을 통하여 해당 관광숙박시설에 드나들 수 있는 출입구, 주차장, 로비 등의 공용공간을 외부에서 조망할 수 있는 개방적인 구조로 하여야 한다.

[본조신설 2016.3.22.]

사례9

호텔 내 숙식, 사우나, 찜질방, 레스토랑, 연회장, 성인오락실, 단란주점, 판매점이 있을 경우 사업자 등록을 개별적으로 내야 하나요? 궁금합니다. 아시는 분 알려주세요.

답변

관광호텔 부대시설의 경우 관련 개별법 규정에 따라 인·허가를 받아야 합니다. 예를 들면 식품위생법에 의한 유흥주점, 일반음식점 등입니다. 귀하의 질문 중 사업자 등록을 개별적으로 해야 하느냐는 질문은 세무와 관련된 사업자등록을 의미하는 것인지요? 호텔은 객실을 제외한 부대시설에 대해서는 임대가 가능토록 「관광진흥법」은 규정하고 있습니다. 이 경우 임대자는 자기 명의로 임대업종에 대한 사업자등록을 할 수 있습니다.

자료: 한국호텔업협회

▶관광진흥법
　제19조(관광숙박업 등의 등급)
▶시행령
　제22조(호텔업의 등급결정), 제66조(등급결정 권한의 위탁)
▶시행규칙
　제25조(호텔업의 등급결정), 제25조의2(등급결정의 재신청 등), 제25조의3(등급결정의 유효기간 등)

法 「관광진흥법」 제19조(관광숙박업 등의 등급)

> ① 문화체육관광부장관은 관광숙박시설 및 야영장 이용자의 편의를 돕고, 관광숙박시설·야영장 및 서비스의 수준을 효율적으로 유지·관리하기 위하여 관광숙박업 및 야영장업자의 신청을 받아 관광숙박업 및 야영장업에 대한 등급을 정할 수 있다. 다만, 제4조제1항에 따라 호텔업 등록을 한 자 중 대통령령으로 정하는 자는 등급결정을 신청하여야 한다. <개정 2008.2.29., 2014.3.11., 2015.2.3.>
> ② 문화체육관광부장관은 제1항에 따라 관광숙박업 및 야영장업에 대한 등급결정을

하는 경우 유효기간을 정하여 등급을 정할 수 있다. <개정 2014.3.11., 2015.2.3.>

③ 문화체육관광부장관은 제1항에 따른 등급결정을 위하여 필요한 경우에는 관계 전문가에게 관광숙박업 및 야영장업의 시설 및 운영 실태에 관한 조사를 의뢰할 수 있다. <신설 2014.3.11., 2015.2.3.>

④ 문화체육관광부장관은 제1항에 따른 등급결정 결과에 관한 사항을 공표할 수 있다. <신설 2014.3.11.>

⑤ 문화체육관광부장관은 감염병 확산으로 「재난 및 안전관리 기본법」 제38조 제2항에 따른 경계 이상의 위기경보가 발령된 경우 제1항에 따른 등급결정을 연기하거나 제2항에 따른 기존의 등급결정의 유효기간을 연장할 수 있다. <신설 2021.4.13.>

⑥ 관광숙박업 및 야영장업 등급의 구분에 관한 사항은 대통령령으로 정하고, 등급결정의 유효기간·신청 시기·절차, 등급결정 결과 공표, 등급결정의 연기 및 유효기간 연장 등에 관한 사항은 문화체육관광부령으로 정한다. <신설 2014.3.11., 2015.2.3., 2021.4.13.>

[제목개정 2015.2.3.]

🔲 시행령 제22조(호텔업의 등급결정)

① 법 제19조제1항 단서에서 "대통령령으로 정하는 자"란 관광호텔업, 수상관광호텔업, 한국전통호텔업, 가족호텔업, 소형호텔업 또는 의료관광호텔업의 등록을 한 자를 말한다. <개정 2014.9.11., 2019.11.19.>

② 법 제19조제5항에 따라 관광숙박업 중 호텔업의 등급은 5성급·4성급·3성급·2성급 및 1성급으로 구분한다. <개정 2014.9.11., 2014.11.28.>

③ 삭제 <개정 2014.9.11.>

[제목개정 2014.9.11.]

◆ 호텔 등급별 서비스 정의 및 필수항목 ◆

1. 등급별 호텔 서비스 기준 정의

1) 1성급 호텔

고객의 수면과 청결유지에 문제가 없도록 깨끗한 객실과 욕실을 갖추고 있는 조식이 가능한 안전한 호텔

2) 2성급 호텔

고객의 수면과 청결유지에 문제가 없도록 깨끗한 객실과 욕실을 갖추며 식사를 해결할 수 있는 최소한 F&B 부대시설을 갖추어 운영되는 안전한 호텔

3) 3성급 호텔

청결한 시설과 서비스를 제공하는 호텔로서 고객의 수면과 청결유지에 문제가 없도록 깨끗한 객실과 욕실을 갖추고 다양하게 식사를 해결할 수 있는 1개 이상(직영·임대 포함)의 레스토랑을 운영하며, 로비, 라운지 및 고객이 안락한 휴식을 취할 수 있는 부대시설을 갖추어 고객이 편안하고 안전하게 이용할 수 있는 호텔

4) 4성급 호텔

고급수준의 시설과 서비스를 제공하는 호텔로서 고객에게 맞춤 서비스를 제공, 호텔로비는 품격있고, 객실에는 품위있는 가구와 우수한 품질의 침구와 편의용품이 완비됨. 비즈니스센터, 고급 메뉴와 서비스를 제공하는 2개 이상(직영·임대 포함)의 레스토랑, 연회장, 국제회의장을 갖추고, 12시간 이상 룸서비스가 가능하며, 피트니스센터 등 부대시설과 편의시설을 갖춤

5) 5성급 호텔

최상급 수준의 시설과 서비스를 제공하는 호텔로서 고객에게 최고의 맞춤 서비스를 제공. 호텔로비는 품격 있고, 객실에는 품위 있는 가구와 뛰어난 품질의 침구 및 편의용품이 완비됨. 비즈니스센터, 고급 메뉴와 최상의 서비스를 제공하는 3개 이상(직영·임대 포함)의 레스토랑, 대형 연회장, 국제회의장을 갖추고, 24시간 룸서비스가 가능하며, 피트니스센터 등 부대시설과 편의시설을 갖춤

2. 호텔 등급별 필수항목

1) 공용공간 서비스 부문

평가항목	★	★★	★★★	★★★★	★★★★★
예약서비스				필수 (외국어)	필수 (외국어)
보안시설	필수	필수	필수	필수	필수
로비의 안락감	필수	필수	필수	필수	필수
현관 및 로비종사원(도어맨 등)					필수
환전서비스				필수	필수
프런트 근무자의 능력				필수	필수
고객등록카드 작성	필수	필수	필수		

2) 객실 및 욕실 부문

평가항목	★	★★	★★★	★★★★	★★★★★
객실의 관리상태				필수	필수
객실 내 가구 구비 및 관리	필수	필수	필수	필수	필수
객실 편의용품	필수	필수	필수	필수	필수
침대 및 침구류	필수	필수	필수	필수	필수
객실의 청결상태	필수	필수	필수	필수	필수
객실의 냉난방	필수	필수	필수	필수	필수
객실의 보안관리	필수	필수	필수	필수	필수
객실 내 비상안내지침	필수	필수	필수	필수	필수
객실 내 안내물 비치				필수	필수
고객모니터링 시스템	필수	필수	필수	필수	필수
욕실의 편의용품				필수	필수
욕실가구의 품질	필수	필수	필수	필수	필수
욕실의 청결 및 관리	필수	필수	필수	필수	필수
욕실의 환기 및 배수	필수	필수	필수	필수	필수

3) 식음료 및 부대시설 부문

평가항목	★	★★	★★★	★★★★	★★★★★
식음료업장 유무	필수 (조식)	필수 (조식)	필수 (조식)	필수 (최소 2개)	필수 (최소 3개)
주방청결 및 쓰레기 분리수거					필수
식재료 보관 및 저장관리	필수	필수	필수	필수	필수
피트니스센터 제공 및 수준				필수	필수
회의(연회장)가능 시설				필수 (최소 50명)	필수 (최소 50명)
회의실 확보 여부				필수	필수
비즈니스센터 운영				필수	필수

3. 등급별 암행항목(불시평가)

1) 공용공간 서비스 부문

평가항목	★	★★	★★★	★★★★	★★★★★
예약서비스(전화상담)				암행	암행
호텔외관, 조경 등				암행	암행
주차장 관리요원의 서비스				암행	암행
종사원의 복장 및 용모	불시	불시	불시	암행	암행
현관 및 로비 종사원 기능	불시	불시	불시	암행	암행
화장실의 유지관리	불시	불시	불시	암행	암행
프런트 근무자의 서비스	불시	불시	불시	암행	암행
호텔 인터넷 예약서비스	불시	불시	불시	암행	암행
고객등록카드 작성	불시	불시	불시		

2) 객실 및 욕실 부문

평가항목	★	★★	★★★	★★★★	★★★★★
객실의 관리상태	불시	불시	불시	암행	암행
객실 내 가구의 구비, 관리	불시	불시	불시	암행	암행
객실의 편의용품 제공, 품질	불시	불시	불시	암행	암행
침대 및 침구류 관리	불시	불시	불시	암행	암행
객실의 청결상태	불시	불시	불시	암행	암행
객실의 냉난방상태	불시	불시	불시	암행	암행
룸서비스 제공			불시	암행	암행
객실 내 비상시 안내지침	불시	불시	불시	암행	암행
객실 내 안내물 비치				암행	암행
세탁서비스					암행
욕실의 청결 및 관리				암행	암행
욕실의 편의용품 제공	불시	불시	불시	암행	암행

3) 식음료 및 부대시설 부문

평가항목	★	★★	★★★	★★★★	★★★★★
식당 종사원의 서비스상태	불시	불시	불시	암행	암행
고객에 대한 접객태도	불시	불시	불시	암행	암행
식당 내부의 관리 및 청결	불시	불시	불시		
메뉴와 정보전달 체계				암행	암행
주방청결 및 쓰레기 분리	불시	불시	불시		
식재료 보관 및 저장관리	불시	불시	불시		
음식 제공 서비스				암행	암행
체크아웃				암행	암행
배웅				암행	암행

4. 호텔 등급별 기준점수

★		★★		★★★		★★★★		★★★★★	
현장	불시	현장	불시	현장	불시	현장	암행	현장	암행
400	200	400	200	500	200	585	265	700	300
총배점 600		총배점 600		총배점 700		총배점 850		총배점 1,000	
총점의 50% 이상 획득 시		총점의 60% 이상 획득 시		총점의 70% 이상 획득 시		총점의 80% 이상 획득 시		총점의 90% 이상 획득 시	

※ 현장 : 사전에 협의한 일정에 방문하여 호텔 측에서 준비한 사항을 평가하는 방식

※ 불시 : 사전에 방문일정을 협의하지 않고 불시에 방문하여 그 상태 그대로 평가(당일)

※ 암행 : 손님으로 투숙하여 직접 호텔서비스를 체험하면서 평가하는 방식(1박 2일)

5. 호텔 등급표지

5성급 등급표지 예시

관광호텔(Tourist Hotel)

※ 정성적 평가항목 5단계

- 매우 우수 : 국내 최우수사례(Best Practices)로 여겨질 수 있는 수준. 최우수 사례란 타 호텔의 벤치마킹 대상 또는 고객 감동을 줄 수 있는 수준

- 우　　수 : 고객의 기대치를 충족시키거나 고객만족을 제공하는 수준

- 보　　통 : 최소한의 의무적인 수준(예 : 법률적 규정, 호텔업계의 보편적 수준)을 충족하거나, 고객이 당연하다고 판단할 수 있는 수준

- 미　　흡 : 호텔 서비스가 고객의 보편적 기대에 못 미치는 수준

- 매우 미흡 : 고객의 불평불만을 발생시킬 수 있는 호텔 서비스 수준

※ 호텔업 등급결정 홈페이지 : www.hotelrating.or.kr

　자료 : 한국관광공사

命 시행령 제66조(등급결정 권한의 위탁)

① 문화체육관광부장관은 법 제80조제3항제2호에 따라 법 제19조제1항에 따른 호텔업의 등급결정권을 다음 각 호의 요건을 모두 갖춘 법인으로서 문화체육관광부장관이 정하여 고시하는 법인에 위탁한다. <개정 2008.2.29., 2014.11.28.>

1. 문화체육관광부장관의 허가를 받아 설립된 비영리법인이거나 「공공기관의 운영에 관한 법률」에 따른 공공기관일 것
2. 관광숙박업의 육성과 서비스 개선 등에 관한 연구 및 계몽활동 등을 하는 법인일 것
3. 문화체육관광부령으로 정하는 기준에 맞는 자격을 가진 평가요원을 50명 이상 확보하고 있을 것

② 문화체육관광부장관은 제1항에 따른 위탁 업무 수행에 필요한 경비의 전부 또는 일부를 호텔업 등급결정권을 위탁받은 법인에 지원할 수 있다. <개정 2014.11.28.>

③ 제1항에 따른 호텔업 등급결정권 위탁 기준 등 호텔업 등급결정권의 위탁에 필요한 사항은 문화체육관광부장관이 정하여 고시한다. <신설 2014.11.28.>

則 시행규칙 제25조(호텔업의 등급결정)

① 법 제19조제1항 및 영 제22조제1항에 따라 관광호텔업, 수상관광호텔업, 한국전통호텔업, 가족호텔업, 소형호텔업 또는 의료관광호텔업의 등록을 한 자는 다음 각 호의 구분에 따른 기간 이내에 영 제66조제1항에 따라 문화체육관광부장관으로부터 등급결정권을 위탁받은 법인(이하 "등급결정 수탁기관"이라 한다)에 영 제22조제2항에 따른 호텔업의 등급 중 희망하는 등급을 정하여 등급결정을 신청하여야 한다. <개정 2017.6.7., 2019.11.20., 2021.12.31.>

1. 호텔을 신규 등록한 경우: 호텔업 등록을 한 날부터 60일
2. 제25조의3에 따른 호텔업 등급결정의 유효기간이 만료되는 경우: 유효기간 만료 전 150일부터 90일까지
3. 시설의 증·개축 또는 서비스 및 운영실태 등의 변경에 따른 등급 조정사유가 발생한 경우: 등급 조정사유가 발생한 날부터 60일
4. 제25조의3제3항에 따라 호텔업 등급결정의 유효기간이 연장된 경우: 연장된 유효기간 만료일까지

② 등급결정 수탁기관은 제1항에 따른 등급결정 신청을 받은 경우에는 문화체

육관광부장관이 정하여 고시하는 호텔업 등급결정의 기준에 따라 신청일부터 90일 이내에 해당 호텔의 등급을 결정하여 신청인에게 통지해야 한다. 다만, 부득이한 사유가 있는 경우에는 60일의 범위에서 등급결정 기간을 연장할 수 있다. 〈개정 2020.4.28., 2021.12.31.〉

1. 삭제 〈2021.12.31.〉
2. 삭제 〈2021.12.31.〉

③ 제2항에 따라 등급결정을 하는 경우에는 다음 각 호의 요소를 평가하여야 하며, 그 세부적인 기준 및 절차는 문화체육관광부장관이 정하여 고시한다.

1. 서비스 상태
2. 객실 및 부대시설의 상태
3. 안전 관리 등에 관한 법령 준수 여부

④ 등급결정 수탁기관은 제3항에 따른 평가의 공정성을 위하여 필요하다고 인정하는 경우에는 평가를 마칠 때까지 평가의 일정 등을 신청인에게 알리지 아니할 수 있다.

⑤ 등급결정 수탁기관은 제3항에 따라 평가한 결과 등급결정 기준에 미달하는 경우에는 해당 호텔의 등급결정을 보류하여야 한다. 이 경우 그 보류 사실을 신청인에게 통지하여야 한다.

[전문개정 2014.12.31.]

則 시행규칙 제25조의2(등급결정의 재신청 등)

① 제25조제5항 후단에 따라 등급결정 보류의 통지를 받은 신청인은 그 보류의 통지를 받은 날부터 60일 이내에 같은 조 제1항에 따라 신청한 등급과 동일한 등급 또는 낮은 등급으로 호텔업 등급결정의 재신청을 하여야 한다.

② 제1항에 따라 재신청을 받은 등급결정 수탁기관은 제25조제2항부터 제4항까지에 따라 해당 호텔의 등급을 결정하거나 해당 호텔의 등급결정을 보류한 후 그 사실을 신청인에게 통지하여야 한다.

③ 제1항에 따라 동일한 등급으로 호텔업 등급결정을 재신청하였으나 제2항에 따라 다시 등급결정이 보류된 경우에는 등급결정 보류의 통지를 받은 날부터 60일 이내에 신청한 등급보다 낮은 등급으로 등급결정을 신청하거나 등급결정 수탁기관에 등급결정의 보류에 대한 이의를 신청하여야 한다.

④ 제3항에 따라 이의 신청을 받은 등급결정 수탁기관은 문화체육관광부장관이

정하여 고시하는 절차에 따라 신청일부터 90일 이내에 이의 신청에 이유가 있는지 여부를 판단하여 처리하여야 한다. 다만, 부득이한 사유가 있는 경우에는 60일의 범위에서 그 기간을 연장할 수 있다.

⑤ 제4항에 따라 이의 신청을 거친 자가 다시 등급결정을 신청하는 경우에는 당초 신청한 등급보다 낮은 등급으로만 할 수 있다.

⑥ 등급결정 보류의 통지를 받은 신청인이 직전에 신청한 등급보다 낮은 등급으로 호텔업 등급결정을 재신청하였으나 다시 등급결정이 보류된 경우의 등급결정 신청 및 등급결정에 관하여는 제1항부터 제5항까지를 준용한다.

[본조신설 2014.12.31.]

則 **시행규칙 제25조의3(등급결정의 유효기간 등)**

① 문화체육관광부장관은 법 제19조제1항에 따른 등급결정 결과를 분기별로 문화체육관광부의 인터넷 홈페이지에 공표하여야 하고, 필요한 경우에는 그 밖의 효과적인 방법으로 공표할 수 있다. <개정 2021.12.31.>

② 법 제19조제2항에 따른 호텔업 등급결정의 유효기간은 등급결정을 받은 날부터 3년으로 한다. 다만, 제25조제2항에 따른 통지 전에 호텔업 등급결정의 유효기간이 만료된 경우에는 새로운 등급결정을 받기 전까지 종전의 등급결정이 유효한 것으로 본다. <개정 2020.4.28., 2021.12.31.>

③ 문화체육관광부장관은 법 제19조제5항에 따라 기존의 등급결정의 유효기간을 「재난 및 안전관리 기본법」 제38조제2항에 따른 경계 이상의 위기경보가 발령된 날부터 2년의 범위에서 문화체육관광부장관이 정하여 고시하는 기한까지 연장할 수 있다. <신설 2021.12.31.>

④ 이 규칙에서 규정한 사항 외에 호텔업의 등급결정에 필요한 사항은 문화체육관광부장관이 정하여 고시한다. <개정 2021.12.31.>

[본조신설 2014.12.31.]

사례10

다양한 지역에 있는 모텔은 어느 등급에 속하나요? 모텔도 등급으로 나누어질 수 있습니까?

답변

모텔은 「관광진흥법」에 의한 관광숙박업이 아닙니다. 따라서 관광호텔도 아니며, 등급도 없습니다.

자료: 한국호텔업협회

法 「관광진흥법」 제19조의2(우수숙박시설의 지정)

삭제 <2018.3.13.>

令 시행령 제22조의2(우수숙박시설의 지정)

삭제 <2018.6.5.>

▶관광진흥법
제20조(분양 및 회원모집), 제20조의2(야영장업자의 준수사항)
▶시행령
제23조(분양 및 회원모집 관광사업), 제24조(분양 및 회원모집의 기준 및 시기), 제25조(분양 또는 회원모집계획서의 제출), 제26조(소유자등 또는 회원의 보호)
▶시행규칙
제26조(총공사 공정률), 제27조(분양 또는 회원모집계획서의 첨부서류), 제28조(회원증의 발급), 제28조의2(야영장의 안전 · 위생기준)

法 「관광진흥법」 제20조(분양 및 회원모집)

① 관광숙박업이나 관광객 이용시설업으로서 대통령령으로 정하는 종류의 관광사업을 등록한 자 또는 그 사업계획의 승인을 받은 자가 아니면 그 관광사업의 시설에 대하여 분양(휴양 콘도미니엄만 해당한다. 이하 같다) 또는 회원 모집을 하여서는 아니 된다.

② 누구든지 다음 각 호의 어느 하나에 해당하는 행위를 하여서는 아니 된다. <개정 2007.7.19., 2023.8.8.>

1. 제1항에 따른 분양 또는 회원모집을 할 수 없는 자가 관광숙박업이나 관광객 이용시설업으로서 대통령령으로 정하는 종류의 관광사업 또는 이와 유사한 명칭을 사용하여 분양 또는 회원모집을 하는 행위

2. 관광숙박시설과 관광숙박시설이 아닌 시설을 혼합 또는 연계하여 이를 분양 하거나 회원을 모집하는 행위. 다만, 대통령령으로 정하는 종류의 관광숙박 업의 등록을 받은 자 또는 그 사업계획의 승인을 얻은 자가 「체육시설의 설 치·이용에 관한 법률」 제12조에 따라 골프장의 사업계획을 승인받은 경우 에는 관광숙박시설과 해당 골프장을 연계하여 분양하거나 회원을 모집할 수 있다.

3. 소유자등 또는 회원으로부터 제1항에 따른 관광사업의 시설에 관한 이용권 리를 양도받아 이를 이용할 수 있는 회원을 모집하는 행위

③ 제1항에 따라 분양 또는 회원모집을 하려는 자가 사용하는 약관에는 제5항 각 호의 사항이 포함되어야 한다.

④ 제1항에 따라 분양 또는 회원 모집을 하려는 자는 대통령령으로 정하는 분 양 또는 회원 모집의 기준 및 절차에 따라 분양 또는 회원 모집을 하여야 한다.

⑤ 분양 또는 회원 모집을 한 자는 소유자등·회원의 권익을 보호하기 위하여 다음 각 호의 사항에 관하여 대통령령으로 정하는 사항을 지켜야 한다. <개정 2023.8.8.>

1. 공유지분(共有持分) 또는 회원자격의 양도·양수

2. 시설의 이용

3. 시설의 유지·관리에 필요한 비용의 징수

4. 회원 입회금의 반환

5. 회원증의 발급과 확인

6. 소유자등·회원의 대표기구 구성

7. 그 밖에 소유자등·회원의 권익 보호를 위하여 대통령령으로 정하는 사항

法 「관광진흥법」 제20조의2(야영장업자의 준수사항)

제4조제1항에 따라 야영장업자의 등록을 한 자는 문화체육관광부령으로 정하 는 안전·위생기준을 지켜야 한다.

[본조신설 2015.2.3.]

則 **시행규칙 제28조의2(야영장의 안전 · 위생기준)**

> 법 제20조의2에 따른 "문화체육관광부령으로 정하는 안전 · 위생기준"은 별표 7
> 에 따른 기준을 말한다.
> [본조신설 2015.8.4.]

令 **시행령 제23조(분양 및 회원모집 관광사업)**

> ① 법 제20조제1항 및 제2항제1호에서 "대통령령으로 정하는 종류의 관광사업"
> 이란 다음 각 호의 사업을 말한다.
> 1. 휴양 콘도미니엄업 및 호텔업
> 2. 관광객 이용시설업 중 제2종 종합휴양업
> ② 법 제20조제2항제2호 단서에서 "대통령령으로 정하는 종류의 관광숙박업"이
> 란 다음 각 호의 숙박업을 말한다. <개정 2008.8.26.>
> 1. 휴양 콘도미니엄업
> 2. 호텔업
> 3. 삭제 <2008.8.26.>

令 **시행령 제24조(분양 및 회원모집의 기준 및 시기)**

> ① 법 제20조제4항에 따른 휴양 콘도미니엄업 시설의 분양 및 회원모집 기준과
> 호텔업 및 제2종 종합휴양업 시설의 회원모집 기준은 다음 각 호와 같다. 다만,
> 제2종 종합휴양업 시설 중 등록 체육시설업 시설에 대한 회원모집에 관하여는 「체육
> 시설의 설치 · 이용에 관한 법률」에서 정하는 바에 따른다. <개정 2008.11.26., 2010.6.15.,
> 2014.9.11., 2018.9.18.>
> 1. 다음 각 목의 구분에 따른 소유권 등을 확보할 것. 이 경우 분양(휴양 콘도미
>   니엄업만 해당한다. 이하 같다) 또는 회원모집 당시 해당 휴양 콘도미니엄업,
>   호텔업 및 제2종 종합휴양업의 건물이 사용승인된 경우에는 해당 건물의 소
>   유권도 확보하여야 한다.
>   가. 휴양 콘도미니엄업 및 호텔업(수상관광호텔은 제외한다)의 경우 : 해당
>   관광숙박시설이 건설되는 대지의 소유권
>   나. 수상관광호텔의 경우 : 구조물 또는 선박의 소유권
>   다. 제2종 종합휴양업의 경우 : 회원모집 대상인 해당 제2종 종합휴양업 시설
>   이 건설되는 부지의 소유권 또는 사용권

2. 제1호에 따른 대지·부지 및 건물이 저당권의 목적물로 되어 있는 경우에는 그 저당권을 말소할 것. 다만, 공유제(共有制)일 경우에는 분양받은 자의 명의로 소유권 이전등기를 마칠 때까지, 회원제일 경우에는 저당권이 말소될 때까지 분양 또는 회원모집과 관련한 사고로 인하여 분양을 받은 자나 회원에게 피해를 주는 경우 그 손해를 배상할 것을 내용으로 저당권 설정금액에 해당하는 보증보험에 가입한 경우에는 그러하지 아니하다.

3. 분양을 하는 경우 한 개의 객실당 분양인원은 5명 이상으로 하되, 가족(부부 및 직계존비속을 말한다)만을 수분양자로 하지 아니할 것. 다만, 다음 각 목의 어느 하나에 해당하는 경우에는 그러하지 아니하다.

  가. 소유자등이 법인인 경우

  나. 「출입국관리법 시행령」 별표 1의2제24호차목에 따라 법무부장관이 정하여 고시한 투자지역에 건설되는 휴양 콘도미니엄으로서 소유자등이 외국인인 경우

4. 삭제 <2015.11.18.>

5. 소유자등 또는 회원의 연간 이용일수는 365일을 객실당 분양 또는 회원모집 계획 인원수로 나눈 범위 이내일 것

6. 주거용으로 분양 또는 회원모집을 하지 아니할 것

② 제1항에 따라 휴양 콘도미니엄업, 호텔업 및 제2종 종합휴양업의 분양 또는 회원을 모집하는 경우 그 시기 등은 다음 각 호와 같다. <개정 2008.2.29.>

1. 휴양 콘도미니엄업 및 제2종 종합휴양업의 경우

  가. 해당 시설공사의 총 공사 공정이 문화체육관광부령으로 정하는 공정률 이상 진행된 때부터 분양 또는 회원모집을 하되, 분양 또는 회원을 모집하려는 총 객실 중 공정률에 해당하는 객실을 대상으로 분양 또는 회원을 모집할 것

  나. 공정률에 해당하는 객실 수를 초과하여 분양 또는 회원을 모집하려는 경우에는 분양 또는 회원모집과 관련한 사고로 인하여 분양을 받은 자나 회원에게 피해를 주는 경우 그 손해를 배상할 것을 내용으로 공정률을 초과하여 분양 또는 회원을 모집하려는 금액에 해당하는 보증보험에 관광사업의 등록 시까지 가입할 것

2. 호텔업의 경우

관광사업의 등록 후부터 회원을 모집할 것. 다만, 제2종 종합휴양업에 포함된 호텔업의 경우에는 제1호가목 및 나목을 적용한다.

則 **시행규칙 제26조(총공사 공정률)**

> 영 제24조제2항제1호가목에서 "문화체육관광부령으로 정하는 공정률"이란 20
> 퍼센트를 말한다. <개정 2008.3.6.>

令 **시행령 제25조(분양 또는 회원모집계획서의 제출)**

> ① 제24조에 따라 분양 또는 회원을 모집하려는 자는 문화체육관광부령으로 정
> 하는 바에 따라 분양 또는 회원모집계획서를 특별자치시장·특별자치도지사·
> 시장·군수·구청장에게 제출하여야 한다. <개정 2008.2.29., 2009.1.20., 2019.4.9.>
> ② 제1항에 따라 제출한 분양 또는 회원모집계획서의 내용이 사업계획승인 내
> 용과 다른 경우에는 사업계획 변경승인신청서를 함께 제출하여야 한다.
> ③ 제1항과 제2항에 따라 분양 또는 회원모집계획서를 제출받은 특별자치시
> 장·특별자치도지사·시장·군수·구청장은 이를 검토한 후 지체 없이 그 결과
> 를 상대방에게 알려야 한다. <개정 2009.1.20., 2019.4.9.>
> ④ 제1항부터 제3항까지의 규정은 분양 또는 회원모집계획을 변경하는 경우에
> 이를 준용한다.

則 **시행규칙 제27조(분양 또는 회원모집계획서의 첨부서류)**

> ① 영 제25조에 따른 분양 또는 회원모집계획서에 첨부할 서류는 다음 각 호와 같다.
> 1. 「건축법」에 따른 공사 감리자가 작성하는 건설공정에 대한 보고서 또는 확
>   인서(공사 중인 시설의 경우만 해당한다)
> 2. 보증보험가입증서(필요한 경우만 해당한다)
> 3. 객실 종류별, 객실당 분양인원 및 분양가격(회원제의 경우에는 회원수 및 입회금)
> 4. 분양 또는 회원모집계약서와 이용약관
> 5. 분양 또는 회원모집 공고안
> 6. 관광사업자가 직접 운영하는 휴양 콘도미니엄 또는 호텔의 현황 및 증빙서
>   류(관광사업자가 직접 운영하지는 아니하나 계약에 따라 회원 등이 이용할 수
>   있는 시설이 있는 경우에는 그 현황 및 증빙서류를 포함한다)
> ② 제1항에 따른 분양 또는 회원모집계획서를 제출받은 특별자치시장·특별자
> 치도지사·시장·군수·구청장은 「전자정부법」 제36조제1항에 따른 행정정보의

공동이용을 통하여 대지·건물의 등기사항증명서를 확인하여야 한다. <개정 2009.3.31., 2011.3.30., 2015.4.22., 2019.4.25.>

③ 제1항제5호에 따른 분양 또는 회원모집 공고안에 포함되어야 할 사항은 다음 각 호와 같다.

1. 대지면적 및 객실당 전용면적·공유면적
2. 분양가격 또는 입회금 중 계약금·중도금·잔금 및 그 납부시기
3. 분양 또는 회원모집의 총 인원과 객실별 인원
4. 연간 이용일수 및 회원의 경우 입회기간
5. 사업계획승인과 건축허가의 번호·연월일 및 승인·허가기관
6. 착공일, 공사완료예정일 및 이용예정일
7. 제1항제6호 중 관광사업자가 직접 운영하는 휴양 콘도미니엄 또는 호텔의 현황

슈 시행령 제26조(소유자등 또는 회원의 보호)

분양 또는 회원모집을 한 자는 법 제20조제5항에 따라 소유자등 또는 회원의 권익 보호를 위하여 다음 각 호의 사항을 지켜야 한다. <개정 2008.2.29., 2014.9.11., 2015.11.18., 2018.9.18., 2021.1.5.>

1. 공유지분 또는 회원자격의 양도·양수 : 공유지분 또는 회원자격의 양도·양수를 제한하지 아니할 것. 다만, 제24조제1항제3호에 따라 휴양 콘도미니엄의 객실을 분양받은 자가 해당 객실을 법인이 아닌 내국인(「출입국관리법 시행령」 별표 1의2제24호차목에 따라 법무부장관이 정하여 고시한 투자지역에 위치하지 아니한 휴양 콘도미니엄의 경우 법인이 아닌 외국인을 포함한다)에게 양도하려는 경우에는 양수인이 같은 호 각 목 외의 부분 본문에 따른 분양기준에 적합하도록 하여야 한다.

2. 시설의 이용 : 소유자등 또는 회원이 이용하지 아니하는 객실만을 소유자등 또는 회원이 아닌 자에게 이용하게 할 것. 이 경우 객실이용계획을 수립하여 제6호에 따른 소유자등·회원의 대표기구와 미리 협의하여야 하며, 객실이용명세서를 작성하여 소유자등·회원의 대표기구에 알려야 한다.

3. 시설의 유지·관리에 필요한 비용의 징수
   가. 해당 시설을 선량한 관리자로서의 주의의무를 다하여 관리하되, 시설의 유지·관리에 드는 비용 외의 비용을 징수하지 아니할 것

　　나. 시설의 유지·관리에 드는 비용의 징수에 관한 사항을 변경하려는 경우에는 소유자등·회원의 대표기구와 협의하고, 그 협의 결과를 소유자등 및 회원에게 공개할 것

　　다. 시설의 유지·관리에 드는 비용 징수금의 사용명세를 매년 소유자등·회원의 대표기구에 공개할 것

4. 회원의 입회금(회원자격을 부여받은 대가로 회원을 모집하는 자에게 지급하는 비용을 말한다)의 반환 : 회원의 입회기간 및 입회금의 반환은 관광사업자 또는 사업계획승인을 받은 자와 회원 간에 체결한 계약에 따르되, 회원의 입회기간이 끝나 입회금을 반환해야 하는 경우에는 입회금 반환을 요구받은 날부터 10일 이내에 반환할 것

5. 회원증의 발급 및 확인 : 문화체육관광부령으로 정하는 바에 따라 소유자등나 회원에게 해당 시설의 소유자등이나 회원임을 증명하는 회원증을 문화체육관광부령으로 정하는 기관으로부터 확인받아 발급할 것

6. 소유자등·회원의 대표기구의 구성 및 운영

　　가. 20명 이상의 소유자등·회원으로 대표기구를 구성할 것. 이 경우 그 분양 또는 회원모집을 한 자와 그 대표자 및 임직원은 대표기구에 참여할 수 없다.

　　나. 가목에 따라 대표기구를 구성하는 경우(결원을 충원하는 경우를 포함한다)에는 그 소유자등·회원 모두를 대상으로 전자우편 또는 휴대전화 문자메시지로 통지하거나 해당 사업자의 인터넷 홈페이지에 게시하는 등의 방법으로 그 사실을 알리고 대표기구의 구성원을 추천받거나 신청받도록 할 것

　　다. 소유자등·회원의 권익에 관한 사항(제3호나목에 관한 사항은 제외한다)은 대표기구와 협의할 것

　　라. 휴양 콘도미니엄업에 대한 특례

　　　1) 가목에도 불구하고 한 개의 법인이 복수의 휴양 콘도미니엄업을 등록한 경우에는 그 법인이 등록한 휴양 콘도미니엄업의 전부 또는 일부를 대상으로 대표기구를 통합하여 구성할 수 있도록 하되, 통합하여 구성된 대표기구(이하 "통합 대표기구"라 한다)에는 각각의 등록된 휴양 콘도미니엄업 시설의 소유자등 및 회원이 다음의 기준에 따라 포함되도록 할 것

　　　　가) 소유자등과 회원이 모두 있는 등록된 휴양 콘도미니엄업의 경우 : 소유자등 및 회원 각각 1명 이상

　　　나) 소유자등 또는 회원만 있는 등록된 휴양 콘도미니엄업의 경우 : 소유
　　　　　자등 또는 회원 1명 이상

　　2) 1)에 따라 통합 대표기구를 구성한 경우에도 특정 휴양 콘도미니엄업 시설
　　　의 소유자등·회원의 권익에 관한 사항으로서 통합 대표기구의 구성원 10명
　　　이상 또는 해당 휴양 콘도미니엄업 시설의 소유자등·회원 10명 이상이 요
　　　청하는 경우에는 해당 휴양 콘도미니엄업 시설의 소유자등·회원 20명 이상
　　　으로 그 휴양 콘도미니엄업의 해당 안건만을 협의하기 위한 대표기구를 구
　　　성하여 해당 안건에 관하여 통합 대표기구를 대신하여 협의하도록 할 것

7. 그 밖의 소유자등·회원의 권익 보호에 관한 사항 : 분양 또는 회원모집계약
　서에 사업계획의 승인번호·일자(관광사업으로 등록된 경우에는 등록번호·
　일자), 시설물의 현황·소재지, 연간 이용일수 및 회원의 입회기간을 명시할 것

則 **시행규칙 제28조(회원증의 발급)**

① 분양 또는 회원모집을 하는 관광사업자가 영 제26조제5호에 따라 회원증을
발급하는 경우 그 회원증에는 다음 각 호의 사항이 포함되어야 한다.

1. 소유자등 또는 회원의 번호
2. 소유자등 또는 회원의 성명과 주민등록번호
3. 사업장의 상호·명칭 및 소재지
4. 소유자등과 회원의 구분
5. 면적
6. 분양일 또는 입회일
7. 발행일자

② 분양 또는 회원모집을 하는 관광사업자가 제1항에 따른 회원증을 발급하려는
경우에는 미리 분양 또는 회원모집 계약 후 30일 이내에 문화체육관광부장관이 지
정하여 고시하는 자(이하 "회원증 확인자"라 한다)로부터 그 회원증과 영 제25조에
따른 분양 또는 회원모집계획서가 일치하는지를 확인받아야 한다. <개정 2008.3.6.>

③ 제2항에 따라 회원증 확인자의 확인을 받아 회원증을 발급한 관광사업자는
소유자등 및 회원 명부에 회원증 발급 사실을 기록·유지하여야 한다.

④ 회원증 확인자는 6개월마다 특별자치시장·특별자치도지사·시장·군수·
구청장에게 회원증 발급에 관한 사항을 통보하여야 한다. <개정 2009.10.22., 2019.4.25.>

사례11

모 호텔에서 직영하는 호텔 피트니스 회원권 가입권유가 있었습니다. 문의는 계약내용에 따른 회원가입금의 환급이 업체 측의 영업정지 등의 기타 사유로 어려울 때 소액전세금의 임대차금 우선변제처럼 법률적 우선환급이라는 보장이 관광관련 법률에 있는지 궁금합니다.

답변

「관광진흥법」상의 보호규정은 없습니다. 그 외에도 다른 법률에 의해서 명시적 규정을 두고 보호되는 법규정은 없는 것으로 압니다. 만약에 문제가 된다면 사안에 따라 다르겠지만, 원만한 합의가 이루어지지 아니할 경우 민·형사법에 의한 소송을 통해 구제신청되어야 할 것으로 판단합니다.

자료: 한국호텔업협회

사례12

앞으로 건축되는 호텔은 분양을 한다는데, 호텔 분양에 관한 전반적인 내용에 대하여 알고 싶습니다. 그리고 현재 국내에서 영업 중인 호텔(등급 상관없음)의 매매관련 사항입니다. 지역이나 등급에 관계없이 그 리스트를 뽑고자 하는데, 어떻게 하면 잘 알 수 있을까요?

답변

「관광진흥법」상의 호텔은 분양할 수 없습니다. 잘못 아시는 사항입니다. 호텔매매 관련 등의 사항은 취급하지 않습니다.

자료: 한국호텔업협회

제4절 카지노업

▶관광진흥법
제21조(허가 요건 등), 제21조의2(허가의 공고 등)
▶시행령
제27조(카지노업의 허가요건 등)

法 「관광진흥법」 제21조(허가 요건 등)

① 문화체육관광부장관은 제5조제1항에 따른 카지노업(이하 "카지노업"이라 한다)의 허가신청을 받으면 다음 각 호의 어느 하나에 해당하는 경우에만 허가할 수 있다. <개정 2008.2.29., 2008.6.5., 2018.6.12.>

1. 국제공항이나 국제여객선터미널이 있는 특별시·광역시·특별자치시·도·특별자치도(이하 "시·도"라 한다)에 있거나 관광특구에 있는 관광숙박업 중 호텔업 시설(관광숙박업의 등급 중 최상 등급을 받은 시설만 해당하며, 시·도에 최상 등급의 시설이 없는 경우에는 그 다음 등급의 시설만 해당한다) 또는 대통령령으로 정하는 국제회의업 시설의 부대시설에서 카지노업을 하려는 경우로서 대통령령으로 정하는 요건에 맞는 경우
2. 우리나라와 외국을 왕래하는 여객선에서 카지노업을 하려는 경우로서 대통령령으로 정하는 요건에 맞는 경우

② 문화체육관광부장관이 공공의 안녕, 질서유지 또는 카지노업의 건전한 발전을 위하여 필요하다고 인정하면 대통령령으로 정하는 바에 따라 제1항에 따른 허가를 제한할 수 있다. <개정 2008.2.29.>

令 시행령 제27조(카지노업의 허가요건 등)

① 법 제21조제1항제1호에서 "대통령령으로 정하는 국제회의업 시설"이란 제2조제1항제4호 가목의 국제회의시설업의 시설을 말한다.

② 법 제21조제1항에 따른 카지노업의 허가요건은 다음 각 호와 같다. <개정 2008.2.29., 2012.12.20., 2015.8.4.>

1. 관광호텔업이나 국제회의시설업의 부대시설에서 카지노업을 하려는 경우
   가. 삭제 <2015.8.4.>
   나. 외래관광객 유치계획 및 장기수지전망 등을 포함한 사업계획서가 적정할 것

　　다. 나목에 규정된 사업계획의 수행에 필요한 재정능력이 있을 것

　　라. 현금 및 칩의 관리 등 영업거래에 관한 내부통제방안이 수립되어 있을 것

　　마. 그 밖에 카지노업의 건전한 운영과 관광산업의 진흥을 위하여 문화체육
　　　　관광부장관이 공고하는 기준에 맞을 것

2. 우리나라와 외국 간을 왕래하는 여객선에서 카지노업을 하려는 경우

　　가. 여객선이 2만톤급 이상으로 문화체육관광부장관이 공고하는 총톤수 이상일 것

　　나. 삭제 <2012.11.20.>

　　다. 제1호나목부터 마목까지의 규정에 적합할 것

③ 문화체육관광부장관은 법 제21조제2항에 따라 최근 신규허가를 한 날 이후에 전국 단위의 외래관광객이 60만 명 이상 증가한 경우에만 신규허가를 할 수 있되, 다음 각 호의 사항을 고려하여 그 증가인원 60만 명당 2개 사업 이하의 범위에서 할 수 있다. <개정 2008.2.29., 2015.8.4.>

1. 전국 단위의 외래관광객 증가 추세 및 지역의 외래관광객 증가 추세

2. 카지노이용객의 증가 추세

3. 기존 카지노사업자의 총 수용능력

4. 기존 카지노사업자의 총 외화획득실적

5. 그 밖에 카지노업의 건전한 운영과 관광산업의 진흥을 위하여 필요한 사항

④ 삭제 <2016.8.2.>

法 「관광진흥법」 제21조의2(허가의 공고 등)

① 문화체육관광부장관은 카지노업의 신규허가를 하려면 미리 다음 각 호의 사항을 정하여 공고하여야 한다.

1. 허가 대상지역

2. 허가 가능업체 수

3. 허가절차 및 허가방법

4. 세부 허가기준

5. 카지노업의 건전한 운영과 관광산업의 진흥을 위하여 문화체육관광부장관이 정하는 사항

② 문화체육관광부장관은 제1항에 따른 공고를 실시한 결과 적합한 자가 없을 경우에는 카지노업의 신규허가를 하지 아니할 수 있다.

[본조신설 2016.2.3.]

▶관광진흥법
  제22조(결격사유)

法 「관광진흥법」 제22조(결격사유)

① 다음 각 호의 어느 하나에 해당하는 자는 카지노업의 허가를 받을 수 없다.

1. 19세 미만인 자

2. 「폭력행위 등 처벌에 관한 법률」 제4조에 따른 단체 또는 집단을 구성하거나 그 단체 또는 집단에 자금을 제공하여 금고 이상의 형을 선고받고 형이 확정된 자

3. 조세를 포탈(逋脫)하거나 「외국환거래법」을 위반하여 금고 이상의 형을 선고받고 형이 확정된 자

4. 금고 이상의 실형을 선고받고 그 집행이 끝나거나 집행을 받지 아니하기로 확정된 후 2년이 지나지 아니한 자

5. 금고 이상의 형의 집행유예를 선고받고 그 유예기간 중에 있는 자

6. 금고 이상의 형의 선고유예를 받고 그 유예기간 중에 있는 자

7. 임원 중에 제1호부터 제6호까지의 규정 중 어느 하나에 해당하는 자가 있는 법인

② 문화체육관광부장관은 카지노업의 허가를 받은 자(이하 "카지노사업자"라 한다)가 제1항 각 호의 어느 하나에 해당하면 그 허가를 취소하여야 한다. 다만, 법인의 임원 중 그 사유에 해당하는 자가 있는 경우 3개월 이내에 그 임원을 바꾸어 임명한 때에는 그러하지 아니하다. <개정 2008.2.29.>

▶관광진흥법
  제23조(카지노업의 시설기준 등)
▶시행규칙
  제29조(카지노업의 시설기준 등), 제30조(카지노 전산시설의 검사), 제30조의2(유효기간 연장에 관한 사전통지), 제31조(카지노전산시설 검사기관의 업무규정 등)

法 「관광진흥법」 제23조(카지노업의 시설기준 등)

① 카지노업의 허가를 받으려는 자는 문화체육관광부령으로 정하는 시설 및 기구를 갖추어야 한다. <개정 2008.2.29.>

② 카지노사업자에 대하여는 문화체육관광부령으로 정하는 바에 따라 제1항에

따른 시설 중 일정 시설에 대하여 문화체육관광부장관이 지정·고시하는 검사기관의 검사를 받게 할 수 있다. <개정 2008.2.29.>

③ 카지노사업자는 제1항에 따른 시설 및 기구를 유지·관리하여야 한다.

則 **시행규칙 제29조(카지노업의 시설기준 등)**

① 법 제23조제1항에 따라 카지노업의 허가를 받으려는 자가 갖추어야 할 시설 및 기구의 기준은 다음 각 호와 같다. <개정 2008.3.6.>

1. 330제곱미터 이상의 전용 영업장

2. 1개 이상의 외국환 환전소

3. 제35조제1항에 따른 카지노업의 영업종류 중 네 종류 이상의 영업을 할 수 있는 게임기구 및 시설

4. 문화체육관광부장관이 정하여 고시하는 기준에 적합한 카지노 전산시설

② 제1항제4호에 따른 기준에는 다음 각 호의 사항이 포함되어야 한다.

<개정 2019.10.7.>

1. 하드웨어의 성능 및 설치방법에 관한 사항

2. 네트워크의 구성에 관한 사항

3. 시스템의 가동 및 장애방지에 관한 사항

4. 시스템의 보안관리에 관한 사항

5. 환전관리 및 현금과 칩의 수불관리를 위한 소프트웨어에 관한 사항

則 **시행규칙 제30조(카지노 전산시설의 검사)**

① 카지노업의 허가를 받은 자(이하 "카지노사업자"라 한다)는 법 제23조제2항에 따라 제29조제1항제4호에 따른 카지노 전산시설(이하 "카지노전산시설"이라 한다)에 대하여 다음 각 호의 구분에 따라 각각 해당 기한 내에 문화체육관광부장관이 지정·고시하는 검사기관(이하 "카지노전산시설 검사기관"이라 한다)의 검사를 받아야 한다. <개정 2008.3.6.>

1. 신규로 카지노업의 허가를 받은 경우: 허가를 받은 날(조건부 영업허가를 받은 경우에는 조건 이행의 신고를 한 날)부터 15일

2. 검사유효기간이 만료된 경우: 유효기간 만료일부터 3개월

② 제1항에 따른 검사의 유효기간은 검사에 합격한 날부터 3년으로 한다. 다만,

검사 유효기간의 만료 전이라도 카지노전산시설을 교체한 경우에는 교체한 날부터 15일 이내에 검사를 받아야 하며, 이 경우 검사의 유효기간은 3년으로 한다.
③ 제1항에 따라 카지노전산시설의 검사를 받으려는 카지노사업자는 별지 제27호서식의 카지노전산시설 검사신청서에 제29조제2항 각 호에 규정된 사항에 대한 검사를 하기 위하여 필요한 자료를 첨부하여 카지노전산시설 검사기관에 제출하여야 한다.

則 시행규칙 제30조의2(유효기간 연장에 관한 사전통지)

① 카지노전산시설 검사기관은 카지노사업자에게 카지노전산시설 검사의 유효기간 만료일부터 3개월 이내에 검사를 받아야 한다는 사실과 검사 절차를 유효기간 만료일 1개월 전까지 알려야 한다.
② 제1항에 따른 통지는 휴대폰에 의한 문자전송, 전자메일, 팩스, 전화, 문서 등으로 할 수 있다.
[본조신설 2011.12.30.]

則 시행규칙 제31조(카지노전산시설 검사기관의 업무규정 등)

① 카지노전산시설 검사기관은 카지노전산시설 검사업무규정을 작성하여 문화체육관광부장관의 승인을 받아야 한다. <개정 2008.3.6.>
② 제1항에 따른 카지노전산시설 검사업무규정에는 다음 각 호의 사항이 포함되어야 한다.
1. 검사의 소요기간
2. 검사의 절차와 방법에 관한 사항
3. 검사의 수수료에 관한 사항
4. 검사의 증명에 관한 사항
5. 검사원이 지켜야 할 사항
6. 그 밖의 검사업무에 필요한 사항
③ 카지노전산시설 검사기관은 별지 제28호서식의 카지노시설·기구 검사기록부를 작성·비치하고, 이를 5년간 보존하여야 한다.

> ▶관광진흥법
> 제24조(조건부 영업허가)
> ▶시행령
> 제28조(카지노업의 조건부 영업허가 기간)
> ▶시행규칙
> 제32조(조건이행의 신고)

法 「관광진흥법」 제24조(조건부 영업허가)

① 문화체육관광부장관은 카지노업을 허가할 때 1년의 범위에서 대통령령으로 정하는 기간에 제23조제1항에 따른 시설 및 기구를 갖출 것을 조건으로 허가할 수 있다. 다만, 천재지변이나 그 밖의 부득이한 사유가 있다고 인정하는 경우에는 해당 사업자의 신청에 따라 한 차례에 한하여 6개월을 넘지 아니하는 범위에서 그 기간을 연장할 수 있다. <개정 2008.2.29., 2011.4.5.>
② 문화체육관광부장관은 제1항에 따른 허가를 받은 자가 정당한 사유 없이 제1항에 따른 기간에 허가 조건을 이행하지 아니하면 그 허가를 즉시 취소하여야 한다. <개정 2008.2.29., 2011.4.5.>
③ 제1항에 따른 허가를 받은 자는 제1항에 따른 기간 내에 허가 조건에 해당하는 필요한 시설 및 기구를 갖춘 경우 그 내용을 문화체육관광부장관에게 신고하여야 한다. <신설 2011.4.5.>
④ 문화체육관광부장관은 제3항에 따른 신고를 받은 경우 그 내용을 검토하여 이 법에 적합하면 신고를 수리하여야 한다. 〈신설 2018.6.12.〉

令 시행령 제28조(카지노업의 조건부 영업허가 기간)

법 제24조제1항 본문에서 "대통령령으로 정하는 기간"이란 조건부 영업허가를 받은 날부터 1년 이내를 말한다.
[전문개정 2011.10.6.]

則 시행규칙 제32조(조건이행의 신고)

법 제24조제1항에 따라 카지노업의 조건부 영업허가를 받은 자는 영 제28조에 따른 기간 내에 그 조건을 이행한 경우에는 별지 제29호서식의 조건이행내역

신고서에 다음 각 호의 서류를 첨부하여 문화체육관광부장관에게 제출하여야 한다. <개정 2008.3.6., 2011.10.6.>

1. 설치한 시설에 관한 서류

2. 설치한 카지노기구에 관한 서류

▶관광진흥법
　제25조(카지노기구의 규격 및 기준 등)
▶시행규칙
　제33조(카지노기구의 규격·기준 및 검사), 제33조의2(카지노검사기관의 지정 신청 등),
　제34조(카지노검사기관의 업무규정 등)

法 「관광진흥법」 제25조(카지노기구의 규격 및 기준 등)

① 문화체육관광부장관은 카지노업에 이용되는 기구(이하 "카지노기구"라 한다)의 형상·구조·재질 및 성능 등에 관한 규격 및 기준(이하 "공인기준 등"이라 한다)을 정하여야 한다. <개정 2008.2.29.>

② 문화체육관광부장관은 문화체육관광부령으로 정하는 바에 따라 문화체육관광부장관이 지정하는 검사기관의 검정을 받은 카지노기구의 규격 및 기준을 공인기준 등으로 인정할 수 있다. <개정 2008.2.29.>

③ 카지노사업자가 카지노기구를 영업장소(그 부대시설 등을 포함한다)에 반입·사용하는 경우에는 문화체육관광부령으로 정하는 바에 따라 그 카지노기구가 공인기준 등에 맞는지에 관하여 문화체육관광부장관의 검사를 받아야 한다. <개정 2008.2.29.>

④ 제3항에 따른 검사에 합격된 카지노기구에는 문화체육관광부령으로 정하는 바에 따라 검사에 합격하였음을 증명하는 증명서(이하 "검사합격증명서"이라 한다)를 붙이거나 표시하여야 한다. <개정 2008.2.29.>

則 시행규칙 제33조(카지노기구의 규격·기준 및 검사)

① 문화체육관광부장관은 법 제25조제1항에 따라 카지노기구의 규격 및 기준을 정한 경우에는 이를 고시하여야 한다. 이 경우 별표 8의 전자테이블게임 및 머신게임 기구의 규격 및 기준에는 다음 각 호의 사항이 포함되어야 한다. <개정 2008.3.6., 2019.6.11., 2020.6.4.>

1. 최저배당률에 관한 사항

2. 최저배당률 이하로 변경하거나 제3항에 따른 카지노기구검사기관의 검사를 받지 아니한 이피롬(EPROM) 및 기타프로그램 저장장치를 사용하는 경우에는 카지노기구의 자동폐쇄에 관한 사항

3. 게임결과의 기록 및 그 보전에 관한 사항

② 법 제25조제3항에 따라 카지노사업자는 다음 각 호의 구분에 따라 각각 해당 기한 내에 카지노기구의 검사를 받아야 한다. <개정 2018.1.25.>

1. 신규로 카지노기구를 반입·사용하거나 카지노기구의 영업 방법을 변경하는 경우 : 그 기구를 카지노 영업에 사용하는 날

2. 검사유효기간이 만료된 경우 : 검사 유효기간 만료일부터 15일

3. 제4항제2호의2에 따른 봉인의 해제가 필요하거나 영업장소를 이전하는 경우 : 봉인의 해제 또는 영업장소의 이전 후 그 기구를 카지노영업에 사용하는 날

4. 카지노기구를 영업장에서 철거하는 경우 : 그 기구를 영업장에서 철거하는 날

5. 그 밖에 카지노기구의 개조·변조 확인 및 카지노 이용자에 대한 위해(危害) 방지 등을 위하여 문화체육관광부장관이 요청하는 경우 : 검사 요청일부터 5일 이내

③ 제2항에 따라 카지노기구의 검사를 받으려는 카지노사업자는 별지 제30호 서식의 카지노기구 검사신청서에 다음 각 호의 서류를 첨부하여 법 제25조제2항에 따라 문화체육관광부장관이 지정하는 검사기관(이하 "카지노기구검사기관"이라 한다)에 제출하여야 한다. <개정 2008.3.6., 2008.8.26., 2020.6.4.>

1. 카지노기구 제조증명서(품명·제조업자·제조연월일·제조번호·규격·재질 및 형식이 기재된 것이어야 한다)

2. 카지노기구 수입증명서(수입한 경우만 해당한다)

3. 카지노기구 도면

4. 카지노기구 작동설명서

5. 카지노기구의 배당률표

6. 카지노기구의 검사합격증명서(외국에서 제작된 카지노기구 중 해당 국가에서 인정하는 검사기관의 검사에 합격한 카지노기구를 신규로 반입·사용하려는 경우에만 해당한다)

④ 제3항에 따른 검사신청을 받은 카지노기구검사기관은 해당 카지노기구가 제1항에 따른 규격 및 기준에 적합한지의 여부를 검사하고, 검사에 합격한 경우에는 다음 각 호의 조치를 하여야 한다. <개정 2008.3.6., 2018.1.25., 2019.10.7., 2020.6.4.>

1. 카지노기구 제조·수입증명서에 검사합격사항의 확인 및 날인

2. 카지노기구에 별지 제31호서식의 카지노기구 검사합격확인증의 부착 등 표시

2의2. 카지노기구의 개조·변조를 방지하기 위한 봉인(封印)

3. 제31조제3항에 따른 카지노시설·기구 검사기록부를 작성한 후 그 사본을 문화체육관광부장관에게 제출

⑤ 카지노기구검사기관은 제4항에 따른 검사를 할 때 카지노사업자가 외국에서 제작된 카지노기구 중 해당 국가에서 인정하는 검사기관의 검사에 합격한 카지노기구를 신규로 반입·사용하려는 경우에는 그 카지노기구의 검사합격증명서에 의하여 검사를 하여야 한다. <개정 2008.8.26., 2020.6.4.>

⑥ 제4항에 따른 검사의 유효기간은 검사에 합격한 날부터 3년으로 한다.

則 시행규칙 제33조의2(카지노기구검사기관의 지정 신청 등)

① 법 제25조제2항에 따라 카지노기구검사기관으로 지정을 받으려는 자는 별지 제31호의2서식의 카지노기구검사기관 지정신청서(전자문서로 된 신청서를 포함한다)에 다음 각 호의 서류(전자문서를 포함한다)를 첨부하여 문화체육관광부장관에게 제출해야 한다.

1. 법인의 정관

2. 카지노기구 검사업무를 수행하기 위한 인력 및 장비 등이 포함된 사업계획서

3. 카지노기구 검사업무를 수행하기 위한 업무규정

4. 별표 7의2에 따른 지정 요건을 갖추었음을 증명하는 서류

② 문화체육관광부장관은 제1항에 따른 지정신청서를 받은 경우에는 「전자정부법」 제36조제1항에 따른 행정정보의 공동이용을 통해 법인 등기사항증명서를 확인해야 한다.

③ 카지노기구검사기관의 지정 요건은 별표 7의2와 같다.

④ 문화체육관광부장관은 제1항에 따라 카지노기구검사기관의 지정을 신청한 자가 별표 7의2에 따른 지정 요건에 적합한 경우에는 카지노기구검사기관으로 지정한다.

⑤ 문화체육관광부장관은 제4항에 따라 카지노기구검사기관을 지정한 경우에는 별지 제31호의3서식의 카지노기구검사기관 지정서를 발급하고, 그 내용을 문화체육관광부의 인터넷 홈페이지에 공고해야 한다.

[본조신설 2020.6.4.]

則 시행규칙 제34조(카지노기구검사기관의 업무규정 등)

제31조는 카지노기구검사기관의 업무규정의 작성, 검사기록부의 작성·비치·
보존에 관하여 준용한다. <개정 2020.6.4.>
[제목개정 2020.6.4.]

▶관광진흥법
  제26조(카지노업의 영업 종류와 영업 방법 등)
▶시행규칙
  제35조(카지노업의 영업 종류 등)

法 「관광진흥법」 제26조(카지노업의 영업 종류와 영업 방법 등)

① 카지노업의 영업 종류는 문화체육관광부령으로 정한다. <개정 2008.2.29.>
② 카지노사업자는 문화체육관광부령으로 정하는 바에 따라 제1항에 따른 카지
노업의 영업 종류별 영업 방법 및 배당금 등에 관하여 문화체육관광부장관
에게 미리 신고하여야 한다. 신고한 사항을 변경하려는 경우에도 또한 같다.
<개정 2008.2.29.>
③ 문화체육관광부장관은 제2항에 따른 신고 또는 변경신고를 받은 경우 그 내
용을 검토하여 이 법에 적합하면 신고를 수리하여야 한다. <신설 2018.6.12.>

則 시행규칙 제35조(카지노업의 영업 종류 등)

① 법 제26조제1항에 따른 카지노업의 영업 종류는 별표 8과 같다.
② 법 제26조제2항에 따라 카지노업의 영업 종류별 영업 방법 및 배당금에 관하여 문
화체육관광부장관에게 신고하거나 신고한 사항을 변경하려는 카지노사업자는 별지 제
32호서식의 카지노 영업종류별 영업방법 등 신고서 또는 변경신고서에 다음 각 호의
서류를 첨부하여 문화체육관광부장관에게 신고하여야 한다. <개정 2008.3.6.>
1. 영업종류별 영업방법 설명서
2. 영업종류별 배당금에 관한 설명서

[별표 8] 〈개정 2023.2.2.〉

카지노업의 영업 종류(시행규칙 제35조제1항 관련)

1. 테이블게임 (Table Game)	가. 룰렛(Roulette) 나. 블랙잭(Blackjack) 다. 다이스(Dice, Craps) 라. 포커(Poker) 마. 바카라(Baccarat) 바. 다이 사이(Tai Sai) 사. 키노(Keno) 아. 빅휠(Big Wheel) 자. 빠이 까우(Pai Cow) 차. 판탄(Fan Tan) 카. 조커 세븐(Joker Seven) 타. 라운드 크랩스(Round Craps) 파. 트란타 콰란타(Trent Et Quarante) 하. 프렌치 볼(French Boule) 거. 차카락(Chuck-A-Luck) 너. 빙고(Bingo) 더. 마작(Mahjng) 러. 카지노 워(Casino War)	
2. 전자테이블게임 (Electronic Table Game)	가. 딜러 운영 전자 테이블 게임(Dealer Operated Electronic Table Game)	1) 룰렛(Roulette) 2) 블랙잭(Blackjack) 3) 다이스(Dice, Craps) 4) 포커(Poker) 5) 바카라(Baccarat) 6) 다이 사이(Tai Sai) 7) 키노(Keno) 8) 빅휠(Big Wheel) 9) 빠이 까우(Pai Cow) 10) 판탄(Fan Tan) 11) 조커 세븐(Joker Seven) 12) 라운드 크랩스(Round Craps) 13) 트란타 콰란타(Trent Et Quarante) 14) 프렌치 볼(French Boule) 15) 차카락(Chuck-A-Luck) 16) 빙고(Bingo) 17) 마작(Mahjng) 18) 카지노 워(Casino War)
2. 전자테이블게임 (Electronic Table Game)	나. 무인 전자 테이블 게임(Automated Electronic Table Game)	1) 룰렛(Roulette) 2) 블랙잭(Blackjack) 3) 다이스(Dice, Craps) 4) 포커(Poker) 5) 바카라(Baccarat) 6) 다이 사이(Tai Sai) 7) 키노(Keno) 8) 빅 휠(Big Wheel) 9) 빠이 까우(Pai Cow) 10) 판 탄(Fan Tan) 11) 조커 세븐(Joker Seven) 12) 라운드 크랩스(Round Craps) 13) 트란타 콰란타(Trent Et Quarante) 14) 프렌치 볼(French Boule) 15) 차카락(Chuck-A-Luck) 16) 빙고(Bingo) 17) 마작(Mahjng) 18) 카지노 워(Casino War)
3. 머신게임 (Machine Game)	가. 슬롯머신(Slot Machine) 나. 비디오게임(Video Game)	

> ▶관광진흥법
> 제27조(지도와 명령)

法 「관광진흥법」 제27조(지도와 명령)

> 문화체육관광부장관은 지나친 사행심 유발을 방지하는 등 그 밖에 공익을 위하
> 여 필요하다고 인정하면 카지노사업자에게 필요한 지도와 명령을 할 수 있다.
> <개정 2008.2.29.>

> ▶관광진흥법
> 제28조(카지노사업자 등의 준수사항)
> ▶시행령
> 제29조(카지노업의 종사원의 범위), 제29조의2 삭제
> ▶시행규칙
> 제36조(카지노업의 영업준칙)

法 「관광진흥법」 제28조(카지노사업자 등의 준수사항)

> ① 카지노사업자(대통령령으로 정하는 종사원을 포함한다. 이하 이 조에서 같
> 다)는 다음 각 호의 어느 하나에 해당하는 행위를 하여서는 아니 된다.
> 1. 법령에 위반되는 카지노기구를 설치하거나 사용하는 행위
> 2. 법령을 위반하여 카지노기구 또는 시설을 변조하거나 변조된 카지노기구 또
>   는 시설을 사용하는 행위
> 3. 허가받은 전용영업장 외에서 영업을 하는 행위
> 4. 내국인(「해외이주법」 제2조에 따른 해외이주자는 제외한다)을 입장하게 하는 행위
> 5. 지나친 사행심을 유발하는 등 선량한 풍속을 해칠 우려가 있는 광고나 선전
>   을 하는 행위
> 6. 제26조제1항에 따른 영업 종류에 해당하지 아니하는 영업을 하거나 영업 방
>   법 및 배당금 등에 관한 신고를 하지 아니하고 영업하는 행위
> 7. 총매출액을 누락시켜 제30조제1항에 따른 관광진흥개발기금 납부금액을 감
>   소시키는 행위

8. 19세 미만인 자를 입장시키는 행위

9. 정당한 사유 없이 그 연도 안에 60일 이상 휴업하는 행위

② 카지노사업자는 카지노업의 건전한 육성·발전을 위하여 필요하다고 인정하여 문화체육관광부령으로 정하는 영업준칙을 지켜야 한다. 이 경우 그 영업준칙에는 다음 각 호의 사항이 포함되어야 한다. <개정 2007.7.19., 2008.2.29.>

1. 1일 최소 영업시간

2. 게임 테이블의 집전함(集錢函) 부착 및 내기금액 한도액의 표시 의무

3. 슬롯머신 및 비디오게임의 최소배당률

4. 전산시설·환전소·계산실·폐쇄회로의 관리기록 및 회계와 관련된 기록의 유지 의무

5. 카지노 종사원의 게임참여 불가 등 행위금지사항

슈 시행령 제29조(카지노업의 종사원의 범위)

법 제28조제1항 각 호 외의 부분에서 "대통령령으로 정하는 종사원"이란 그 직위와 명칭이 무엇이든 카지노사업자를 대리하거나 그 지시를 받아 상시 또는 일시적으로 카지노영업에 종사하는 자를 말한다.

슈 시행령 제29조의2(고유식별정보의 처리)

삭제 <2014.8.6.>

則 시행규칙 제36조(카지노업의 영업준칙)

① 법 제28조제2항에 따라 카지노사업자가 지켜야 할 영업준칙은 별표 9와 같다. 다만, 「폐광지역개발 지원에 관한 특별법」 제11조제3항에 따라 법 제28조제1항제4호가 적용되지 아니하는 카지노사업자가 지켜야 할 영업준칙은 별표 10과 같다. <개정 2019.6.11.>

② 문화체육관광부장관은 별표 9의 영업준칙의 세부내용에 관하여 필요한 사항을 정하여 고시할 수 있다. <신설 2019.6.11.>

[별표 9] 〈개정 2019.10.7.〉
카지노업 영업준칙(시행규칙 제36조 관련)

1. 카지노사업자는 카지노업의 건전한 발전과 원활한 영업활동, 효율적인 내부 통제를 위하여 이사회·카지노총지배인·영업부서·안전관리부서·환전·전산전문요원 등 필요한 조직과 인력을 갖추어 1일 8시간 이상 영업하여야 한다.
2. 카지노사업자는 전산시설·출납창구·환전소·카운트룸[드롭박스(Drop box: 게임테이블에 부착된 현금함)의 내용물을 계산하는 계산실]·폐쇄회로·고객편의시설·통제구역 등 영업시설을 갖추어 영업을 하고, 관리기록을 유지하여야 한다.
3. 카지노영업장에는 게임기구와 칩스(Chips: 카지노에서 베팅에 사용되는 도구)·카드 등의 기구를 갖추어 게임 진행의 원활을 기하고, 게임테이블에는 드롭박스를 부착하여야 하며, 베팅금액 한도표를 설치하여야 한다.
4. 카지노사업자는 고객출입관리, 환전, 재환전, 드롭박스의 보관·관리와 계산요원의 복장 및 근무요령을 마련하여 영업의 투명성을 제고하여야 한다.
5. 머신게임을 운영하는 사업자는 투명성 및 내부통제를 위한 기구·시설·조직 및 인원을 갖추어 운영하여야 하며, 머신게임의 이론적 배당률을 75% 이상으로 하고 배당률과 실제 배당률이 5% 이상 차이가 있는 경우 카지노검사기관에 즉시 통보하여 카지노검사기관의 조치에 응하여야 한다.
6. 카지노사업자는 회계기록·콤프(카지노사업자가 고객 유치를 위해 고객에게 숙식 등을 무료로 제공하는 서비스) 비용·크레딧(카지노사업자가 고객에게 게임 참여를 조건으로 칩스를 신용대여하는 것) 제공·예치금 인출·알선수수료·계약게임 등의 기록을 유지하여야 한다.
7. 카지노사업자는 게임을 할 때 게임 종류별 일반규칙과 개별규칙에 따라 게임을 진행하여야 한다.
8. 카지노종사원은 게임에 참여할 수 없으며, 고객과 결탁한 부정행위 또는 국내외의 불법영업에 관여하거나 그 밖에 관광종사자로서의 품위에 어긋나는 행위를 하여서는 아니 된다.
9. 카지노사업자는 카지노 영업소 출입자의 신분을 확인하여야 하며, 다음 각 목에 해당하는 자는 출입을 제한하여야 한다.
    가. 당사자의 배우자 또는 직계혈족이 문서로써 카지노사업자에게 도박 중독 등을 이유로 출입 금지를 요청한 경우의 그 당사자. 다만, 배우자·부모 또는 자녀 관계를 확인할 수 있는 증빙 서류를 첨부하여 요청한 경우만 해당한다.
    나. 그 밖에 카지노 영업소의 질서 유지 및 카지노 이용자의 안전을 위하여 카지노사업자가 정하는 출입 금지 대상자

[별표 10] 〈개정 2019.6.11.〉
폐광지역 카지노사업자의 영업준칙(시행규칙 제36조 단서 관련)

1. 별표 9의 영업준칙을 지켜야 한다.
2. 카지노 영업소는 회원용 영업장과 일반 영업장으로 구분하여 운영하여야 하며, 일반 영업장에서는 주류를 판매하거나 제공하여서는 아니 된다.
3. 매일 오전 6시부터 오전 10시까지는 영업을 하여서는 아니 된다.
4. 별표 8의 테이블게임에 거는 금액의 최고 한도액은 일반 영업장의 경우에는 테이블별로 정하되, 1인당 1회 10만원 이하로 하여야 한다. 다만, 일반 영업장 전체 테이블의 2분의 1의 범위에서는 1인당 1회 30만원 이하로 정할 수 있다.
5. 별표 8의 머신게임에 거는 금액의 최고 한도는 1회 2천원으로 한다. 다만, 비디오 포커게임기는 2천500원으로 한다.
6. 머신게임의 게임기 전체 수량 중 2분의 1 이상은 그 머신게임기에 거는 금액의 단위가 100원 이하인 기기를 설치하여 운영하여야 한다.
7. 카지노 이용자에게 자금을 대여하여서는 아니 된다.
8. 카지노가 있는 호텔이나 영업소의 내부 또는 출입구 등 주요 지점에 폐쇄회로 텔레비전을 설치하여 운영하여야 한다.
9. 카지노 이용자의 비밀을 보장하여야 하며, 카지노 이용자에 관한 자료를 공개하거나 누출하여서는 아니 된다. 다만, 배우자 또는 직계존비속이 요청하거나 공공기관에서 공익적 목적으로 요청한 경우에는 자료를 제공할 수 있다.
10. 사망·폭력행위 등 사고가 발생한 경우에는 즉시 문화체육관광부장관에게 보고하여야 한다.
11. 회원용 영업장에 대한 운영·영업방법 및 카지노 영업장 출입일수는 내규로 정하되, 미리 문화체육관광부장관의 승인을 받아야 한다.

> ▶관광진흥법
> 제29조(카지노영업소 이용자의 준수사항)

法 「관광진흥법」 제29조(카지노영업소 이용자의 준수사항)

> 카지노영업소에 입장하는 자는 카지노사업자가 외국인(「해외이주법」 제2조에 따른 해외이주자를 포함한다)임을 확인하기 위하여 신분 확인에 필요한 사항을 묻는 때에는 이에 응하여야 한다.

> ▶관광진흥법
> 제30조(기금 납부)
> ▶시행령
> 제30조(관광진흥개발기금으로의 납부금 등)

法 「관광진흥법」 제30조(기금 납부)

> ① 카지노사업자는 총매출액의 100분의 10의 범위에서 일정 비율에 해당하는 금액을 「관광진흥개발기금법」에 따른 관광진흥개발기금에 내야 한다.
> ② 카지노사업자가 제1항에 따른 납부금을 납부기한까지 내지 아니하면 문화체육관광부장관은 10일 이상의 기간을 정하여 이를 독촉하여야 한다. 이 경우 체납된 납부금에 대하여는 100분의 3에 해당하는 가산금을 부과하여야 한다. <개정 2008.2.29.>
> ③ 제2항에 따른 독촉을 받은 자가 그 기간에 납부금을 내지 아니하면 국세 체납처분의 예에 따라 징수한다.
> ④ 제1항에 따른 총매출액, 징수비율 및 부과·징수절차 등에 필요한 사항은 대통령령으로 정한다.
> ⑤ 삭제 <2023.5.16.>
> ⑥ 삭제 <2023.5.16.>

슈 시행령 제30조(관광진흥개발기금으로의 납부금 등)

① 법 제30조제1항에 따른 총매출액은 카지노영업과 관련하여 고객으로부터 받은 총금액에서 고객에게 지급한 총금액을 공제한 금액을 말한다. <개정 2021.1.5.>

② 법 제30조제4항에 따른 관광진흥개발기금 납부금(이하 "납부금"이라 한다)의 징수비율은 다음 각 호의 어느 하나와 같다.

1. 연간 총매출액이 10억원 이하인 경우 : 총매출액의 100분의 1

2. 연간 총매출액이 10억원 초과 100억원 이하인 경우 : 1천만원＋총매출액 중 10억원을 초과하는 금액의 100분의 5

3. 연간 총매출액이 100억원을 초과하는 경우 : 4억 6천만원＋총매출액 중 100억원을 초과하는 금액의 100분의 10

③ 카지노사업자는 매년 3월 말까지 공인회계사의 감사보고서가 첨부된 전년도의 재무제표를 문화체육관광부장관에게 제출하여야 한다. <개정 2008.2.29.>

④ 문화체육관광부장관은 매년 4월 30일까지 제2항에 따라 전년도의 총매출액에 대하여 산출한 납부금을 서면으로 명시하여 2개월 이내의 기한을 정하여 한국은행에 개설된 관광진흥개발기금의 출납관리를 위한 계정에 납부할 것을 알려야 한다. 이 경우 그 납부금을 2회 나누어 내게 할 수 있되, 납부기한은 다음 각 호와 같다. <개정 2008.2.29., 2010.2.24.>

1. 제1회: 해당 연도 6월 30일까지

2. 제2회: 해당 연도 9월 30일까지

3. 삭제 <2010.2.24.>

4. 삭제 <2010.2.24.>

⑤ 카지노사업자는 천재지변이나 그 밖에 이에 준하는 사유로 납부금을 그 기한까지 납부할 수 없는 경우에는 그 사유가 없어진 날부터 7일 이내에 내야 한다.

⑥ 카지노사업자는 다음 각 호의 요건을 모두 갖춘 경우 문화체육관광부장관에게 제4항 각 호에 따른 납부기한의 45일 전까지 납부기한의 연기를 신청할 수 있다. <신설 2021.3.23.>

1. 「감염병의 예방 및 관리에 관한 법률」 제2조제2호에 따른 제1급감염병 확산으로 인한 매출액 감소가 문화체육관광부장관이 정하여 고시하는 기준에 해당할 것

2. 제1호에 따른 매출액 감소로 납부금을 납부하는 데 어려움이 있다고 인정될 것

⑦ 문화체육관광부장관은 제6항에 따른 신청을 받은 때에는 제4항에도 불구하고 「관광진흥개발기금법」 제6조에 따른 기금운용위원회의 심의를 거쳐 1년 이내의 범위에서 납부기한을 한 차례 연기할 수 있다. <신설 2021.3.23.>

제5절 유원시설업

> ▶관광진흥법
> 　제31조(조건부 영업허가)
> ▶시행령
> 　제31조(유원시설업의 조건부 영업허가 기간 등)
> ▶시행규칙
> 　제37조(유원시설업의 조건부 영업허가 신청), 제38조(조건이행의 신고 등), 제39조(조건부
> 　영업허가의 기간 연장 신청)

法 「관광진흥법」 제31(조건부 영업허가)

① 특별자치시장·특별자치도지사·시장·군수·구청장은 유원시설업 허가를 할 때 5년의 범위에서 대통령령으로 정하는 기간에 제5조제2항에 따른 시설 및 설비를 갖출 것을 조건으로 허가할 수 있다. 다만, 천재지변이나 그 밖의 부득이한 사유가 있다고 인정하는 경우에는 해당 사업자의 신청에 따라 한 차례만 1년을 넘지 아니하는 범위에서 그 기간을 연장할 수 있다. <개정 2008.6.5., 2011.4.5., 2018.6.12., 2023.8.8.>

② 특별자치시장·특별자치도지사·시장·군수·구청장은 제1항에 따른 허가를 받은 자가 정당한 사유 없이 제1항에 따른 기간에 허가 조건을 이행하지 아니하면 그 허가를 즉시 취소하여야 한다. <개정 2008.6.5., 2011.4.5., 2018.6.12.>

③ 제1항에 따른 허가를 받은 자는 제1항에 따른 기간 내에 허가 조건에 해당하는 필요한 시설 및 기구를 갖춘 경우 그 내용을 특별자치시장·특별자치도지사·시장·군수·구청장에게 신고하여야 한다. <신설 2011.4.5., 2018.6.12.>

④ 특별자치시장·특별자치도지사·시장·군수·구청장은 제3항에 따른 신고를 받은 날부터 문화체육관광부령으로 정하는 기간 내에 신고수리 여부를 신고인에게 통지하여야 한다. <신설 2018.6.12.>

⑤ 특별자치시장·특별자치도지사·시장·군수·구청장이 제4항에서 정한 기간 내에 신고수리 여부 또는 민원 처리 관련 법령에 따른 처리기간의 연장을 신고인에게 통지하지 아니하면 그 기간(민원 처리 관련 법령에 따라 처리기간이 연장 또는 재연장된 경우에는 해당 처리기간을 말한다)이 끝난 날의 다음 날에 신고를 수리한 것으로 본다. <신설 2018.6.12.>

令 시행령 제31조(유원시설업의 조건부 영업허가 기간 등)

① 법 제31조제1항 본문에서 "대통령령으로 정하는 기간"이란 조건부 영업허가를 받은 날부터 다음 각 호의 구분에 따른 기간을 말한다.

1. 종합유원시설업을 하려는 경우: 5년 이내
2. 일반유원시설업을 하려는 경우: 3년 이내

② 법 제31조제1항 단서에서 "그 밖의 부득이한 사유"란 다음 각 호의 어느 하나에 해당하는 사유를 말한다.

1. 천재지변에 준하는 불가항력적인 사유가 있는 경우
2. 조건부 영업허가를 받은 자의 귀책사유가 아닌 사정으로 부지의 조성, 시설 및 설비의 설치가 지연되는 경우
3. 그 밖의 기술적인 문제로 시설 및 설비의 설치가 지연되는 경우

[전문개정 2011.10.6.]

則 시행규칙 제37조(유원시설업의 조건부 영업허가 신청)

① 법 제31조에 따라 조건부 영업허가를 받고자 하는 자는 별지 제11호서식의 유원시설업 조건부 영업허가 신청서에 제7조제2항제2호 및 제3호의 서류와 사업계획서를 첨부하여 특별자치시장·특별자치도지사·시장·군수·구청장에게 제출하여야 한다 <개정 2009.3.31., 2019.4.25.>

② 제1항에 따른 신청서를 받은 특별자치시장·특별자치도지사·시장·군수·구청장은 「전자정부법」 제36조제1항에 따른 행정정보의 공동이용을 통하여 법인 등기사항증명서(법인만 해당한다)를 확인하여야 한다. <개정 2009.3.31., 2011.3.30., 2019.4.25.>

③ 제1항의 사업계획서에는 다음 각 호의 사항이 포함되어야 한다.

1. 법 제5조제2항에 따른 시설 및 설비 계획
2. 공사 계획, 공사 자금 및 그 조달 방법
3. 시설별·층별 면적, 시설개요, 조감도, 사업 예정 지역의 위치도, 시설배치 계획도 및 토지명세서

④ 특별자치시장·특별자치도지사·시장·군수·구청장은 유원시설업의 조건부 영업허가를 하는 경우에는 별지 제13호서식의 유원시설업 조건부 영업허가증을 발급하여야 한다. <개정 2009.3.31., 2019.4.25.>

則 시행규칙 제38조(조건이행의 신고 등)

① 법 제31조에 따라 유원시설업의 조건부 영업허가를 받은 자는 영 제31조제1항에 따른 기간 내에 그 조건을 이행한 경우에는 별지 제32호의2서식의 조건이행내역 신고서에 시설 및 설비내역서를 첨부하여 특별자치시장·특별자치도지사·시장·군수·구청장에게 제출하여야 한다. <개정 2009.3.31., 2011.10.6., 2019.4.25.>

② 제1항에 따른 조건이행내역 신고서를 제출한 자가 영업을 시작하려는 경우에는 별지 제11호서식의 유원시설업 허가신청서에 제7조제2항제4호부터 제6호까지의 서류를 첨부하여 특별자치시장·특별자치도지사·시장·군수·구청장에게 제출하여야 한다. <개정 2009.3.31., 2011.10.6., 2019.4.25.>

③ 특별자치시장·특별자치도지사·시장·군수·구청장은 제2항에 따라 받은 서류를 검토한 결과 유원시설업의 허가조건을 충족하는 경우에는 신청인에게 제37조제4항에 따른 조건부 영업허가증을 별지 제13호서식의 유원시설업 허가증으로 바꾸어 발급하고, 별지 제14호서식의 유원시설업 허가·신고 관리대장을 작성하여 관리하여야 한다. <개정 2009.3.31., 2019.4.25.>

[제목개정 2011.10.6.]

則 시행규칙 제39조(조건부 영업허가의 기간 연장 신청)

법 제31조제1항 단서에 따라 조건부 영업허가의 기간을 연장받으려는 자는 조건부 영업허가의 기간이 만료되기 전에 법 제31조제1항 단서 및 영 제31조제2항 각 호의 어느 하나에 해당하는 사유를 증명하는 서류를 특별자치시장·특별자치도지사·시장·군수·구청장에게 제출하여야 한다. <개정 2019.4.25.>

[전문개정 2011.10.6.]

▶관광진흥법
제32조(물놀이형 유원시설업자의 준수사항)
▶시행규칙
제39조의2(물놀이형 유원시설업자의 안전·위생기준)

法 「관광진흥법」 제32조(물놀이형 유원시설업자의 준수사항)

제5조제2항 또는 제4항에 따라 유원시설업의 허가를 받거나 신고를 한 자(이하

"유원시설업자"라 한다) 중 물놀이형 유기시설 또는 유기기구를 설치한 자는 문화체육관광부령으로 정하는 안전·위생기준을 지켜야 한다.

[전문개정 2009.3.25.]

則 시행규칙 제39조의2(물놀이형 유원시설업자의 안전·위생기준)

법 제32조에 따라 유원시설업자 중 물놀이형 유기시설 또는 유기기구를 설치한 자가 지켜야 하는 안전·위생기준은 별표 10의2와 같다.

[본조신설 2009.10.22.]

[제목개정 2016.12.30.]

[별표 10의2] 〈개정 2020.12.10.〉

물놀이형 유원시설업자의 안전·위생기준(시행규칙 제39조의2 관련)

1. 사업자는 사업장 내에서 이용자가 항상 이용 질서를 유지하도록 하여야 하며, 이용자의 활동에 제공되거나 이용자의 안전을 위하여 설치된 각종 시설·설비·장비·기구 등이 안전하고 정상적으로 이용될 수 있는 상태를 유지하여야 한다.
2. 사업자는 물놀이형 유기시설 또는 유기기구의 특성을 고려하여 음주 등으로 정상적인 이용이 곤란하다고 판단될 때에는 음주자 등의 이용을 제한하고, 해당 유기시설 또는 유기기구별 신장 제한 등에 해당되는 어린이는 이용을 제한하거나 보호자와 동행하도록 하여야 한다.
3. 사업자는 물놀이형 유기시설 또는 유기기구의 정원, 주변 공간, 부속시설, 수상안전시설의 구비 정도 등을 고려하여 안전과 위생에 지장이 없다고 인정하는 범위에서 사업장의 동시수용 가능 인원을 산정하여 특별자치시장·특별자치도지사·시장·군수·구청장에게 제출하여야 하고, 기구별 정원을 초과하여 이용하게 하거나 동시수용 가능인원을 초과하여 입장시켜서는 아니 된다.
4. 사업자는 물놀이형 유기시설 또는 유기기구의 설계도에 제시된 유량이 공급되거나 담수되도록 하여야 하고, 이용자가 쉽게 볼 수 있는 곳에 수심 표시를 하여야 한다(수심이 변경되는 구간에는 변경된 수심을 표시한다).
5. 사업자는 풀의 물이 1일 3회 이상 여과기를 통과하도록 하여야 하며, 부유물 및 침전물의 유무를 상시 점검하여야 한다.
6. 의무 시설을 설치한 사업자는 의무 시설에 「의료법」에 따른 간호사 또는 「응급의료에 관한 법률」에 따른 응급구조사 또는 「간호조무사 및 의료유사업자에 관한 규칙」에 따른 간호조무사를 1명 이상 배치하여야 한다.
7. 사업자는 다음 각 목에서 정하는 항목에 관한 기준(해수를 이용하는 경우 「환경정책기본법 시행령」 제2조 및 별표 1 제3호라목의 II등급 기준을 적용한다)에 따라 사업장 내 풀의 수질기준을 유지해야 한다.
   가. 유리잔류염소는 0.4mg/l에서 2.0mg/l까지 유지하도록 하여야 한다. 다만, 오존소독 등으로 사전처리를 하는 경우의 유리잔류염소농도는 0.2mg/l 이상을 유지하여야 한다.
   나. 수소이온농도는 5.8부터 8.6까지 되도록 하여야 한다.
   다. 탁도는 2.8NTU 이하로 하여야 한다.
   라. 과망간산칼륨의 소비량은 15mg/l 이하로 하여야 한다.
   마. 각 풀의 대장균군은 10밀리리터들이 시험대상 5개 중 양성이 2개 이하이어야 한다.
7의2. 사업자는 사업장 내 풀의 수질검사를 「먹는물관리법」 제43조제1항에 따라 지정된 먹는물 수질검사기관에 의뢰하여 다음 각 목의 기준에 따라 실시하고, 관할하는 특별자치시장·특별자치도지사·시장·군수·구청장에게 수질검사 결과를 통지해야 한다.

　가. 제7호 각 목의 항목에 관한 수질검사: 연 1회 이상, 다만, 제7호 라목 및 마목의 항목에 관한 수질검사는 분기별로 1회 이상

　나. 가목에도 불구하고 7월 및 8월의 경우에는 제7호 각 목의 항목에 관한 수질검사를 각각 1회 이상 실시해야 한다.

8. 사업자는 이용자가 쉽게 볼 수 있는 곳에 물놀이형 유기시설 또는 유기기구의 정원 또는 사업장 동시수용인원, 물의 순환 횟수, 수질검사 일자 및 수질검사 결과 등을 게시하여야 한다. 이 경우 수질검사 결과 중 제7호가목부터 마목까지의 규정에 관한 내용은 게시하고, 같은 호 다목부터 마목까지의 규정에 관한 내용은 관리일지를 작성하여 비치·보관하여야 한다.

9. 사업자는 물놀이형 유기시설 또는 유기기구에 대한 관리요원을 배치하여 그 이용 상태를 항상 점검하여야 한다.

10. 사업자는 이용자의 안전을 위한 안전요원 배치와 관련하여 다음 사항을 준수하여야 한다.

　가. 안전요원이 할당 구역을 조망할 수 있는 적절한 배치 위치를 확보하여야 한다.

　나. 수심 100센티미터를 초과하는 풀에서는 면적 660제곱미터당 최소 1인이 배치되어야 하고, 수심 100센티미터 이하의 풀에서는 면적 1,000제곱미터당 최소 1인을 배치하여야 한다.

　다. 안전요원의 자격은 해양경찰청장이 지정하는 교육기관에서 발급하는 인명구조요원 자격증을 소지한 자, 대한적십자사나 「체육시설의 설치·이용에 관한 법률」 제34조에 따른 수영장 관련 체육시설업협회 등에서 실시하는 수상안전에 관한 교육을 받은 자 및 이와 동등한 자격요건을 갖춘 자만 해당한다. 다만, 수심 100센티미터 이하의 풀의 경우에는 문화체육관광부장관이 정하는 업종별 관광협회 또는 기관에서 실시하는 수상안전에 관한 교육을 받은 자도 배치할 수 있다.

11. 사업자는 안전요원이 할당한 구역 내에서 부상자를 신속하게 발견하여 응급처치를 이행할 수 있도록 이용자 안전관리계획, 안전요원 교육프로그램 및 안전 모니터링계획 등을 수립하여야 한다.

12. 사업자는 사업장 내에서 수영장 등 부대시설을 운영하는 경우 관계 법령에 따른 안전·위생기준을 준수하여야 한다.

▶관광진흥법
제33조(안전성검사 등), 제33조의2(사고보고의무 및 사고조사)
▶시행령
제31조의2(유기시설 등에 의한 중대한 사고)
▶시행규칙
제40조(유기시설 또는 유기기구의 안전성검사 등), 제41조(안전관리자의 자격·배치기준 및 임무), 제41조의2(유기시설·유기기구로 인한 중대한 사고의 통보)

法 「관광진흥법」 제33조(안전성검사 등)

① 유원시설업자 및 유원시설업의 허가 또는 변경허가를 받으려는 자(조건부 영업허가를 받은 자로서 그 조건을 이행한 후 영업을 시작하려는 경우를 포함한다)는 문화체육관광부령으로 정하는 안전성검사 대상 유기시설 또는 유기기구에 대하여 문화체육관광부령에서 정하는 바에 따라 특별자치시장·특별자치도지사·시장·군수·구청장이 실시하는 안전성검사를 받아야 하고, 안전성검사 대상이 아닌 유기시설 또는 유기기구에 대하여는 안전성검사 대상에 해당되지 아니함을 확인하는 검사를 받아야 한다. 이 경우 특별자치시장·특별자치도지사·시

장·군수·구청장은 성수기 등을 고려하여 검사시기를 지정할 수 있다. <개정 2008.2.29., 2009.3.25., 2011.4.5., 2018.6.12.>

② 제1항에 따라 안전성검사를 받아야 하는 유원시설업자는 유기시설 및 유기기구에 대한 안전관리를 위하여 사업장에 안전관리자를 항상 배치하여야 한다.

③ 제2항에 따른 안전관리자는 문화체육관광부장관이 실시하는 유기시설 및 유기기구의 안전관리에 관한 교육(이하 "안전교육"이라 한다)을 정기적으로 받아야 한다. <신설 2015.2.3.>

④ 제2항에 따른 유원시설업자는 제2항에 따른 안전관리자가 안전교육을 받도록 하여야 한다. <신설 2015.2.3.>

⑤ 제2항에 따른 안전관리자의 자격·배치 기준 및 임무, 안전교육의 내용·기간 및 방법 등에 필요한 사항은 문화체육관광부령으로 정한다. <개정 2008.2.29., 2015.2.3.>

法 「관광진흥법」 제33조의2(사고보고의무 및 사고조사)

① 유원시설업자는 그가 관리하는 유기시설 또는 유기기구로 인하여 대통령령으로 정하는 중대한 사고가 발생한 때에는 즉시 사용중지 등 필요한 조치를 취하고 문화체육관광부령으로 정하는 바에 따라 특별자치시장·특별자치도지사·시장·군수·구청장에게 통보하여야 한다. <개정 2018.6.12.>

② 제1항에 따라 통보를 받은 특별자치시장·특별자치도지사·시장·군수·구청장은 필요하다고 판단하는 경우에는 대통령령으로 정하는 바에 따라 유원시설업자에게 자료의 제출을 명하거나 현장조사를 실시할 수 있다. <개정 2018.6.12.>

③ 특별자치시장·특별자치도지사·시장·군수·구청장은 제2항에 따른 자료 및 현장조사 결과에 따라 해당 유기시설 또는 유기기구가 안전에 중대한 침해를 줄 수 있다고 판단하는 경우에는 그 유원시설업자에게 대통령령으로 정하는 바에 따라 사용중지·개선 또는 철거를 명할 수 있다. <개정 2018.6.12.>

[본조신설 2015.5.18.]

令 시행령 제31조의2(유기시설 등에 의한 중대한 사고)

① 법 제33조의2제1항에서 "대통령령으로 정하는 중대한 사고"란 다음 각 호의 어느 하나에 해당하는 경우가 발생한 사고를 말한다.

1. 사망자가 발생한 경우

2. 의식불명 또는 신체기능 일부가 심각하게 손상된 중상자가 발생한 경우

3. 사고 발생일부터 3일 이내에 실시된 의사의 최초 진단결과 2주 이상의 입원 치료가 필요한 부상자가 동시에 3명 이상 발생한 경우

4. 사고 발생일부터 3일 이내에 실시된 의사의 최초 진단결과 1주 이상의 입원 치료가 필요한 부상자가 동시에 5명 이상 발생한 경우

5. 유기시설 또는 유기기구의 운행이 30분 이상 중단되어 인명 구조가 이루어진 경우

② 유원시설업자는 법 제33조의2제2항에 따라 자료의 제출 명령을 받은 날부터 7일 이내에 해당 자료를 제출하여야 한다. 다만, 특별자치시장·특별자치도지사·시장·군수·구청장은 유원시설업자가 정해진 기간 내에 자료를 제출하는 것이 어렵다고 사유를 소명한 경우에는 10일의 범위에서 그 제출 기한을 연장할 수 있다. <개정 2019.4.9.>

③ 특별자치시장·특별자치도지사·시장·군수·구청장은 법 제33조의2제2항에 따라 현장조사를 실시하려면 미리 현장조사의 일시, 장소 및 내용 등을 포함한 조사계획을 유원시설업자에게 문서로 알려야 한다. 다만, 긴급하게 조사를 실시하여야 하거나 부득이한 사유가 있는 경우에는 그러하지 아니하다.
<개정 2019.4.9.>

④ 특별자치시장·특별자치도지사·시장·군수·구청장은 제3항에 따른 현장조사를 실시하는 경우에는 재난관리에 관한 전문가를 포함한 3명 이내의 사고조사반을 구성하여야 한다. <개정 2019.4.9.>

⑤ 특별자치시장·특별자치도지사·시장·군수·구청장은 법 제33조의2제2항에 따른 자료 및 현장조사 결과에 따라 해당 유기시설 또는 유기기구가 안전에 중대한 침해를 줄 수 있다고 판단하는 경우에는 같은 조 제3항에 따라 다음 각 호의 구분에 따른 조치를 명할 수 있다. <개정 2019.4.9.>

1. 사용중지 명령 : 유기시설 또는 유기기구를 계속 사용할 경우 이용자 등의 안전에 지장을 줄 우려가 있는 경우

2. 개선 명령 : 유기시설 또는 유기기구의 구조 및 장치의 결함은 있으나 해당 시설 또는 기구의 개선 조치를 통하여 안전 운행이 가능한 경우

3. 철거 명령 : 유기시설 또는 유기기구의 구조 및 장치의 중대한 결함으로 정비·수리 등이 곤란하여 안전 운행이 불가능한 경우

⑥ 유원시설업자는 제5항에 따른 조치 명령에 대하여 이의가 있는 경우에는 조치 명령을 받은 날부터 2개월 이내에 이의 신청을 할 수 있다.

⑦ 특별자치시장·특별자치도지사·시장·군수·구청장은 제6항에 따른 이의신청이 있는 경우에는 최초 구성된 사고조사반의 반원 중 1명을 포함하여 3명 이내의 사고조사반을 새로 구성하여 현장조사를 하여야 한다. <개정 2019.4.9.>

⑧ 법 제33조의2제3항에 따라 개선 명령을 받은 유원시설업자는 유기시설 또는 유기기구의 개선을 완료한 후 제65조제1항제3호에 따라 유기시설 또는 유기기구의 안전성검사 및 안전성검사 대상에 해당되지 아니함을 확인하는 검사에 관한 권한을 위탁받은 업종별 관광협회 또는 전문 연구·검사기관으로부터 해당 시설 또는 기구의 운행 적합 여부를 검사받아 그 결과를 관할 특별자치시장·특별자치도지사·시장·군수·구청장에게 제출하여야 한다. <개정 2019.4.9.>

[본조신설 2015.11.18.]

則 시행규칙 제40조(유기시설 또는 유기기구의 안전성검사 등)

① 법 제33조제1항에 따른 안전성검사 대상 유기시설 또는 유기기구와 안전성검사 대상이 아닌 유기시설 및 유기기구는 별표 11과 같다. <개정 2016.12.30.>

② 유원시설업의 허가 또는 변경허가를 받으려는 자(조건부 영업허가를 받은 자로서 제38조제2항에 따라 조건이행내역 신고서를 제출한 후 영업을 시작하려는 경우를 포함한다)는 제1항에 따른 안전성검사 대상 유기시설 또는 유기기구에 대하여 허가 또는 변경허가 전에 안전성검사를 받아야 하며, 허가 또는 변경허가를 받은 다음 연도부터는 연 1회 이상 정기 안전성검사를 받아야 한다. 다만, 최초로 안전성검사를 받은 지 10년이 지난 별표 11 제1호나목2)의 유기시설 또는 유기기구에 대하여는 반기별로 1회 이상 안전성 검사를 받아야 한다. <개정 2009.3.31., 2011.10.6., 2016.12.30.>

③ 제2항에 따라 안전성검사를 받은 유기시설 또는 유기기구 중 다음 각 호의 어느 하나에 해당하는 유기시설 또는 유기기구는 재검사를 받아야 한다. <개정 2016.12.30.>

1. 정기 또는 반기별 안전성검사 및 재검사에서 부적합 판정을 받은 유기시설 또는 유기기구

2. 사고가 발생한 유기시설 또는 유기기구(유기시설 또는 유기기구의 결함에 의하지 아니한 사고는 제외한다)

3. 3개월 이상 운행을 정지한 유기시설 또는 유기기구

④ 기타유원시설업의 신고를 하려는 자와 종합유원시설업 또는 일반유원시설

업을 하는 자가 안전성검사 대상이 아닌 유기시설 또는 유기기구를 설치하여 운영하려는 경우에는 안전성검사 대상이 아님을 확인하는 검사를 받아야 한다. 다만, 별표 11 제2호나목2)의 유기시설 또는 유기기구는 최초로 확인검사를 받은 다음 연도부터는 2년마다 정기 확인검사를 받아야 하고, 그 확인검사에서 부적합 판정을 받은 유기시설 또는 유기기구는 재확인검사를 받아야 한다. <개정 2016.12.30.>

⑤ 영 제65조제1항제3호에 따라 안전성검사 및 안전성검사 대상이 아님을 확인하는 검사에 관한 권한을 위탁받은 업종별 관광협회 또는 전문 연구·검사기관은 제2항부터 제4항까지의 규정에 따른 안전성검사 또는 안전성검사 대상이 아님을 확인하는 검사를 한 경우에는 문화체육관광부장관이 정하여 고시하는 바에 따라 검사결과서를 작성하여 지체 없이 검사신청인과 해당 유원시설업의 소재지를 관할하는 특별자치시장·특별자치도지사·시장·군수·구청장에게 각각 통지하여야 한다. <개정 2009.3.31., 2015.3.6., 2019.4.25.>

⑥ 제2항부터 제4항까지의 규정에 따른 유기시설 또는 유기기구에 대한 안전성검사 및 안전성검사 대상이 아님을 확인하는 검사의 세부기준 및 절차는 문화체육관광부장관이 정하여 고시한다. <개정 2008.3.6.>

⑦ 제5항에 따라 유기시설 또는 유기기구 검사결과서를 통지받은 특별자치시장·특별자치도지사·시장·군수·구청장은 그 안전성검사 또는 확인검사 결과에 따라 해당 사업자에게 다음 각 호의 조치를 하여야 한다. <신설 2008.8.26., 2009.3.31., 2016.12.30., 2019.4.25.>

1. 검사 결과 부적합 판정을 받은 유기시설 또는 유기기구에 대해서는 운행중지를 명하고, 재검사 또는 재확인검사를 받은 후 운행하도록 권고하여야 한다.

2. 검사 결과 적합 판정을 받았으나 개선이 필요한 사항이 있는 유기시설 또는 유기기구에 대해서는 개선을 하도록 권고할 수 있다.

⑧ 제3항제3호에 해당하여 재검사를 받은 경우에는 제2항에 따른 정기 안전성검사를 받은 것으로 본다. <신설 2016.12.30.>

⑨ 제8조제2항제7호 및 제12조제4호에 해당하여 변경신고를 한 경우 또는 「재난 및 안전관리기본법」 제30조에 따른 긴급안전점검 등이 문화체육관광부장관이 정하여 고시하는 바에 따라 이루어진 경우에는 제4항 단서에 따른 정기 확인검사에서 제외할 수 있다. <신설 2016.12.30.>

[별표 11] 〈개정 2020.12.10.〉

안전성검사 대상 유기시설 또는 유기기구와 안전성검사
대상이 아닌 유기시설 또는 유기기구(시행규칙 제40조제1항 관련)

1. 안전성검사 대상 유기시설 또는 유기기구
   가. 대 상
   　안전성검사 대상 유기시설 또는 유기기구는 위험요소가 많아 안전성검사를 받아야 하는 유기시설 또는 유기기구로서 제2호의 안전성검사의 대상이 아닌 유기시설 또는 유기기구에 해당하는 것을 제외한 유기시설 또는 유기기구를 말한다.
   나. 구 분
   1) 안전성검사 대상 유기시설 또는 유기기구는 다음과 같이 구분한다.
   가) 주행형

분류	내용	대표 유기시설 또는 유기기구	정의(유기시설 또는 유기기구의 유사기구명)
궤도 주행형	일정한 궤도(레일·로프 등)를 가지고 있으며 궤도를 이용하여 승용물이 운행되는 유기시설 또는 유기기구	스카이사이클	일정높이의 레일 위를 이용객이 승용물 페달을 밟으며 주행하는 시설·기구(공중자전거, 사이클 모노레일 등)
		모노레일	일정높이의 레일 위 또는 아래를 전기모터로 구동되는 연결된 승용물에 이용객이 탑승하여 주행하는 시설·기구(월드모노레일, 미니레일, 다크라이드, 관광열차 등)
		스카이제트	일정높이의 레일 위를 엔진 또는 전기 동력장치로 구동되는 개별 승용물에 이용객이 탑승하여 주행하는 시설·기구(하늘차 등)
		꼬마기차	견인차와 객차로 연결되어 일정 레일을 주행하는 시설·기구(판타지드림트레인, 개구쟁이열차, 순환열차, 축제열차, 동물열차 등)
		궤도자동차	여러 가지 자동차형 연결 승용물이 일정 궤도를 따라 운행하는 시설·기구(빅트럭, 서키트2000, 클래식카, 해적소굴, 해피스카이, 스피드웨이, 자동차왕국, 로데오칸보이 등)
		정글마우스	개별 승용물이 일정 레일을 따라 급회전 및 방향전환을 하는 시설·기구(크레이지마우스, 워터점핑, 매직캐슬, 깜짝마우스, 탑코스터 등)
		미니코스터	전기 동력 장치로 구동되는 연결 승용물이 상하 굴곡이 있는 레일 위를 주행하는 기구(비룡열차, 슈퍼루프, 우주열차, 그랜드캐년, 드래곤코스터, 꿈돌이코스터, 와일드 윈드, 자이언트루프, 링 오브 화이어 등)
		제트코스터	승용물이 일정높이까지 리프팅 된 후 레일 위를 고속으로 자유낙하, 수평회전으로 주행하는 시설·기구(카멜백코스터, 스페이스2000, 독수리요새, 혜성특급, 다크코스터, 환상특급, 폭풍열차, 마운틴코스터 등)
		루프코스터	승용물이 일정높이까지 리프팅 된 후 레일 위를 고속으로 자유낙하, 수평·수직, 스크류 회전으로 주행하는 시설·기구(공포특급, 루프스파이럴코스터, 판타지아스페셜, 부메랑코스터, 블랙홀2000 등)

분류	내용	대표 유기시설 또는 유기기구	정의(유기시설 또는 유기기구의 유사기구명)
		공중궤도라이드	천장 또는 상부에 설치된 일정 레일 아래를 따라 주행하는 승용물에 이용자가 탑승하여 관람하며 주행하는 시설·기구(바룬라이드 등)
		궤도자전거	지면에 설치된 레일 위를 자전거형 승용물에 이용자가 탑승하여 페달을 밟으며 주행하는 시설·기구(철로자전거 등)
주로 주행형	일정한 주로(도로 또는 이와 유사한 주로)를 가지고 있으며 그 주로를 이용하여 승용물이 운행되는 유기시설 또는 유기기구	스포츠카	자동차형 승용물이 엔진 또는 전기 동력장치로 구동하여 정해진 주로(완충장치가 있는 별도로 구분된 영구적인 주로)를 따라 단독 주행하여 30km/h 이하(ISO 17842-1)로 주행하는 기구(전동카, 고카트 등)
		무궤도열차	견인차량에 객차를 연결하여 많은 이용자가 탑승하여 정해진 주로(페인트 표시 등)를 따라 이동하는 기구(패밀리열차, 코끼리열차, 트램카 등)
		봅슬레이	이용자가 무동력 승용물에 탑승하여 경사진 일정한 홈형 주로를 따라 브레이크로 속도 조절하며 하강하는 시설·기구(슈퍼봅슬레이, 알파인슬라이드, 롤러루지 등)
수로 주행형	일정한 수로를 가지고 있으며 그 수로를 이용하여 승용물이 운행되는 유기시설 또는 유기기구	후룸라이드	배 모양의 승용물을 일정높이까지 리프팅하여 낙하시키면서 유속에 의해 수로를 따라 이동하는 시설·기구(후룸라이드, 급류타기 등)
		신밧드의 모험	배 모양의 승용물에 여러 명이 탑승하여 수로를 따라가면서 애니메이션을 즐기는 시설·기구(지구마을 등)
		래피드라이드	이용객이 보트에 탑승하여 급류가 흐르는 일정한 수로를 따라 주행하는 기구(보트라이드, 아마존익스프레스 등)
자유 주행형	일정한 지역(공간 등)을 가지고 있으며 그 지역(지면, 수면)을 이용하여 승용물이 운행되는 유기시설 또는 유기기구	범퍼카	일정한 공간의 지면에서 전기 동력장치로 구동되는 승용물에 이용객이 탑승하여 핸들을 조작하여 좌우충돌하며 주행하는 기구(어린이범퍼카, 크레이지범퍼카, 박치기차 등)
		범퍼보트	일정한 공간의 수면에서 배터리방식 전기 동력장치로 구동되며 승용물에 이용객이 탑승하여 핸들 조작을 통해 좌우충돌하며 물놀이를 즐기는 기구(박치기보트 등)
		수륙양용관람차	일정한 공간의 수면 또는 지면을 운행하는 승용물에 이용객이 탑승하여 주변을 관람하는 기구(로스트밸리 등)

나) 고정형

분류	내용	대표 유기시설 또는 유기기구	정의(유기시설 또는 유기기구의 유사기구명)
종회전 고정형	수평축을 중심으로 하여 승용물이 수직방향으로 수직원운동 또는 요동운동을 하는 유기시설 또는 유기기구	회전관람차	수평축을 중심으로 연결된 여러 개의 암 또는 스포크 구조물 등의 끝단에 승용물을 매달아 수직원운동으로 운행하는 기구(풍차놀이, 어린이관람차, 허니문카, 우주관람차, 나비휠, 대관람차 등)
		플라잉카펫	수평축을 중심으로 2개 또는 4개의 암 한쪽 끝단에 승용물이 수평하게 연결되고 반대쪽 끝단에 균형추가 각각 연결되어 수직원운동으로 운행하는 기구(나는소방차, 나는양탄자, 춤추는비행기, 개구장이버스, 지위즈, 자마이카 등)

		아폴로	수평축을 중심으로 암 한쪽 끝단에 승용물이 반대쪽 끝단에 균형추가 각각 연결되어 360° 수직원운동으로 운행하는 기구(샤크, 레인저, 우주유람선, 스카이마스터 등)
		레인보우	수평축을 중심으로 암 한쪽 끝단에는 승용물이 수평하게 연결되고 반대쪽 끝단에는 균형추가 각각 연결되어 수직원운동으로 운행하는 기구(무지개여행, 알라딘, 타임머신 등)
		바이킹	고정된 한 축을 중심으로 매달린 배모양의 승용물을 하부의 회전 동력장치가 마찰하는 방식으로 예각의 범위에서 진자운동하는 기구(미니바이킹, 콜럼버스대탐험, 스윙보트 등)
		고공파도타기	2개의 수평 중심축에 각각의 균형추가 있는 암과 암의 끝단에 승용물을 서로 연결하거나 교차 연결하여 암을 수직원운동시키는 기구(터미네이트, 스페이스루프, 인디아나존스, 탑스핀 등)
		스카이코스터	2개의 지지 부재(部材: 구조물의 뼈대를 형성하기 위하여 재료를 가공한 것) 상부에 수평축을 연결하고 그 수평축에 그네형태로 와이어 로프로 승용물을 연결하여 인양 후 자유 낙하시켜 진자운동으로 운행하는 기구(스카이코스터 등)
횡회전 고정형	수직축을 중심으로 승용물이 수평방향으로 수평원운동을 하는 유기시설 또는 유기기구	회전그네	수직축 상부에 수직축을 중심으로 회전하는 우산형태 구조물 끝단에 승용물을 매달아 수평원운동을 하는 기구(파도그네, 체인타워, 비행의자 등)
		회전목마	수직축을 중심으로 회전하는 회전원판 위에 다양한 형태와 크기의 목마 등을 고정하거나 각각의 크랭크축으로 목마가 상하로 움직이며 운행하는 기구(메리고라운드, 이층목마, 환상의 궁전 등)
		티컵	수직축 중심으로 회전하는 회전원판(대회전) 위에 커피잔 모양의 승용물이 개별 회전(소회전)하며 운행하는 기구(회전컵, 스피닝버렐, 어린이왕국, 꼬마비행기, 데이트컵 등)
		회전보트	수직축을 중심으로 여러 암 끝에 연결된 보트가 원형 수로 위를 일정하게 수평원운동 하는 기구(젯트보트, 회전오리, 거북선, 오리보트 등)
		점프라이드	수직축을 중심으로 여러 개의 암 끝에 연결된 오토바이 모양의 승용물이 굴곡이 있는 레일을 따라 회전하는 기구(마린베이, 오토바이, 피에로, 딱정벌레, 도래미악단, 어린이광장, 어린이라이드 등)
		뮤직익스프레스	경사면의 수직축을 중심으로 연결된 여러 암 끝의 승용물이 경사진 레일을 따라 회전하는 기구(해피세일러, 서프라이드, 나는썰매, 피터팬, 사랑열차, 록카페, 번개놀이 등)
		스윙댄스	원판형 승용물의 한쪽 끝을 실린더로 올리고 수직축 중심으로 회전하는 기구(크레이지크라운, 유에프오, 디스코라운드, 댄싱플라이 등)
		타가다디스코	회전판이 회전하고 회전판 하부의 실린더 또는 캠 작동으로 회전판을 상하로 움직이는 기구(타가다, 디스코타가다 등)
		닌자거북이	중심축이 기울어지면서 회전하고 그 끝에 승용물을 매달아 회전운동을 하는 기구(스페이스파이타, 라이온킹, 스페이스스테이션, 나는개구리, 터틀레이스 등)

복합 회전 고정형	수평 및 수직방향으 로 동시에 승용물이 회전·반회전 또는 직선운동을 하는 유 기시설 또는 유기기구	회전비행기	수직축을 중심으로 회전하는 각각의 암 끝단에 비행기형 승용물을 로프로 매달아 일정높이까지 끌어올려 회전하는 기구(탑비행기 등)
		우주전투기	수직축을 중심으로 회전하고 연결된 암이 상하작동하며 암 끝단에 승용물이 고정되어 이용자가 가상전투게임으로 앞 쪽 승용물을 떨어뜨릴 수 있는 기구(미니플라이트, 독수리 요새, 아스트로파이타, 텔레콤베트, 아파치, 나는코끼리, 아 라비안나이트, 삼바 등)
		점프보트	수직중심축 상부에 다수의 암을 연결하고 암의 끝단에 승 용물을 연결하며 그 암을 상하로 움직여 수직중심축이 회 전하는 기구(점핑보트, 점프앤스마일 등)
		다람쥐통	수직축을 중심으로 여러 암 끝에 매달린 승용물이 수직회 전운동을 하며 암 전체가 횡회전을 하는 기구(록큰롤, 투이 스타 등)
		스페이스자이로	실린더에 의해서 기울어진 원판의 승용물이 타원회전 운동 하는 기구(팽이놀이, 스카이댄싱, 도라반도, 회전의자 등)
		엔터프라이즈	중심축에 연결된 암 끝에 매달린 승용물이 중심축이 들려 서 전체 회전운동을 하고 승용물도 회전하는 기구(비행기, 파라트루프 등)
		문어다리	방사형 아암 끝에 승용물이 연결되어 대형 암이 중심축을 회전하고 편심축의 회전에 의해서 승용물이 상하 운동 및 자전을 하는 기구(왕문어춤, 문어댄스, 하늘여행, 슈퍼아암 등)
		슈퍼스윙	회전체에 내려뜨린 암 끝에 승용물이 매달려 탑회전 원심 력과 실린더에 의해 외측방향으로 밀리면서 회전하는 기구 (미니스윙거, 아폴로2000 등)
		베이스볼	회전판을 기울어지도록 한쪽을 상승시키고 그 회전판이 회 전하면서 개별 승용물도 회전하는 기구(플리퍼, 회전바구 니, 월드컵2002, 카오스 등)
		브레이크댄스	회전판이 돌면서 소형회전아암에 연결된 개별 승용물이 회 전하는 기구(크레이지댄스, 스피디, 스타댄스, 매직댄스 등)
		풍선타기	풍선기구 모양의 승용물이 회전체에 매달려 회전, 상승하 면서 이용객이 높은 하늘을 나는 기분을 느끼게 하는 기구 (둥실비행선, 바룬레이스, 플라워레이스 등)
		허리케인	수직중심축에 매달린 회전하는 원형고리 모양의 승용물을 상부 또는 하부의 회전 동력장치에 의해 좌우로 예각, 둔 각, 360도의 범위에서 수직회전 운동하는 기구(프리스윙, 자이로스윙, 토네이도, 블리자드 등)
		매직스윙	반원형 궤도 내에서 회전 원형 승용물이 하부 동력장치에 의해서 좌우로 예각 범위 내에서 수직회전 운동하는 기구 (자이로 스핀, UFO 등)
		슈퍼라이드	다양한 형태의 복합 회전운동을 하는 유기기구(칸칸, 에볼 루션, 삼각바퀴, 챌린저, 우주선 등)

승강 고정형	수평 및 수직방향으로 승용물이 상하운동 및 좌우운동으로 운행되는 유기시설 또는 유기기구	사이버인스페이스	원형의 승용물에 이용객이 탑승하여 수평, 수직축을 중심으로 회전하는 기구(자이로 캡슐 등)
		패러슈터타워	수직축에 개별 승용물 또는 나란히 연결된 의자형 승용물을 로프로 매달아 수직 상승·하강하는 기구(낙하산타기, 개구리점프 등)
		타워라이드	수직축을 중심으로 승용물을 일정 높이까지 상승시켜 하강시키는 기구(슈퍼반스토마, 자이로드롭, 콘돌, 스페이스샷, 스카이타워 등)
		프레쉬팡팡	유압실린더를 수직으로 위치시키고 피스톤의 상단에 좌석 승용물을 고정하여 피스톤의 왕복운동에 따라 좌석 승용물이 상하로 운동하는 기구(프레쉬팡팡 등)

다) 관람형

분류	내용	대표 유기시설 또는 유기기구	정의(유기시설 또는 유기기구의 유사기구명)
기계 관람형	음향·영상 또는 보조기구를 이용하여 일정한 기계구조물 내에서 시뮬레이션을 체험하는 유기시설 또는 유기기구	영상모험관	단일구동장치에 의해 승용물이 좌우·전후 요동하고 탑승자는 영상을 보면서 시뮬레이션을 체험하는 기구(아스트로제트, 사이버에어베이스, 시뮬레이션, 우주여행, 환상여행, 가상체험 등)
입체 관람형	음향·영상 또는 보조기구를 이용하여 일정한 시설(건축물·일정한 공간 등) 내에서 시뮬레이션을 체험하는 유기시설 또는 유기기구	쇼킹하우스	승용물 또는 기구가 작동하면서 착각을 느끼는 시설·기구(환상의 집, 요술집, 착각의 집, 귀신동굴 등)
		다이나믹시트	일정한 시설 내에 복수구동장치에 의해 좌석 승용물이 영상의 움직임과 동일하게 움직이며 이용객이 체험을 즐기는 시설·기구(다이나믹시어터, 시네마판타지아, 깜짝모험관 등)

라) 놀이형

분류	내용	대표 유기시설 또는 유기기구	정의(유기시설 또는 유기기구의 유사기구명)
일반 놀이형	이용객 스스로가 일정한 시설(건축물, 공간 등)에서 설치된 기계·기구를 이용하는 유기시설 또는 유기기구	펀하우스	일정한 시설(건축물, 공간 등)에 미끄럼, 줄타기, 다람쥐 놀이 등 다양한 기구가 설치되어 이용객 스스로 이용하는 시설·기구(미로탐험, 유령의 집, 오즈의 성 등)
		모험놀이	일정한 시설(건축물, 공간 등)에 그물망타기, 미끄럼, 줄타기 등이 설치되어 이용객 스스로 다양한 놀이를 즐기는 시설·기구(어린이광장, 짝꿍놀이터 등)
		에어바운스	바운싱 또는 슬라이딩 놀이를 즐기는 공기 주입장치식 공기막 기구(에어바운스 등)

물놀이형	물을 매개체로 하여 일정한 규격(틀 등)을 갖추어 이용자 스스로 물놀이 기계·기구 등을 이용하는 유기시설 또는 유기기구	파도풀	담수된 풀 내에서 담수된 풀 내에서 다량의 물을 한번에 흘리거나 송풍시켜 파도를 일으키는 시설·기구(캐리비안웨이브, 웨이브풀 등)
		유수풀	담수된 수로 내에서 펌프로 물을 흘려 이용객이 수로를 따라 즐기는 시설·기구(리버웨이 등)
		토랜트리버	담수된 수로 내에서 펌프로 물을 흘리거나 탱크에 다량 담수하였다가 한 번에 유출시켜 이용객이 수로를 따라 즐기는 시설·기구(익스트림 리버 등)
		바디슬라이드	이용자가 보조기구 없이 일정량의 물이 흐르는 슬라이드를 미끄러져 내려오는 시설·기구(바디슬라이더, 워터봅슬레이, 〈삭제〉, 스피드슬라이드, 아쿠아루프 등)
		보올슬라이드	이용자가 보조기구 없이 또는 튜브를 타고 일정량의 물이 흐르는 슬라이드를 미끄러져 내려오는 시설·기구(스페이스 보올, 와이퍼 아웃 등)
		직선슬라이드	이용자가 보조기구 없이 또는 매트를 이용하여 일정량의 물이 흐르는 수직평면상 직선형태로 구성된 단일구조의 한 개 또는 여러 개의 슬라이드를 미끄러져 내려오는 시설·기구(레이싱 슬라이드 등)
		튜브슬라이드	일정량의 물이 흐르는 원(반)통형 슬라이드를 이용자가 튜브(1인 또는 다인승)를 타고 미끄러져 내려오는 시설·기구(튜브라이더, 와일드블라스트, 패밀리슬라이드 등)
		토네이도 슬라이드	일정량의 물이 흐르는 원(반)통형 슬라이드 구간과 실린더형통 또는 깔대기형통(곡선형 법면)에서 스윙하는 구간을 이용자가 튜브를 타고 미끄러져 내려오는 시설·기구(토네이도엘리슬라이드, 월드엘리슬라이드, 슈퍼엑스슬라이드, 토네이도 엑스, 메일스트롬, 쓰나미슬라이드 등)
		부메랑고	일정량의 물이 흐르는 원(반)통형 슬라이드 구간과 곡선형 법면에서 스윙하는 구간을 이용자가 튜브를 타고 미끄러져 내려오는 시설·기구(부메랑슬라이드, 웨이브슬라이드, 사이드와인더 등)
		마스터 블라스트	일정량의 물이 흐르는 원(반)통형 슬라이드 구간에 물분사장치 또는 전기장치에 의해 이용자의 튜브가 가속되면서 미끄러져 내려오는 시설·기구(로켓슬라이드, 몬스터블라스트 등)
		서핑라이더	유속이 빠른 경사 구간을 보조기구를 이용하여 서핑을 즐기는 시설·기구(플로우라이더 등)
		수중모험놀이	물총, 슬라이드, 물바가지 등 다양한 체험을 하는 종합 시설·기구(모험놀이, 어린이풀, 자이언트 워터플렉스, 스플레쉬어드벤처 등)
		워터 에어바운스	물놀이형 바운싱 또는 슬라이딩 놀이를 즐기는 공기 주입장치식 공기막 기구(워터에어바운스, 에어슬라이드 등)

2) 최초로 허가 전 안전성검사를 받은 지 10년이 지나면 반기별 1회 이상 안전성검사를 받아야 하는 유기시설 또는 유기기구는 다음과 같이 구분한다.

대분류	중분류	대표 유기시설 또는 유기기구	반기별 안전성검사 대상
주행형	궤도 주행형	스카이싸이클	지면에서 이용객 높이 5미터 이상
		모노레일	전체 등급(종류)
		스카이제트	전체 등급(종류)
		궤도자동차	궤도가 지면과 수평하지 않은 경우
		정글마우스	전체 등급(종류)
		미니코스터	전체 등급(종류)
		제트코스터	전체 등급(종류)
		루프코스터	전체 등급(종류)
		공중궤도라이드	전체 등급(종류)
	수로주행형	후룸라이드	수로길이 70미터 이상 또는 지면에서 이용객 높이 5미터 이상
		신밧드의 모험	전체 등급(종류)
		래피드라이드	전체 등급(종류)
	자유 주행형	수륙양용관람차	전체 등급(종류)
고정형	종회전 고정형	회전관람차	지면에서 이용객 높이 5미터 이상
		플라잉카펫	전체 등급(종류)
		아폴로	전체 등급(종류)
		레인보우	전체 등급(종류)
		바이킹	탑승인원 41인승 이상
		고공파도타기	전체 등급(종류)
		스카이코스터	전체 등급(종류)
	횡회전 고정형	회전그네	탑승인원 41인승 이상
		뮤직익스프레스	전체 등급(종류)
		스윙댄스	전체 등급(종류)
		타가다디스코	전체 등급(종류)

		회전비행기	전체 등급(종류)
	복합회전 고정형	우주전투기	탑승인원 21인승 이상
		점프보트	전체 등급(종류)
		다람쥐통	전체 등급(종류)
		스페이스자이로	전체 등급(종류)
		엔터프라이즈	전체 등급(종류)
		문어다리	전체 등급(종류)
		슈퍼스윙	탑승인원 21인승 이상
		베이스볼	전체 등급(종류)
		브레이크댄스	전체 등급(종류)
		풍선타기	전체 등급(종류)
		허리케인	전체 등급(종류)
		매직스윙	탑승인원 21인승 이상
		슈퍼라이드	전체 등급(종류)
	승강 고정형	패러슈터타워	지면에서 이용객 높이 5미터 이상
		타워라이드	전체 등급(종류)
		프레쉬팡팡	전체 등급(종류)
놀이형	일반놀이형	펀하우스	전체 등급(종류)

2. 안전성검사 대상이 아닌 유기시설 또는 유기기구

　가. 대 상

　　　안전성검사 대상이 아닌 유기시설 또는 유기기구는 위험요소가 적은 유기시설 또는 유기기구로 서 최초 안전성검사 대상이 아님을 확인하는 검사와 정기적인 안전관리가 필요한 유기시설 또는 유기기구를 말한다.

　나. 구 분

　1) 안전성검사 대상이 아닌 유기시설 또는 유기기구는 다음과 같이 구분한다.

유 형	내 용	유기시설 또는 유기기구
가) 주행형	일정 궤도·주로·수로·지역(공간)을 가지고 있으며, 속도가 5km/h 이하로 이용자 스스로가 참여하여 운행되는 유기시설 또는 유기기구	미니기차(레일 안쪽 길이 30미터 이하), 이티로보트(레일 안쪽 길이 30미터 이하), 배터리카, 멜로디페트, 수상사이클(수심 0.5미터 이하), 페달보트 및 배터리보트(수심 0.5미터 이하이며, 소인 1인 탑승하는 것) 등
나) 고정형	회전직경이 3미터 이내로 이용자 스스로가 참여하여 작동되는 유기시설 또는 유기기구	로데오타기, 회전형라이더(미니회전목마, 야자수 등), 미니 라이더(코인 라이더 등) 등
다) 관람형	일정한 시설물(기계·기구·건축물·보조기구 등) 내에서 이용자 스스로가 참여하여 체험하는 유기시설 또는 유기기구	영상모험관(탑승인원 6인승 이하이며, 탑승높이 2미터 이하), 미니시뮬레이션(탑승인원 6인승 이하이며, 탑승높이 2미터 이하), 다이나믹시트(탑승인원 10인승 이하), 3D 또는 4D입체영화관(좌석고정영상시설) 등
라) 놀이형	일정한 시설(기계·기구·공간 등) 내에서 보조기구 또는 장치를 이용하거나 기구에 포함된 구성물을 작동하여 이용자 스스로가 이용하거나 체험할 수 있는 기구로서 누구나 이용할 수 있고 사행성이 없는 유기시설 또는 유기기구	붕붕뜀틀, 미니모험놀이(플레이스페이스 포함, 탑승높이가 3미터 이하이며, 설치 면적이 120제곱미터 이하), 미니에어바운스(탑승높이가 3미터 이하이며, 설치면적이 120제곱미터 이하), 미니사격, 공쏘기, 광선총, 공굴리기, 표적맞추기, 물쏘기, 미니볼링, 미니농구, 공던지기, 공차기, 에어하키, 망치치기, 펀치, 미니야구, 스키타기, 팔씨름, 오토바이타기, 자동차경주, 자전거타기, 보트타기, 말타기, 뮤직댄스, 수상기구타기, 건슈팅 등
	일정한 시설(기계·기구·공간 등) 내에서 이용자 스스로가 참여하여 물놀이(수심 1미터 이하)를 체험하는 유기시설 또는 유기기구	미니슬라이드(슬라이드 길이 10미터 이하이며, 탑승높이 2미터 이하), 미니수중모험놀이(물버켓이 설치되지 않고 슬라이드 전체길이가 10미터 이하이며, 탑승높이 2미터 이하), 미니워터에어바운스(탑승높이가 3미터 이하이며, 설치 면적이 120제곱미터 이하) 등

2) 최초 확인검사 이후 정기 확인검사를 받아야 하는 유기시설 또는 유기기구는 다음과 같이 구분한다.

유 형	유기시설 또는 유기기구
가) 주행형	미니기차, 이티로보트 등
나) 고정형	로데오타기, 회전형라이더 등
다) 관람형	영상모험관, 미니시뮬레이션, 다이나믹시트 등
라) 놀이형	붕붕뜀틀, 미니모험놀이, 미니에어바운스, 미니슬라이드, 미니수중모험놀이, 미니워터에어바운스 등

다. 다른 법령에서 중복하여 관리하는 유기시설 또는 유기기구
  1) 「게임산업진흥에 관한 법률」 제2조제1호 본문에 따른 게임물이면서 안전성검사 대상이 아닌 유기시설 또는 유기기구에 해당하는 경우에는 「게임산업진흥에 관한 법률」 제21조에 따라 전체이용가 등급을 받은 것이어야 한다.
  2) 「어린이놀이시설 안전관리법」에 따라 설치검사 및 정기시설검사를 실시한 어린이놀이기구이면서 위의 가 및 나의 유기시설 또는 유기기구에 해당하는 경우에는 제40조에 따른 안전성검사 대상이 아님을 확인하는 검사 또는 정기 확인검사를 받은 것으로 본다.

則 시행규칙 제41조(안전관리자의 자격 · 배치기준 및 임무 등)

① 법 제33조제2항에 따라 유원시설업의 사업장에 배치하여야 하는 안전관리자의 자격 · 배치기준 및 임무는 별표 12와 같다. <개정 2015.8.4., 2016.12.30.>

② 법 제33조제3항에 따른 유기시설 및 유기기구의 안전관리에 관한 교육(이하 "안전교육"이라 한다)의 내용은 다음 각 호와 같다. <신설 2015.8.4.>

1. 유원시설 안전사고의 원인 및 대응요령

2. 유원시설 안전관리에 관한 법령

3. 유원시설 안전관리 실무

4. 그 밖에 유원시설 안전관리를 위하여 필요한 사항

③ 법 제33조제2항에 따른 안전관리자는 법 제33조제3항에 따라 유원시설업의 사업장에 처음 배치된 날부터 3개월 이내에 안전교육을 받아야 한다. 다만, 다른 유원시설업 사업장에서 제2항에 따른 안전교육을 받고 2년이 경과하지 아니한 경우에는 그러하지 아니하다. <신설 2015.8.4., 2016.12.30., 2020.12.10.>

④ 제3항에 따라 안전교육을 받은 안전관리자는 제3항에 따른 교육일부터 매 2년마다 1회 이상의 안전교육을 받아야 한다. 이 경우 1회당 안전교육 시간은 8시간 이상으로 한다. <신설 2015.8.4.>

⑤ 영 제65조제1항제3호의2에 따라 안전관리자의 안전교육에 관한 권한을 위탁받은 업종별 관광협회 또는 안전관련 전문 연구 · 검사기관은 안전교육이 종료된 후 1개월 이내에 그 교육 결과를 해당 유원시설업의 소재지를 관할하는 특별자치시장 · 특별자치도지사 · 시장 · 군수 · 구청장에게 통지하여야 한다. <신설 2015.8.4., 2019.4.25.>

[제목개정 2015.8.4.]

[별표 12] 〈개정 2016.12.30.〉

안전관리자의 자격 · 배치기준 및 임무(시행규칙 제41조 관련)

1. 안전관리자의 자격

구 분	자 격
종합유원시설업	가. 「국가기술자격법」에 따른 기계 · 전기 · 전자 또는 안전관리 분야의 산업기사 자격이상 보유한 자 나. 「고등교육법」에 따른 이공계 전문대학 또는 이와 동등 이상의 학교를 졸업한 자로서 종합유원시설업소 또는 일반유원시설업소에서 1년 이상 유기시설 및 유기기구 안전점검 · 정비업무를 담당한 자 또는 기계 · 전기 · 산업안전 · 자동차정비 등 유원시설업의 유사경력 2년 이상인 자 다. 「국가기술자격법」에 따른 기계 · 전기 · 전자 또는 안전관리 분야의 기능사 자격이상 보유한 자로서 종합유원시설업소 또는 일반유원시설업소에서 2년 이상 유기시설 및 유기기구 안전점검 · 정비업무를 담당한 자 또는 기계 · 전기 · 산업안전 · 자동차정비 등 유원시설업의 유사경력 3년 이상인 자
일반유원시설업	가. 「국가기술자격법」에 따른 기계 · 전기 · 전자 또는 안전관리 분야의 산업기사 또는 기능사 자격이상 보유한 자 나. 「고등교육법」에 따른 이공계 전문대학 또는 이와 동등 이상의 학교를 졸업한 자로서 종합유원시설업소 또는 일반유원시설업소에서 1년 이상 유기시설 및 유기기구 안전점검 · 정비업무를 담당한 자 또는 기계 · 전기 · 산업안전 · 자동차정비 등 유원시설업의 유사경력 2년 이상인 자 다. 「초 · 중등교육법」에 따른 공업계 고등학교 또는 이와 동등 이상의 학교를 졸업한 자로서 종합유원시설업소 또는 일반유원시설업소에서 2년 이상 유기시설 및 유기기구 안전점검 · 정비업무를 담당한 자 또는 기계 · 전기 · 산업안전 · 자동차정비 등 유원시설업의 유사경력 3년 이상인 자 라. 종합유원시설업 또는 일반유원시설업의 안전관리업무에 종사한 경력이 5년 이상인 자로서, 문화체육관광부장관이 지정하는 업종별 관광협회 또는 전문연구 · 검사기관에서 40시간 이상 안전교육을 이수한 자

2. 안전관리자의 배치기준

가. 안전성검사 대상 유기기구 1종 이상 10종 이하를 운영하는 사업자: 1명 이상

나. 안전성검사 대상 유기기구 11종 이상 20종 이하를 운영하는 사업자: 2명 이상

다. 안전성검사 대상 유기기구 21종 이상을 운영하는 사업자: 3명 이상

3. 안전관리자의 임무

가. 안전관리자는 안전운행 표준지침을 작성하고 유기시설 안전관리계획을 수립하고 이에 따라 안전관리 업무를 수행하여야 한다.

나. 안전관리자는 매일 1회 이상 안전성검사 대상 유기시설 및 유기기구에 대한 안전점검을 하고 그 결과를 안전점검기록부에 기록 · 비치하여야 하며, 이용객이 보기 쉬운 곳에 유기시설 또는 유기기구별로 안전점검표시판을 게시하여야 한다.

다. 유기시설과 유기기구의 운행자 및 유원시설 종사자에 대한 안전교육계획을 수립하고 이에 따라 교육을 하여야 한다.

則 시행규칙 제41조의2(유기시설·유기기구로 인한 중대한 사고의 통보)

> ① 유원시설업자는 그가 관리하는 유기시설 또는 유기기구로 인하여 영 제31조의2제1항 각 호의 어느 하나에 해당하는 사고가 발생한 경우에는 법 제33조의2제1항에 따라 사고 발생일부터 3일 이내에 다음 각 호의 사항을 관할 특별자치시장·특별자치도지사·시장·군수·구청장에게 통보하여야 한다. <개정 2019.4.25.>
> 1. 사고가 발생한 영업소의 명칭, 소재지, 전화번호 및 대표자 성명
> 2. 사고 발생 경위(사고 일시·장소, 사고 발생 유기시설 또는 유기기구의 명칭을 포함하여야 한다)
> 3. 조치 내용
> 4. 사고 피해자의 이름, 성별, 생년월일 및 연락처
> 5. 사고 발생 유기시설 또는 유기기구의 안전성검사의 결과 또는 안전성검사 대상에 해당되지 아니함을 확인하는 검사의 결과
> ② 유원시설업자는 제1항에 따른 통보는 문서, 팩스 또는 전자우편으로 하여야 한다. 다만, 팩스나 전자우편으로 통보하는 경우에는 그 수신 여부를 전화 등으로 확인하여야 한다.
> ③ 특별자치시장·특별자치도지사·시장·군수·구청장은 제1항에 따라 통보받은 내용을 종합하여 대장에 기록하여야 한다. <개정 2019.4.25.>
> [본조신설 2015.11.19.]

> ▶관광진흥법
> 　제34조(영업질서 유지 등), 제34조의2(유원시설안전정보시스템의 구축·운영 등),
> 　제34조의3(장애인의 유원시설 이용을 위한 편의 제공 등)
> ▶시행규칙
> 　제42조(유원시설업자의 준수사항), 제42조의2(유원시설안전정보시스템을 통한 정보 공개)

法 「관광진흥법」 제34조(영업질서 유지 등)

> ① 유원시설업자는 영업질서 유지를 위하여 문화체육관광부령으로 정하는 사항을 지켜야 한다. <개정 2008.2.29.>
> ② 유원시설업자는 법령을 위반하여 제조한 유기시설·유기기구 또는 유기기구의 부분품(部分品)을 설치하거나 사용하여서는 아니 된다.

法 「관광진흥법」 제34조의2(유원시설안전정보시스템의 구축·운영 등)

> ① 문화체육관광부장관은 유원시설의 안전과 관련된 정보를 종합적으로 관리하고 해당 정보를 유원시설업자 및 관광객에게 제공하기 위하여 유원시설안전

정보시스템을 구축·운영할 수 있다.

② 제1항에 따른 유원시설안전정보시스템에는 다음 각 호의 정보가 포함되어야 한다.

1. 제5조제2항에 따른 유원시설업의 허가(변경허가를 포함한다) 또는 같은 조 제4항에 따른 유원시설업의 신고(변경신고를 포함한다)에 관한 정보

2. 제9조에 따른 유원시설업자의 보험 가입 등에 관한 정보

3. 제32조에 따른 물놀이형 유원시설업자의 안전·위생에 관한 정보

4. 제33조에제1항에 따른 안전성검사 또는 안전성검사 대상에 해당하지 아니함을 확인하는 검사에 관한 정보

5. 제33조제3항에 따른 안전관리자의 안전교육에 관한 정보

6. 제33조의2제1항에 따라 통보한 사고 및 그 조치에 관한 정보

7. 유원시설업자가 이 법을 위반하여 받은 행정처분에 관한 정보

8. 그 밖에 유원시설의 안전관리를 위하여 대통령령으로 정하는 정보

③ 문화체육관광부장관은 특별자치시장·특별자치도지사·시장·군수·구청장, 제80조제3항에 따라 업무를 위탁받은 기관의 장 및 유원시설업자에게 유원시설안전정보시스템의 구축·운영에 필요한 자료를 제출 또는 등록하도록 요청할 수 있다. 이 경우 요청을 받은 자는 정당한 사유가 없으면 이에 따라야 한다.

④ 문화체육관광부장관은 제2항제3호 및 제4호에 따른 정보 등을 유원시설안전정보시스템을 통하여 공개할 수 있다.

⑤ 제4항에 따른 공개의 대상, 범위, 방법 및 그 밖에 유원시설안전정보시스템의 구축·운영에 필요한 사항은 문화체육관광부령으로 정한다.

[본조신설 2020.12.22.]

法 「관광진흥법」 제34조의3(장애인의 유원시설 이용을 위한 편의 제공 등)

① 유원시설업을 경영하는 자는 장애인이 유원시설을 편리하고 안전하게 이용할 수 있도록 제작된 유기시설 및 유기기구(이하 "장애인 이용가능 유기시설등"이라 한다)의 설치를 위하여 노력하여야 한다. 이 경우 국가 및 지방자치단체는 해당 장애인 이용가능 유기시설등의 설치에 필요한 비용을 지원할 수 있다.

② 제1항에 따라 장애인 이용가능 유기시설등을 설치하는 자는 대통령령으로 정하는 편의시설을 갖추고 장애인이 해당 장애인 이용가능 유기시설등을 편리하게 이용할 수 있도록 하여야 한다.

[본조신설 2023.8.8.]

則 시행규칙 제42조(유원시설업자의 준수사항)

법 제34조제1항에 따른 유원시설업자의 준수사항은 별표 13과 같다.

[별표 13] 〈개정 2020.12.10.〉

유원시설업자의 준수사항(시행규칙 제42조 관련)

1. 공통사항

(1) 사업자는 사업장 내에서 이용자가 항상 이용질서를 유지하게 하여야 하며, 이용자의 활동에 제공되거나 이용자의 안전을 위하여 설치된 각종 시설·설비·장비·기구 등이 안전하고 정상적으로 이용될 수 있는 상태를 유지하여야 한다.

(2) 사업자는 이용자를 태우는 유기시설 또는 유기기구의 경우 정원을 초과하여 이용자를 태우지 아니하도록 하고, 운행 개시 전에 안전상태를 확인하여야 하며, 특히 안전띠 또는 안전대의 안전성 여부와 착용상태를 확인하여야 한다.

(3) 사업자는 운행 전 이용자가 외관상 객관적으로 판단하여 정신적·신체적으로 이용에 부적합하다고 인정되거나 유기시설 또는 유기기구 내에서 본인 또는 타인의 안전을 저해할 우려가 있는 경우에는 게시 및 안내를 통하여 이용을 거부하거나 제한하여야 하고, 운행 중에는 이용자가 정위치에 있는지와 이상행동을 하는지를 주의하여 관찰하여야 하며, 유기시설 또는 유기기구 안에서 장난 또는 가무행위 등 안전에 저해되는 행위를 하지 못하게 하여야 한다.

(4) 사업자는 이용자가 보기 쉬운 곳에 이용요금표·준수사항 및 이용 시 주의하여야 할 사항을 게시하여야 한다.

(5) 사업자는 허가 또는 신고된 영업소의 명칭(상호)을 표시하여야 한다.

(6) 사업자는 조명이 60럭스 이상이 되도록 유지하여야 한다. 다만, 조명효과를 이용하는 유기시설은 제외한다.

(7) 사업자는 화재발생에 대비하여 소화기를 설치하고, 이용자가 쉽게 알아볼 수 있는 곳에 피난안내도를 부착하거나 피난방법에 대하여 고지하여야 한다.

(8) 사업자는 유관기관(허가관청·경찰서·소방서·의료기관·안전성검사등록기관 등)과 안전관리에 관한 연락체계를 구축하고, 사망 등 중대한 사고의 발생 즉시 등록관청에 보고하여야 하며, 안전사고의 원인 조사 및 재발 방지대책을 수립하여야 한다.

(9) 사업자는 제40조제7항에 따른 행정청의 조치사항을 준수하여야 한다.

(10) 사업자는 「게임산업진흥에 관한 법률」 제2조제1호 본문에 따른 게임물에 해당하는 유기시설 또는 유기기구에 대하여 「게임산업진흥에 관한 법률」 제28조제2호·제2호의2·제3호 및 제6호에 따라 사행성을 조장하지 아니하도록 하여야 하며, 「게임산업진흥에 관한 법률 시행령」 제16조에 따른 청소년게임제공업자의 영업시간 및 청소년의 출입시간을 준수하여야 한다.

2. 개별사항

가. 종합·일반유원시설업

(1) 사업자는 법 제33조제2항에 따라 안전관리자를 배치하고, 안전관리자가 그 업무를 적절하게 수행하도록 지도·감독하는 등 유기시설 또는 유기기구를 안전하게 관리하여야 하며, 안전관리자가 교육 등으로 업무수행이 일시적으로 불가한 경우에는 유원시설업의 안전관리업무에 종사한 경력이 있는 자로 하여금 업무를 대행하게 하여야 한다.

(2) 사업자는 안전관리자가 매일 1회 이상 안전성검사 대상 및 대상이 아닌 유기시설 또는 유기기구에 대한 안전점검을 하고 그 결과를 안전점검기록부에 기록하여 1년 이상 보관하도록 하여야 하며, 이용자가 보기 쉬운 곳에 유기시설 또는 유기기구별로 안전점검표지판을 게시하여야 한다.

(3) 사업자는 안전관리자가 유기시설 또는 유기기구의 운행자 및 종사자에 대한 안전교육계획을 수립하여 주 1회 이상 안전교육을 실시하고, 그 교육일지를 기록·비치하여야 한다.

(4) 사업자는 운행자 및 종사자의 신규 채용시에는 사전 안전교육을 4시간 이상 실시하고, 그 교육일지를 기록·비치하여야 한다.

(5) 6개월 미만으로 단기 영업허가를 받은 사업자는 영업이 종료된 후 1개월 이내에 안전점검기록부와 교육일지를 시장·군수·구청장에게 제출하여야 한다.

(6) 사업자는 다음의 사항을 내용으로 하는 안전관리에 관한 교육을 2년마다 1회(4시간 이상의 교육을 말한다) 이상 받아야 한다. 이 경우 2년은 교육을 받은 날부터 계산한다.

(가) 유원시설 안전정책에 관한 사항

(나) 유원시설 안전관리 및 운영에 관한 사항

(다) 그 밖에 유원시설 안전관리를 위하여 필요한 사항

(7) (6)에 따른 교육은 허가 받은 날부터 6개월 이내에 받아야 한다. 다만, 안전관리교육을 받고 2년이 경과하지 않은 경우에는 그렇지 않다.

나. 기타 유원시설업

(1) 사업자 또는 종사자는 비상시 안전행동요령 등을 숙지하고 근무하여야 한다.

(2) 사업자 본인 스스로 또는 종사자로 하여금 별표 11의 제2호나목1)에 해당하는 유기시설 또는 유기기구는 매일 1회 이상 안전점검을 하고 그 결과를 안전점검기록부에 기록하여 1년 이상 보관하도록 하여야 하며, 이용자가 보기 쉬운 곳에 유기시설 또는 유기기구별로 안전점검표지판을 게시하여야 한다.

(3) 사업자는 본인 스스로 또는 종사자에 대한 안전교육을 월 1회 이상 하고, 그 교육일지를 기록·비치하여야 하며, 별표 11 제2호나목2)에 해당하는 유기시설 또는 유기기구를 설치하여 운영하는 사업자는 제41조제2항에 따른 안전교육을 2년마다 1회 이상 4시간 이상 받아야 한다.

(4) 사업자는 종사자의 신규 채용 시에는 사전 안전교육을 2시간 이상 실시하고 그 교육일지를 기록·비치하여야 한다.

(5) 6개월 미만으로 단기 영업신고를 한 사업자는 영업이 종료된 후 1개월 이내에 안전점검기록부와 교육일지를 시장·군수·구청장에게 제출하여야 한다.

則 **시행규칙 제42조의2(유원시설안전정보시스템을 통한 정보 공개)**

> 문화체육관광부장관은 법 제34조의2제4항에 따라 다음 각 호의 정보를 같은 조 제1항에 따른 유원시설안전정보시스템을 통하여 공개할 수 있다.
>
> 1. 법 제5조제2항에 따른 유원시설업의 허가(변경허가를 포함한다) 또는 같은 조 제4항에 따른 신고(변경신고를 포함한다)에 관한 정보
>
> 2. 법 제32조에 따른 물놀이형 유원시설업자의 안전·위생과 관련하여 실시한 수질검사 결과에 관한 정보
>
> 3. 법 제33조제1항에 따른 안전성검사의 결과 또는 안전성검사 대상에 해당하지 않음을 확인하는 검사의 결과에 관한 정보
>
> 4. 법 제33조제3항에 따른 안전관리자의 안전교육 이수에 관한 정보
>
> [본조신설 2021.6.23.]

제6절 영업에 대한 지도·감독

▶관광진흥법
제35조(등록취소 등)
▶시행령
제32조(사업계획승인시설의 착공 및 준공기간), 제33조(행정처분의 기준 등)
▶시행규칙
제43조(행정처분기록대장의 기록·유지)

法 「관광진흥법」 제35조(등록취소 등)

① 관할 등록기관 등의 장은 관광사업의 등록 등을 받거나 신고를 한 자 또는 사업계획의 승인을 받은 자가 다음 각 호의 어느 하나에 해당하면 그 등록 등 또는 사업계획의 승인을 취소하거나 6개월 이내의 기간을 정하여 그 사업의 전부 또는 일부의 정지를 명하거나 시설·운영의 개선을 명할 수 있다. <개정 2007.7.19., 2009.3.25., 2011.4.5., 2014.3.11., 2015.12.22., 2017.11.28., 2018.12.11., 2023.8.8.>

1. 제4조에 따른 등록기준에 적합하지 아니하게 된 경우 또는 변경등록기간 내에 변경등록을 하지 아니하거나 등록한 영업범위를 벗어난 경우

1의2. 제5조제2항 및 제4항에 따라 문화체육관광부령으로 정하는 시설과 설비를 갖추지 아니하게 되는 경우

2. 제5조제3항 및 제4항 후단에 따른 변경허가를 받지 아니하거나 변경신고를 하지 아니한 경우

2의2. 제6조제2항에 따른 지정 기준에 적합하지 아니하게 된 경우

3. 제8조제4항(같은 조 제6항에 따라 준용하는 경우를 포함한다)에 따른 기한 내에 신고를 하지 아니한 경우

3의2. 제8조제8항을 위반하여 휴업 또는 폐업을 하고 알리지 아니하거나 미리 신고하지 아니한 경우

4. 제9조에 따른 보험 또는 공제에 가입하지 아니하거나 영업보증금을 예치하지 아니한 경우

4의2. 제10조제2항을 위반하여 사실과 다르게 관광표지를 붙이거나 관광표지에 기재되는 내용을 사실과 다르게 표시 또는 광고하는 행위를 한 경우

5. 제11조를 위반하여 관광사업의 시설을 타인에게 처분하거나 타인에게 경영하도록 한 경우

6. 제12조에 따른 기획여행의 실시요건 또는 실시방법을 위반하여 기획여행을 실시한 경우

7. 제14조를 위반하여 안전정보 또는 변경된 안전정보를 제공하지 아니하거나, 여행계약서 및 보험가입 등을 증명할 수 있는 서류를 여행자에게 내주지 아니한 경우 또는 여행자의 사전 동의 없이 여행일정(선택관광 일정을 포함한다)을 변경하는 경우

8. 제15조에 따라 사업계획의 승인을 얻은 자가 정당한 사유 없이 대통령령으로 정하는 기간 내에 착공 또는 준공을 하지 아니하거나 같은 조를 위반하여 변경승인을 얻지 아니하고 사업계획을 임의로 변경한 경우

8의2. 제18조의2에 따른 준수사항을 위반한 경우

8의3. 제19조제1항 단서를 위반하여 등급결정을 신청하지 아니한 경우

9. 제20조제1항 및 제4항을 위반하여 분양 또는 회원모집을 하거나 같은 조 제5항에 따른 소유자등·회원의 권익을 보호하기 위한 사항을 준수하지 아니한 경우

9의2. 제20조의2에 따른 준수사항을 위반한 경우

10. 제21조에 따른 카지노업의 허가 요건에 적합하지 아니하게 된 경우

11. 제23조제3항을 위반하여 카지노 시설 및 기구에 관한 유지·관리를 소홀히 한 경우

12. 제28조제1항 및 제2항에 따른 준수사항을 위반한 경우

13. 제30조를 위반하여 관광진흥개발기금을 납부하지 아니한 경우

14. 제32조에 따른 물놀이형 유원시설 등의 안전·위생기준을 지키지 아니한 경우

15. 제33조제1항에 따른 유기시설 또는 유기기구에 대한 안전성검사 및 안전성검사 대상에 해당되지 아니함을 확인하는 검사를 받지 아니하거나 같은 조 제2항에 따른 안전관리자를 배치하지 아니한 경우

16. 제34조제1항에 따른 영업질서 유지를 위한 준수사항을 지키지 아니하거나 같은 조 제2항을 위반하여 불법으로 제조한 부분품을 설치하거나 사용한 경우

16의2. 제38조제1항 단서를 위반하여 해당 자격이 없는 자를 종사하게 한 경우

17. 삭제 <2011.4.5.>

18. 제78조에 따른 보고 또는 서류제출명령을 이행하지 아니하거나 관계 공무원의 검사를 방해한 경우

19. 관광사업의 경영 또는 사업계획을 추진할 때 뇌물을 주고받은 경우

20. 고의로 여행계약을 위반한 경우(여행업자만 해당한다)

② 관할 등록기관 등의 장은 관광사업의 등록 등을 받은 자가 다음 각 호의 어느 하나에 해당하면 6개월 이내의 기간을 정하여 그 사업의 전부 또는 일부의 정지를 명할 수 있다. <신설 2007.7.19., 2008.2.29., 2011.4.5., 2023.8.8.>

1. 제13조제2항에 따른 등록을 하지 아니한 사람에게 국외여행을 인솔하게 한 경우

2. 제27조에 따른 문화체육관광부장관의 지도와 명령을 이행하지 아니한 경우

③ 제1항 및 제2항에 따른 취소·정지처분 및 시설·운영개선명령의 세부적인 기준은 그 사유와 위반 정도를 고려하여 대통령령으로 정한다. <개정 2007.7.19.>

④ 관할 등록기관 등의 장은 관광사업에 사용할 것을 조건으로 「관세법」 등에 따라 관세의 감면을 받은 물품을 보유하고 있는 관광사업자로부터 그 물품의 수입면허를 받은 날부터 5년 이내에 그 사업의 양도·폐업의 신고 또는 통보를 받거나 그 관광사업자의 등록 등의 취소를 한 경우에는 관할 세관장에게 그 사실을 즉시 통보하여야 한다. <개정 2007.7.19.>

⑤ 관할 등록기관 등의 장은 관광사업자에 대하여 제1항 및 제2항에 따라 등록 등을 취소하거나 사업의 전부 또는 일부의 정지를 명한 경우에는 제18조제1항 각 호의 신고 또는 인허가 등의 소관 행정기관의 장(외국인투자기업인 경우에는 기획재정부장관을 포함한다)에게 그 사실을 통보하여야 한다. <개정 2007.7.19., 2008.2.29., 2023.5.16.>

⑥ 관할 등록기관 등의 장 외의 소관 행정기관의 장이 관광사업자에 대하여 그 사업의 정지나 취소 또는 시설의 이용을 금지하거나 제한하려면 미리 관할 등록기관 등의 장과 협의하여야 한다. <개정 2007.7.19.>

⑦ 제1항 각 호의 어느 하나에 해당하는 관광숙박업자의 위반행위가 「공중위생관리법」 제11조제1항에 따른 위반행위에 해당하면 「공중위생관리법」의 규정에도 불구하고 이 법을 적용한다. <개정 2007.7.19.>

令 **시행령 제32조(사업계획승인시설의 착공 및 준공기간)**

법 제35조제1항제8호에서 "대통령령으로 정하는 기간"이란 다음 각 호의 기간을 말한다. <개정 2009.6.30.>

1. 2011년 6월 30일 이전에 법 제15조에 따른 사업계획의 승인을 받은 경우

   가. 착공기간: 사업계획의 승인을 받은 날부터 4년

나. 준공기간: 착공한 날부터 7년

2. 2011년 7월 1일 이후에 법 제15조에 따른 사업계획의 승인을 받은 경우

　　가. 착공기간: 사업계획의 승인을 받은 날부터 2년

　　나. 준공기간: 착공한 날부터 5년

[슈] 시행령 제33조(행정처분의 기준 등)

① 법 제35조제1항 및 제2항에 따라 문화체육관광부장관, 특별시장·광역시장·특별자치시장·도지사·특별자치도지사(이하 "시·도지사"라 한다) 또는 시장·군수·구청장(이하 "등록기관등의 장"이라 한다)이 행정처분을 하기 위한 위반행위의 종류와 그 처분기준은 별표 2와 같다. <개정 2008.2.29., 2009.10.7., 2019.4.9.>

② 등록기관등의 장이 제1항에 따라 행정처분을 한 경우에는 문화체육관광부령으로 정하는 행정처분기록대장에 그 처분내용을 기록·유지하여야 한다. <개정 2008.2.29.>

[별표 2] 〈개정 2019.6.11.〉

행정처분의 기준(시행령 제33조제1항 관련)

1. 일반기준

　가. 위반행위가 두 가지 이상일 때에는 그 중 중한 처분기준(중한 처분기준이 같을 때에는 그 중 하나의 처분기준을 말한다. 이하 이 목에서 같다)에 따르며, 두 가지 이상의 처분기준이 모두 사업정지일 경우에는 중한 처분기준의 2분의 1까지 가중 처분할 수 있되, 각 처분기준을 합산한 기간을 초과할 수 없다.

　나. 위반행위의 횟수에 따른 행정처분의 기준은 최근 1년(카지노업에 대하여 행정처분을 하는 경우에는 최근 3년을 말한다)간 같은 위반행위로 행정처분을 받은 경우에 적용한다. 이 경우 기간의 계산은 위반행위에 대하여 행정처분을 받은 날과 그 처분 후 다시 같은 위반행위를 하여 적발된 날을 기준으로 한다.

　다. 나목에 따라 가중된 행정처분을 하는 경우 행정처분의 적용 차수는 그 위반행위 전 행정처분 차수(나목에 따른 기간 내에 행정처분이 둘 이상 있었던 경우에는 높은 차수를 말한다)의 다음 차수로 한다.

　라. 처분권자는 위반행위의 동기·내용·횟수 및 위반의 정도 등 1)부터 4)까지의 규정에 해당하는 사유를 고려하여 그 처분을 감경할 수 있다. 이 경우 그 처분이 사업정지인 경우에는 그 처분기준의 2분의 1의 범위에서 감경할 수 있다.

　　1) 위반행위가 고의나 중대한 과실이 아닌 사소한 부주의나 오류로 인한 것으로 인정되는 경우

　　2) 위반의 내용·정도가 경미하여 소비자에게 미치는 피해가 적다고 인정되는 경우

　　3) 위반 행위자가 처음 해당 위반행위를 한 경우로서, 5년 이상 관광사업을 모범적으로 해 온 사실이 인정되는 경우

　　4) 위반 행위자가 해당 위반행위로 인하여 검사로부터 기소유예 처분을 받거나 법원으로부터 선고유예의 판결을 받은 경우

2. 개별기준

위반사항	근거법령	행정처분기준			
		1차	2차	3차	4차
가. 법 제4조에 따른 등록기준에 적합하지 아니하게 된 경우 또는 변경등록기간 내에 변경등록을 하지 아니하거나 등록한 영업범위를 벗어난 경우	법 제35조 제1항 제1호				
1) 등록기준에 적합하지 아니하게 된 경우		시정명령	사업정지 15일	사업정지 1개월	취소
2) 변경등록기간 내에 변경등록을 하지 아니한 경우		시정명령	사업정지 15일	사업정지 1개월	취소
3) 등록한 영업범위를 벗어난 경우					
가) 법 제16조제7항에 따른 관광숙박업(문화체육관광부장관이 정하여 고시하는 학교환경위생을 저해하는 행위만 해당한다)		사업정지 1개월	사업정지 2개월	취소	
나) 가) 외의 관광사업		사업정지 1개월	사업정지 2개월	사업정지 3개월	취소
나. 법 제5조제2항 및 제4항에 따라 문화체육관광부령으로 정하는 시설과 설비를 갖추지 아니하게 되는 경우	법 제35조 제1항 제1호의2	시정명령	사업정지 10일	사업정지 1개월	취소(신고업종의 경우에는 사업정지 3개월)
다. 법 제5조제3항 및 제4항 후단에 따른 변경허가를 받지 아니하거나 변경신고를 하지 아니한 경우	법 제35조 제1항 제2호				
1) 카지노업					
가) 문화체육관광부령으로 정하는 중요 사항에 대하여 변경허가를 받지 아니하고 변경한 경우		사업정지 1개월	사업정지 3개월	취소	
나) 문화체육관광부령으로 정하는 경미한 사항에 대하여 변경신고를 하지 아니하고 변경한 경우		사업정지 10일	사업정지 1개월	사업정지 3개월	취소
2) 유원시설업					
가) 허가 대상 유원시설업의 경우 문화체육관광부령으로 정하는 중요 사항에 대하여 변경허가를 받지 아니하고 변경한 경우		사업정지 5일	사업정지 10일	사업정지 20일	취소
나) 허가 대상 유원시설업의 경우 문화체육관광부령으로 정하는 경미한 사항에 대하여 변경신고를 하지 아니하고 변경한 경우		시정명령	사업정지 5일	사업정지 10일	취소
다) 신고 대상 유원시설업의 경우 문화체육관광부령으로 정하는 중요 사항에 대하여 변경신고를 하지 아니하고 변경한 경우		시정명령	사업정지 5일	사업정지 10일	영업소 폐쇄명령
라. 법 제6조제2항에 따른 지정기준에 적합하지 않게 된 경우	법 제35조 제1항 제2호의2	시정명령	사업정지 15일	취소	

마. 법 제7조에 따른 결격사유에 해당하게 된 경우	법 제7조 제2항	취소(신고 업종의 경우에는 영업소 폐쇄명령)			
바. 법 제8조제4항(같은 조 제5항에 따라 준용되는 경우를 포함한다)에 따른 기한 내에 신고를 하지 아니한 경우	법 제35조 제1항 제3호	시정명령	사업정지 1개월 또는 사업계획 승인취소	사업정지 2개월	취소(신고 업종의 경우에는 사업정지 3개월)
사. 법 제8조제8항을 위반하여 휴업 또는 폐업을 하고 알리지 않거나 미리 신고하지 않은 경우	법 제35조 제1항 제3호의2	시정명령	취소(신고 업종의 경우에는 시정명령)	신고업종 의 경우 에는 영업소 폐쇄명령	
아. 법 제9조에 따른 보험 또는 공제에 가입하지 아니하거나 영업보증금을 예치하지 아니한 경우	법 제35조 제1항 제4호	시정명령	사업정지 1개월	사업정지 2개월	취소(신고 업종의 경우에는 사업정지 3개월)
자. 법 제10조제2항을 위반하여 사실과 다르게 관광표지를 붙이거나 관광표지에 기재되는 내용을 사실과 다르게 표시 또는 광고하는 행위를 한 경우	법 제35조 제1항 제4호의2	시정명령	사업정지 1개월	사업정지 2개월	취소(신고 업종의 경우에는 사업정지 3개월)
차. 법 제11조를 위반하여 관광사업의 시설을 타인에게 처분하거나 타인에게 경영하도록 한 경우	법 제35조 제1항 제5호				
1) 카지노업		사업정지 3개월	취소		
2) 카지노업 외의 관광사업		사업정지 1개월	사업정지 3개월	사업정지 5개월	취소(신고 업종의 경우에는 사업정지 6개월)
카. 법 제12조에 따른 기획여행의 실시요건 또는 실시방법을 위반하여 기획여행을 실시한 경우	법 제35조 제1항 제6호	사업정지 15일	사업정지 1개월	사업정지 3개월	취소
타. 법 제13조제2항에 따른 등록을 하지 않은 자에게 국외여행을 인솔하게 한 경우	법 제35조 제2항 제1호	사업정지 10일	사업정지 20일	사업정지 1개월	사업정지 3개월
파. 법 제14조를 위반한 경우 1) 법 제14조제1항을 위반하여 안전정보 또는 변경된 안전정보를 제공하지 않은 경우	법 제35조 제1항 제7호	시정명령	사업정지 5일	사업정지 10일	취소
2) 법 제14조제2항을 위반하여 여행계획서(여행일정표 및 약관을 포함한다) 및 보험 가		시정명령	사업정지 10일	사업정지 20일	취소

위반사항	근거 법령	1차	2차	3차	4차
입 등을 증명할 수 있는 서류를 여행자에게 내주지 아니한 경우					
3) 법 제14조제3항을 위반하여 여행자의 사전 동의 없이 여행일정(선택관광 일정을 포함한다)을 변경한 경우		시정명령	사업정지 10일	사업정지 20일	취소
하. 법 제15조에 따라 사업계획의 승인을 얻은 자가 정당한 사유 없이 제32조에 따른 기간 내에 착공 또는 준공을 하지 아니하거나 법 제15조제1항 후단을 위반하여 변경승인을 얻지 아니하고 사업계획을 임의로 변경한 경우	법 제35조 제1항 제8호	시정명령	사업계획 승인취소		
거. 법 제18조의2에 따른 준수사항을 위반한 경우	법 제35조 제1항				
1) 법 제18조의2제1호에 따른 준수사항을 위반한 경우	제8호의2	취소			
2) 법 제18조의2제2호부터 제5호까지의 규정에 따른 준수사항을 위반한 경우		사업정지 1개월	사업정지 2개월	사업정지 3개월	취소
너. 법 제19조제1항 단서를 위반하여 등급결정 신청을 하지 아니한 경우	법 제35조 제1항 제8호의3	시정명령	사업정지 10일	사업정지 20일	취소
더. 법 제20조제1항, 제4항 및 제5항을 위반한 경우	법 제35조 제1항 제9호				
1) 법 제20조제1항을 위반하여 분양 또는 회원모집을 할 수 없는 자가 분양 또는 회원모집을 한 경우		시정명령	사업정지 1개월 또는 사업계획 승인취소	사업정지 3개월	취소
2) 법 제20조제4항을 위반하여 분양 또는 회원모집 기준 및 절차를 위반하여 분양 또는 회원모집을 한 경우		시정명령	사업정지 1개월 또는 사업계획 승인취소	사업정지 3개월	취소
3) 법 제20조제5항에 따른 소유자등·회원의 권익을 보호하기 위한 사항을 준수하지 아니한 경우		시정명령	사업정지 1개월 또는 사업계획 승인취소	사업정지 2개월	사업정지 3개월
러. 법 제20조의2에 따른 준수사항을 위반한 경우	법 제35조 제1항 제9호의2	시정명령	사업정지 15일	사업정지 1개월	취소
머. 법 제21조에 따른 카지노업의 허가 요건에 적합하지 아니하게 된 경우	법 제35조 제1항제10호	시정명령	사업정지 1개월	사업정지 3개월	취소
버. 법 제22조에 따른 카지노업의 결격사유에 해당하게 된 경우	법 제22조 제2항	취소			
서. 법 제23조제3항을 위반하여 카지노 시설 및 기구에 관한 유지·관리를 소홀히 한 경우	법 제35조 제1항제11호	사업정지 1개월	사업정지 3개월	취소	

어. 법 제27조에 따른 문화체육관광부장관의 지도와 명령을 이행하지 아니한 경우	법 제35조 제2항 제2호	사업정지 10일	사업정지 1개월	사업정지 3개월	사업정지 6개월
저. 법 제28조제1항 및 제2항에 따른 준수사항을 위반한 경우	법 제35조 제1항제12호				
1) 법령에 위반되는 카지노기구를 설치하거나 사용하는 경우		사업정지 3개월	취소		
2) 법령을 위반하여 카지노기구 또는 시설을 변조하거나 변조된 카지노기구 또는 시설을 사용하는 경우		사업정지 3개월	취소		
3) 허가받은 전용영업장 외에서 영업을 하는 경우		사업정지 1개월	사업정지 3개월	취소	
4) 카지노영업소에 내국인(「해외이주법」 제2조에 따른 해외이주자는 제외한다)을 입장하게 하는 경우					
가) 고의로 입장시킨 경우		사업정지 3개월	취소		
나) 과실로 입장시킨 경우		시정명령	사업정지 10일	사업정지 1개월	사업정지 3개월
5) 지나친 사행심을 유발하는 등 선량한 풍속을 해칠 우려가 있는 광고나 선전을 하는 경우		시정명령	사업정지 10일	사업정지 1개월	사업정지 3개월
6) 법 제26조제1항에 따른 영업 종류에 해당하지 아니하는 영업을 하거나 영업 방법 및 배당금 등에 관한 신고를 하지 아니하고 영업하는 경우		사업정지 1개월	사업정지 3개월	취소	
7) 총매출액을 누락시켜 법 제30조제1항에 따른 관광진흥개발기금 납부금액을 감소시키는 경우		사업정지 3개월	취소		
8) 카지노영업소에 19세 미만인 자를 입장시키는 경우		시정명령	사업정지 10일	사업정지 1개월	사업정지 3개월
9) 정당한 사유 없이 그 연도 안에 60일 이상 휴업하는 경우		사업정지 1개월	사업정지 3개월	취소	
10) 문화체육관광부령으로 정하는 영업준칙을 지키지 아니하는 경우		시정명령	사업정지 10일	사업정지 1개월	사업정지 3개월
처. 법 제30조를 위반하여 관광진흥개발기금을 납부하지 아니한 경우	법 제35조 제1항제13호				
1) 관광진흥개발기금의 납부를 1개월 미만 지연한 경우		시정명령	사업정지 10일	사업정지 1개월	
2) 관광진흥개발기금의 납부를 1개월 이상 지연한 경우		사업정지 10일	사업정지 1개월	사업정지 3개월	
3) 관광진흥개발기금의 납부를 3개월 이상 지연한 경우		사업정지 1개월	사업정지 3개월	취소	
4) 관광진흥개발기금의 납부를 6개월 이상 지연한 경우		사업정지 3개월	취소		

위반사항	근거 법령	1차	2차	3차	4차
5) 관광진흥개발기금의 납부를 1년 이상 지연한 경우		취소			
커. 법 제32조에 따른 물놀이형 유원시설 등의 안전·위생기준을 지키지 아니한 경우	법 제35조 제1항제14호	시정명령	사업정지 10일	사업정지 1개월	취소(신고 업종의 경우에는 사업정지 3개월)
터. 법 제33조제1항에 따른 검사를 받지 아니하거나 같은 조 제2항에 따른 안전관리자를 배치하지 아니한 경우	법 제35조 제1항제15호				
1) 법 제33조제1항에 따른 유기시설 또는 유기기구에 대한 안전성검사를 받지 아니한 경우		사업정지 20일	사업정지 1개월	취소	
2) 법 제33조제1항에 따른 안전성검사 대상에 해당되지 아니함을 확인하는 검사를 받지 아니한 경우		사업정지 10일	사업정지 20일	사업정지 1개월	사업정지 3개월
3) 법 제33조제2항에 따른 안전관리자를 배치하지 아니한 경우		사업정지 5일	사업정지 10일	사업정지 20일	취소
퍼. 법 제34조를 위반한 경우	법 제35조 제1항제16호				
1) 법 제34조제1항에 따른 영업질서 유지를 위한 준수사항을 지키지 아니한 경우		시정명령	사업정지 10일	사업정지 20일	사업정지 1개월
2) 법 제34조제2항을 위반하여 불법으로 제조한 유기시설·유기기구 또는 유기기구의 부분품을 설치하거나 사용한 경우		사업정지 15일	사업정지 1개월	사업정지 2개월	취소(신고 업종의 경우에는 사업정지 3개월)
허. 법 제38조제1항 단서를 위반하여 해당 자격이 없는 자를 종사하게 한 경우	법 제35조 제1항 제16호의2	시정명령	사업정지 15일	취소	
고. 법 제78조에 따른 보고 또는 서류제출명령을 이행하지 아니하거나 관계 공무원의 검사를 방해한 경우	법 제35조 제1항제18호	사업정지 10일	사업정지 1개월	사업정지 2개월	취소(신고 업종의 경우에는 사업정지 3개월)
노. 관광사업의 경영 또는 사업계획을 추진함에 있어서 뇌물을 주고받은 경우	법 제35조 제1항제19호	시정명령	사업정지 10일 또는 사업계획 승인취소	사업정지 20일	취소(신고 업종의 경우에는 사업정지 1개월)
도. 고의로 여행계약을 위반한 경우(여행업자만 해당한다)	법 제35조 제1항제20호	시정명령	사업정지 10일	사업정지 20일	취소

則 시행규칙 제43조(행정처분기록대장의 기록·유지)

영 제33조제2항에 따른 행정처분기록대상은 별지 제34호서식에 따른다.

▶관광진흥법
제36조(폐쇄조치 등)

法 「관광진흥법」 제36조(폐쇄조치 등)

① 관할 등록기관 등의 장은 제5조제1항·제2항 또는 제4항에 따른 허가 또는 신고 없이 영업을 하거나 제24조제2항·제31조제2항 또는 제35조에 따른 허가의 취소 또는 사업의 정지명령을 받고 계속하여 영업을 하는 자에 대하여는 그 영업소를 폐쇄하기 위하여 관계 공무원에게 다음 각 호의 조치를 하게 할 수 있다.

1. 해당 영업소의 간판이나 그 밖의 영업표지물의 제거 또는 삭제
2. 해당 영업소가 적법한 영업소가 아니라는 것을 알리는 게시물 등의 부착
3. 영업을 위하여 꼭 필요한 시설물 또는 기구 등을 사용할 수 없게 하는 봉인(封印)

② 관할 등록기관등의 장은 제35조제1항제4호의2에 따라 행정처분을 한 경우에는 관계 공무원으로 하여금 이를 인터넷 홈페이지 등에 공개하게 하거나 사실과 다른 관광표지를 제거 또는 삭제하는 조치를 하게 할 수 있다. <신설 2014.3.11.>

③ 관할 등록기관등의 장은 제1항제3호에 따른 봉인을 한 후 다음 각 호의 어느 하나에 해당하는 사유가 생기면 봉인을 해제할 수 있다. 제1항제2호에 따라 게시를 한 경우에도 또한 같다. <개정 2014.3.11.>

1. 봉인을 계속할 필요가 없다고 인정되는 경우
2. 해당 영업을 하는 자 또는 그 대리인이 정당한 사유를 들어 봉인의 해제를 요청하는 경우

④ 관할 등록기관등의 장은 제1항 및 제2항에 따른 조치를 하려는 경우에는 미리 그 사실을 그 사업자 또는 그 대리인에게 서면으로 알려주어야 한다. 다만, 급박한 사유가 있으면 그러하지 아니하다. <개정 2014.3.11.>

⑤ 제1항에 따른 조치는 영업을 할 수 없게 하는 데에 필요한 최소한의 범위에

그쳐야 한다. <개정 2014.3.11.>

⑥ 제1항 및 제2항에 따라 영업소를 폐쇄하거나 관광표지를 제거·삭제하는 관계 공무원은 그 권한을 표시하는 증표를 지니고 이를 관계인에게 내보여야 한다. <개정 2014.3.11.>

▶관광진흥법
　제37조(과징금의 부과)
▶시행령
　제34조(과징금을 부과할 위반행위의 종류와 과징금의 금액), 제35조(과징금의 부과 및 납부)

法「관광진흥법」제37조(과징금의 부과)

① 관할 등록기관등의 장은 관광사업자가 제35조제1항 각 호 또는 제2항 각 호의 어느 하나에 해당되어 사업 정지를 명하여야 하는 경우로서 그 사업의 정지가 그 이용자 등에게 심한 불편을 주거나 그 밖에 공익을 해칠 우려가 있으면 사업 정지 처분을 갈음하여 2천만원 이하의 과징금(過徵金)을 부과할 수 있다. <개정 2009.3.25.>

② 제1항에 따라 과징금을 부과하는 위반 행위의 종류·정도 등에 따른 과징금의 금액과 그 밖에 필요한 사항은 대통령령으로 정한다.

③ 관할 등록기관등의 장은 제1항에 따른 과징금을 내야 하는 자가 납부기한까지 내지 아니하면 국세 체납처분의 예 또는 「지방행정제재·부과금의 징수 등에 관한 법률」에 따라 징수한다. <개정 2013.8.6., 2020.3.24.>

令 시행령 제34조(과징금을 부과할 위반행위의 종류와 과징금의 금액)

① 법 제37조제2항에 따라 과징금을 부과하는 위반행위의 종류와 위반 정도에 따른 과징금의 금액은 별표 3과 같다.

② 등록기관 등의 장은 사업자의 사업규모, 사업지역의 특수성과 위반행위의 정도 및 위반횟수 등을 고려하여 제1항에 따른 과징금 금액의 2분의 1 범위에서 가중하거나 감경할 수 있다. 다만, 가중하는 경우에도 과징금의 총액은 2천만원을 초과할 수 없다.

[별표 3] 〈개정 2021.3.23.〉

위반행위별 과징금 부과기준(시행령 제34조제1항 관련)

(단위 : 만원)

위반행위	해당 법조문	종합여행업	국내외여행업	국내여행업	관광호텔업 5성급·4성급	관광호텔업 3성급	관광호텔업 2성급이하	수상관광호텔업	가족호텔업	한국전통호텔업	호스텔업	소형호텔업	의료관광호텔업	휴양콘도미니엄업	전문휴양업	종합휴양업	야영장업	관광유람선업	관광공연장업	외국인관광도시민박업	한옥체험업	국제회의시설업	국제회의기획업	카지노업	종합유원시설업	일반유원시설업	기타유원시설업
1. 법 제4조를 위반한 경우	법제4조																										
가. 등록기준에 적합하지 않게 된 경우		120	80	80	200	120	80	80	80	80	80	80	80	120	80	120	80	80	80	40	40	120	80				
나. 관광사업의 변경등록기간을 위반한 경우		120	80	80	200	120	80	80	80	80	80	80	80	120	80	120	80	80	80	40	40	120	80				
다. 등록한 영업범위를 벗어난 경우		800	800	400	500	300	200	200	200	200				300		200			200	40	40						
2. 법 제5조를 위반한 경우	법제5조																										
가. 법 제5조제2항 및 제4항에 따라 문화체육관광부령으로 정하는 시설과 설비를 갖추지 않게 되는 경우																									1600	1200	800
나. 법 제5조제3항 및 제4항 후단에 따른 변경허가를 받지 않거나 변경신고를 하지 않은 경우																											
1) 카지노업의 경우 문화체육관광부령으로 정하는 경미한 사항에 대하여 변경신고를 하지 않고 변경한 경우(사업정지 10일을 갈음하는 경우만 해당한다)																								2000			
2) 허가 대상 유원시설업의 경우 문화체육관광부령으로 정하는 중요 사항에 대하여 변경허가를 받지 않고 변경한 경우																									1200	800	
3) 허가 대상 유원시설업의 경우 문화체육관광부령으로 정하는 경미한 사항에 대하여 변경신고를 하지 않고 변경한 경우																									800	400	
4) 신고 대상 유원시설업의 경우 문화체육관광부령으로 정하는 중요 사항에 대하여 변경신고를 하지 않고 변경한 경우																											400
3. 법 제8조를 위반하여 관광사업자 또는 사업계획의 승인을 받은 자의 지위를 승계한 후 승계신고를 하지 않은 경우	법제8조	400	200	200	800	400	200	200	200	200	200	200	200	400	200	400	120	120	120	40	40	400	200	300	400	320	120

위반행위	근거 법조문													
4. 법 제10조를 위반하여 사실과 다르게 관광표지를 붙이거나 관광표지에 기재되는 내용을 사실과 다르게 표시 또는 광고하는 행위를 한 경우	법 제10조			400	350	300	300	300	300	300	300	300		
5. 법 제12조에 따른 기획여행의 실시요건 또는 실시방법을 위반하여 기획여행을 실시한 경우	법 제12조	800	400											
6. 법 제14조를 위반한 경우	법 제14조													
가. 법 제14조제1항을 위반하여 안전정보 또는 변경된 안전정보를 제공하지 않은 경우		500	300											
나. 법 제14조제2항을 위반하여 여행계약서(여행일정표 및 약관을 포함한다) 및 보험 가입 등을 증명할 수 있는 서류를 여행자에게 내주지 않은 경우		800	400	200										
다. 법 제14조제3항을 위반하여 여행자의 사전 동의 없이 여행일정(선택관광 일정을 포함한다)을 변경한 경우		800	400	200										
7. 법 제19조제1항 단서를 위반하여 등급결정을 신청하지 않은 경우	법 제19조			400	300	200	200	200	200		200	200		
8. 법 제20조를 위반한 경우	법 제20조													
가. 분양 또는 회원모집을 할 수 없는 자가 분양 또는 회원 모집을 한 경우							400				800	800		
나. 분양 또는 회원 모집의 기준 및 절차를 위반한 경우							400				800	800		
다. 소유자등·회원의 권익보호에 관한 사항을 지키지 않은 경우							400				800	800		
9. 법 제20조의2에 따른 야영업자의 준수사항을 위반한 경우	법 제20조의2												200	
10. 법 제27조에 따른 문화체육관광부장관의 지도와 명령을 이행하지 않은 경우(사업정지 10일을 갈음하는 경우만 해당한다)	법 제27조													2000
11. 법 제28조를 위반한 경우	법 제28조													
가. 카지노영업소에 내국인(「해외이주법」 제2조에 따른 해외이주자는 제외한다)을 과실로 입장시킨 경우(사업정지 10일을 갈음하는 경우만 해당한다)														2000
나. 지나친 사행심을 유발하는 등 선량한 풍속을 해칠 우려가 있는 광고나 선전을 한 경우														2000

위반행위	근거 법조문	1	2	3	4	5	6	7	8	9	10	11	12	13	14	15	16	17	18	19	20	21	22	23	24	25	26
다. 카지노영업소에 19세 미만인 자를 입장시킨 경우																				2000							
라. 문화체육관광부령으로 정하는 영업준칙을 지키지 않은 경우																				2000							
12. 법 제30조를 위반하여 관광진흥개발기금 납부금의 납부를 지연한 경우(사업정지 10일을 갈음하는 경우만 해당한다)	법 제30조																			2000							
13. 법 제32조에 따른 물놀이형 유원시설 등의 안전·위생기준을 지키지 않은 경우	법 제32조																			2000	1600	1200					
14. 법 제33조를 위반한 경우	법 제33조																										
가. 법 제33조제1항에 따른 유기시설 또는 유기기구에 대한 안전성검사 및 안전성검사 대상에 해당하지 않음을 확인하는 검사를 받지 않은 경우																				2000	1600	1200					
나. 법 제33조제2항에 따른 안전관리자를 항상 배치하지 않은 경우																				2000	1600						
15. 법 제34조를 위반한 경우	법 제34조																										
가. 영업질서를 유지하기 위하여 문화체육관광부령으로 정하는 사항을 지키지 않은 경우																				1200	800	400					
나. 법령을 위반하여 제조된 유기시설·유기기구 또는 유기기구의 부분품을 설치하거나 사용한 경우																				2000	1600	1200					
16. 법 제35조제1항제20호를 위반하여 고의로 여행계약을 위반한 경우(여행업자만 해당한다)	법 제35조	800	400	200																							
17. 법 제38조제1항 단서를 위반하여 해당 자격이 없는 자를 종사하게 한 경우	법 제38조	800	400																								
18. 법 제78조를 위반한 경우	법 제78조																										
가. 사업에 관한 보고 또는 서류제출 명령을 이행하지 않은 경우		800	400	400	1200	800	400	400	400	400	400	400	400	800	400	800	200	200	200	40	40	1200	800	500	800	400	80
나. 관계 공무원이 장부·서류나 그 밖의 물건을 검사하는 것을 방해한 경우		800	400	400	1200	800	400	400	400	400	400	400	400	800	400	800	200	200	200	40	40	1200	800	300	800	400	80

[令] 시행령 제35조(과징금의 부과 및 납부)

> ① 등록기관 등의 장은 법 제37조에 따라 과징금을 부과하려면 그 위반행위의 종류와 과징금의 금액 등을 명시하여 납부할 것을 서면으로 알려야 한다.
>
> ② 제1항에 따라 통지를 받은 자는 20일 이내에 과징금을 등록기관 등의 장이 정하는 수납기관에 내야 한다. 다만, 천재지변이나 그 밖의 부득이한 사유로 그 기간에 과징금을 낼 수 없는 경우에는 그 사유가 없어진 날부터 7일 이내에 내야 한다.
>
> ③ 제2항에 따라 과징금을 받은 수납기관은 영수증을 납부자에게 발급하여야 한다.
>
> ④ 과징금의 수납기관은 제2항에 따라 과징금을 받은 경우에는 지체 없이 그 사실을 등록기관 등의 장에게 통보하여야 한다.
>
> ⑤ 삭제 <2021.9.24.>

제7절 관광종사원

> ▶관광진흥법
> 제38조(관광종사원의 자격 등)
> ▶시행령
> 제36조(자격을 필요로 하는 관광 업무 자격기준)
> ▶시행규칙
> 제44조(관광종사원의 자격시험), 제45조(면접시험), 제46조(필기시험), 제47(외국어시험), 제48조(응시자격), 제49조(시험의 실시 및 공고), 제50조(응시원서), 제51조(시험의 면제), 제51조의2(경력의 확인), 제52조(합격자의 공고), 제53조(관광종사원의 등록 및 자격증 발급), 제54조(관광종사원 자격증의 재발급)

[法] 「관광진흥법」 제38조(관광종사원의 자격 등)

> ① 관할 등록기관 등의 장은 대통령령으로 정하는 관광 업무에는 관광종사원의 자격을 가진 사람이 종사하도록 해당 관광사업자에게 권고할 수 있다. 다만, 외국인 관광객을 대상으로 하는 여행업자는 관광통역안내의 자격을 가진 사람을 관광안내에 종사하게 하여야 한다. <개정 2009.3.25., 2023.8.8.>
>
> ② 제1항에 따른 관광종사원의 자격을 취득하려는 사람은 문화체육관광부령으로 정하는 바에 따라 문화체육관광부장관이 실시하는 시험에 합격한 후 문화체

육관광부장관에게 등록하여야 한다. 다만, 문화체육관광부령으로 따로 정하는 사람은 시험의 전부 또는 일부를 면제할 수 있다. <개정 2008.2.29., 2023.8.8.>

③ 문화체육관광부장관은 제2항에 따라 등록을 한 자에게 관광종사원 자격증을 내주어야 한다. <개정 2008.2.29.>

④ 관광종사원 자격증을 가진 사람은 그 자격증을 잃어버리거나 못 쓰게 되면 문화체육관광부장관에게 그 자격증의 재교부를 신청할 수 있다. <개정 2008.2.29., 2023.8.8.>

⑤ 제2항에 따른 시험의 최종합격자 발표일을 기준으로 제7조제1항 각 호(제3호는 제외한다)의 어느 하나에 해당하는 사람은 제1항에 따른 관광종사원의 자격을 취득하지 못한다. <개정 2011.4.5., 2019.12.3., 2023.8.8.>

⑥ 관광통역안내의 자격이 없는 사람은 외국인 관광객을 대상으로 하는 관광안내(제1항 단서에 따라 외국인 관광객을 대상으로 하는 여행업에 종사하여 관광안내를 하는 경우에 한정한다. 이하 이 조에서 같다)를 하여서는 아니 된다. <신설 2016.2.3.>

⑦ 관광통역안내의 자격을 가진 사람이 관광안내를 하는 경우에는 제3항에 따른 자격증을 달아야 한다. <신설 2016.2.3., 2023.8.8.>

⑧ 제3항에 따른 자격증은 다른 사람에게 빌려주거나 빌려서는 아니 되며, 이를 알선해서도 아니 된다. <개정 2019.12.3.>

⑨ 문화체육관광장관은 제2항에 따른 시험에서 다음 각 호의 어느 하나에 해당하는 사람에 대하여는 그 시험을 정지 또는 무효로 하거나 합격결정을 취소하고, 그 시험을 정지하거나 무효로 한 날 또는 합격결정을 취소한 날부터 3년간 시험응시자격을 정지한다. <신설 2017.11.28.>

1. 부정한 방법으로 시험에 응시한 사람
2. 시험에서 부정한 행위를 한 사람

⑤ **시행령 제36조(자격을 필요로 하는 관광 업무 자격기준)**

법 제38조제1항에 따라 등록기관 등의 장이 관광종사원의 자격을 가진 자가 종사하도록 권고할 수 있거나 종사하게 하여야 하는 관광 업무 및 업무별 자격기준은 별표 4와 같다. <개정 2009.10.7.>

[제목개정 2009.10.7.]

[별표 4]〈개정 2014.11.28.〉

관광 업무별 자격기준(시행령 제36조 관련)

업 종	업 무	종사하도록 권고할 수 있는 자	종사하게 하여야 하는 자
1. 여행업	가. 외국인 관광객의 국내여행을 위한 안내		관광통역안내사 자격을 취득한 자
	나. 내국인의 국내여행을 위한 안내	국내여행안내사 자격을 취득한 자	
2. 관광 숙박업	가. 4성급 이상의 관광호텔업의 총괄관리 및 경영업무	호텔경영사 자격을 취득한 자	
	나. 4성급 이상의 관광호텔업의 객실관리 책임자 업무	호텔경영사 또는 호텔관리사 자격을 취득한 자	
	다. 3성급 이하의 관광호텔업과 한국전통호텔업·수상관광호텔업·휴양 콘도미니엄업·가족호텔업·호스텔업·소형호텔업 및 의료관광호텔업의 총괄관리 및 경영업무	호텔경영사 또는 호텔관리사 자격을 취득한 자	
	라. 현관·객실·식당의 접객 업무	호텔서비스사 자격을 취득한 자	

則 **시행규칙 제44조(관광종사원의 자격시험)**

① 법 제38조제2항 본문에 따른 관광종사원의 자격시험(이하 "시험"이라 한다)은 필기시험(외국어시험을 제외한 필기시험을 말한다. 이하 같다), 외국어시험(관광통역안내사·호텔경영사·호텔관리사 및 호텔서비스사 자격시험만 해당한다. 이하 같다) 및 면접시험으로 구분하되, 평가의 객관성이 확보될 수 있는 방법으로 시행하여야 한다.

② 면접시험은 제46조에 따른 필기시험 및 제47조에 따른 외국어시험에 합격한 자에 대하여 시행한다. <개정 2009.10.22.>

則 **시행규칙 제45조(면접시험)**

① 면접시험은 다음 각 호의 사항에 관하여 평가한다.

1. 국가관·사명감 등 정신자세

2. 전문지식과 응용능력

3. 예의·품행 및 성실성

4. 의사발표의 정확성과 논리성

② 면접시험의 합격점수는 면접시험 총점의 6할 이상이어야 한다.

則 **시행규칙 제46조(필기시험)**

① 필기시험의 과목과 합격결정의 기준은 별표 14와 같다.

[별표 14]

필기시험의 시험과목 및 합격결정 기준(시행규칙 제46조 관련)

1. 시험과목 및 배점비율

구 분	시험과목	배점비율
가. 관광통역안내사	국 사	40%
	관광자원해설	20%
	관광법규(「관광기본법」·「관광진흥법」·「관광진흥개발기금법」·「국제회의산업 육성에 관한 법률」 등의 관광관련 법규를 말한다. 이하 같다)	20%
	관광학개론	20%
	계	100%
나. 국내여행안내사	국 사	30%
	관광자원해설	20%
	관광법규	20%
	관광학개론	30%
	계	100%
다. 호텔경영사	관광법규	10%
	호텔회계론	30%
	호텔인사 및 조직관리론	30%
	호텔마케팅론	30%
	계	100%
라. 호텔관리사	관광법규	30%
	관광학개론	30%
	호텔관리론	40%
	계	100%
마. 호텔서비스사	관광법규	30%
	호텔실무(현관·객실·식당 중심)	70%
	계	100%

2. 합격결정기준 : 필기시험의 합격기준은 매과목 4할 이상, 전과목의 점수가 위의 배점비율로 환산하여 6할 이상이어야 한다.

則 시행규칙 제47조(외국어시험)

① 관광종사원별 외국어시험의 종류는 다음 각 호와 같다. <개정 2009.12.31., 2019.6.11., 2019.11.20>

1. 관광통역안내사: 영어, 일본어, 중국어, 프랑스어, 독일어, 스페인어, 러시아어, 이탈리아어, 태국어, 베트남어, 말레이·인도네시아어, 아랍어 중 1과목

2. 호텔경영사, 호텔관리사 및 호텔서비스사: 영어, 일본어, 중국어 중 1과목

3. 삭제 <2019.11.20>

② 외국어시험은 다른 외국어시험기관에서 실시하는 시험(이하 "다른 외국어시험"이라 한다)으로 대체한다. 이 경우 외국어시험을 대체하는 다른 외국어시험의 점수 및 급수(별표 15 제1호 중 프랑스어의 델프(DELF) 및 달프(DALF) 시험의 점수 및 급수는 제외한다)는 응시원서 접수 마감일부터 2년 이내에 실시한 시험에서 취득한 점수 및 급수여야 한다. <개정 2010.3.17., 2019.6.11.>

③ 제2항에 따른 다른 외국어시험의 종류 및 합격에 필요한 점수 및 급수는 별표 15와 같다.

[별표 15] 〈개정 2021.9.24.〉

다른 외국어시험의 종류 및 합격에 필요한 점수 또는 급수(시행규칙 제47조 관련)

1. 다른 외국어시험의 종류

구분		내용
영어	토플(TOEFL)	아메리카합중국 이.티.에스(E.T.S: Education Testing Service)에서 시행하는 시험(Test of English as a Foreign Language)을 말한다.
	토익(TOEIC)	아메리카합중국 이.티.에스(E.T.S: Education Testing Service)에서 시행하는 시험(Test of English for International Communication)을 말한다.
	텝스(TEPS)	서울대학교영어능력검정시험(Test of English Proficiency, Seoul National University)을 말한다.
	지텔프 (G-TELP, 레벨2)	아메리카합중국 샌디에이고 주립대(Sandiego State University)에서 시행하는 시험(General Test of English Language Proficiency)을 말한다.
	플렉스(FLEX)	한국외국어대학교와 대한상공회의소에서 공동 시행하는 어학능력검정시험(Foreign Language Examination)을 말한다.
	아이엘츠 (IELTS)	영국의 영국문화원(British Council)에서 시행하는 영어능력검정시험(International English Language Testing System)을 말한다.

일본어	일본어능력 시험(JPT)	일본국 순다이(駿台)학원그룹에서 개발한 문제를 재단법인 국제교류진흥회에 서 시행하는 시험(Japanese Proficiency Test)을 말한다.
	일본어검정 시험(日檢, NIKKEN)	한국시사일본어사와 일본국서간행회(日本國書刊行會)에서 공동 개발하여 한국 시사일본어사에서 시행하는 시험을 말한다.
	플렉스(FLEX)	한국외국어대학교와 대한상공회의소에서 공동 시행하는 어학능력검정시험 (Foreign Language Examination)을 말한다.
	일본어능력 시험(JLPT)	일본국제교류기금 및 일본국제교육지원협회에서 시행하는 일본어능력시험 (Japanese Language Proficiency Test)을 말한다.
중국어	한어수평고시 (HSK)	중국 교육부가 설립한 국가한어수평고시위원회(國家漢語水平考試委員會)에서 시행하는 시험(HanyuShuipingKaoshi)을 말한다.
	플렉스(FLEX)	한국외국어대학교와 대한상공회의소에서 공동시행하는 어학능력검정시험(Foreign Language Examination)을 말한다.
	실용중국어 시험(BCT)	중국국가한어국제추광영도소조판공실(中国国家汉语国际推广领导小组办公室)이 중국 북경대학교에 위탁 개발한 실용중국어시험(Business Chinese Test)을 말한다.
	중국어실용능 력시험(CPT)	중국어언연구소 출제 한국CPT관리위원회 주관 (주)시사중국어사에서 시행하는 생활실용커뮤니케이션 능력평가(Chinese Proficiency Test)를 말한다.
	대만중국어 능력시험 (TOCFL)	중화민국 교육부 산하 국가화어측험추동공작위원회에서 시행하는 중국어능력 시험(Test of Chinese as a Foreign Language)을 말한다.
프랑스어	플렉스(FLEX)	한국외국어대학교와 대한상공회의소에서 공동시행하는 어학능력검정시험(Foreign Language Examination)을 말한다.
	델프/달프 (DELF/DALF)	주한 프랑스대사관 문화과에서 시행하는 프랑스어 능력검정시험(Diplôme d'Etudes en Langue Française)을 말한다.
독일어	플렉스(FLEX)	한국외국어대학교와 대한상공회의소에서 공동시행하는 어학능력검정시험(Foreign Language Examination)을 말한다.
	괴테어학 검정시험 (Goethe Zertifikat)	유럽 언어능력시험협회 ALTE(Association of Language Testers in Europe) 회원인 괴테-인스티튜트(Goethe Institut)에서 시행하는 독일어능력검정시험을 말한다.
스페인어	플렉스(FLEX)	한국외국어대학교와 대한상공회의소에서 공동시행하는 어학능력검정시험(Foreign Language Examination)을 말한다.
	델레(DELE)	스페인 문화교육부에서 주관하는 스페인어 능력 검정시험(Diploma de Español como Lengua Extranjera)을 말한다.

러시아어	플렉스(FLEX)	한국외국어대학교와 대한상공회의소에서 공동시행하는 어학능력검정시험(Foreign Language Examination)을 말한다.
	토르플 (TORFL)	러시아 교육부 산하 시험기관 토르플 한국센터(계명대학교 러시아센터)에서 시행하는 러시아어 능력검정시험(Test of Russian as a Foreign Language)을 말한다.
이탈리아어	칠스(CILS)	이탈리아 시에나 외국인 대학(Università per Stranieri di Siena)에서 주관하는 이탈리아어 자격증명시험(Certificazione di Italiano come Lingua Straniera)을 말한다.
	첼리(CELI)	이탈리아 페루지아 국립언어대학(Università per Stranieri di Perugia)과 주한 이탈리아문화원에서 공동 시행하는 이탈리아어 능력검정시험(Certificato di Conoscenza della Lingua Italiana)을 말한다.
태국어, 베트남어, 말레이·인도네시아어, 아랍어	플렉스(FLEX)	한국외국어대학교에서 주관하는 어학능력검정시험(Foreign Language Examination)을 말한다. ※ 이 외국어시험은 부정기적으로 시행하는 수시시험임.

2. 합격에 필요한 다른 외국어시험의 점수 또는 급수

시험명	자격구분	관광통역안내사	호텔서비스사	호텔관리사	호텔경영사	만점/최고급수
영어	토플 (TOEFL, PBT)	584점 이상	396점 이상	557점 이상	619점 이상	677점
	토플 (TOEFL, IBT)	81점 이상	51점 이상	76점 이상	88점 이상	120점
	토익 (TOEIC)	760점 이상	490점 이상	700점 이상	800점 이상	990점
	텝스 (TEPS)	372점 이상	201점 이상	367점 이상	404점 이상	600점
	지텔프 (G-TELP, 레벨2)	74점 이상	39점 이상	66점 이상	79점 이상	100점
	플렉스 (FLEX)	776점 이상	381점 이상	670점 이상	728점 이상	1000점
	아이엘츠 (IELTS)	5점	4점	5점	5점	9점

일본어	일본어능력시험 (JPT)	740점 이상	510점 이상	692점 이상	784점 이상	990점
	일본어검정시험 (日檢, NIKKEN)	750점 이상	500점 이상	701점 이상	795점 이상	1000점
	플렉스 (FLEX)	776점 이상	-	-	-	1000점
	일본어능력시험 (JLPT)	N1 이상				N1
중국어	한어수평고시 (HSK)	5급 이상	4급 이상	5급 이상	5급 이상	6급
	플렉스 (FLEX)	776점 이상	-	-	-	1000점
	실용 중국어 시험 (BCT) (B)	181점 이상				300점
	(B)L&R	601점 이상				1000점
	중국어실용능력 시험(CPT)	750점 이상				1000점
	대만중국어 능력시험 (TOCFL)	5급(유리) 이상				6급(정통)
프랑스어	플렉스 (FLEX)	776점 이상				1000점
	델프/달프 (DELF/DALF)	델프(DELF) B2 이상				달프(DALF) C2
독일어	플렉스 (FLEX)	776점 이상				1000점
	괴테어학 검정시험 (Goethe Zertifikat)	괴테어학 검정시험 (Goethe-Zertifikat) B1(ZD) 이상				괴테어학 검정시험 (Goethe-Zertifikat) C2
스페인어	플렉스 (FLEX)	776점 이상				1000점
	델레(DELE)	B2 이상				C2
러시아어	플렉스 (FLEX)	776점 이상				1000점
	토르플 (TORFL)	1단계 이상				4단계

이탈리아어	칠스(CILS)	레벨 2-B2 (Livello Due-B2) 이상				레벨 4-C2 (Livello Quattro-C2)
	첼리(CELI)	첼리(CELI) 3 이상				첼리(CELI) 5
태국어, 베트남어, 말레이 · 인도네시아어, 아랍어	플렉스 (FLEX)	600점 이상				1000점

3. 청각장애인 응시자의 합격에 필요한 다른 외국어시험의 점수 또는 급수

시험명 \ 자격구분		호텔서비스사	호텔관리사	호텔경영사
영어	토플 (TOEFL, PBT)	264점 이상	371점 이상	412점 이상
	토플 (TOEFL, IBT)	51점 이상	76점 이상	88점 이상
	토익(TOEIC)	245점 이상	350점 이상	400점 이상
	텝스 (TEPS)	121점 이상	221점 이상	243점 이상
	지텔프(G-TELP, 레벨2)	39점 이상	66점 이상	79점 이상
	플렉스(FLEX)	229점 이상	402점 이상	437점 이상
일본어	일본어능력시험 (JPT)	255점 이상	346점 이상	392점 이상
	일본어검정시험 (日檢, NIKKEN)	250점 이상	351점 이상	398점 이상
중국어	한어수평고시 (HSK)	3급 이상	4급 이상	4급 이상

비고
1. 위 표의 적용을 받는 "청각장애인"이란 「장애인복지법 시행규칙」 별표 1 제4호에 따른 청각장애인 중 장애의 정도가 심한 장애인을 말한다.
2. 청각장애인 응시자의 합격에 필요한 다른 외국어 시험의 기준 점수(이하 "합격 기준 점수"라 한다)는 해당 외국어시험에서 듣기부분을 제외한 나머지 부분의 합계 점수(지텔프 시험은 나머지 부분의 평균 점수를 말한다)를 말한다. 다만, 토플(TOEFL, IBT) 시험은 듣기부분을 포함한 합계 점수를 말한다.
3. 청각장애인의 합격 기준 점수를 적용받으려는 사람은 원서접수 마감일까지 청각장애인으로 유효하게 등록되어 있어야 하며, 원서접수 마감일부터 4일 이내에 「장애인복지법」 제32조제1항에 따른 장애인등록증의 사본을 원서접수 기관에 제출해야 한다.

則 시행규칙 제48조(응시자격)

관광종사원 중 호텔경영사 또는 호텔관리사 시험에 응시할 수 있는 자격은 다음과 같이 구분한다. <개정 2014.12.31.>

1. 호텔경영사 시험

　　가. 호텔관리사 자격을 취득한 후 관광호텔에서 3년 이상 종사한 경력이 있는 자

　　나. 4성급 이상 호텔의 임원으로 3년 이상 종사한 경력이 있는 자

2. 호텔관리사 시험

　　가. 호텔서비스사 또는 조리사 자격을 취득한 후 관광숙박업소에서 3년 이상 종사한 경력이 있는 자

　　나. 「고등교육법」에 따른 전문대학의 관광분야 학과를 졸업한 자(졸업예정자를 포함한다) 또는 관광분야의 과목을 이수하여 다른 법령에서 이와 동등한 학력이 있다고 인정되는 자

　　다. 「고등교육법」에 따른 대학을 졸업한 자(졸업예정자를 포함한다) 또는 다른 법령에서 이와 동등 이상의 학력이 있다고 인정되는 자

　　라. 「초·중등교육법」에 따른 고등기술학교의 관광분야를 전공하는 과의 2년 과정 이상을 이수하고 졸업한 자(졸업예정자를 포함한다)

則 시행규칙 제49조(시험의 실시 및 공고)

① 시험은 매년 1회 이상 실시한다. 다만, 호텔경영사 시험은 격년으로 실시한다. <개정 2020.12.10.>

② 한국산업인력공단은 시험의 응시자격·시험과목·일시·장소·응시절차, 그 밖에 시험에 필요한 사항을 시험 시행일 90일 전까지 인터넷 홈페이지 등에 공고해야 한다. <개정 2009.10.22., 2012.4.5., 2019.11.20.>

則 시행규칙 제50조(응시원서)

시험에 응시하려는 자는 별지 제36호서식의 응시원서를 한국산업인력공단에 제출하여야 한다. <개정 2009.10.22.>

則 **시행규칙 제51조(시험의 면제)**

> ① 법 제38조제2항 단서에 따라 시험의 일부를 면제할 수 있는 경우는 별표 16과 같다. <개정 2009.10.22.>
>
> ② 필기시험 및 외국어시험에 합격하고 면접시험에 불합격한 자에 대하여는 다음 회의 시험에만 필기시험 및 외국어시험을 면제한다.
>
> ③ 제1항에 따라 시험의 면제를 받으려는 자는 별지 제37호서식의 관광종사원 자격시험 면제신청서에 경력증명서, 학력증명서 또는 그 밖에 자격을 증명할 수 있는 서류를 첨부하여 한국산업인력공단에 제출하여야 한다. <개정 2009.10.22.>

[별표 16] 〈개정 2019.11.20.〉

시험의 면제기준(시행규칙 제51조 관련)

구 분	면제대상 및 면제과목
1. 관광통역안내사	가. 「고등교육법」에 따른 전문대학 이상의 학교 또는 다른 법령에서 이와 동등 이상의 학력이 인정되는 교육기관에서 해당 외국어를 3년 이상 강의한 자에 대하여 해당 외국어시험을 면제 나. 4년 이상 해당 언어권의 외국에서 근무하거나 유학(해당 언어권의 언어를 사용하는 학교에서 공부한 것을 말한다)을 한 경력이 있는 자 및 「초·중등교육법」에 따른 중·고등학교 또는 고등기술학교에서 해당 외국어를 5년 이상 강의한 자에 대하여 해당 외국어 시험을 면제 다. 「고등교육법」에 따른 전문대학 이상의 학교에서 관광분야를 전공(전공과목이 관광법규 및 관광학개론 또는 이에 준하는 과목으로 구성되는 전공과목을 30학점 이상 이수한 경우를 말한다)하고 졸업한 자(졸업예정자 및 관광분야 과목을 이수하여 다른 법령에서 이와 동등한 학력을 취득한 자를 포함한다)에 대하여 필기시험 중 관광법규 및 관광학개론 과목을 면제 라. 관광통역안내사 자격증을 소지한 자가 다른 외국어를 사용하여 관광안내를 하기 위하여 시험에 응시하는 경우 필기시험을 면제 마. 문화체육관광부장관이 정하여 고시하는 교육기관에서 실시하는 60시간 이상의 실무교육과정을 이수한 사람에 대하여 필기시험 중 관광법규 및 관광학개론 과목을 면제. 이 경우 실무교육과정의 교육과목 및 그 비중은 다음과 같음 1) 관광법규 및 관광학개론: 30% 2) 관광안내실무: 20% 3) 관광자원안내실습: 50%

구 분	면제대상 및 면제과목
2. 국내여행안내사	가.「고등교육법」에 따른 전문대학 이상의 학교에서 관광분야를 전공(전공과목이 관광법규 및 관광학개론 또는 이에 준하는 과목으로 구성되는 전공과목을 30학점 이상 이수한 경우를 말한다)하고 졸업한 자(졸업예정자 및 관광분야 과목을 이수하여 다른 법령에서 이와 동등한 학력을 취득한 자를 포함한다)에 대하여 필기시험을 면제 나. 여행안내와 관련된 업무에 2년 이상 종사한 경력이 있는 자에 대하여 필기시험을 면제 다.「초·중등교육법」에 따른 고등학교나 고등기술학교를 졸업한 자 또는 다른 법령에서 이와 동등한 학력이 있다고 인정되는 교육기관에서 관광분야의 학과를 이수하고 졸업한 자(졸업예정자를 포함한다)에 대하여 필기시험을 면제
3. 호텔경영사	가. 호텔관리사 자격을 취득한 자로서 그 자격을 취득한 후 4성급 이상의 관광호텔에서 부장급 이상으로 3년 이상 종사한 경력이 있는 자에 대하여 필기시험을 면제 나. 호텔관리사 자격을 취득한 자로서 그 자격을 취득한 후 3성급 관광호텔의 총괄 관리 및 경영업무에 3년 이상 종사한 경력이 있는 자에 대하여 필기시험을 면제 다. 국내호텔과 체인호텔 관계에 있는 해외호텔에서 호텔경영 업무에 종사한 경력이 있는 자로서 해당 국내 체인호텔에 파견근무를 하려는 자에 대하여 필기시험 및 외국어시험을 면제
4. 호텔관리사	「고등교육법」에 따른 대학 이상의 학교 또는 다른 법령에서 이와 동등 이상의 학력이 인정되는 교육기관에서 호텔경영 분야를 전공하고 졸업한 자(졸업예정자를 포함한다)에 대하여 필기시험을 면제
5. 호텔서비스사	가.「초·중등교육법」에 따른 고등학교 또는 고등기술학교 이상의 학교를 졸업한 자 또는 다른 법령에서 이와 동등한 학력이 있다고 인정되는 교육기관에서 관광분야의 학과를 이수하고 졸업한 자(졸업예정자를 포함한다)에 대하여 필기시험을 면제 나. 관광숙박업소의 접객업무에 2년 이상 종사한 경력이 있는 자에 대하여 필기시험을 면제

則 **시행규칙 제51조의2(경력의 확인)**

제48조에 따른 응시자격 증명을 위한 경력증명서 또는 제51조제3항에 따른 시험의 면제를 위한 경력증명서를 제출받은 한국산업인력공단은 「전자정부법」제36조제1항에 따른 행정정보의 공동이용을 통해 응시자 또는 신청인의 국민연금가입자가입증명 또는 건강보험자격득실확인서를 확인해야 한다. 다만, 응시자 또는 신청인이 확인에 동의하지 않는 경우에는 해당 서류를 제출하도록 해야 한다.

[본조신설 2019.6.11.]

則 **시행규칙 제52조(합격자의 공고)**

한국산업인력공단은 시험 종료 후 합격자의 명단을 게시하고 이를 한국관광공사와 한국관광협회중앙회에 각각 통보하여야 한다. <개정 2009.10.22.>

則 **시행규칙 제53조(관광종사원의 등록 및 자격증 발급)**

① 시험에 합격한 자는 법 제38조제2항에 따라 별지 제38호서식의 관광종사원 등록신청서에 사진(최근 6개월 이내에 모자를 쓰지 않고 촬영한 상반신 반명함판) 2매를 첨부하여 한국관광공사 및 한국관광협회중앙회에 등록을 신청하여야 한다. <개정 2009.10.22., 2019.6.11., 2019.8.1.>

② 한국관광공사 및 한국관광협회중앙회는 제1항에 따른 신청을 받은 경우에는 법 제7조제1항에 따른 결격사유가 없는 자에 한하여 관광종사원으로 등록하고 별지 제39호서식의 관광종사원 자격증을 발급하여야 한다. <개정 2009.10.22.>

③ 제2항에도 불구하고 관광통역안내사의 경우에는 별지 제39호의5서식에 따른 기재사항 및 교육이수 정보 등을 전자적 방식으로 저장한 집적회로(IC) 칩을 첨부한 자격증을 발급하여야 한다. <신설 2016.3.28.>

則 **시행규칙 제54조(관광종사원 자격증의 재발급)**

법 제38조제4항에 따라 발급받은 자격증을 잃어버리거나 그 자격증이 못 쓰게 되어 자격증을 재발급받으려는 자는 별지 제38호서식의 관광종사원 자격증 재발급신청서에 사진(최근 6개월 이내에 모자를 쓰지 않고 촬영한 상반신 반명함판) 2매와 관광종사원 자격증(자격증이 헐어 못 쓰게 된 경우만 해당한다)을 첨부하여 한국관광공사 및 한국관광협회중앙회에 제출하여야 한다. <개정 2009.10.22., 2019.8.1.>

〈표 10〉 관광종사원 자격별 등록현황

(단위 : 명)

구분	2012년	2013년	2014년	2015년	2016년	2017년	2018년	2019년	2020년	2021년	2022년
호텔서비스사	113	101	106	89	164	118	156	171	159	150	102
호텔경영사	1	1	4	-	-	-	1	-	3	3	2
호텔관리사	10	12	14	15	11	8	15	14	20	17	12
국내여행안내사	1,002	1,142	990	856	308	789	1,256	748	642	421	516
관광통역안내사	1,164	1,674	3,198	2,522	2,145	1,610	1,251	1,428	1,327	881	790

자료: (호텔경영사, 호텔관리사, 관광통역안내사) 한국관광공사, 2022년 12월 기준; (호텔서비스사, 국내여행안내사) 한국관광협회중앙회, 2022년 12월 기준

則 시행규칙 제55조 〈삭제 2011.10.6.〉

▶관광진흥법
  제39조(교육)

法 「관광진흥법」 제39조(교육)

문화체육관광부장관 또는 시·도지사는 관광종사원과 그 밖에 관광 업무에 종사하는 자의 업무능력 향상 및 지역의 문화와 관광자원 전반에 대한 전문성 향상을 위한 교육에 필요한 지원을 할 수 있다. <개정 2023.10.31.>

[전문개정 2011.4.5.]

▶관광진흥법
  제40조(자격취소 등)
▶시행령
  제37조(시·도지사 관할 관광종사원)
▶시행규칙
  제56조(종사원의 자격취소 등)

法 「관광진흥법」 제40조(자격취소 등)

문화체육관광부장관(관광종사원 중 대통령령으로 정하는 관광종사원에 대하여는 시·도지사)은 제38조제1항에 따라 자격을 가진 관광종사원이 다음 각 호의 어느 하나에 해당하면 문화체육관광부령으로 정하는 바에 따라 그 자격을 취소하거나 6개월 이내의 기간을 정하여 자격의 정지를 명할 수 있다. 다만, 제1호 및 제5호에 해당하면 그 자격을 취소하여야 한다. <개정 2008.2.29., 2011.4.5., 2016.2.3.>

1. 거짓이나 그 밖의 부정한 방법으로 자격을 취득한 경우
2. 제7조제1항 각 호(제3호는 제외한다)의 어느 하나에 해당하게 된 경우
3. 관광종사원으로서 직무를 수행하는 데에 부정 또는 비위(非違) 사실이 있는 경우
4. 삭제 <2007.7.19.>
5. 제38조제8항을 위반하여 다른 사람에게 관광종사원 자격증을 대여한 경우

令 시행령 제37조(시·도지사 관할 관광종사원)

법 제40조 각 호 외의 부분 본문에서 "대통령령으로 정하는 관광종사원"이란 다음 각 호에 해당하는 자를 말한다.

1. 국내여행안내사
2. 호텔서비스사

則 시행규칙 제56조(종사원의 자격취소 등)

법 제40조에 따라 문화체육관광부령으로 정하는 관광종사원의 자격취소 등에 관한 처분기준은 별표 17과 같다. <개정 2008.3.6.>

[별표 17] 〈개정 2014.12.31.〉

관광종사원에 대한 행정처분 기준(시행규칙 제56조 관련)

1. 일반기준

가. 위반행위가 2 이상일 경우에는 그 중 중한 처분기준(중한 처분기준이 동일할 경우에는 그 중 하나의 처분기준을 말한다)에 따르며, 2 이상의 처분기준이 동일한 자격정지일 경우에는 중한 처분기준의 2분의 1까지 가중 처분할 수 있되, 각 처분기준을 합산한 기간을 초과할 수 없다.

나. 위반행위의 횟수에 따른 행정처분의 기준은 최근 1년간 같은 위반행위로 행정처분을 받은 경우에 적용한다. 이 경우 행정처분 기준의 적용은 같은 위반행위에 대하여 최초로 행정처분을 한 날을 기준으로 한다.

다. 처분권자는 그 처분기준이 자격정지인 경우에는 위반행위의 동기·내용·횟수 및 위반의 정도 등 다음 1)부터 3)까지의 규정에 해당하는 사유를 고려하여 처분기준의 2분의 1 범위에서 그 처분을 감경할 수 있다.

 1) 위반행위가 고의나 중대한 과실이 아닌 사소한 부주의나 오류로 인한 것으로 인정되는 경우
 2) 위반의 내용·정도가 경미하여 소비자에게 미치는 피해가 적다고 인정되는 경우
 3) 위반 행위자가 처음 해당 위반행위를 한 경우로서 3년 이상 관광종사원으로서 모범적으로 일해 온 사실이 인정되는 경우

2. 개별기준

위반행위	근거법령	행정처분기준			
		1차위반	2차위반	3차위반	4차위반
가. 거짓이나 그 밖의 부정한 방법으로 자격을 취득한 경우	법 제40조제1호	자격취소			
나. 법 제7조제1항 각 호(제3호는 제외한다)의 어느 하나에 해당하게 된 경우	법 제40조제2호	자격취소			
다. 관광종사원으로서 직무를 수행하는 데에 부정 또는 비위(非違)사실이 있는 경우	법 제40조제3호	자격정지 1개월	자격정지 3개월	자격정지 5개월	자격취소

제3장 관광사업자단체

> ▶관광진흥법
> 　제41조(한국관광협회 중앙회 설립)
> ▶시행령
> 　제38조(한국관광협회중앙회의 설립요건)

法 「관광진흥법」 제41조(한국관광협회중앙회 설립)

> ① 제45조에 따른 지역별 관광협회 및 업종별 관광협회는 관광사업의 건전한 발전을 위하여 관광업계를 대표하는 한국관광협회중앙회(이하 "협회"라 한다)를 설립할 수 있다.
> ② 협회를 설립하려는 자는 대통령령으로 정하는 바에 따라 문화체육관광부장관의 허가를 받아야 한다. <개정 2008.2.29.>
> ③ 협회는 법인으로 한다.
> ④ 협회는 설립등기를 함으로써 성립한다.

令 시행령 제38조(한국관광협회중앙회의 설립요건)

> ① 법 제41조제2항에 따라 한국관광협회중앙회(이하 "협회"라 한다)를 설립하려면 제41조에 따른 지역별 관광협회 및 업종별 관광협회의 대표자 3분의 1 이상으로 구성되는 발기인이 정관을 작성하여 지역별 관광협회 및 업종별 관광협회의 대표자 과반수로 구성되는 창립총회의 의결을 거쳐야 한다.
> ② 협회의 설립 후 임원이 임명될 때까지 필요한 업무는 발기인이 수행한다.

■ 한국관광협회중앙회는 1963년 「관광진흥법」 제39조(현재 제41조)에 의해 설립되었으며, 한국관광업계를 대표하여 업계 전반의 의견을 종합·조정하고 국내외 관련기관과 상호 협력하여 관광산업의 진흥과 관광사업체의 권익 및 관광종사원의 복리증진에 기여하고 있다. 2023년 10월 현재 전국 17개 시·도관광협회와 11개 업종별 협회, 9개 업종별 위원회, 특별회원 등이 회원으로 구성되었다. 한국관광협회중앙회는 민간부문의 정책현안을 발굴하고 종합하여 정부정책에 반영하고 있다. 또한 종합산업으로서의 관광산업을 진흥하기 위해 행정부·국회 등의 관광 유관기관과 협력관계를 구축하여 위상제고에 기여하고 있다.

▶관광진흥법
　제42조(정관)

法 「관광진흥법」 제42조(정관)

> 협회의 정관에는 다음 각 호의 사항을 적어야 한다.
>
> 1. 목적
>
> 2. 명칭
>
> 3. 사무소의 소재지
>
> 4. 회원 및 총회에 관한 사항
>
> 5. 임원에 관한 사항
>
> 6. 업무에 관한 사항
>
> 7. 회계에 관한 사항
>
> 8. 해산(解散)에 관한 사항
>
> 9. 그 밖에 운영에 관한 중요 사항

▶관광진흥법
　제43조(업무)
▶시행령
　제39조(공제사업의 허가 등), 제40조(공제사업의 내용)

法 「관광진흥법」 제43조(업무)

> ① 협회는 다음 각 호의 업무를 수행한다.
>
> 1. 관광사업의 발전을 위한 업무
>
> 2. 관광사업 진흥에 필요한 조사·연구 및 홍보
>
> 3. 관광 통계
>
> 4. 관광종사원의 교육과 사후관리
>
> 5. 회원의 공제사업
>
> 6. 국가나 지방자치단체로부터 위탁받은 업무
>
> 7. 관광안내소의 운영

8. 제1호부터 제7호까지의 규정에 의한 업무에 따르는 수익사업

② 제1항제5호에 따른 공제사업은 문화체육관광부장관의 허가를 받아야 한다. <개정 2008.2.29.>

③ 제2항에 따른 공제사업의 내용 및 운영에 필요한 사항은 대통령령으로 정한다.

🔷 시행령 제39조(공제사업의 허가 등)

① 법 제43조제2항에 따라 협회가 공제사업의 허가를 받으려면 공제규정을 첨부하여 문화체육관광부장관에게 신청하여야 한다. <개정 2008.2.29.>

② 제1항에 따른 공제규정에는 사업의 실시방법, 공제계약, 공제분담금 및 책임준비금의 산출방법에 관한 사항이 포함되어야 한다.

③ 제1항에 따른 공제규정을 변경하려면 문화체육관광부장관의 승인을 받아야 한다. <개정 2008.2.29.>

④ 공제사업을 하는 자는 공제규정에서 정하는 바에 따라 매 사업연도 말에 그 사업의 책임준비금을 계상하고 적립하여야 한다.

⑤ 공제사업에 관한 회계는 협회의 다른 사업에 관한 회계와 구분하여 경리하여야 한다.

🔷 시행령 제40조(공제사업의 내용)

법 제43조제3항에 따른 공제사업의 내용은 다음 각 호와 같다.

1. 관광사업자의 관광사업행위와 관련된 사고로 인한 대물 및 대인배상에 대비하는 공제 및 배상업무
2. 관광사업행위에 따른 사고로 인하여 재해를 입은 종사원에 대한 보상업무
3. 그 밖에 회원 상호 간의 경제적 이익을 도모하기 위한 업무

▶관광진흥법
제44조(민법의 준용)

法 「관광진흥법」 제44조(민법의 준용)

협회에 관하여 이 법에 규정된 것 외에는 「민법」 중 사단법인(社團法人)에 관한 규정을 준용한다.

▶관광진흥법
　제45조(지역별·업종별 관광협회)
▶시행령
　제41조(지역별 또는 업종별 관광협회의 설립)

法 「관광진흥법」 제45조(지역별·업종별 관광협회)

① 관광사업자는 지역별 또는 업종별로 그 분야의 관광사업의 건전한 발전을 위하여 대통령령으로 정하는 바에 따라 지역별 또는 업종별 관광협회를 설립할 수 있다.
② 제1항에 따른 업종별 관광협회는 문화체육관광부장관의 설립허가를, 지역별 관광협회는 시·도지사의 설립허가를 받아야 한다. <개정 2008.2.29.>
③ 시·도지사는 해당 지방자치단체의 조례로 정하는 바에 따라 제1항에 따른 지역별 관광협회가 수행하는 사업에 대하여 예산의 범위에서 사업비의 전부 또는 일부를 지원할 수 있다. <신설 2023.3.21.>

令 시행령 제41조(지역별 또는 업종별 관광협회의 설립)

법 제45조제1항에 따라 지역별 관광협회 또는 업종별 관광협회를 설립할 수 있는 범위는 다음 각 호와 같다. <개정 2009.1.20., 2019.4.9.>
1. 지역별 관광협회는 특별시·광역시·특별자치시·도 및 특별자치도를 단위로 설립하되, 필요하다고 인정되는 지역에는 지부를 둘 수 있다.
2. 업종별 관광협회는 업종별로 업무의 특수성을 고려하여 전국을 단위로 설립할 수 있다.

▶관광진흥법
　제46조(협회에 관한 규정의 준용)

法 「관광진흥법」 제46조(협회에 관한 규정의 준용)

지역별 관광협회 및 업종별 관광협회의 설립·운영 등에 관하여는 제41조부터 제44조까지의 규정을 준용한다.

사례13

지금 호텔과 온천을 같이 운영하려 하는데요, 목욕탕은 목욕협회에 가입을 하는데, 온천 같은 경우는 협회가 없나요? 아니면 호텔협회에 가입해야 하나요? 빠른 답변을 부탁합니다.

답변

「관광진흥법」에 의한 관광호텔사업자는 호텔협회의 회원이 됩니다. 그러나 호텔협회든 목욕탕 관련협회든 어느 협회이든 간에 협회 가입은 강제사항이 아닙니다. 사업자 자율결정 사항이라는 말입니다. 온천관련 협회도 있는 것으로 압니다만, 우리 협회와는 관련이 없습니다. 관할 행정기관의 위생과로 문의 바랍니다.

자료: 한국호텔업협회

제4장 관광의 진흥과 홍보

> ▶관광진흥법
> 제47조(관광정보의 활용 등)

法 「관광진흥법」 제47조(관광정보의 활용 등)

> ① 문화체육관광부장관은 관광에 관한 정보의 활용과 관광을 통한 국제 친선을 도모하기 위하여 관광과 관련된 국제기구와의 협력 관계를 증진하여야 한다. <개정 2008.2.29.>
> ② 문화체육관광부장관은 제1항에 따른 업무를 원활히 수행하기 위하여 관광사업자·관광사업자 단체 또는 한국관광공사(이하 "관광사업자 등"이라 한다)에 필요한 사항을 권고·조정할 수 있다. <개정 2008.2.29., 2023.8.8.>
> ③ 관광사업자 등은 특별한 사유가 없으면 제2항에 따른 문화체육관광부장관의 권고나 조정에 협조하여야 한다. <개정 2008.2.29.>

> ▶관광진흥법
> 제47조의2(관광통계), 제47조의3(장애인·고령자 관광 활동의 지원), 제47조의4(관광취약계층의 관광복지 증진 시책 강구), 제47조의5(여행이용권의 지급 및 관리), 제47조의6(국제협력 및 해외진출 지원), 제47조의7(관광산업 진흥 사업), 제47조의8(스마트관광산업의 육성)
> ▶시행령
> 제41조의2(관광통계 작성 범위)
> ▶시행규칙
> 제56조의2(여행이용권의 통합운영), 제56조의3(여행이용권의 발급 등), 제57조(특별관리지역의 지정·변경·해제)

法 「관광진흥법」 제47조의2(관광통계)

> ① 문화체육관광부장관과 지방자치단체의 장은 제49조제1항 및 제2항에 따른 관광개발기본계획 및 권역별 관광개발계획을 효과적으로 수립·시행하고 관광산업에 활용하도록 하기 위하여 국내외의 관광통계를 작성할 수 있다.
> ② 문화체육관광부장관과 지방자치단체의 장은 관광통계를 작성하기 위하여 필요하면 실태조사를 하거나, 공공기관·연구소·법인·단체·민간기업·개인 등에게 협조를 요청할 수 있다.
> ③ 제1항 및 제2항에서 규정한 사항 외에 관광통계의 작성·관리 및 활용에 필요한 사항은 대통령령으로 정한다.
> [본조신설 2009.3.25.]

法 「관광진흥법」 제47조의3(장애인 · 고령자 관광 활동의 지원)

① 국가 및 지방자치단체는 장애인 · 고령자의 여행 기회를 확대하고 장애인 · 고령자의 관광 활동을 장려 · 지원하기 위하여 관련 시설을 설치하는 등 필요한 시책을 강구하여야 한다. <개정 2023.3.21.>

② 국가 및 지방자치단체는 장애인 · 고령자의 여행 및 관광 활동 권리를 증진하기 위하여 장애인 · 고령자의 관광 지원 사업과 장애인 · 고령자 관광 지원 단체에 대하여 경비를 보조하는 등 필요한 지원을 할 수 있다. <개정 2023.3.21.>

[본조신설 2014.5.28.]

[제목개정 2023.3.21.]

法 「관광진흥법」 제47조의4(관광취약계층의 관광복지 증진 시책 강구)

국가 및 지방자치단체는 경제적 · 사회적 여건 등으로 관광 활동에 제약을 받고 있는 관광취약계층의 여행 기회를 확대하고 관광 활동을 장려하기 위하여 필요한 시책을 강구하여야 한다.

[본조신설 2014.5.28.]

法 「관광진흥법」 제47조의5(여행이용권의 지급 및 관리)

① 국가 및 지방자치단체는 「국민기초생활보장법」에 따른 수급권자, 그 밖에 소득수준이 낮은 저소득층 등 대통령령으로 정하는 관광취약계층에게 여행이용권을 지급할 수 있다.

② 국가 및 지방자치단체는 여행이용권의 수급자격 및 자격유지의 적정성을 확인하기 위하여 필요한 가족관계증명 · 국세 · 지방세 · 토지 · 건물 · 건강보험 및 국민연금에 관한 자료 등 대통령령으로 정하는 자료를 관계 기관의 장에게 요청할 수 있고, 해당 기관의 장은 특별한 사유가 없으면 요청에 따라야 한다. 다만, 「전자정부법」 제36조제1항에 따른 행정정보 공동이용을 통하여 확인할 수 있는 사항은 예외로 한다.

③ 국가 및 지방자치단체는 제2항에 따른 자료의 확인을 위하여 「사회복지사업법」 제6조의2제2항에 따른 정보시스템을 연계하여 사용할 수 있다.

④ 국가 및 지방자치단체는 여행이용권의 발급, 정보시스템의 구축 · 운영 등 여행이용권 업무의 효율적 수행을 위하여 대통령령으로 정하는 바에 따라 전담 기관을 지정할 수 있다.

⑤ 제1항부터 제4항까지에서 규정한 사항 외에 여행이용권의 지급·이용 등에 필요한 사항은 대통령령으로 정한다.

⑥ 문화체육관광부장관은 여행이용권의 이용 기회 확대 및 지원 업무의 효율성을 제고하기 위하여 여행이용권을 「문화예술진흥법」 제15조의4에 따른 문화이용권 등 문화체육관광부령으로 정하는 이용권과 통합하여 운영할 수 있다.

[본조신설 2014.5.28.]

法 「관광진흥법」 제47조의6(국제협력 및 해외진출 지원)

① 문화체육관광부장관은 관광산업의 국제협력 및 해외시장 진출을 촉진하기 위하여 다음 각 호의 사업을 지원할 수 있다.

1. 국제전시회의 개최 및 참가 지원
2. 외국자본의 투자유치
3. 해외마케팅 및 홍보활동
4. 해외진출에 관한 정보제공
5. 수출 관련 협력체계의 구축
6. 그 밖에 국제협력 및 해외진출을 위하여 필요한 사업

② 문화체육관광부장관은 제1항에 따른 사업을 효율적으로 지원하기 위하여 대통령령으로 정하는 관계 기관 또는 단체에 이를 위탁하거나 대행하게 할 수 있으며, 이에 필요한 비용을 보조할 수 있다.

[본조신설 2018.12.11.]

法 「관광진흥법」 제47조의7(관광산업 진흥 사업)

문화체육관광부장관은 관광산업의 활성화를 위하여 대통령령으로 정하는 바에 따라 다음 각 호의 사업을 추진할 수 있다.

1. 관광산업 발전을 위한 정책·제도의 조사·연구 및 기획
2. 관광 관련 창업 촉진 및 창업자의 성장·발전 지원
3. 관광산업 전문인력 수급분석 및 육성
4. 관광산업 관련 기술의 연구개발 및 실용화
5. 지역에 특화된 관광 상품 및 서비스 등의 발굴·육성
6. 그 밖에 관광산업 진흥을 위하여 필요한 사항

[본조신설 2018.12.24.]

法 「관광진흥법」 제47조의8(스마트관광산업의 육성)

① 국가와 지방자치단체는 기술기반의 관광산업 경쟁력을 강화하고 지역관광을 활성화하기 위하여 스마트관광산업(관광에 정보통신기술을 융합하여 관광객에게 맞춤형 서비스를 제공하고 관광콘텐츠·인프라를 지속적으로 발전시킴으로써 경제적 또는 사회적 부가가치를 창출하는 산업을 말한다. 이하 같다)을 육성하여야 한다.

② 문화체육관광부장관은 스마트관광산업의 육성을 위하여 다음 각 호의 사업을 추진·지원할 수 있다.

1. 스마트관광산업 발전을 위한 정책·제도의 조사·연구 및 기획

2. 스마트관광산업 관련 창업 촉진 및 창업자의 성장·발전 지원

3. 스마트관광산업 관련 기술의 연구개발 및 실용화

4. 스마트관광산업 기반 지역관광 개발

5. 스마트관광산업 진흥에 필요한 전문인력 양성

6. 그 밖에 스마트관광산업 육성을 위하여 필요한 사항

[본조신설 2021.6.15.]

令 시행령 제41조의2(관광통계 작성 범위)

법 제47조의2제1항에 따른 관광통계의 작성 범위는 다음 각 호와 같다.

1. 외국인 방한(訪韓) 관광객의 관광행태에 관한 사항

2. 국민의 관광행태에 관한 사항

3. 관광사업자의 경영에 관한 사항

4. 관광지와 관광단지의 현황 및 관리에 관한 사항

5. 그 밖에 문화체육관광부장관 또는 지방자치단체의 장이 관광산업의 발전을 위하여 필요하다고 인정하는 사항

[본조신설 2009.10.7.]

則 시행규칙 제56조의2(여행이용권의 통합운영)

① 법 제47조의5제6항에서 "「문화예술진흥법」 제15조의4에 따른 문화이용권 등 문화체육관광부령으로 정하는 이용권"이란 다음 각 호의 이용권을 말한다.

1. 「문화예술진흥법」 제15조의4에 따른 문화이용권

2. 그 밖에 문화체육관광부장관이 지급·관리하는 이용권으로서 문화체육관광
부장관이 정하여 고시하는 이용권

[본조신설 2014.12.31.]

則 시행규칙 제56조의3(여행이용권의 발급 등)

여행이용권의 발급 및 재발급에 관하여는 「문화예술진흥법 시행규칙」 제2조부
터 제4조까지를 준용한다. 이 경우 "문화이용권"은 "여행이용권"으로, "한국문화
예술위원회의 위원장"은 "전담기관"으로 본다.

[본조신설 2014.12.31.]

則 시행규칙 제57조(특별관리지역의 지정·변경·해제)

영 제41조의9제2항에서 "문화체육관광부령으로 정하는 서류"란 다음 각 호의
서류를 말한다.

1. 영 제41조의9제1항에 따라 개최된 공청회 결과서

2. 지정·변경 또는 해제하려는 특별관리지역의 적정 관광객 수, 소음 수준, 교통
혼잡도 등 수용 범위에 관한 조사결과서

3. 수용 범위를 초과한 관광객의 방문으로 발생하는 피해의 유형 및 정도 등에
대한 실태조사 결과서

4. 특별관리지역의 구역이 표시된 축척 2만 5천분의 1 이상의 지형도

5. 특별관리지역의 운영·관리 계획서

[전문개정 2021.10.12.]

▶관광진흥법
제48조(관광 홍보 및 관광자원 개발)

法 「관광진흥법」 제48조(관광 홍보 및 관광자원 개발)

① 문화체육관광부장관 또는 시·도지사는 국제 관광의 촉진과 국민 관광의 건
전한 발전을 위하여 국내외 관광 홍보 활동을 조정하거나 관광 선전물을 심사
하거나 그 밖에 필요한 사항을 지원할 수 있다. <개정 2008.2.29.>

② 문화체육관광부장관 또는 시·도지사는 제1항에 따라 관광홍보를 원활히 추진하기 위하여 필요하면 문화체육관광부령으로 정하는 바에 따라 관광사업자 등에게 해외관광시장에 대한 정기적인 조사, 관광 홍보물의 제작, 관광안내소의 운영 등에 필요한 사항을 권고하거나 지도할 수 있다. <개정 2008.2.29.>

③ 지방자치단체의 장, 관광사업자 또는 제54조제1항에 따라 관광지·관광단지의 조성계획승인을 받은 자는 관광지·관광단지·관광특구·관광시설 등 관광자원을 안내하거나 홍보하는 내용의 옥외광고물(屋外廣告物)을 「옥외광고물 등의 관리와 옥외광고산업 진흥에 관한 법률」의 규정에도 불구하고 대통령령으로 정하는 바에 따라 설치할 수 있다. <개정 2016.1.6.>

④ 문화체육관광부장관과 지방자치단체의 장은 관광객의 유치, 관광복지의 증진 및 관광 진흥을 위하여 대통령령 또는 조례로 정하는 바에 따라 다음 각 호의 사업을 추진할 수 있다. <개정 2008.2.29., 2016.2.3., 2023.6.20.>

1. 문화, 체육, 레저 및 산업시설 등의 관광자원화사업
2. 해양관광의 개발사업 및 자연생태의 관광자원화사업
3. 관광상품의 개발에 관한 사업
4. 국민의 관광복지 증진에 관한 사업
5. 유휴자원을 활용한 관광자원화사업
6. 주민 주도의 지역관광 활성화 사업

▶관광진흥법
　제48조의2(지역축제 등)
▶시행령
　제41조의3(관광취약계층의 범위), 제41조의4(여행이용권의 지급에 필요한 자료), 제41조의5(여행이용권 업무의 전담기관), 제41조의6(여행이용권의 발급), 제41조의7(문화관광축제의 지정 기준), 제41조의8(문화관광축제의 지원 방법)

法 「관광진흥법」 제48조의2(지역축제 등)

① 문화체육관광부장관은 지역축제의 체계적 육성 및 활성화를 위하여 지역축제에 대한 실태조사와 평가를 할 수 있다.

② 문화체육관광부장관은 지역축제의 통폐합 등을 포함한 그 발전방향에 대하여 지방자치단체의 장에게 의견을 제시하거나 권고할 수 있다.

③ 문화체육관광부장관은 다양한 지역관광자원을 개발·육성하기 위하여 우수한 지역축제를 문화관광축제로 지정하고 지원할 수 있다.

④ 제3항에 따른 문화관광축제의 지정 기준 및 지원 방법 등에 필요한 사항은 대통령령으로 정한다.

[본조신설 2009.3.25.]

슈 시행령 제41조의3(관광취약계층의 범위)

법 제47조의5제1항에서 "「국민기초생활 보장법」에 따른 수급권자, 그 밖에 소득수준이 낮은 저소득층 등 대통령령으로 정하는 관광취약계층"이란 다음 각 호의 어느 하나에 해당하는 사람을 말한다. <개정 2015.11.30., 2023.9.26.>

1. 「국민기초생활 보장법」제2조제2호에 따른 수급자
2. 「국민기초생활 보장법」제2조제10호에 따른 차상위계층에 해당하는 사람 중 다음 각 목의 어느 하나에 해당하는 사람
   가. 「국민기초생활 보장법」제7조제1항제7호에 따른 자활급여 수급자
   나. 「장애인복지법」제49조제1항에 따른 장애수당 수급자 또는 같은 법 제50조에 따른 장애아동수당 수급자
   다. 「장애인연금법」제5조에 따른 장애인연금 수급자
   라. 「국민건강보험법 시행령」별표 2 제3호라목의 경우에 해당하는 사람
3. 「한부모가족지원법」제5조 및 제5조의2에 따른 지원대상자
4. 그 밖에 경제적·사회적 제약 등으로 인하여 관광 활동을 영위하기 위하여 지원이 필요한 사람으로서 문화체육관광부장관이 정하여 고시하는 기준에 해당하는 사람

[본조신설 2014.11.28.]

[종전 제41조의3은 제41조의7로 이동 <2014.11.28.>]

슈 시행령 제41조의4(여행이용권의 지급에 필요한 자료)

법 제47조의5제2항 본문에서 "가족관계증명·국세·지방세·토지·건물·건강보험 및 국민연금에 관한 자료 등 대통령령으로 정하는 자료"란 다음 각 호의 자료를 말한다.

1. 제41조의3에 따른 관광취약계층에 해당함을 확인하기 위한 자료
2. 주민등록등본
3. 가족관계증명서

[본조신설 2014.11.28.]

[종전 제41조의4는 제41조의8로 이동 <2014.11.28.>]

슈 시행령 제41조의5(여행이용권 업무의 전담기관)

① 법 제47조의5제4항에 따른 여행이용권 업무의 전담기관(이하 "전담기관"이 라 한다)의 지정 요건은 다음 각 호와 같다.

1. 제3항 각 호의 업무를 수행하기 위한 인적·재정적 능력을 보유할 것
2. 제3항 각 호의 업무를 수행하는 데에 필요한 시설을 갖출 것
3. 여행이용권에 관한 홍보를 효율적으로 수행하기 위한 관련 기관 또는 단체 와의 협력체계를 갖출 것

② 문화체육관광부장관은 제1항 각 호의 요건을 모두 갖춘 전담기관을 지정하 였을 때에는 그 사실을 문화체육관광부의 인터넷 홈페이지에 게시하여야 한다.

③ 전담기관이 수행하는 업무는 다음 각 호와 같다.

1. 여행이용권의 발급에 관한 사항
2. 법 제47조의5제4항에 따른 정보시스템의 구축·운영
3. 여행이용권 이용활성화를 위한 관광단체 및 관광시설 등과의 협력
4. 여행이용권 이용활성화를 위한 조사·연구·교육 및 홍보
5. 여행이용권 이용자의 편의 제고를 위한 사업
6. 여행이용권 관련 통계의 작성 및 관리
7. 그 밖에 문화체육관광부장관이 여행이용권 업무의 효율적 수행을 위하여 필 요하다고 인정하는 사무

[본조신설 2014.11.28.]

슈 시행령 제41조의6(여행이용권의 발급)

전담기관 또는 특별자치시장·시장(제주특별자치도의 경우에는 「제주특별자치 도 설치 및 국제자유도시 조성을 위한 특별법」에 따른 행정시장을 말한다)·군 수·구청장은 문화체육관광부령으로 정하는 바에 따라 여행이용권을 발급한다.

<개정 2019.4.9.>

[본조신설 2014.11.28.]

슈 시행령 제41조의7(문화관광축제의 지정 기준)

법 제48조의2제3항에 따른 문화관광축제의 지정 기준은 문화체육관광부장관이 다음 각 호의 사항을 고려하여 정한다.

1. 축제의 특성 및 콘텐츠

2. 축제의 운영능력

3. 관광객 유치 효과 및 경제적 파급효과

4. 그 밖에 문화체육관광부장관이 정하는 사항

[본조신설 2009.10.7.]

[제41조의3에서 이동 2014.11.28.]

슈 시행령 제41조의8(문화관광축제의 지원 방법)

① 법 제48조의2제3항에 따라 문화관광축제로 지정받으려는 지역축제의 개최자는 관할특별시·광역시·특별자치시·도·특별자치도를 거쳐 문화체육관광부장관에게 지정신청을 하여야 한다. <개정 2019.4.9.>

② 제1항에 따른 지정신청을 받은 문화체육관광부장관은 제41조의7에 따른 지정 기준에 따라 문화관광축제를 지정한다. <개정 2014.11.28., 2019.4.9.>

③ 문화체육관광부장관은 지정받은 문화관광축제를 예산의 범위에서 지원할 수 있다. <개정 2019.4.9.>

[본조신설 2009.10.7.]

[제41조의4에서 이동 <2014.11.28.>]

▶관광진흥법
　제48조의3(지속가능한 관광활성화)
▶시행령
　제41조의9(특별관리지역의 지정·변경·해제)

法 「관광진흥법」 제48조의3(지속가능한 관광활성화)

① 문화체육관광부장관은 에너지·자원의 사용을 최소화하고 기후변화에 대응하며 환경 훼손을 줄이고, 지역주민의 삶과 균형을 이루며 지역경제와 상생발전할 수 있는 지속가능한 관광자원의 개발을 장려하기 위하여 정보제공 및 재정지원 등 필요한 조치를 강구할 수 있다. <개정 2019.12.3.>

② 시·도지사나 시장·군수·구청장은 다음 각 호의 어느 하나에 해당하는 지역을 조례로 정하는 바에 따라 특별관리지역으로 지정할 수 있다. 이 경우 특별관리지역이 같은 시·도 내에서 둘 이상의 시·군·구에 걸쳐 있는 경우에는 시·도지사가 지정하고, 둘 이상의 시·도에 걸쳐 있는 경우에는 해당 시·도지

사가 공동으로 지정한다. <신설 2019.12.3., 2021.4.13., 2023.10.31.>

1. 수용 범위를 초과한 관광객의 방문으로 자연환경이 훼손되거나 주민의 평온한 생활환경을 해칠 우려가 있어 관리할 필요가 있다고 인정되는 지역

2. 차량을 이용한 숙박·취사 등의 행위로 자연환경이 훼손되거나 주민의 평온한 생활환경을 해칠 우려가 있어 관리할 필요가 있다고 인정되는 지역. 다만, 다른 법령에서 출입, 주차, 취사 및 야영 등을 금지하는 지역은 제외한다.

③ 문화체육관광부장관은 특별관리지역으로 지정할 필요가 있다고 인정하는 경우에는 시·도지사 또는 시장·군수·구청장으로 하여금 해당 지역을 특별관리지역으로 지정하도록 권고할 수 있다. <신설 2021.4.13.>

④ 시·도지사나 시장·군수·구청장은 특별관리지역을 지정·변경 또는 해제할 때에는 대통령령으로 정하는 바에 따라 미리 주민의 의견을 들어야 하며, 문화체육관광부장관 및 관계 행정기관의 장과 협의하여야 한다. 다만, 대통령령으로 정하는 경미한 사항을 변경하려는 경우에는 예외로 한다. <신설 2019.12.3., 2021.4.13.>

⑤ 시·도지사나 시장·군수·구청장은 특별관리지역을 지정·변경 또는 해제할 때에는 특별관리지역의 위치, 면적, 지정일시, 지정·변경·해제 사유, 특별관리지역 내 조치사항, 그 밖에 조례로 정하는 사항을 해당 지방자치단체 공보에 고시하고, 문화체육관광부장관에게 제출하여야 한다. <신설 2019.12.3., 2021.4.13.>

⑥ 시·도지사나 시장·군수·구청장은 특별관리지역에 대하여 조례로 정하는 바에 따라 관광객 방문시간 제한, 편의시설 설치, 이용수칙 고지, 이용료 징수, 차량·관광객 통행 제한 등 필요한 조치를 할 수 있다. <신설 2019.12.3., 2021.4.13., 2023.10.31.>

⑦ 시·도지사나 시장·군수·구청장은 제6항에 따른 조례를 위반한 사람에게 「지방자치법」 제27조에 따라 1천만원 이하의 과태료를 부과·징수할 수 있다. <신설 2021.4.13.>

⑧ 시·도지사나 시장·군수·구청장은 특별관리지역에 해당 지역의 범위, 조치사항 등을 표시한 안내판을 설치하여야 한다. <신설 2021.4.13.>

⑨ 문화체육관광부장관은 특별관리지역 지정 현황을 관리하고 이와 관련된 정보를 공개하여야 하며, 특별관리지역을 지정·운영하는 지방자치단체와 그 주민 등을 위하여 필요한 지원을 할 수 있다. <신설 2021.4.13.>

⑩ 그 밖에 특별관리지역의 지정 요건, 지정 절차 등 특별관리지역 지정 및 운영에 필요한 사항은 해당 지방자치단체의 조례로 정한다. <신설 2021.4.13.>

[본조신설 2009.3.25.]

슈 시행령 제41조의9(특별관리지역의 지정 · 변경 · 해제)

① 시 · 도지사 또는 시장 · 군수 · 구청장은 법 제48조의3제4항 본문에 따라 주민의 의견을 들으려는 경우에는 해당 지역의 주민을 대상으로 공청회를 개최해야 한다. <개정 2021.10.14.>

② 시 · 도지사 또는 시장 · 군수 · 구청장은 법 제48조의3제4항 본문에 따른 협의를 하려는 경우에는 문화체육관광부령으로 정하는 서류를 문화체육관광부장관 및 관계 행정기관의 장에게 제출해야 한다. <신설 2021.10.14.>

③ 법 제48조의3제4항 본문에 따라 협의 요청을 받은 문화체육관광부장관 및 관계 행정기관의 장은 협의 요청을 받은 날부터 30일 이내에 의견을 제출해야 한다. <개정 2021.10.14.>

④ 법 제48조의3제4항 단서에서 "대통령령으로 정하는 경미한 사항을 변경하는 경우"란 다음 각 호의 변경에 해당하지 않는 경우를 말한다. <신설 2021.10.14.>

1. 특별관리지역의 위치 또는 면적의 변경

2. 특별관리지역의 지정기간의 변경

3. 특별관리지역 내 조치사항 중 다음 각 목에 해당하는 사항의 변경

　가. 관광객 방문제한 시간

　나. 특별관리지역 방문에 부과되는 이용료

　다. 차량 · 관광객 통행제한 지역

　라. 그 밖에 가목부터 다목까지에 준하는 조치사항으로서 주민의 의견을 듣거나 문화체육관광부장관 및 관계 행정기관의 장과 협의를 할 필요가 있다고 인정되는 사항

[본조신설 2020.6.2.]

[종전 제41조의9는 제41조의10으로 이동 <2020.6.2.>]

▶관광진흥법
제48조의4(문화관광해설사의 양성 및 활용계획 등)

法 「관광진흥법」 제48조의4(문화관광해설사의 양성 및 활용계획 등)

① 문화체육관광부장관은 문화관광해설사를 효과적이고 체계적으로 양성 · 활용하기 위하여 해마다 문화관광해설사의 양성 및 활용계획을 수립하고, 이를 지방자치단체의 장에게 알려야 한다.

② 지방자치단체의 장은 제1항에 따른 문화관광해설사 양성 및 활용계획에 따라 관광객의 규모, 관광자원의 보유 현황, 문화관광해설사에 대한 수요 등을 고려하여 해마다 문화관광해설사 운영계획을 수립·시행하여야 한다. 이 경우 문화관광해설사의 양성·배치·활용 등에 관한 사항을 포함하여야 한다.

[본조신설 2011.4.5.]

▶관광진흥법
  제48조의5(관광체험교육프로그램 개발)

法 「관광진흥법」 제48조의5(관광체험교육프로그램 개발)

문화체육관광부장관 또는 지방자치단체의 장은 관광객에게 역사·문화·예술·자연 등의 관광자원과 연계한 체험기회를 제공하고, 관광을 활성화하기 위하여 관광체험교육프로그램을 개발·보급할 수 있다. 이 경우 장애인을 위한 관광체험교육프로그램을 개발하여야 한다.

[본조신설 2011.4.5.]

▶관광진흥법
  제48조의6(문화관광해설사 양성교육과정의 개설·운영)
▶시행규칙
  제57조의3(문화관광해설사 양성교육과정의 개설·운영 기준)

法 「관광진흥법」 제48조의6(문화관광해설사 양성교육과정의 개설·운영)

① 문화체육관광부장관 또는 시·도지사는 문화관광해설사 양성을 위한 교육과정을 개설(開設)하여 운영할 수 있다.
② 제1항에 따른 교육과정의 개설·운영에 필요한 사항은 문화체육관광부령으로 정한다.
[전문개정 2018.12.11.]

則 시행규칙 제57조의3(문화관광해설사 양성교육과정의 개설·운영 기준)

① 법 제48조의6제2항에 따른 문화관광해설사 양성을 위한 교육과정의 개설·

운영 기준은 별표 17의2와 같다. <개정 2019.4.25.>

② 제1항에 따른 교육과정의 개설·운영 기준에 필요한 세부적인 사항은 문화체육관광부장관이 정하여 고시한다. <개정 2019.4.25.>

[본조신설 2011.10.6.]

[제목개정 2019.4.25.]

[별표 17의2] 〈개정 2019.4.25.〉

문화관광해설사 양성교육과정의 개설·운영 기준(시행규칙 제57조의3제1항 관련)

구분	개설·운영 기준		
교육과목 및 교육시간	교육과목(실습을 포함한다)		교육시간
	기본 소양	1) 문화관광해설사의 역할과 자세 2) 문화관광자원의 가치 인식 및 보호 3) 관광객의 특성 이해 및 관광약자 배려	20시간
	전문 지식	4) 관광정책 및 관광산업의 이해 5) 한국 주요 문화관광자원의 이해 6) 지역 특화 문화관광자원의 이해	40시간
	현장 실무	7) 해설 시나리오 작성 및 해설 기법 8) 해설 현장 실습 9) 관광 안전관리 및 응급처치	40시간
	합 계		100시간
교육시설	1) 강의실 2) 강사대기실 3) 회의실 4) 그 밖에 교육에 필요한 기자재 및 시스템		

비고: 1)부터 9)까지의 모든 과목을 교육해야 하며, 이론교육은 정보통신망을 통한 온라인 교육을 포함하여 구성할 수 있다.

▶관광진흥법
　제48조의8(문화관광해설사의 선발 및 활용)
▶시행규칙
　제57조의5(문화관광해설사 선발 및 활용)

法 「관광진흥법」 제48조의8(문화관광해설사의 선발 및 활용)

① 문화체육관광부장관 또는 지방자치단체의 장은 제48조의6제1항에 따른 교육

과정을 이수한 사람을 문화관광해설사로 선발하여 활용할 수 있다. <개정 2018.12.11., 2023.8.8.>

② 문화체육관광부장관 또는 지방자치단체의 장은 제1항에 따라 문화관광해설사를 선발하는 경우 문화체육관광부령으로 정하는 바에 따라 이론 및 실습을 평가하고, 3개월 이상의 실무수습을 마친 사람에게 자격을 부여할 수 있다. <개정 2023.8.8.>

③ 문화체육관광부장관 또는 지방자치단체의 장은 예산의 범위에서 문화관광해설사의 활동에 필요한 비용 등을 지원할 수 있다.

④ 그 밖에 문화관광해설사의 선발, 배치 및 활용 등에 필요한 사항은 문화체육관광부령으로 정한다.

[본조신설 2011.4.5.]

則 시행규칙 제57조의5(문화관광해설사 선발 및 활용)

① 문화체육관광부장관 또는 지방자치단체의 장은 법 제48조의8제1항에 따라 문화관광해설사를 선발하려는 경우에는 문화관광해설사의 선발 인원, 평가 일시 및 장소, 응시원서 접수기간, 그 밖에 선발에 필요한 사항을 포함한 선발계획을 수립하고 이를 공고하여야 한다.

② 문화체육관광부장관 또는 지방자치단체의 장이 법 제48조의8제2항에 따라 이론 및 실습을 평가하려는 경우에는 별표 17의4의 평가 기준에 따라 평가하여야 한다.

③ 제1항에 따른 선발계획에 따라 문화관광해설사를 선발하려는 경우에는 제2항의 평가 기준에 따른 평가 결과 이론 및 실습 평가항목 각각 70점 이상을 득점한 사람 중에서 각각의 평가항목의 비중을 곱한 점수가 고득점자인 사람의 순으로 선발한다.

④ 문화체육관광부장관 또는 지방자치단체의 장은 문화관광해설사를 배치·활용하려는 경우에 해당 지역의 관광객 규모와 관광자원의 보유 현황 및 문화관광해설사에 대한 수요, 문화관광해설사의 활동 실적 및 태도 등을 고려하여야 한다.

⑤ 그 밖에 문화관광해설사의 선발, 배치 및 활용 등에 필요한 세부적인 사항은 문화체육관광부장관이 정하여 고시한다.

[본조신설 2011.10.6.]

[별표 17의4] 〈개정 2019.4.25.〉

문화관광해설사 평가 기준(시행규칙 제57조의5제2항 관련)

평가항목		세부 평가내용	배점	비중
1. 이론	기본 소양	1) 문화관광해설사의 역할과 자세 2) 문화관광자원의 가치 인식 및 보호 3) 관광객의 특성 이해 및 관광약자 배려	30점	70%
	전문 지식	4) 관광정책 및 관광산업의 이해 5) 한국 주요 문화관광자원의 이해 6) 지역 특화 문화관광자원의 이해	70점	
	합 계		100점	
2. 실습	현장 실무	7) 해설 시나리오 작성 8) 해설 기법 시연 9) 관광 안전관리 및 응급처치	45점 45점 10점	30%
	합 계		100점	

비고: 1)부터 9)까지의 모든 항목을 평가해야 하며, 이론 평가는 객관식 문제와 주관식 문제를 병행하여 평가한다.

▶관광진흥법
　제48조의9(지역관광협의회 설립)

法 「관광진흥법」 제48조의9(지역관광협의회 설립)

① 관광사업자, 관광 관련 사업자, 관광 관련 단체, 주민 등은 공동으로 지역의 관광진흥을 위하여 광역 및 기초 지방자치단체 단위의 지역관광협의회(이하 "협의회"라 한다)를 설립할 수 있다.

② 협의회에는 지역 내 관광진흥을 위한 이해 관련자가 고루 참여하여야 하며, 협의회를 설립하려는 자는 해당 지방자치단체의 장의 허가를 받아야 한다.

③ 협의회는 법인으로 한다.

④ 협의회는 다음 각 호의 업무를 수행한다.

1. 지역의 관광수용태세 개선을 위한 업무

2. 지역관광 홍보 및 마케팅 지원 업무

3. 관광사업자, 관광 관련 사업자, 관광 관련 단체에 대한 지원

4. 제1호부터 제3호까지의 업무에 따르는 수익사업

5. 지방자치단체로부터 위탁받은 업무

⑤ 협의회의 운영 등에 필요한 경비는 회원이 납부하는 회비와 사업 수익금 등

으로 충당하며, 지방자치단체의 장은 협의회의 운영 등에 필요한 경비의 일부를 예산의 범위에서 지원할 수 있다.

⑥ 협의회의 설립 및 지원 등에 필요한 사항은 해당 지방자치단체의 조례로 정한다.

⑦ 협의회에 관하여 이 법에 규정된 것 외에는 「민법」 중 사단법인에 관한 규정을 준용한다.

[본조신설 2015.5.18.]

▶관광진흥법
  제48조의10(한국관광 품질인증), 제48조의11(한국관광 품질인증의 취소),
  제48조의12(일·휴양연계관광산업의 육성)
▶시행령
  제41조의10(한국관광 품질인증의 대상), 제41조의11(한국관광 품질인증의 인증 기준)
  제41조의12(한국관광 품질인증의 절차 및 방법 등)
  제41조의13(한국관광 품질인증의 인증표지)
▶시행규칙
  제57조의6(한국관광 품질인증의 인증 기준), 제57조의7(한국관광 품질인증의 절차 및 방법 등)

法 「관광진흥법」 제48조의10(한국관광 품질인증)

① 문화체육관광부장관은 관광객의 편의를 돕고 관광서비스의 수준을 향상시키기 위하여 관광사업 및 이와 밀접한 관련이 있는 사업으로서 대통령령으로 정하는 사업을 위한 시설 및 서비스 등(이하 "시설등"이라 한다)을 대상으로 품질인증(이하 "한국관광 품질인증"이라 한다)을 할 수 있다.

② 한국관광 품질인증을 받은 자는 대통령령으로 정하는 바에 따라 인증표지를 하거나 그 사실을 홍보할 수 있다.

③ 한국관광 품질인증을 받은 자가 아니면 인증표지 또는 이와 유사한 표지를 하거나 한국관광 품질인증을 받은 것으로 홍보하여서는 아니 된다.

④ 문화체육관광부장관은 한국관광 품질인증을 받은 시설등에 대하여 다음 각 호의 지원을 할 수 있다.

1. 「관광진흥개발기금법」에 따라 관광진흥개발기금의 대여 또는 보조
2. 국내 또는 국외에서의 홍보
3. 그 밖에 시설등의 운영 및 개선을 위하여 필요한 사항

⑤ 문화체육관광부장관은 한국관광 품질인증을 위하여 필요한 경우에는 특별자치시장·특별자치도지사·시장·군수·구청장 및 관계 기관의 장에게 자료 제출을 요청할 수 있다. 이 경우 자료 제출을 요청받은 특별자치시장·특별자

치도지사·시장·군수·구청장 및 관계 기관의 장은 특별한 사유가 없으면 이에 따라야 한다.

⑥ 한국관광 품질인증의 인증 기준·절차·방법, 인증표지 및 그 밖에 한국관광 품질인증 제도 운영에 필요한 사항은 대통령령으로 정한다.

[본조신설 2018.3.13.]

슈 시행령 제41조의10(한국관광 품질인증의 대상)

법 제48조의10제1항에서 "대통령령으로 정하는 사업"이란 다음 각 호의 어느 하나에 해당하는 사업을 말한다. <개정 2019.7.9., 2020.4.28.>

1. 제2조제1항제3호다목의 야영장업
2. 제2조제1항제3호바목의 외국인관광 도시민박업
3. 제2조제1항제3호사목의 한옥체험업
4. 제2조제1항제6호라목의 관광식당업
5. 제2조제1항제6호카목의 관광면세업
6. 「공중위생관리법」제2조제1항제2호에 따른 숙박업(법 제3조제1항제2호에 따른 관광숙박업을 제외한다)
7. 「외국인 관광객 등에 대한 부가가치세 및 개별소비세 특례규정」제4조제2항에 따른 외국인 관광객면세판매장
8. 그 밖에 관광사업 및 이와 밀접한 관련이 있는 사업으로서 문화체육관광부장관이 정하여 고시하는 사업

[본조신설 2018.6.5.]
[제41조의9에서 이동, 종전 제41조의10은 제41조의11로 이동 <2020.6.2.>]

슈 시행령 제41조의11(한국관광 품질인증의 인증 기준)

① 법 제48조의10제1항에 따른 한국관광 품질인증(이하 "한국관광 품질인증"이라 한다)의 인증 기준은 다음 각 호와 같다.

1. 관광객 편의를 위한 시설 및 서비스를 갖출 것
2. 관광객 응대를 위한 전문 인력을 확보할 것
3. 재난 및 안전관리 위험으로부터 관광객을 보호할 수 있는 사업장 안전관리 방안을 수립할 것
4. 해당 사업의 관련 법령을 준수할 것

② 한국관광 품질인증의 인증 기준에 관한 세부사항은 문화체육관광부령으로

정한다.

[본조신설 2018.6.5.]

[제41조의10에서 이동, 종전 제41조의11은 제41조의12로 이동 <2020.6.2.>]

則 시행규칙 제57조의6(한국관광 품질인증의 인증 기준)

영 제41조의11에 따른 한국관광 품질인증(이하 "한국관광 품질인증"이라 한다)의 세부 인증 기준은 별표 17의5와 같다. <개정 2020.6.4.>

[본조신설 2018.6.14.]

[별표 17의5] 〈개정 2020.12.16.〉

한국관광 품질인증의 세부 인증 기준(시행규칙 제57조의6 관련)

1. **서류평가 통과 기준** : 다음 각 목의 사항을 모두 갖추었을 것
   가. 제57조의7제1항제1호·제2호·제4호의 서류를 모두 제출하였을 것
   나. 가목에 따라 제출한 서류를 심사한 결과 위법·부당한 사실이 없을 것
   다. 한국관광 품질인증 신청서를 제출한 날 이전 3개월간 관할 허가·등록·지정 또는 신고 기관의 장으로부터 허가·등록·지정의 취소, 사업의 전부 또는 일부의 정지, 영업의 정지 또는 일부 시설의 사용 중지나 영업소 폐쇄 처분을 받지 않았을 것

2. **현장평가 통과 기준** : 다음 각 목의 사항을 모두 갖추었을 것
   가. 해당 사업의 관련 법령에 따른 허가·등록·지정 또는 신고 요건을 계속하여 갖추고 있을 것
   나. 평가 분야별 득점의 합이 100점 만점을 기준으로 하여 70점 이상일 것. 다만, 일부 사업의 경우 득점하여야 하는 총점을 업무 규정으로 다르게 정할 수 있음.

평가 분야	평가 항목	배점 비중
가. 시설 및 서비스 분야	건물의 외관·내부시설의 유지·관리	60%
	장애인을 위한 편의시설의 설치·관리	
	매뉴얼에 따른 서비스 품질관리	
	업무 규정에 따른 서비스이행표준의 준수	
나. 인력의 전문성 분야	관광객 응대에 필요한 종사원의 전문성	20%
	외국인 관광객 응대를 위한 외국어 능력	
	종사원의 서비스 교육·훈련 이수 결과	
다. 안전관리 분야	정기적인 소방안전점검 및 관리	20%
	안전관리에 필요한 장비의 구비·관리	
	비상재해대비시설의 설치·관리	
	화재 등으로 발생한 손해에 대한 배상체계 구비	
총계		100%

비고
1. 평가 분야별 배점 비중은 업무 규정이 정하는 바에 따라 총계의 10퍼센트 범위에서 조정될 수 있으나, 배점 비중의 총계는 항상 100퍼센트가 되어야 함
2. 평가 항목별 구체적인 평가지표는 한국관광 품질인증의 대상별 특성에 따라 업무 규정으로 정함

다. 아래 표에 따른 한국관광 품질인증의 대상별 필수사항을 모두 갖추었을 것

구분	필수사항
외국인관광 도시민박업, 한옥체험업	- 객실, 침구, 옥실, 조리시설에 대한 청결 수준이 보통(5단계 평가 시 3단계) 　이상일 것
관광면세업	- 내국인 출입이 가능할 것 - 품질보증서 등을 구비할 것 - 외국인 관광객에게 부가가치세 등을 환급해 줄 수 있는 설비를 갖추고 관련 　정보를 제공할 것 - 주변의 교통에 지장을 주지 않을 것 - 종사자가 외국어 능력을 갖출 것
숙박업	- 관광객 응대를 위한 안내 데스크가 개방형 구조일 것 - 주차장에 가림막 등 폐쇄형 구조물이 없을 것 - 시간제로 운영하지 않을 것 - 청소년 보호를 위해 성인방송 제공을 제한할 것 - 요금표를 게시할 것 - 객실, 침구, 욕실, 조리시설에 대한 청결 수준이 보통(5단계 평가 시 3단계) 　이상일 것
외국인 관광객면세판매장	- 내국인 출입이 가능할 것 - 품질보증서 등을 구비할 것 - 외국인 관광객에게 부가가치세 등을 환급해 줄 수 있는 설비를 갖추고 관련 정 　보를 제공할 것
음식점업	- 「식품위생법」 제47조의2에 따른 위생등급을 지정받은 업소일 것 - 식기, 수저에 대한 청결 수준이 보통(5단계 평가 시 3단계) 이상일 것 - 남녀 화장실이 분리되어 있을 것 - 식재료의 원산지 표기와 실제 원산지가 동일할 것 - 한글 외에 최소 1개 이상의 외국어가 병기된 메뉴판을 제공할 것

㊝ 시행령 제41조의12(한국관광 품질인증의 절차 및 방법 등)

① 한국관광 품질인증을 받으려는 자는 문화체육관광부령으로 정하는 품질인증 신청서를 문화체육관광부장관에게 제출하여야 한다.

② 문화체육관광부장관은 제1항에 따라 제출된 신청서의 내용을 평가·심사한 결과 제41조의11에 따른 인증 기준에 적합하면 신청서를 제출한 자에게 문화체육관광부령으로 정하는 인증서를 발급하여야 한다. <개정 2020.6.2.>

③ 문화체육관광부장관은 제2항에 따른 평가·심사 결과 제41조의11에 따른 인증 기준에 부적합하면 신청서를 제출한 자에게 그 결과와 사유를 알려주어야 한다. <개정 2020.6.2.>

④ 한국관광 품질인증의 유효기간은 제2항에 따라 인증서가 발급된 날부터 3년으로 한다.

⑤ 제1항부터 제3항까지에서 규정한 사항 외에 한국관광 품질인증의 절차 및 방법에 관한 세부사항은 문화체육관광부령으로 정한다.

[본조신설 2018.6.5.]

[제41조의11에서 이동, 종전 제41조의12는 제41조의13으로 이동 <2020.6.2.>]

則 시행규칙 제57조의7(한국관광 품질인증의 절차 및 방법 등)

① 한국관광 품질인증을 받으려는 자는 별지 제39호의6서식의 한국관광 품질인증 신청서(전자문서로 된 신청서를 포함한다)에 다음 각 호의 서류(전자문서를 포함한다)를 첨부하여 한국관광공사에 제출하여야 한다.

1. 「부가가치세법」 제8조제5항에 따른 사업자등록증의 사본 1부

2. 해당 사업의 관련 법령을 준수하여 허가·등록 또는 지정을 받거나 신고를 하였음을 증명할 수 있는 서류 1부

3. 한국관광 품질인증의 인증 기준 전부 또는 일부와 인증 기준이 유사하다고 문화체육관광부장관이 인정하여 고시하는 인증(이하 "유사 인증"이라 한다)이 유효함을 증명할 수 있는 서류 1부(해당 서류가 있는 경우에만 첨부한다)

4. 그 밖에 한국관광공사가 한국관광 품질인증의 대상별 특성에 따라 한국관광 품질인증을 위한 평가·심사에 필요하다고 인정하여 영 제65조제7항에 따른 한국관광 품질인증 및 그 취소에 관한 업무 규정(이하 "업무 규정"이라 한다)으로 정하는 서류 각 1부

② 제1항에 따른 신청을 받은 한국관광공사는 서류평가, 현장평가 및 심의를 실시한 결과 별표 17의5에 따른 세부 인증 기준에 적합하면 신청서를 제출한 자에게 별지 제39호의7서식의 한국관광 품질인증서를 발급하여야 한다.

③ 한국관광공사는 제2항에 따른 서류평가 시 유효한 유사 인증을 받은 것으로 인정되는 자에 대하여 별표 17의5에 따른 인증 기준 전부 또는 일부를 갖추었음을 인정할 수 있다.

④ 한국관광공사는 한국관광 품질인증을 받은 자에게 해당 연도의 사업 운영 실적을 다음 연도 1월 20일까지 제출할 것을 요청할 수 있다.

[본조신설 2018.6.14.]

令 시행령 제41조의13(한국관광 품질인증의 인증표지)

한국관광 품질인증의 인증표지는 별표 4의2와 같다.

[본조신설 2018.6.5.]

[제41조의12에서 이동 <2020.6.2.>]

[별표 4의2] 〈개정 2020.6.2.〉

한국관광 품질인증의 인증표지(시행령 제41조의13 관련)

1. 인증표지의 기본형은 흰색을 바탕으로 하여 위와 같이 하고, 로고는 붉은색과 파란색, 글자는 검은색으로 한다.
2. 비례 적용 및 최소사용 크기는 다음의 기준에 따른다.

비례 적용 (정비례로 확대 또는 축소하여 사용)	최소사용 크기

法 「관광진흥법」 제48조의11(한국관광 품질인증의 취소)

> 문화체육관광부 장관은 한국관광 품질인증을 받은 자가 다음 각 호의 어느 하나에 해당하는 경우에는 그 인증을 취소할 수 있다. 다만, 제1호에 해당하는 경우에는 인증을 취소하여야 한다.
> 1. 거짓이나 그 밖의 부정한 방법으로 인증을 받은 경우
> 2. 제48조의10제6항에 따른 인증 기준에 적합하지 아니하게 된 경우
> [본조신설 2018.3.13.]

法 「관광진흥법」제48조의12(일 · 휴양연계관광산업의 육성)

① 국가와 지방자치단체는 관광산업과 지역관광을 활성화하기 위하여 일 · 휴양연계관광산업(지역관광과 기업의 일 · 휴양연계제도를 연계하여 관광인프라를 조성하고 맞춤형 서비스를 제공함으로써 경제적 또는 사회적 부가가치를 창출하는 산업을 말한다. 이하 같다)을 육성하여야 한다.

② 문화체육관광부장관은 다양한 지역관광자원을 개발 · 육성하기 위하여 일 · 휴양연계관광산업의 관광 상품 및 서비스를 발굴 · 육성할 수 있다.

③ 지방자치단체는 일 · 휴양연계관광산업의 활성화를 위하여 기업 또는 근로자에게 조례로 정하는 바에 따라 업무공간, 체류비용의 일부 등을 지원할 수 있다.

[본조신설 2023.8.8.]

제5장 관광지 등의 개발

제1절 관광지 및 관광단지의 개발

> ▶관광진흥법
> 　제49조(관광개발기본계획 등)
> ▶시행령
> 　제42조(관광개발계획의 수립시기)

法「관광진흥법」제49조(관광개발기본계획 등)

① 문화체육관광부장관은 관광자원을 효율적으로 개발하고 관리하기 위하여 전국을 대상으로 다음과 같은 사항을 포함하는 관광개발기본계획(이하 "기본계획"이라 한다)을 수립하여야 한다. <개정 2008.2.29.>

1. 전국의 관광 여건과 관광 동향(向)에 관한 사항

2. 전국의 관광 수요와 공급에 관한 사항

3. 관광자원 보호·개발·이용·관리 등에 관한 기본적인 사항

4. 관광권역(觀光圈域)의 설정에 관한 사항

5. 관광권역별 관광개발의 기본방향에 관한 사항

6. 그 밖에 관광개발에 관한 사항

② 시·도지사(특별자치도지사는 제외한다)는 기본계획에 따라 구분된 권역을 대상으로 다음 각 호의 사항을 포함하는 권역별 관광개발계획(이하 "권역계획"이라 한다)을 수립하여야 한다. <개정 2008.6.5., 2009.3.25.>

1. 권역의 관광 여건과 관광 동향에 관한 사항

2. 권역의 관광 수요와 공급에 관한 사항

3. 관광자원의 보호·개발·이용·관리 등에 관한 사항

4. 관광지 및 관광단지의 조성·정비·보완 등에 관한 사항

4의2. 관광지 및 관광단지의 실적 평가에 관한 사항

5. 관광지 연계에 관한 사항

6. 관광사업의 추진에 관한 사항

7. 환경보전에 관한 사항

8. 그 밖에 그 권역의 관광자원의 개발, 관리 및 평가를 위하여 필요한 사항

- 관광자원이라는 용어는 1920년대 이래로 사용되었는데, 관광자원이란 관광객의 관광욕구나 관광동기를 유발하는 관광대상을 의미한다. 이것이 유형물이든 무형물이든 혹은 인공물이든 자연물이든 그 대상이 관광객을 유인할 수 있고 관광수입에 기여할 수 있는 경제성을 띠고 있다면 관광자원으로 볼 수 있다.

- 관광개발에 포함되는 구체적인 내용은 크게 관광자원의 가치를 평가하고 그 가치를 보호, 관광객이 관광자원의 가치를 즐기게 하기 위한 운송, 관광 서비스 및 시설의 정비와 개선 그리고 관광객 유치를 위한 관광자원에 대한 정보제공 등이다.

슈 시행령 제42조(관광개발계획의 수립시기)

① 법 제49조제1항에 따른 관광개발기본계획(이하 "기본계획"이라 한다)은 10년마다 수립한다. <개정 2020.6.2., 2020.12.8.>

② 문화체육관광부장관은 사회적·경제적 여건 변화 등을 고려하여 5년마다 제1항에 따른 기본계획을 전반적으로 재검토하고 개선이 필요한 사항을 정비해야 한다. <신설 2020.6.2., 2020.12.8.>

③ 법 제49조제2항에 따른 권역별 관광개발계획(이하 "권역계획"이라 한다)은 5년마다 수립한다. <신설 2020.6.2., 2020.12.8.>

▶관광진흥법
제50조(기본계획)

法 「관광진흥법」 제50조(기본계획)

① 시·도지사는 기본계획의 수립에 필요한 관광 개발사업에 관한 요구서를 문화체육관광부장관에게 제출하여야 하고, 문화체육관광부장관은 이를 종합·조정하여 기본계획을 수립하고 공고하여야 한다. <개정 2008.2.29.>

② 문화체육관광부장관은 수립된 기본계획을 확정하여 공고하려면 관계 부처의 장과 협의하여야 한다. <개정 2008.2.29.>

③ 확정된 기본계획을 변경하는 경우에는 제1항과 제2항을 준용한다.

④ 문화체육관광부장관은 관계 기관의 장에게 기본계획의 수립에 필요한 자료를 요구하거나 협조를 요청할 수 있고, 그 요구 또는 협조 요청을 받은 관계 기관의 장은 정당한 사유가 없으면 요청에 따라야 한다. <개정 2008.2.29.>

▶관광진흥법
　제51조(권역계획)
▶시행령
　제43조(경미한 권역계획의 변경), 제43조의2(권역계획의 수립 기준 및 방법 등)

法 「관광진흥법」 제51조(권역계획)

① 권역계획(圈域計劃)은 그 지역을 관할하는 시·도지사(특별자치도지사는 제
외한다. 이하 이 조에서 같다)가 수립하여야 한다. 다만, 둘 이상의 시·도에 걸
치는 지역이 하나의 권역계획에 포함되는 경우에는 관계되는 시·도지사와의
협의에 따라 수립하되, 협의가 성립되지 아니한 경우에는 문화체육관광부장관
이 지정하는 시·도지사가 수립하여야 한다. <개정 2008.2.29., 2008.6.5.>

② 시·도지사는 제1항에 따라 수립한 권역계획을 문화체육관광부장관의 조정
과 관계 행정기관의 장과의 협의를 거쳐 확정하여야 한다. 이 경우 협의요청을
받은 관계 행정기관의 장은 특별한 사유가 없으면 그 요청을 받은 날부터 30일
이내에 의견을 제시하여야 한다. <개정 2007.7.19., 2008.2.29., 2023.8.8.>

③ 시·도지사는 권역계획이 확정되면 그 요지를 공고하여야 한다.

④ 확정된 권역계획을 변경하는 경우에는 제1항부터 제3항까지의 규정을 준용한
다. 다만, 대통령령으로 정하는 경미한 사항의 변경에 대하여는 관계 부처의 장과
의 협의를 갈음하여 문화체육관광부장관의 승인을 받아야 한다. <개정 2008.2.29.>

⑤ 그 밖에 권역계획의 수립기준 및 방법 등에 필요한 사항은 대통령령으로 정하는
바에 따라 문화체육관광부장관이 정한다. <신설 2020.6.9.>

令 시행령 제43조(경미한 권역계획의 변경)

법 제51조제4항 단서에서 "대통령령으로 정하는 경미한 사항의 변경"이란 다음
각 호의 어느 하나에 해당하는 것을 말한다. <개정 2020.12.8.>

1. 기본계획의 범위에서 하는 법 제49조제2항제1호·제2호 또는 제6호부터 제8
　호까지에 관한 사항의 변경
2. 법 제49조제2항제3호부터 제5호까지에 관한 사항 중 다음 각 목의 변경
　가. 관광자원의 보호·이용 및 관리 등에 관한 사항

나. 관광지 또는 관광단지(이하 "관광지등"이라 한다)의 면적(권역계획상의 면적을 말한다. 이하 다목과 라목에서 같다)의 축소

다. 관광지등 면적의 100분의 30 이내의 확대

라. 지형여건 등에 따른 관광지등의 구역 조정(그 면적의 100분의 30 이내에서 조정하는 경우만 해당한다)이나 명칭 변경

슈 **시행령 제43조의2(권역계획의 수립 기준 및 방법 등)**

① 문화체육관광부장관은 권역계획이 기본계획에 부합되도록 권역계획의 수립 기준 및 방법 등을 포함하는 권역계획 수립지침을 작성하여 특별시장·광역시장·특별자치시장·도지사에게 보내야 한다.

② 제1항에 따른 권역계획 수립지침에는 다음 각 호의 사항이 포함되어야 한다.

1. 기본계획과 권역계획의 관계

2. 권역계획의 기본사항과 수립절차

3. 권역계획의 수립 시 고려사항 및 주요 항목

4. 그 밖에 권역계획의 수립에 필요한 사항

[본조신설 2020.12.8.]

▶관광진흥법
  제52조(관광지의 지정 등), 제52조의2(행위 등의 제한)
▶시행령
  제44조(경미한 면적 변경), 제45조(관광지등의 지정·고시 등), 제45조의2(행위 등의 제한)
▶시행규칙
  제58조(관광지등의 지정신청 등), 제58조의2(시행 중인 공사등의 신고서)

法 **「관광진흥법」 제52조(관광지의 지정 등)**

① 관광지 및 관광단지(이하 "관광지등"이라 한다)는 문화체육관광부령으로 정하는 바에 따라 시장·군수·구청장의 신청에 의하여 시·도지사가 지정한다. 다만, 특별자치시 및 특별자치도의 경우에는 특별자치시장 및 특별자치도지사가 지정한다. <개정 2008.2.29., 2008.6.5., 2009.3.25., 2018.6.12.>

② 시·도지사는 제1항에 따른 관광지등을 지정하려면 사전에 문화체육관광부

장관 및 관계 행정기관의 장과 협의하여야 한다. 다만, 「국토의 계획 및 이용에 관한 법률」 제30조에 따라 같은 법 제36조제1항제2호 다목에 따른 계획관리지역(같은 법의 규정에 따라 도시·군관리계획으로 결정되지 아니한 지역인 경우에는 종전의 「국토이용관리법」 제8조에 따라 준도시지역으로 결정·고시된 지역을 말한다)으로 결정·고시된 지역을 관광지등으로 지정하려는 경우에는 그러하지 아니하다. <개정 2011.4.5., 2011.4.14.>

③ 문화체육관광부장관 및 관계 행정기관의 장은 「환경영향평가법」 등 관련 법령에 특별한 규정이 있거나 정당한 사유가 있는 경우를 제외하고는 제2항 본문에 따른 협의를 요청받은 날부터 30일 이내에 의견을 제출하여야 한다. <개정 2018.6.12.>

④ 문화체육관광부장관 및 관계 행정기관의 장이 제3항에서 정한 기간(「민원처리에 관한 법률」 제20조제2항에 따라 회신기간을 연장한 경우에는 그 연장된 기간을 말한다) 내에 의견을 제출하지 아니하면 협의가 이루어진 것으로 본다. <신설 2018.6.12.>

⑤ 관광지등의 지정 취소 또는 그 면적의 변경은 관광지등의 지정에 관한 절차에 따라야 한다. 이 경우 대통령령으로 정하는 경미한 면적의 변경은 제2항 본문에 따른 협의를 하지 아니할 수 있다. <개정 2007.7.19., 2018.6.12.>

⑥ 시·도지사는 제1항 또는 제5항에 따라 지정, 지정취소 또는 그 면적변경을 한 경우에는 이를 고시하여야 한다. <개정 2007.7.19., 2018.6.12.>

法 「관광진흥법」 제52조의2(행위 등의 제한)

① 제52조에 따라 관광지등으로 지정·고시된 지역에서 건축물의 건축, 공작물의 설치, 토지의 형질 변경, 토석의 채취, 토지분할, 물건을 쌓아놓는 행위 등 대통령령으로 정하는 행위를 하려는 자는 특별자치시장·특별자치도지사·시장·군수·구청장의 허가를 받아야 한다. 허가받은 사항을 변경하려는 경우에도 또한 같다.

② 제1항에도 불구하고 재해복구 또는 재난수습에 필요한 응급조치를 위하여 하는 행위는 제1항에 따른 허가를 받지 아니하고 할 수 있다.

③ 제1항에 따라 허가를 받아야 하는 행위로서 관광지등의 지정 및 고시 당시 이미 관계 법령에 따라 허가를 받았거나 허가를 받을 필요가 없는 행위에 관하여 그 공사 또는 사업에 착수한 자는 대통령령으로 정하는 바에 따라 특별자치시장·특별자치도지사·시장·군수·구청장에게 신고한 후 이를 계속 시행할 수 있다.

④ 특별자치시장·특별자치도지사·시장·군수·구청장은 제1항을 위반한 자에게 원상회복을 명할 수 있으며, 명령을 받은 자가 그 의무를 이행하지 아니하면 「행정대집행법」에 따라 이를 대집행(代執行)할 수 있다.

⑤ 제1항에 따른 허가에 관하여 이 법에서 규정한 것을 제외하고는 「국토의 계획 및 이용에 관한 법률」 제57조부터 제60조까지 및 제62조를 준용한다.

⑥ 제1항에 따라 허가를 받은 경우에는 「국토의 계획 및 이용에 관한 법률」 제56조에 따라 허가를 받은 것으로 본다.

[본조신설 2020.6.9.]

슈 시행령 제44조(경미한 면적 변경)

법 제52조제5항 후단에서 "대통령령으로 정하는 경미한 면적의 변경"이란 다음 각 호의 것을 말한다. <개정 2020.6.2.>

1. 지적조사 또는 지적측량의 결과에 따른 면적의 정정 등으로 인한 면적의 변경
2. 관광지등 지정면적의 100분의 30 이내의 면적(「농지법」 제28조에 따른 농업진흥지역의 농지가 1만 제곱미터 이상, 농업진흥지역이 아닌 지역의 농지가 6만 제곱미터 이상 추가로 포함되는 경우는 제외한다)의 변경

슈 시행령 제45조(관광지등의 지정·고시 등)

① 법 제52조제6항에 따른 시·도지사의 고시에는 다음 각 호의 사항이 포함되어야 한다. <개정 2019.4.9.>

1. 고시연월일
2. 관광지등의 위치 및 면적
3. 관광지등의 구역이 표시된 축척 2만 5천분의 1 이상의 지형도

② 시·도지사(특별자치시장·특별자치도지사는 제외한다)는 관광지등을 지정·고시하는 경우에는 그 지정내용을 관계 시장·군수·구청장에게 통지하여야 한다. <개정 2009.1.20., 2019.4.9.>

③ 특별자치시장·특별자치도지사와 제2항에 따른 통지를 받은 시장·군수·구청장은 관광지등의 지번·지목·지적 및 소유자가 표시된 토지조서를 갖추어 두고 일반인이 열람할 수 있도록 하여야 한다. <개정 2009.1.20., 2019.4.9.>

슈 시행령 제45조의2(행위 등의 제한)

① 법 제52조의2제1항 전단에서 "건축물의 건축, 공작물의 설치, 토지의 형질 변경, 토석의 채취, 토지분할, 물건을 쌓아놓는 행위 등 대통령령으로 정하는 행위"란 다음 각 호의 어느 하나에 해당하는 행위를 말한다.

1. 건축물의 건축: 「건축법」 제2조제1항제2호에 따른 건축물(가설건축물을 포함한다)의 건축, 대수선 또는 용도변경

2. 공작물의 설치: 인공을 가하여 제작한 시설물(「건축법」 제2조제1항제2호에 따른 건축물은 제외한다)의 설치

3. 토지의 형질 변경: 절토(땅깎기) · 성토(흙쌓기) · 정지(땅고르기) · 포장(흙덮기) 등의 방법으로 토지의 형상을 변경하는 행위, 토지의 굴착(땅파기) 또는 공유수면의 매립

4. 토석의 채취: 흙 · 모래 · 자갈 · 바위 등의 토석을 채취하는 행위(제3호에 따른 토지의 형질 변경을 목적으로 하는 것은 제외한다)

5. 토지분할

6. 물건을 쌓아놓는 행위: 옮기기 어려운 물건을 1개월 이상 쌓아놓는 행위

7. 죽목(竹木)을 베어내거나 심는 행위

② 특별자치시장 · 특별자치도지사 · 시장 · 군수 · 구청장은 법 제52조의2제1항에 따른 허가를 하려는 경우 법 제54조제1항 단서에 따른 조성계획의 승인을 받은 자가 이미 있는 때에는 그 의견을 들어야 한다.

③ 법 제52조의2제3항에 따른 신고를 하려는 자는 관광지등으로 지정 · 고시된 날부터 30일 이내에 문화체육관광부령으로 정하는 신고서에 다음 각 호의 서류를 첨부하여 해당 특별자치시장 · 특별자치도지사 · 시장 · 군수 · 구청장에게 제출해야 한다.

1. 관계 법령에 따른 허가를 받았거나 허가를 받을 필요가 없음을 증명할 수 있는 서류

2. 신고일 기준시점의 공정도를 확인할 수 있는 사진

3. 배치도 등 공사 또는 사업 관련 도서(제1항제3호 또는 제4호에 따른 토지의 형질 변경 또는 토석의 채취에 해당하는 경우로 한정한다)

[본조신설 2020.12.8.]

則 시행규칙 제58조(관광지등의 지정신청 등)

① 법 제52조제1항 및 같은 조 제5항에 따라 관광지등의 지정 및 지정 취소 또는 그 면적의 변경(이하 "지정등"이라 한다)을 신청하려는 자는 별지 제40호서식의 관광지(관광단지) 지정등 신청서에 다음 각 호의 서류를 첨부하여 특별시장·광역시장·도지사에게 제출하여야 한다. 다만, 관광지등의 지정 취소 또는 그 면적 변경의 경우에는 그 취소 또는 변경과 관계 없는 사항에 대한 서류는 첨부하지 아니한다. <개정 2009.10.22., 2019.4.25.>

1. 관광지등의 개발방향을 기재한 서류

2. 관광지등과 그 주변의 주요 관광자원 및 주요 접근로 등 교통체계에 관한 서류

3. 「국토의 계획 및 이용에 관한 법률」에 따른 용도지역을 기재한 서류

4. 관광객 수용능력 등을 기재한 서류

5. 관광지등의 구역을 표시한 축척 2만 5천분의 1 이상의 지형도 및 지목·지번 등이 표시된 축척 500분의 1부터 6천분의 1까지의 도면

6. 관광지등의 지번·지목·지적 및 소유자가 표시된 토지조서(임야에 대하여는 「산지관리법」에 따른 보전산지 및 준보전산지로 구분하여 표시하고, 농지에 대하여는 「농지법」에 따른 농업진흥지역 및 농업진흥지역이 아닌 지역으로 구분하여 표시한다)

② 제1항에 따른 신청을 하려는 자는 별표 18의 관광지·관광단지의 구분기준에 따라 그 지정등을 신청하여야 한다.

③ 특별시장·광역시장·도지사는 제1항에 따른 지정등의 신청을 받은 경우에는 제1항에 따른 관광지등의 개발 필요성, 타당성, 관광지·관광단지의 구분기준 및 법 제49조에 따른 관광개발기본계획 및 권역별 관광개발계획에 적합한지 등을 종합적으로 검토하여야 한다. <개정 2009.10.22.>

則 시행규칙 제58조의2(시행 중인 공사등의 신고서)

영 제45조의2제3항에서 "문화체육관광부령으로 정하는 신고서"란 별지 제40호의2서식의 공사(사업) 진행상황 신고서를 말한다.

[본조신설 2020.12.10.]

[별표 18] 〈개정 2014.12.31.〉

관광지 · 관광단지의 구분기준(시행규칙 제58조제2항 관련)

1. 관광단지: 가목의 시설을 갖추고, 나목의 시설 중 1종 이상의 필요한 시설과 다목 또는 라목의 시설 중 1종 이상의 필요한 시설을 갖춘 지역으로서 총면적이 50만제곱미터 이상인 지역(다만, 마목 및 바목의 시설은 임의로 갖출 수 있다)

시설구분	시설종류	구비기준
가. 공공편익시설	화장실, 주차장, 전기시설, 통신시설, 상하수도시설 또는 관광안내소	각 시설이 관광객이 이용하기에 충분할 것
나. 숙박시설	관광호텔, 수상관광호텔, 한국전통호텔, 가족호텔 또는 휴양 콘도미니엄	관광숙박업의 등록기준에 부합할 것
다. 운동 · 오락시설	골프장, 스키장, 요트장, 조정장, 카누장, 빙상장, 자동차경주장, 승마장, 종합체육시설, 경마장, 경륜장 또는 경정장	「체육시설의 설치 · 이용에 관한 법률」 제10조에 따른 등록체육시설업의 등록기준, 「한국마사회법 시행령」 제5조에 따른 시설 · 설비기준 또는 「경륜 · 경정법 시행령」 제5조에 따른 시설 · 설비기준에 부합할 것
라. 휴양 · 문화시설	민속촌, 해수욕장, 수렵장, 동물원, 식물원, 수족관, 온천장, 동굴자원, 수영장, 농어촌휴양시설, 산림휴양시설, 박물관, 미술관, 활공장, 자동차야영장, 관광유람선 또는 종합유원시설	관광객 이용시설업의 등록기준 또는 유원시설업의 설비기준에 부합할 것
마. 접객시설	관광공연장, 관광유흥음식점, 관광극장유흥업점, 외국인전용유흥음식점, 관광식당 등	관광객 이용시설업의 등록기준 또는 관광 편의시설업의 지정기준에 적합할 것
바. 지원시설	관광종사자 전용숙소, 관광종사자 연수시설, 물류 · 유통 관련 시설	관광단지의 관리 · 운영 및 기능 활성화를 위해서 필요한 시설일 것

(비고) 관광단지의 총면적 기준은 시 · 도지사가 그 지역의 개발목적 · 개발 · 계획 · 설치시설 및 발전전망 등을 고려하여 일부 완화하여 적용할 수 있다.

2. 관광지: 제1호가목의 시설을 갖춘 지역(다만, 나목부터 바목까지의 시설은 임의로 갖출 수 있다)

▶관광진흥법
　제53조(조사 · 측량 실시)

法 「관광진흥법」 제53조(조사 · 측량 실시)

① 시 · 도지사는 기본계획 및 권역계획을 수립하거나 관광지등의 지정을 위하여 필요하면 해당 지역에 대한 조사와 측량을 실시할 수 있다. <개정 2007.7.19.>
② 제1항에 따른 조사와 측량을 위하여 필요하면 타인이 점유하는 토지에 출입할 수 있다.
③ 제2항에 따른 타인이 점유하는 토지에의 출입에 관하여는 「국토의 계획 및 이용에 관한 법률」 제130조와 제131조를 준용한다.

▶관광진흥법
　제54조(조성계획의 수립 등)
▶시행령
　제46조(조성계획의 승인 신청), 제47조(경미한 조성계획의 변경), 제47조의2(사유지의 매수 요청)
▶시행규칙
　제59조(관광지등의 지정신청 및 조성계획의 승인신청), 제60조(관광시설계획 등의 작성),
　제61조(관광단지개발자), 제61조의2(사유지의 매수 요청)

法 「관광진흥법」 제54조(조성계획의 수립 등)

① 관광지등을 관할하는 시장 · 군수 · 구청장은 조성계획을 작성하여 시 · 도지사의 승인을 받아야 한다. 이를 변경(대통령령으로 정하는 경미한 사항의 변경은 제외한다)하려는 경우에도 또한 같다. 다만, 관광단지를 개발하려는 공공기관 등 문화체육관광부령으로 정하는 공공법인 또는 민간개발자(이하 "관광단지개발자"라 한다)는 조성계획을 작성하여 대통령령으로 정하는 바에 따라 시 · 도지사의 승인을 받을 수 있다. <개정 2008.2.29., 2011.4.5.>
② 시 · 도지사는 제1항에 따른 조성계획을 승인하거나 변경승인을 하고자 하는 때에는 관계 행정기관의 장과 협의하여야 한다. 이 경우 협의요청을 받은 관계 행정기관의 장은 특별한 사유가 없으면 그 요청을 받은 날부터 30일 이내에 의견을 제시하여야 한다. <개정 2007.7.19., 2023.8.8.>

③ 시·도지사가 제1항에 따라 조성계획을 승인 또는 변경승인한 때에는 지체 없이 이를 고시하여야 한다. <개정 2007.7.19.>

④ 민간개발자가 관광단지를 개발하는 경우에는 제58조제13호 및 제61조를 적용하지 아니한다. 다만, 조성계획상의 조성 대상 토지면적 중 사유지의 3분의 2 이상을 취득한 경우 남은 사유지에 대하여는 그러하지 아니하다. <개정 2009.3.25.>

⑤ 제1항부터 제3항까지에도 불구하고 관광지등을 관할하는 특별자치시장 및 특별자치도지사는 관계 행정기관의 장과 협의하여 조성계획을 수립하고, 조성계획을 수립한 때에는 지체 없이 이를 고시하여야 한다. <신설 2008.6.5., 2018.6.12.>

⑥ 제1항에 따라 조성계획의 승인을 받은 자(제5항에 따라 특별자치시장 및 특별자치도지사가 조성계획을 수립한 경우를 포함한다. 이하 "사업시행자"라 한다)가 아닌 자로서 조성계획을 시행하기 위한 사업(이하 "조성사업"이라 한다)을 하려는 자가 조성하려는 토지면적 중 사유지의 3분의 2 이상을 취득한 경우에는 대통령령으로 정하는 바에 따라 사업시행자(사업시행자가 관광단지개발자인 경우는 제외한다)에게 남은 사유지의 매수를 요청할 수 있다. <신설 2019.12.3.>

슈 시행령 제46조(조성계획의 승인신청)

① 법 제54조제1항에 따라 관광지등 조성계획의 승인 또는 변경승인을 받으려는 자는 다음 각 호의 서류를 첨부하여 조성계획의 승인 또는 변경승인을 신청하여야 한다. 다만, 조성계획의 변경승인을 신청하는 경우에는 변경과 관계되지 아니하는 사항에 대한 서류는 첨부하지 아니하고, 제4호에 따른 국·공유지에 대한 소유권 또는 사용권을 증명할 수 있는 서류는 조성계획 승인 후 공사착공 전에 제출할 수 있다. <개정 2008.2.29.>

1. 문화체육관광부령으로 정하는 내용을 포함하는 관광시설계획서·투자계획서 및 관광지등 관리계획서
2. 지번·지목·지적·소유자 및 시설별 면적이 표시된 토지조서
3. 조감도
4. 법 제2조제8호의 민간개발자가 개발하는 경우에는 해당 토지의 소유권 또는 사용권을 증명할 수 있는 서류. 다만, 민간개발자가 개발하는 경우로서 해당 토지 중 사유지의 3분의 2 이상을 취득한 경우에는 취득한 토지에 대한 소유권을 증명할 수 있는 서류와 국·공유지에 대한 소유권 또는 사용권을 증명할 수 있는 서류

② 법 제54조제1항 단서에 따라 관광단지개발자가 조성계획의 승인 또는 변경승인을 신청하는 경우에는 특별자치시장·특별자치도지사·시장·군수·구청장에게 조성계획 승인 또는 변경승인신청서를 제출하여야 하며, 조성계획 승인 또는 변경승인신청서를 제출받은 시장·군수·구청장은 제출받은 날부터 20일 이내에 검토의견서를 첨부하여 시·도지사(특별자치시장·특별자치도지사는 제외한다)에게 제출하여야 한다. <개정 2009.1.20., 2019.4.9.>

🔣 **시행령 제47조(경미한 조성계획의 변경)**

① 법 제54조제1항 후단에서 "대통령령으로 정하는 경미한 사항의 변경"이란 다음 각 호의 어느 하나에 해당하는 것을 말한다. <개정 2020.6.2.>

1. 관광시설계획면적의 100분의 20 이내의 변경

2. 관광시설계획 중 시설지구별 토지이용계획면적(조성계획의 변경승인을 받은 경우에는 그 변경승인을 받은 토지이용계획면적을 말한다)의 100분의 30 이내의 변경(시설지구별 토지이용계획면적이 2천200제곱미터 미만인 경우에는 660제곱미터 이내의 변경)

3. 관광시설계획 중 시설지구별 건축 연면적(조성계획의 변경승인을 받은 경우에는 그 변경승인을 받은 건축 연면적을 말한다)의 100분의 30 이내의 변경(시설지구별 건축 연면적이 2천200제곱미터 미만인 경우에는 660제곱미터 이내의 변경)

4. 관광시설계획 중 숙박시설지구에 설치하려는 시설(조성계획의 변경승인을 받은 경우에는 그 변경승인을 받은 시설을 말한다)의 변경(숙박시설지구 안에 설치할 수 있는 시설 간 변경에 한정한다)으로서 숙박시설지구의 건축 연면적의 100분의 30 이내의 변경(숙박시설지구의 건축 연면적이 2천200제곱미터 미만인 경우에는 660제곱미터 이내의 변경)

5. 관광시설계획 중 시설지구에 설치하는 시설의 명칭 변경

6. 법 제54조제1항에 따라 조성계획의 승인을 받은 자(같은 조 제5항에 따라 특별자치시장 및 특별자치도지사가 조성계획을 수립한 경우를 포함한다. 이하 "사업시행자"라 한다)의 성명(법인인 경우에는 그 명칭 및 대표자의 성명을 말한다) 또는 사무소 소재지의 변경. 다만, 양도·양수, 분할, 합병 및 상속 등으로 인해 사업시행자의 지위나 자격에 변경이 있는 경우는 제외한다.

② 관광지등 조성계획의 승인을 받은 자는 제1항에 따라 경미한 조성계획의 변경을 하는 경우에는 관계 행정기관의 장과 조성계획 승인권자에게 각각 통보하여야 한다.

슈 시행령 제47조의2(사유지의 매수 요청)

① 법 제54조제6항에 따라 남은 사유지의 매수를 요청하려는 자는 문화체육관광부령으로 정하는 바에 따라 사유지 매수요청서를 사업시행자(사업시행자가 같은 조 제1항 단서에 따른 관광단지개발자인 경우는 제외한다. 이하 이 조에서 같다)에게 제출해야 한다.

② 사업시행자는 제1항에 따라 사유지의 매수 요청을 받은 경우에는 다음 각 호의 사항을 검토해야 한다.

1. 사유지의 매수 필요성 및 시급성

2. 사유지의 매수를 요청한 자가 토지소유자 및 관계인과 성실하게 협의에 임하였는지 여부

3. 사유지의 매수를 요청한 자와 토지소유자 간의 협의 가능 여부

4. 그 밖에 사업시행자가 사유지의 매수를 위하여 검토가 필요하다고 인정하는 사항

③ 사업시행자는 법 제54조제6항에 따른 매수 요청을 받아들인 경우에는 사유지의 매수를 요청한 자에게 매수 업무에 드는 비용을 받을 수 있다.

[본조신설 2020.6.2.]

[종전 제47조의2는 제47조의3으로 이동 <2020.6.2.>]

則 시행규칙 제59조(관광지등의 지정신청 및 조성계획의 승인 신청)

시장·군수·구청장은 법 제52조제1항에 따른 관광지등의 지정신청 및 법 제54조제1항 본문에 따른 조성계획의 승인신청을 함께 하거나, 관광단지의 지정신청을 할 때 법 제54조제1항 단서에 따라 관광단지개발자로 하여금 관광단지의 조성계획을 제출하게 하여 관광단지의 지정신청 및 조성계획의 승인신청을 함께 할 수 있다. 이 경우 특별시장·광역시장·도지사는 관광지등의 지정 및 조성계획의 승인을 함께 할 수 있다. <개정 2009.10.22.>

則 시행규칙 제60조(관광시설계획 등의 작성)

① 영 제46조제1항에 따라 작성되는 조성계획에는 다음 각 호의 사항이 포함되어야 한다. <개정 2009.3.31., 2019.6.12.>

1. 관광시설계획

　가. 공공편익시설, 숙박시설, 상가시설, 관광 휴양·오락시설 및 그 밖의 시설지구로 구분된 토지이용계획

나. 건축연면적이 표시된 시설물설치계획(축척 500분의 1부터 6천분의 1까지
의 지적도에 표시한 것이어야 한다)

다. 조경시설물, 조경구조물 및 조경식재계획이 포함된 조경계획

라. 그 밖의 전기 · 통신 · 상수도 및 하수도 설치계획

마. 관광시설계획에 대한 관련부서별 의견(지방자치단체의 장이 조성계획을
수립하는 경우만 해당한다)

2. 투자계획

가. 재원조달계획

나. 연차별 투자계획

3. 관광지등의 관리계획

가. 관광시설계획에 포함된 시설물의 관리계획

나. 관광지등의 관리를 위한 인원 확보 및 조직에 관한 계획

다. 그 밖의 관광지등의 효율적 관리방안

② 제1항제1호 가목에 따른 각 시설지구 안에 설치할 수 있는 시설은 별표 19와
같다.

[별표 19] 〈개정 2019.6.12.〉

관광지등의 시설지구 안에 설치할 수 있는 시설(시행규칙 제60조제2항 관련)

시설지구	설치할 수 있는 시설
공공편익 시설지구	도로, 주차장, 관리사무소, 안내시설, 광장, 정류장, 공중화장실, 금융기관, 관공서, 폐기물처리시설, 오수처리시설, 상하수도시설, 그 밖에 공공의 편익시설과 관련되는 시설로서 관광지등의 기반이 되는 시설
숙박시설 지구	「공중위생관리법」 및 이 법에 따른 숙박시설, 그 밖에 관광객의 숙박과 체재에 적합한 시설
상가시설 지구	판매시설, 「식품위생법」에 따른 업소, 「공중위생관리법」에 따른 업소(숙박업은 제외한다), 사진관, 그 밖의 물품이나 음식 등을 판매하기에 적합한 시설
관광 휴양 · 오락시설 지구	1. 휴양 · 문화시설: 공원, 정자, 전망대, 조경휴게소, 의료시설, 노인시설, 삼림욕장, 자연휴양림, 연수원, 야영장, 온천장, 보트장, 유람선터미널, 낚시터, 청소년수련시설, 공연장, 식물원, 동물원, 박물관, 미술관, 수족관, 문화원, 교양관, 도서관, 자연학습장, 과학관, 국제회의장, 농 · 어촌휴양시설, 그 밖에 휴양과 교육 · 문화와 관련된 시설 2. 운동 · 오락시설: 「체육시설의 설치 · 이용에 관한 법률」에 따른 체육시설, 이 법에 따른 유원시설, 「게임산업진흥에 관한 법률」에 따른 게임제공업소, 케이블카(리프트카), 수렵장, 어린이 놀이터, 무도장, 그 밖의 운동과 놀이에 직접 참여하거나 관람하기에 적합한 시설
기타시설 지구	위의 지구에 포함되지 아니하는 시설

(비고) 개별시설에 각종 부대시설이 복합적으로 있는 경우에는 그 시설의 주된 기능을 중심으로 시설지구를
구분한다.

則 **시행규칙 제61조(관광단지개발자)**

① 법 제54조제1항 단서에서 "문화체육관광부령으로 정하는 공공법인"이란 다음 각 호의 어느 하나에 해당하는 것을 말한다. <개정 2008.3.6., 2019.6.12.>

1. 「한국관광공사법」에 따른 한국관광공사 또는 한국관광공사가 관광단지개발을 위하여 출자한 법인
2. 「한국토지주택공사법」에 따른 한국토지주택공사
3. 「지방공기업법」에 따라 설립된 지방공사 및 지방공단
4. 「제주특별자치도 설치 및 국제자유도시 조성을 위한 특별법」에 따른 제주국제자유도시개발센터

② 법 제55조제5항에서 "문화체육관광부령으로 정하는 관광단지개발자"란 제1항 각 호의 공공법인 또는 법 제2조제8호의 민간개발자를 말한다. <개정 2008.3.6.>

則 **시행규칙 제61조의2(사유지의 매수 요청)**

① 법 제54조제6항에 따라 남은 사유지의 매수를 요청하려는 자는 별지 제40호의3서식의 사유지 매수요청서에 다음 각 호의 서류를 첨부하여 같은 항에 따른 사업시행자(사업시행자가 같은 조 제1항 단서에 따른 관광단지개발자인 경우는 제외한다. 이하 이 조에서 같다)에게 제출해야 한다. <개정 2020.12.10.>

1. 사업계획서
2. 조성하려는 토지면적 중 사유지의 3분의 2 이상을 취득하였음을 증명할 수 있는 자료(토지 등기사항증명서로 확인할 수 없는 경우만 해당한다)
3. 매수를 요청하는 사유지의 위치도 및 지번
4. 매수 요청 사유(토지소유자 및 관계인과 협의를 통한 사유지의 취득이 어렵다고 판단한 근거를 포함한다)

② 사업시행자는 제1항에 따른 매수요청서를 받은 경우에는 「전자정부법」 제36조제1항에 따른 행정정보의 공동이용을 통해 토지 등기사항증명서와 토지(임야)대장을 확인해야 한다.

[본조신설 2020.6.4.]

[종전 제61조의2는 제61조의3으로 이동 <2020.6.4.>]

> ▶관광진흥법
> 　제55조(조성계획의 시행)
> ▶시행령
> 　제47조의3(조성사업용 토지 매입의 승인 신청), 제48조(조성사업의 시행허가 등),
> 　제49조(용지매수 및 보상업무의 위탁)
> ▶시행규칙
> 　제61조의3(조성사업용 토지매입의 승인 신청), 제62조(조성사업의 허가신청 등),
> 　제63조(위탁수수료)

法 「관광진흥법」 제55조(조성계획의 시행)

① 조성사업은 이 법 또는 다른 법령에 특별한 규정이 있는 경우 외에는 사업 시행자가 행한다. <개정 2008.6.5., 2018.6.12., 2019.12.3.>

② 제54조에 따라 조성계획의 승인을 받아 관광지등을 개발하려는 자가 관광지 등의 개발 촉진을 위하여 조성계획의 승인 전에 대통령령으로 정하는 바에 따라 시·도지사의 승인을 받아 그 조성사업에 필요한 토지를 매입한 경우에는 사업시행자로서 토지를 매입한 것으로 본다. <개정 2018.12.11.>

③ 사업시행자가 아닌 자로서 조성사업을 하려는 자는 대통령령으로 정하는 기준과 절차에 따라 사업시행자가 특별자치시장·특별자치도지사·시장·군수·구청장인 경우에는 특별자치시장·특별자치도지사·시장·군수·구청장의 허가를 받아서 조성사업을 할 수 있고, 사업시행자가 관광단지개발자인 경우에는 관광단지개발자와 협의하여 조성사업을 할 수 있다. <개정 2008.6.5., 2018.6.12.>

④ 사업시행자가 아닌 자로서 조성사업(시장·군수·구청장이 조성계획의 승인을 받은 사업만 해당한다. 이하 이 항에서 같다)을 시행하려는 자가 제15조제1항 및 제2항에 따라 사업계획의 승인을 받은 경우에는 제3항에도 불구하고 특별자치시장·특별자치도지사·시장·군수·구청장의 허가를 받지 아니하고 그 조성사업을 시행할 수 있다. <개정 2008.6.5., 2018.6.12.>

⑤ 관광단지를 개발하려는 공공기관 등 문화체육관광부령으로 정하는 관광단지개발자는 필요하면 용지의 매수 업무와 손실보상 업무(민간개발자인 경우에는 제54조제4항 단서에 따라 남은 사유지를 수용하거나 사용하는 경우만 해당한다)를 대통령령으로 정하는 바에 따라 관할 지방자치단체의 장에게 위탁할 수 있다. <개정 2008.2.29., 2011.4.5.>

[令] 시행령 제47조의3(조성사업용 토지 매입의 승인 신청)

법 제55조제2항에 따라 시·도지사의 승인을 받아 조성사업(조성계획을 시행하기 위한 사업을 말한다. 이하 같다)에 필요한 토지를 매입하려는 자는 문화체육관광부령으로 정하는 승인신청서에 다음 각 호의 서류를 첨부하여 시·도지사에게 승인을 신청해야 한다.

1. 다음 각 목의 사항이 포함된 토지 매입계획서

    가. 매입 예정 토지의 세목

    나. 토지의 매입 예정 시기

2. 매입 예정 토지의 사업계획서(시설물 및 공작물 등의 위치·규모 및 용도가 포함된 설치계획을 포함한다)

3. 다음 각 목의 사항이 포함된 자금계획서

    가. 재원조달계획

    나. 연차별 자금투입계획

4. 조성사업 예정지를 표시한 도면

[본조신설 2019.6.11.]

[제47조의2에서 이동 <2020.6.2.>]

[令] 시행령 제48조(조성사업의 시행허가 등)

① 법 제55조제3항에 따라 조성사업의 시행허가를 받거나 협의를 하려는 자는 문화체육관광부령으로 정하는 바에 따라 특별자치시장·특별자치도지사·시장·군수·구청장 또는 사업시행자에게 각각 신청하여야 한다. <개정 2008.2.29., 2009.1.20., 2019.4.9., 2020.6.2.>

② 특별자치시장·특별자치도지사·시장·군수·구청장 또는 사업시행자는 제1항에 따른 허가 또는 협의를 하려면 해당 조성사업에 대하여 다음 각 호의 사항을 검토하여야 한다. <개정 2009.1.20., 2019.4.9.>

1. 조성계획에 저촉 여부

2. 관광지등의 자연경관 및 특성에 적합 여부

囹 시행령 제49조(용지매수 및 보상업무의 위탁)

① 관광단지개발자는 법 제55조제5항에 따라 조성사업을 위한 용지의 매수 업무와 손실보상 업무를 관할 지방자치단체의 장에게 위탁하려면 그 위탁 내용에 다음 각 호의 사항을 명시하여야 한다.

1. 위탁업무의 시행지 및 시행기간
2. 위탁업무의 종류·규모·금액
3. 위탁업무 수행에 필요한 비용과 그 지급방법
4. 그 밖에 위탁업무를 수행하는 데에 필요한 사항

② 지방자치단체의 장은 제1항에 따라 위탁을 받은 경우에는 문화체육관광부령으로 정하는 바에 따라 그 업무를 위탁한 자에게 수수료를 청구할 수 있다. <개정 2008.2.29.>

則 시행규칙 제61조의3(조성사업용 토지매입의 승인신청)

영 제47조의3에서 "문화체육관광부령으로 정하는 승인신청서"란 별지 제40호의4서식의 조성사업 토지매입 승인신청서를 말한다. <개정 2020.6.4., 2020.12.10.>

[본조신설 2019.6.12.]

[제61조의2에서 이동 <2020.6.4.>]

則 시행규칙 제62조(조성사업의 허가신청 등)

① 법 제55조제1항에 따른 사업시행자가 아닌 자가 법 제55조제3항에 따라 조성사업의 허가를 받거나 협의를 하려는 경우에는 별지 제41호서식의 조성사업 허가 또는 협의신청서에 다음 각 호의 서류를 첨부하여 관광지등의 사업시행자에게 제출하여야 한다. <개정 2009.10.22.>

1. 사업계획서(위치, 용지면적, 시설물설치계획, 건설비내역 및 재원조달계획 등을 포함한다)
2. 시설물의 배치도 및 설계도서(평면도 및 입면도를 말한다)
3. 부동산이 타인 소유인 경우에는 토지소유자가 자필서명된 사용승낙서 및 신분증 사본

② 제1항에 따른 신청서를 받은 관광지등의 사업시행자는 「전자정부법」 제36조제1항에 따른 행정정보의 공동이용을 통하여 부동산의 등기사항증명서를 확인하여야 한다. <개정 2009.3.31., 2011.3.30., 2015.4.22.>

則 시행규칙 제63조(위탁수수료)

> 영 제49조제2항에 따른 용지의 매수업무와 손실보상업무의 위탁에 따른 수수료의 산정기준은 별표 20과 같다.

[별표 20]
용지매수 및 보상업무의 위탁수수료 산정기준표(시행규칙 제63조 관련)

용지매수의 금액별	위탁수수료의 기준 (용지매수대금에 대한 백분율)	비　고
10억원 이하	2.0퍼센트 이내	1. "용지매수의 금액"이란 용지매입비, 시설의 매수 및 인건비, 관리보상비 및 지장물보상비와 이주위자료의 합계액을 말한다.
10억원 초과 30억원 이하	1.7퍼센트 이내	2. 감정수수료 및 등기수수료 등 법정수수료는 위탁수수료의 기준을 정할 때 고려하지 아니한다.
30억원 초과 50억원 이하	1.3퍼센트 이내	3. 개발사업의 완공 후 준공 및 관리처분을 위한 측량, 지목변경, 관리이전을 위한 소유권의 변경절차를 위한 관리비는 이 기준 수수료의 100분의 30의 범위에서 가산할 수 있다.
50억원 초과	1.0퍼센트 이내	4. 지역적인 특수조건이 있는 경우에는 이 위탁료율을 당사자가 상호 협의하여 증감 조정할 수 있다.

▶관광진흥법
제56조(관광지등 지정 등의 실효 및 취소 등)

法 「관광진흥법」 제56조(관광지등 지정 등의 실효 및 취소 등)

> ① 제52조에 따라 관광지등으로 지정·고시된 관광지등에 대하여 그 고시일부터 2년 이내에 제54조제1항에 따른 조성계획의 승인신청이 없으면 그 고시일부터 2년이 지난 다음 날에 그 관광지등 지정은 효력을 상실한다. 제2항에 따라 조성계획의 효력이 상실된 관광지등에 대하여 그 조성계획의 효력이 상실된 날부터 2년 이내에 새로운 조성계획의 승인신청이 없는 경우에도 또한 같다. <개정 2011.4.5.>
> ② 제54조제1항에 따라 조성계획의 승인을 받은 관광지등 사업시행자(제55조제3항에 따른 조성사업을 하는 자를 포함한다)가 같은 조 제3항에 따라 조성계획의 승인고시일부터 2년 이내에 사업을 착수하지 아니하면 조성계획 승인고시일

부터 2년이 지난 다음 날에 그 조성계획의 승인은 효력을 상실한다. <개정 2011.4.5.>

③ 시·도지사는 제54조제1항에 따라 조성계획 승인을 받은 민간개발자가 사업 중단 등으로 환경·미관을 크게 해치거나 제49조제2항제4호의2에 따른 관광지 및 관광단지의 실적 평가 결과 조성사업의 완료가 어렵다고 판단되는 경우에는 조성계획의 승인을 취소하거나 이의 개선을 명할 수 있다. <개정 2019.12.3.>

④ 시·도지사는 제1항과 제2항에도 불구하고 행정절차의 이행 등 부득이한 사유로 조성계획 승인신청 또는 사업 착수기한의 연장이 불가피하다고 인정되면 1년 이내의 범위에서 한 번만 그 기한을 연장할 수 있다.

⑤ 시·도지사는 제1항이나 제2항에 따라 지정 또는 승인의 효력이 상실된 경우 및 제3항에 따라 승인이 취소된 경우에는 지체 없이 그 사실을 고시하여야 한다.

[제목개정 2011.4.5.]

▶관광진흥법
　제57조(공공시설의 우선 설치)

法 「관광진흥법」 제57조(공공시설의 우선 설치)

국가·지방자치단체 또는 사업시행자는 관광지등의 조성사업과 그 운영에 관련되는 도로, 전기, 상·하수도 등 공공시설을 우선하여 설치하도록 노력하여야 한다.

▶관광진흥법
　제57조의2(관광단지의 전기시설 설치)
▶시행령
　제49조의2(전기간선시설 등의 설치범위)

法 「관광진흥법」 제57조의2(관광단지의 전기시설 설치)

① 관광단지에 전기를 공급하는 자는 관광단지 조성사업의 시행자가 요청하는 경우 관광단지에 전기를 공급하기 위한 전기간선시설(電氣幹線施設) 및 배전시설(配電施設)을 관광단지 조성계획에서 도시·군계획시설로 결정된 도로까지 설치하되, 구체적인 설치범위는 대통령령으로 정한다. <개정 2011.4.14.>

② 제1항에 따라 관광단지에 전기를 공급하는 전기간선시설 및 배전시설의 설치비용은 전기를 공급하는 자가 부담한다. 다만, 관광단지 조성사업의 시행자·입주기업·지방자치단체 등의 요청에 의하여 전기간선시설 및 배전시설을 땅속에 설치하는 경우에는 전기를 공급하는 자와 땅속에 설치할 것을 요청하는 자가 각각 100분의 50의 비율로 설치비용을 부담한다.

[본조신설 2009.3.25.]

[슈] 시행령 제49조의2(전기간선시설 등의 설치범위)

법 제57조의2제1항에 따라 전기간선시설(電氣幹線施設) 및 배전시설(配電施設)을 설치하여야 하는 구체적인 설치범위는 관광단지 조성사업구역 밖의 기간(基幹)이 되는 시설로부터 조성사업구역 안의 토지이용계획상 6미터 이상의 도시·군계획시설로 결정된 도로에 접하는 개별필지의 경계선까지를 말한다.

<개정 2012.4.10.>

[본조신설 2009.10.7.]

▶관광진흥법
　제58조(인·허가 등의 의제)
▶시행령
　제50조(인·허가 등의 의제)

[法] 「관광진흥법」 제58조(인·허가 등의 의제)

① 제54조제1항에 따라 조성계획의 승인 또는 변경승인을 받거나 같은 조 제5항에 따라 특별자치시장 및 특별자치도지사가 조성계획을 수립한 경우 다음 각 호의 인·허가 등에 관하여 시·도지사가 인·허가 등의 관계 행정기관의 장과 미리 협의한 사항에 대해서는 해당 인·허가 등을 받거나 신고를 한 것으로 본다. <개정 2007.7.19., 2007.12.27., 2008.3.21., 2008.6.5., 2009.3.25., 2010.4.15., 2010.5.31., 2011.4.5., 2011.4.14., 2014.1.14., 2018.6.12., 2020.1.29., 2022.12.27., 2023.5.16., 2023.8.8.>

1. 「국토의 계획 및 이용에 관한 법률」 제30조에 따른 도시·군관리계획(같은 법 제2조제4호다목의 계획 중 대통령령으로 정하는 시설 및 같은 호 마목의

계획 중 같은 법 제51조에 따른 지구단위계획구역의 지정 계획 및 지구단위계획만 해당한다)의 결정, 같은 법 제32조제2항에 따른 지형도면의 승인, 같은 법 제36조에 따른 용도지역 중 도시지역이 아닌 지역의 계획관리지역 지정, 같은 법 제37조에 따른 용도지구 중 개발진흥지구의 지정, 같은 법 제56조에 따른 개발행위의 허가, 같은 법 제86조에 따른 도시·군계획시설사업 시행자의 지정 및 같은 법 제88조에 따른 실시계획의 인가

2. 「수도법」 제17조에 따른 일반수도사업의 인가 및 같은 법 제52조에 따른 전용 상수도설치시설의 인가

3. 「하수도법」 제16조에 따른 공공하수도 공사시행 등의 허가

4. 「공유수면 관리 및 매립에 관한 법률」 제8조에 따른 공유수면 점용·사용 허가, 같은 법 제17조에 따른 점용·사용 실시계획의 승인 또는 신고, 같은 법 제28조에 따른 공유수면의 매립면허, 같은 법 제35조에 따른 국가 등이 시행하는 매립의 협의 또는 승인 및 같은 법 제38조에 따른 공유수면매립실시계획의 승인

5. 삭제 <2010.4.15.>

6. 「하천법」 제30조에 따른 하천공사 등의 허가 및 실시계획의 인가, 같은 법 제33조에 따른 점용허가 및 실시계획의 인가

7. 「도로법」 제36조에 따른 도로관리청이 아닌 자에 대한 도로공사 시행의 허가 및 같은 법 제61조에 따른 도로의 점용 허가

8. 「항만법」 제9조제2항에 따른 항만개발사업 시행의 허가 및 같은 법 제10조제2항에 따른 항만개발사업실시계획의 승인

9. 「사도법」 제4조에 따른 사도개설의 허가

10. 「산지관리법」 제14조·제15조에 따른 산지전용허가 및 산지전용신고, 같은 법 제15조의2에 따른 산지일시사용허가·신고, 「산림자원의 조성 및 관리에 관한 법률」 제36조제1항·제4항 및 제45조제1항·제2항에 따른 입목벌채 등의 허가와 신고

11. 「농지법」 제34조제1항에 따른 농지 전용허가

12. 「자연공원법」 제20조에 따른 공원사업 시행 및 공원시설관리의 허가와 같은 법 제23조에 따른 행위 허가

13. 「공익사업을 위한 토지 등의 취득 및 보상에 관한 법률」 제20조제1항에 따른 사업인정

14. 「초지법」 제23조에 따른 초지전용의 허가

15. 「사방사업법」 제20조에 따른 사방지 지정의 해제

16. 「장사 등에 관한 법률」 제8조제3항에 따른 분묘의 개장신고 및 같은 법 제27조에 따른 분묘의 개장허가

17. 「폐기물관리법」 제29조에 따른 폐기물 처리시설의 설치승인 또는 신고

18. 「온천법」 제10조에 따른 온천개발계획의 승인

19. 「건축법」 제11조에 따른 건축허가, 같은 법 제14조에 따른 건축신고, 같은 법 제20조에 따른 가설건축물 건축의 허가 또는 신고

20. 제15조제1항에 따른 관광숙박업 및 제15조제2항에 따른 관광객 이용시설업·국제회의업의 사업계획 승인. 다만, 제15조에 따른 사업계획의 작성자와 제55조제1항에 따른 조성사업의 사업시행자가 동일한 경우에 한한다.

21. 「체육시설의 설치·이용에 관한 법률」 제12조에 따른 등록 체육시설업의 사업계획 승인. 다만, 제15조에 따른 사업계획의 작성자와 제55조제1항에 따른 조성사업의 사업시행자가 동일한 경우에 한한다.

22. 「유통산업발전법」 제8조에 따른 대규모점포의 개설등록

23. 「공간정보의 구축 및 관리등에 관한 법률」 제86조제1항에 따른 사업의 착수·변경의 신고

② 시·도지사(제54조제5항에 따른 조성계획 수립의 경우에는 특별자치시장 및 특별자치도지사를 말한다)는 제1항 각 호의 인·허가 등이 포함되어 있는 조성계획을 승인·변경승인 또는 수립하려는 경우 미리 관계 행정기관의 장과 협의하여야 한다. <개정 2023.5.16.>

③ 제1항 및 제2항에서 규정한 사항 외에 인·허가 등 의제의 기준 및 효과 등에 관하여는 「행정기본법」 제24조부터 제26조까지를 준용한다. <개정 2023.5.16.>

[슈] 시행령 제50조(인·허가 등의 의제)

법 제58조제1항제1호에서 "대통령령으로 정하는 시설"이란 「국토의 계획 및 이용에 관한 법률 시행령」 제2조제1항제2호에 따른 유원지를 말한다.

▶관광진흥법
　제58조의2(준공검사)
▶시행령
　제50조의2(준공검사)
▶시행규칙
　제63조의2(준공검사신청서 등)

法「관광진흥법」 제58조의2(준공검사)

① 사업시행자가 관광지등 조성사업의 전부 또는 일부를 완료한 때에는 대통령령으로 정하는 바에 따라 지체 없이 시·도지사에게 준공검사를 받아야 한다. 이 경우 시·도지사는 해당 준공검사 시행에 관하여 관계 행정기관의 장과 미리 협의하여야 한다.

② 사업시행자가 제1항에 따라 준공검사를 받은 경우에는 제58조제1항 각 호에 규정된 인·허가 등에 따른 해당 사업의 준공검사 또는 준공인가 등을 받은 것으로 본다.

[본조신설 2009.3.25.]

令 시행령 제50조의2(준공검사)

① 사업시행자가 법 제58조의2제1항에 따라 조성사업의 전부 또는 일부를 완료하여 준공검사를 받으려는 때에는 다음 각 호의 사항을 적은 준공검사신청서를 시·도지사에게 제출하여야 한다.

1. 사업시행자의 성명(법인인 경우에는 법인의 명칭 및 대표자의 성명을 말한다)·주소

2. 조성사업의 명칭

3. 조성사업을 완료한 지역의 위치 및 면적

4. 조성사업기간

② 제1항에 따른 준공검사신청서에는 다음 각 호의 서류 및 도면을 첨부해야 한다. <개정 2009.12.14., 2010.10.14., 2015.6.1., 2016.8.31., 2019.7.2., 2020.12.8.>

1. 준공설계도서(착공 전의 사진 및 준공사진을 첨부한다)

2. 「공간정보의 구축 및 관리 등에 관한 법률」에 따라 지적소관청이 발행하는 지적측량성과도

3. 법 제58조의3에 따른 공공시설 및 토지 등의 귀속조사문서와 도면(민간개발자인 사업시행자의 경우에는 용도폐지된 공공시설 및 토지 등에 대한 「감정평가 및 감정평가사에 관한 법률」 제2조제4호에 따른 감정평가법인등의 평가조서와 새로 설치된 공공시설의 공사비 산출 명세서를 포함한다)

4. 「공유수면 관리 및 매립에 관한 법률」 제46조, 제35조제4항 및 같은 법 시행령 제51조에 따라 사업시행자가 취득할 대상 토지와 국가 또는 지방자치단체에 귀속될 토지 등의 내역서(공유수면을 매립하는 경우에만 해당한다)

5. 환지계획서 및 신·구 지적대조도(환지를 하는 경우에만 해당한다)

6. 개발된 토지 또는 시설 등의 관리·처분 계획

③ 제1항에 따른 준공검사 신청을 받은 시·도지사는 검사일정을 정하여 준공검사 신청 내용에 포함된 공공시설을 인수하거나 관리하게 될 국가기관 또는 지방자치단체의 장에게 검사일 5일 전까지 통보하여야 하며, 준공검사에 참여하려는 국가기관 또는 지방자치단체의 장은 준공검사일 전날까지 참여를 요청하여야 한다.

④ 제1항에 따른 준공검사 신청을 받은 시·도지사는 준공검사를 하여 해당 조성사업이 법 제54조에 따라 승인된 조성계획대로 완료되었다고 인정하는 경우에는 준공검사증명서를 발급하고, 다음 각 호의 사항을 공보에 고시하여야 한다.

1. 조성사업의 명칭

2. 사업시행자의 성명 및 주소

3. 조성사업을 완료한 지역의 위치 및 면적

4. 준공년월일

5. 주요 시설물의 관리·처분에 관한 사항

6. 그 밖에 시·도지사가 필요하다고 인정하는 사항

[본조신설 2009.10.7.]

則 시행규칙 제63조의2(준공검사신청서 등)

① 영 제50조의2제1항에 따른 준공검사신청서는 별지 제41호의2서식에 따른다.

② 영 제50조의2제4항에 따른 준공검사증명서는 별지 제41호의3서식에 따른다.

[본조신설 2009.10.22.]

▶관광진흥법
제58조의3(공공시설 등의 귀속)

法 「관광진흥법」 제58조의3(공공시설 등의 귀속)

① 사업시행자가 조성사업의 시행으로 「국토의 계획 및 이용에 관한 법률」 제2조제13호에 따른 공공시설을 새로 설치하거나 기존의 공공시설에 대체되는 시설을 설치한 경우 그 귀속에 관하여는 같은 법 제65조를 준용한다. 이 경우 "행정청이 아닌 경우"는 "사업시행자인 경우"로 본다.

② 제1항에 따른 공공시설 등을 등기하는 경우에는 조성계획승인서와 준공검사증명서로써 「부동산등기법」의 등기원인을 증명하는 서면을 갈음할 수 있다.

③ 제1항에 따라 「국토의 계획 및 이용에 관한 법률」을 준용할 때 관리청이 불분명한 재산 중 도로·도랑 등에 대하여는 국토교통부장관을, 하천에 대하여는 환경부장관을, 그 밖의 재산에 대하여는 기획재정부장관을 관리청으로 본다.

<개정 2020.12.31.>

[본조신설 2009.3.25.]

▶관광진흥법
제59조(관광지등의 처분)

法 「관광진흥법」 제59조(관광지등의 처분)

① 사업시행자는 조성한 토지, 개발된 관광시설 및 지원시설의 전부 또는 일부를 매각하거나 임대하거나 타인에게 위탁하여 경영하게 할 수 있다.

② 제1항에 따라 토지·관광시설 또는 지원시설을 매수·임차하거나 그 경영을 수탁한 자는 그 토지나 관광시설 또는 지원시설에 관한 권리·의무를 승계한다.

▶관광진흥법
제60조(국토의 계획 및 이용에 관한 법률의 준용)

法 「관광진흥법」 제60조(국토의 계획 및 이용에 관한 법률의 준용)

조성계획의 수립, 조성사업의 시행 및 관광지등의 처분에 관하여는 이 법에 규정되어 있는 것 외에는 「국토의 계획 및 이용에 관한 법률」 제90조·제100조·제130조 및 제131조를 준용한다. 이 경우 "국토교통부장관 또는 시·도지사"는 "시·도지사"로, "실시계획"은 "조성계획"으로, "인가"는 "승인"으로, "도시·군계획시설사업의 시행지구"는 "관광지등"으로, "도시·군계획시설사업의 시행자"는 "사업시행자"로, "도시·군계획시설사업"은 "조성사업"으로, "국토교통부장관"은 "문화체육관광부장관"으로, "광역도시계획 또는 도시·군계획"은 "조성계획"으로 본다. <개정 2008.2.29., 2011.4.14., 2013.3.23.>

▶관광진흥법
　제61조(수용 및 사용)

法 「관광진흥법」 제61조(수용 및 사용)

① 사업시행자는 제55조에 따른 조성사업의 시행에 필요한 토지와 다음 각 호의 물건 또는 권리를 수용하거나 사용할 수 있다. 다만, 농업 용수권(用水權)이나 그 밖의 농지개량 시설을 수용 또는 사용하려는 경우에는 미리 농림축산식품부장관의 승인을 받아야 한다. <개정 2013.3.23.>
1. 토지에 관한 소유권 외의 권리
2. 토지에 정착한 입목이나 건물, 그 밖의 물건과 이에 관한 소유권 외의 권리
3. 물의 사용에 관한 권리
4. 토지에 속한 토석 또는 모래와 조약돌
② 제1항에 따른 수용 또는 사용에 관한 협의가 성립되지 아니하거나 협의를 할 수 없는 경우에는 사업시행자는 「공익사업을 위한 토지 등의 취득 및 보상에 관한 법률」 제28조제1항에도 불구하고 조성사업 시행 기간에 재결(裁決)을 신청할 수 있다.
③ 제1항에 따른 수용 또는 사용의 절차, 그 보상 및 재결 신청에 관하여는 이 법에 규정되어 있는 것 외에는 「공익사업을 위한 토지 등의 취득 및 보상에 관한 법률」을 적용한다.

▶관광진흥법
　제63조(선수금)
▶시행령
　제52조(선수금)

法 「관광진흥법」 제63조(선수금)

사업시행자는 그가 개발하는 토지 또는 시설을 분양받거나 시설물을 이용하려는 자로부터 그 대금의 전부 또는 일부를 대통령령으로 정하는 바에 따라 미리 받을 수 있다.

令 시행령 제52조(선수금)

사업시행자는 법 제63조에 따라 선수금을 받으려는 경우에는 그 금액 및 납부 방법에 대하여 토지 또는 시설을 분양받거나 시설물을 이용하려는 자와 협의하여야 한다.

▶관광진흥법
　제64조(이용자 분담금 및 원인자 부담금)
▶시행령
　제53조(이용자 분담금), 제54조(원인자 부담금), 제55조(유지 · 관리 및 보수 비용의 분담)

法 「관광진흥법」 제64조(이용자 분담금 및 원인자 부담금)

① 사업시행자는 지원시설 건설비용의 전부 또는 일부를 대통령령으로 정하는 바에 따라 그 이용자에게 분담하게 할 수 있다.
② 지원시설 건설의 원인이 되는 공사 또는 행위가 있으면 사업시행자는 대통령령으로 정하는 바에 따라 그 공사 또는 행위의 비용을 부담하여야 할 자에게 그 비용의 전부 또는 일부를 부담하게 할 수 있다.
③ 사업시행자는 관광지등의 안에 있는 공동시설의 유지 · 관리 및 보수에 드는 비용의 전부 또는 일부를 대통령령으로 정하는 바에 따라 관광지등에서 사업을 경영하는 자에게 분담하게 할 수 있다.

④ 삭제 <2023.5.16.>

⑤ 삭제 <2023.5.16.>

슈 시행령 제53조(이용자 분담금)

① 사업시행자는 법 제64조제1항에 따라 지원시설의 이용자에게 분담금을 부담하게 하려는 경우에는 지원시설의 건설사업명 · 건설비용 · 부담금액 · 납부방법 및 납부기한을 서면에 구체적으로 밝혀 그 이용자에게 분담금의 납부를 요구하여야 한다.

② 제1항에 따른 지원시설의 건설비용은 다음 각 호의 비용을 합산한 금액으로 한다.

1. 공사비(조사측량비 · 설계비 및 관리비는 제외한다)

2. 보상비(감정비를 포함한다)

③ 제1항에 따른 분담금액은 지원시설의 이용자의 수 및 이용횟수 등을 고려하여 사업시행자가 이용자와 협의하여 산정한다.

슈 시행령 제54조(원인자 부담금)

사업시행자가 법 제64조제2항에 따라 원인자 부담금을 부담하게 하려는 경우에는 이용자 분담금에 관한 제53조를 준용한다.

슈 시행령 제55조(유지 · 관리 및 보수 비용의 분담)

① 사업시행자는 법 제64조제3항에 따라 공동시설의 유지 · 관리 및 보수 비용을 분담하게 하려는 경우에는 공동시설의 유지 · 관리 · 보수 현황, 분담금액, 납부방법, 납부기한 및 산출내용을 적은 서류를 첨부하여 관광지등에서 사업을 경영하는 자에게 그 납부를 요구하여야 한다.

② 제1항에 따른 공동시설의 유지 · 관리 및 보수 비용의 분담비율은 시설사용에 따른 수익의 정도에 따라 사업시행자가 사업을 경영하는 자와 협의하여 결정한다.

③ 사업시행자는 유지 · 관리 · 보수 비용의 분담 및 사용 현황을 매년 결산하여 비용분담자에게 통보하여야 한다.

▶관광진흥법
　제65조(강제징수)
▶시행령
　제56조(이용자 분담금 및 원인자 부담금의 징수위탁)

法 「관광진흥법」 제65조(강제징수)

① 제64조에 따라 이용자 분담금·원인자 부담금 또는 유지·관리 및 보수에 드는 비용을 내야 할 의무가 있는 자가 이를 이행하지 아니하면 사업시행자는 대통령령으로 정하는 바에 따라 그 지역을 관할하는 특별자치시장·특별자치도지사·시장·군수·구청장에게 그 징수를 위탁할 수 있다. <개정 2008.6.5., 2018.6.12.>

② 제1항에 따라 징수를 위탁받은 특별자치시장·특별자치도지사·시장·군수·구청장은 지방세 체납처분의 예에 따라 이를 징수할 수 있다. 이 경우 특별자치시장·특별자치도지사·시장·군수·구청장에게 징수를 위탁한 자는 특별자치시장·특별자치도지사·시장·군수·구청장이 징수한 금액의 100분의 10에 해당하는 금액을 특별자치시·특별자치도·시·군·구에 내야 한다. <개정 2008.6.5., 2018.6.12.>

令 시행령 제56조(이용자 분담금 및 원인자 부담금의 징수위탁)

사업시행자는 법 제65조제1항에 따라 특별자치시장·특별자치도지사·시장·군수·구청장에게 법 제64조에 따른 이용자 분담금, 원인자 부담금 또는 유지·관리 및 보수 비용(이하 이 조에서 "분담금등"이라 한다)의 징수를 위탁하려면 그 위탁 내용에 다음 각 호의 사항을 명시하여야 한다. <개정 2009.1.20., 2019.4.9.>

1. 분담금등의 납부의무자의 성명·주소
2. 분담금등의 금액
3. 분담금등의 납부사유 및 납부기간
4. 그 밖에 분담금등의 징수에 필요한 사항

> ▶관광진흥법
> 제66조(이주대책)
> ▶시행령
> 제57조(이주대책의 내용)

法「관광진흥법」제66조(이주대책)

> ① 사업시행자는 조성사업의 시행에 따른 토지·물건 또는 권리를 제공함으로써 생활의 근거를 잃게 되는 자를 위하여 대통령령으로 정하는 내용이 포함된 이주대책을 수립·실시하여야 한다.
> ② 제1항에 따른 이주대책의 수립에 관하여는 「공익사업을 위한 토지 등의 취득 및 보상에 관한 법률」제78조제2항·제3항과 제81조를 준용한다.

令 시행령 제57조(이주대책의 내용)

> 사업시행자가 법 제66조제1항에 따라 수립하는 이주대책에는 다음 각 호의 사항이 포함되어야 한다.
> 1. 택지 및 농경지의 매입
> 2. 택지 조성 및 주택 건설
> 3. 이주보상금
> 4. 이주방법 및 이주시기
> 5. 이주대책에 따른 비용
> 6. 그 밖에 필요한 사항

> ▶관광진흥법
> 제67조(입장료 등의 징수와 사용)

法「관광진흥법」제67조(입장료 등의 징수와 사용)

> ① 관광지등에서 조성사업을 하거나 건축, 그 밖의 시설을 한 자는 관광지등에 입장하는 자로부터 입장료를 징수할 수 있고, 관광시설을 관람하거나 이용하는 자로부터 관람료나 이용료를 징수할 수 있다.
> ② 제1항에 따른 입장료·관람료 또는 이용료의 징수 대상의 범위와 그 금액은

관광자등이 소재하는 지방자치단체의 조례로 정한다. <개정 2008.6.5., 2018.6.12., 2020.6.9.>

③ 지방자치단체는 제1항에 따라 입장료·관람료 또는 이용료를 징수하면 이를 관광지등의 보존·관리와 그 개발에 필요한 비용에 충당하여야 한다.

④ 지방자치단체는 지역관광 활성화를 위하여 관광지등에서 조성사업을 하거나 건축, 그 밖의 시설을 한 자(국가 또는 지방자치단체는 제외한다)가 제1항에 따라 징수한 입장료·관람료 또는 이용료를 「지역사랑상품권 이용 활성화에 관한 법률」 제2조제1호에 따른 지역사랑상품권을 활용하여 관광객에게 환급하는 경우 조례로 정하는 바에 따라 환급한 입장료·관람료 또는 이용료의 전부 또는 일부에 해당하는 비용을 지원할 수 있다. <신설 2023.10.31.>

▶관광진흥법
　제69조(관광지등의 관리)

法 「관광진흥법」 제69조(관광지등의 관리)

① 사업시행자는 관광지등의 관리·운영에 필요한 조치를 하여야 한다.

② 사업시행자는 필요하면 관광사업자 단체 등에 관광지등의 관리·운영을 위탁할 수 있다.

제2절 관광특구

▶관광진흥법
　제70조(관광특구의 지정), 제70조의2(관광특구 지정을 위한 지정신청에 대한 조사·분석)
▶시행령
　제58조(관광특구의 지정요건), 제58조의2(관광특구의 지정신청에 대한 조사·분석 전문기관)
▶시행규칙
　제64조(관광특구의 지정신청 등)

法 「관광진흥법」 제70조(관광특구의 지정)

① 관광특구는 다음 각 호의 요건을 모두 갖춘 지역 중에서 시장·군수·구청장의 신청(특별자치시 및 특별자치도의 경우는 제외한다)에 따라 시·도지사가

지정한다. 이 경우 관광특구로 지정하려는 대상지역이 같은 시·도 내에서 둘 이상의 시·군·구에 걸쳐 있는 경우에는 해당 시장·군수·구청장이 공동으로 지정을 신청하여야 하고, 둘 이상의 시·도에 걸쳐 있는 경우에는 해당 시장·군수·구청장이 공동으로 지정을 신청하고 해당 시·도지사가 공동으로 지정하여야 한다. <개정 2007.7.19., 2008.2.29., 2008.6.5., 2018.6.12., 2018.12.24., 2019.12.3.>

1. 외국인 관광객 수가 대통령령으로 정하는 기준 이상일 것

2. 문화체육관광부령으로 정하는 바에 따라 관광안내시설, 공공편익시설 및 숙박시설 등이 갖추어져 외국인 관광객의 관광수요를 충족시킬 수 있는 지역일 것

3. 관광활동과 직접적인 관련성이 없는 토지의 비율이 대통령령으로 정하는 기준을 초과하지 아니할 것

4. 제1호부터 제3호까지의 요건을 갖춘 지역이 서로 분리되어 있지 아니할 것

② 제1항 각 호 외의 부분 전단에도 불구하고 「지방자치법」 제198조제2항제1호에 따른 인구 100만 이상 대도시(이하 "특례시"라 한다)의 시장은 관할 구역 내에서 제1항 각 호의 요건을 모두 갖춘 지역을 관광특구로 지정할 수 있다. <신설 2022.5.3.>

③ 관광특구의 지정·취소·면적변경 및 고시에 관하여는 제52조제2항·제3항·제5항 및 제6항을 준용한다. 이 경우 "시·도지사"는 "시·도지사 또는 특례시의 시장"으로 본다. <개정 2018.6.12., 2022.5.3.>

[令] **시행령 제58조(관광특구의 지정요건)**

① 법 제70조제1항제1호에서 "대통령령으로 정하는 기준"이란 문화체육관광부장관이 고시하는 기준을 갖춘 통계전문기관의 통계결과 해당 지역의 최근 1년간 외국인 관광객 수가 10만 명(서울특별시는 50만 명)인 것을 말한다. <개정 2008.2.29.>

② 법 제70조제1항제3호에서 "대통령령으로 정하는 기준"이란 관광특구 전체 면적 중 관광활동과 직접적인 관련성이 없는 토지가 차지하는 비율이 10퍼센트인 것을 말한다. <개정 2020.6.2.>

[則] **시행규칙 제64조(관광특구의 지정신청 등)**

① 법 제70조제1항제2호에 따른 관광특구 지정요건의 세부기준은 별표 21과 같다.

② 법 제70조제1항 및 제2항에 따라 관광특구의 지정 및 지정 취소 또는 그 면적의

변경(이하 이 조에서 "지정등"이라 한다)을 신청하려는 시장·군수·구청장(특별자치시·특별자치도의 경우는 제외한다)은 별지 제42호서식의 관광특구 지정등 신청서에 다음 각 호의 서류를 첨부하여 특별시장·광역시장·도지사에게 제출하여야 한다. 다만, 관광특구의 지정 취소 또는 그 면적 변경의 경우에는 그 취소 또는 변경과 관계되지 아니하는 사항에 대한 서류는 첨부하지 아니한다. <개정 2009.3.31., 2009.10.22., 2019.4.25.>

1. 신청사유서
2. 주요 관광자원 등의 내용이 포함된 서류
3. 해당 지역주민 등의 의견수렴 결과를 기재한 서류
4. 관광특구의 진흥계획서
5. 관광특구를 표시한 행정구역도와 지적도면
6. 제1항의 요건에 적합함을 증명할 수 있는 서류
③ 관광특구의 지정등에 관하여는 제58조제3항을 준용한다.

[별표 21] 〈개정 2016.3.28.〉

관광특구 지정요건의 세부기준(시행규칙 제64조제1항 관련)

시설구분	시설종류	구비기준
가. 공공편익시설	화장실, 주차장, 전기시설, 통신시설, 상하수도시설	각 시설이 관광객이 이용하기에 충분할 것
나. 관광안내 시설	관광안내소, 외국인통역안내소, 관광지 표지판	각 시설이 관광객이 이용하기에 충분할 것
다. 숙박시설	관광호텔, 수상관광호텔, 한국전통호텔, 가족호텔 및 휴양 콘도미니엄	영 별표 1의 등록기준에 부합되는 관광숙박시설이 1종류 이상일 것
라. 휴양·오락시설	민속촌, 해수욕장, 수렵장, 동물원, 식물원, 수족관, 온천장, 동굴자원, 수영장, 농어촌 휴양시설, 산림휴양시설, 박물관, 미술관, 활공장, 자동차야영장, 관광유람선 및 종합유원시설	영 별표 1의 등록기준에 부합되는 관광객이용시설 또는 별표 1의2의 시설 및 설비기준에 부합되는 유원시설로서 1종류 이상일 것
마. 접객시설	관광공연장, 관광유흥음식점, 관광극장유흥업점, 외국인전용유흥음식점, 관광식당	영 별표 1의 등록기준에 부합되는 관광객이용시설 또는 별표 2의 지정기준에 부합되는 관광 편의시설로서 관광객이 이용하기에 충분할 것
바. 상가시설	관광기념품전문판매점, 백화점, 재래시장, 면세점 등	1개소 이상일 것

法 「관광진흥법」 제70조의2(관광특구 지정을 위한 지정신청에 대한 조사·분석)

제70조제1항 및 제2항에 따라 시·도지사 또는 특례시의 시장이 관광특구를 지정하려는 경우에는 같은 조 제1항 각 호의 요건을 갖추었는지 여부와 그 밖에 관광특구의 지정에 필요한 사항을 검토하기 위하여 대통령령으로 정하는 전문기관에 조사·분석을 의뢰하여야 한다. <개정 2022.5.3.>

[본조신설 2019.12.3.]

[제목개정 2022.5.3.]

令 시행령 제58조의2(관광특구의 지정신청에 대한 조사·분석 전문기관)

법 제70조의2에서 "대통령령으로 정하는 전문기관"이란 다음 각 호의 기관 또는 단체를 말한다.

1. 「문화기본법」 제11조의2에 따른 한국문화관광연구원
2. 「정부출연연구기관 등의 설립·운영 및 육성에 관한 법률」에 따른 정부출연연구기관으로서 관광정책 및 관광산업에 관한 연구를 수행하는 기관
3. 다음 각 목의 요건을 모두 갖춘 기관 또는 단체
   가. 관광특구 지정신청에 대한 조사·분석 업무를 수행할 조직을 갖추고 있을 것
   나. 관광특구 지정신청에 대한 조사·분석 업무와 관련된 분야의 박사학위를 취득한 전문인력을 확보하고 있을 것
   다. 관광특구 지정신청에 대한 조사·분석 업무와 관련하여 전문적인 조사·연구·평가 등을 한 실적이 있을 것

[본조신설 2020.6.2.]

▶관광진흥법
　제71조(관광특구의 진흥계획), 제72조(관광특구에 대한 지원), 제73조(관광특구에 대한 평가 등)
▶시행령
　제59조(관광특구진흥계획의 수립·시행), 제60조(진흥계획의 평가 및 조치),
　제60조의2(관광특구의 평가 및 조치)
▶시행규칙
　제65조(관광특구진흥계획의 수립 내용)

法 「관광진흥법」 제71조(관광특구의 진흥계획)

① 특별자치시장·특별자치도지사·시장·군수·구청장은 관할 구역 내 관광특구를 방문하는 외국인 관광객의 유치 촉진 등을 위하여 관광특구진흥계획을 수립하고 시행하여야 한다. <개정 2008.6.5., 2018.6.12.>

② 제1항에 따른 관광특구진흥계획에 포함될 사항 등 관광특구진흥계획의 수립·시행에 필요한 사항은 대통령령으로 정한다.

令 시행령 제59조(관광특구진흥계획의 수립·시행)

① 특별자치시장·특별자치도지사·시장·군수·구청장은 법 제71조에 따른 관광특구진흥계획(이하 "진흥계획"이라 한다)을 수립하기 위하여 필요한 경우에는 해당 특별자치시·특별자치도·시·군·구 주민의 의견을 들을 수 있다. <개정 2009.1.20., 2019.4.9.>

② 특별자치시장·특별자치도지사·시장·군수·구청장은 다음 각 호의 사항이 포함된 진흥계획을 수립·시행한다. <개정 2008.2.29., 2009.1.20., 2019.4.9.>

1. 외국인 관광객을 위한 관광 편의시설의 개선에 관한 사항

2. 특색 있고 다양한 축제, 행사, 그 밖에 홍보에 관한 사항

3. 관광객 유치를 위한 제도개선에 관한 사항

4. 관광특구를 중심으로 주변지역과 연계한 관광코스의 개발에 관한 사항

5. 그 밖에 관광질서 확립 및 관광서비스 개선 등 관광객 유치를 위하여 필요한
　사항으로서 문화체육관광부령으로 정하는 사항

③ 특별자치시장·특별자치도지사·시장·군수·구청장은 수립된 진흥계획에 대하여 5년마다 그 타당성을 검토하고 진흥계획의 변경 등 필요한 조치를 하여야 한다. <개정 2009.1.20., 2019.4.9.>

則 시행규칙 제65조(관광특구진흥계획의 수립 내용)

> 영 제59조제2항제5호에 따른 관광특구진흥계획에 포함하여야 할 사항은 다음
> 각 호와 같다.
> 1. 범죄예방 계획 및 바가지 요금, 퇴폐행위, 호객행위 근절 대책
> 2. 관광불편신고센터의 운영계획
> 3. 관광특구 안의 접객시설 등 관련시설 종사원에 대한 교육계획
> 4. 외국인 관광객을 위한 토산품 등 관광상품 개발·육성계획

法 「관광진흥법」 제72조(관광특구에 대한 지원)

> ① 국가나 지방자치단체는 관광특구를 방문하는 외국인 관광객의 관광 활동을
> 위한 편의 증진 등 관광특구 진흥을 위하여 필요한 지원을 할 수 있다.
> ② 문화체육관광부장관은 관광특구를 방문하는 관광객의 편리한 관광 활동을
> 위하여 관광특구 안의 문화·체육·숙박·상가·교통·주차시설로서 관광객 유
> 치를 위하여 특히 필요하다고 인정되는 시설에 대하여 「관광진흥개발기금법」
> 에 따라 관광진흥개발기금을 대여하거나 보조할 수 있다. <개정 2008.2.29., 2009.3.25.,
> 2019.12.3.>

法 「관광진흥법」 제73조(관광특구에 대한 평가 등)

> ① 시·도지사 또는 특례시의 시장은 대통령령으로 정하는 바에 따라 제71조에
> 따른 관광특구진흥계획의 집행 상황을 평가하고, 우수한 관광특구에 대하여는
> 필요한 지원을 할 수 있다. <개정 2008.2.29., 2019.12.3., 2022.5.3.>
> ② 시·도지사 또는 특례시의 시장은 제1항에 따른 평가 결과 제70조에 따른
> 관광특구 지정 요건에 맞지 아니하거나 추진 실적이 미흡한 관광특구에 대하여
> 는 대통령령으로 정하는 바에 따라 관광특구의 지정취소·면적조정·개선권고
> 등 필요한 조치를 하여야 한다. <개정 2021.4.13., 2022.5.3.>
> ③ 문화체육관광부장관은 관광특구의 활성화를 위하여 관광특구에 대한 평가
> 를 3년마다 실시하여야 한다. <신설 2019.12.3.>
> ④ 문화체육관광부장관은 제3항에 따른 평가 결과 우수한 관광특구에 대하여는
> 필요한 지원을 할 수 있다. <신설 2019.12.3.>

⑤ 문화체육관광부장관은 제3항에 따른 평가 결과 제70조에 따른 관광특구 지정 요건에 맞지 아니하거나 추진 실적이 미흡한 관광특구에 대하여는 대통령령으로 정하는 바에 따라 해당 시·도지사 또는 특례시의 시장에게 관광특구의 지정취소·면적조정·개선권고 등 필요한 조치를 할 것을 요구할 수 있다. <신설 2019.12.3., 2022.5.3.>

⑥ 제3항에 따른 평가의 내용, 절차 및 방법 등에 필요한 사항은 대통령령으로 정한다. <신설 2019.12.3.>

令 시행령 제60조(진흥계획의 평가 및 조치)

① 시·도지사 또는 「지방자치법」 제198조제2항제1호에 따른 인구 100만 이상 대도시(이하 "특례시"라 한다)의 시장은 법 제73조제1항에 따라 진흥계획의 집행 상황을 연 1회 평가해야 하며, 평가 시에는 관광 관련 학계·기관 및 단체의 전문가와 지역주민, 관광 관련 업계 종사자가 포함된 평가단을 구성하여 평가해야 한다. <개정 2023.5.2.>

② 시·도지사 또는 특례시의 시장은 제1항에 따른 평가 결과를 평가가 끝난 날부터 1개월 이내에 문화체육관광부장관에게 보고해야 하며, 문화체육관광부장관은 시·도지사 또는 특례시의 시장이 보고한 사항 외에 추가로 평가가 필요하다고 인정되면 진흥계획의 집행 상황을 직접 평가할 수 있다. <개정 2008.2.29., 2023.5.3.>

③ 법 제73조제2항에 따라 시·도지사 또는 특례시의 시장은 진흥계획의 집행 상황에 대한 평가 결과에 따라 다음 각 호의 구분에 따른 조치를 해야 한다. <개정 2021.10.14., 2023.5.2.>

1. 관광특구의 지정요건에 3년 연속 미달하여 개선될 여지가 없다고 판단되는 경우에는 관광특구 지정 취소

2. 진흥계획의 추진실적이 미흡한 관광특구로서 제3호에 따라 개선권고를 3회 이상 이행하지 아니한 경우에는 관광특구 지정 취소

3. 진흥계획의 추진실적이 미흡한 관광특구에 대하여는 지정 면적의 조정 또는 투자 및 사업계획 등의 개선 권고

[제목개정 2020.6.2.]

⑤ 시행령 제60조의2(관광특구의 평가 및 조치)

① 문화체육관광부장관은 법 제73조제3항에 따라 관광특구에 대하여 다음 각 호의 사항을 평가해야 한다.

1. 법 제70조에 따른 관광특구 지정 요건을 충족하는지 여부

2. 최근 3년간의 진흥계획 추진 실적

3. 외국인 관광객의 유치 실적

4. 그 밖에 관광특구의 활성화를 위하여 평가가 필요한 사항으로서 문화체육관광부령으로 정하는 사항

② 문화체육관광부장관은 법 제73조제3항에 따른 관광특구의 평가를 위하여 평가 대상지역의 특별자치시장·특별자치도지사·시장·군수·구청장에게 평가 관련 자료의 제출을 요구할 수 있으며, 필요한 경우 현지조사를 할 수 있다.

③ 문화체육관광부장관은 법 제73조제3항에 따라 관광특구에 대한 평가를 하려는 경우에는 세부 평가계획을 수립하여 평가 대상지역의 특별자치시장·특별자치도지사·시장·군수·구청장에게 평가실시일 90일 전까지 통보해야 한다.

④ 문화체육관광부장관은 법 제73조제5항에 따라 다음 각 호의 구분에 따른 조치를 해당 시·도지사 또는 특례시의 시장에게 요구할 수 있다. <개정 2023.5.2.>

1. 법 제70조에 따른 관광특구의 지정 요건에 맞지 않아 개선될 여지가 없다고 판단되는 경우: 관광특구 지정 취소

2. 진흥계획 추진 실적이 미흡한 경우: 면적조정 또는 개선권고

3. 제2호에 따른 면적조정 또는 개선권고를 이행하지 않은 경우: 관광특구 지정 취소

⑤ 시·도지사 또는 특례시의 시장은 제4항 각 호의 구분에 따른 조치 요구를 받은 날부터 1개월 이내에 조치계획을 문화체육관광부장관에게 보고해야 한다.
<2023.5.2.>

[본조신설 2020.6.2.]

[종전 제60조의2는 제60조의3으로 이동 <2020.6.2.>]

> ▶관광진흥법
> 　제74조(다른 법률에 대한 특례)
> ▶시행령
> 　제60조의3(「건축법」에 대한 특례를 적용받는 관광사업자의 범위)

法 「관광진흥법」 제74조(다른 법률에 대한 특례)

① 관광특구 안에서는 「식품위생법」 제43조에 따른 영업제한에 관한 규정을 적용하지 아니한다. <개정 2009.2.6., 2011.4.5.>

② 관광특구 안에서 대통령령으로 정하는 관광사업자는 「건축법」 제43조에도 불구하고 연간 180일 이내의 기간 동안 해당 지방자치단체의 조례로 정하는 바에 따라 공개 공지(空地: 공터)를 사용하여 외국인 관광객을 위한 공연 및 음식을 제공할 수 있다. 다만, 울타리를 설치하는 등 공중(公衆)이 해당 공개 공지를 사용하는 데에 지장을 주는 행위를 하여서는 아니 된다. <신설 2011.4.5., 2017.3.21.>

③ 관광특구 관할 지방자치단체의 장은 관광특구의 진흥을 위하여 필요한 경우에는 시·도경찰청장 또는 경찰서장에게 「도로교통법」 제2조에 따른 차마(車馬) 또는 노면전차의 도로통행 금지 또는 제한 등의 조치를 하여줄 것을 요청할 수 있다. 이 경우 요청받은 시·도경찰청장 또는 경찰서장은 「도로교통법」 제6조에도 불구하고 특별한 사유가 없으면 지체 없이 필요한 조치를 하여야 한다. <신설 2011.4.5., 2018.3.27., 2020.12.22.>

[제목개정 2011.4.5.]

令 시행령 제60조의3(「건축법」에 대한 특례를 적용받는 관광사업자의 범위)

법 제74조제2항 본문에서 "대통령령으로 정하는 관광사업자"란 다음 각 호의 어느 하나에 해당하는 관광사업을 경영하는 자를 말한다. <개정 2021.3.23.>

1. 법 제3조제1항제2호에 따른 관광숙박업
2. 법 제3조제1항제4호에 따른 국제회의업
3. 제2조제1항제1호가목에 따른 종합여행업
4. 제2조제1항제3호마목에 따른 관광공연장업
5. 제2조제1항제6호라목, 사목 및 카목에 따른 관광식당업, 여객자동차터미널시설업 및 관광면세업

[전문개정 2017.6.20.]
[제60조의2에서 이동 <2020.6.2.>]

제6장 보칙

> ▶관광진흥법
> 　제76조(재정지원), 제76조의2(감염병 확산 등에 따른 지원)
> ▶시행령
> 　제61조(국고보조금의 지급신청), 제62조(보조금의 지급결정 등), 제63조(사업계획의 변경 등),
> 　제64조(보조금의 사용제한 등), 제64조의2(공유 재산의 임대료 감면)
> ▶시행규칙
> 　제66조(국고보조금의 신청)

法 「관광진흥법」 제76조(재정지원)

> ① 문화체육관광부장관은 관광에 관한 사업을 하는 지방자치단체, 관광사업자 단체 또는 관광사업자에게 대통령령으로 정하는 바에 따라 보조금을 지급할 수 있다. <개정 2008.2.29.>
> ② 지방자치단체는 그 관할 구역 안에서 관광에 관한 사업을 하는 관광사업자 단체 또는 관광사업자에게 조례로 정하는 바에 따라 보조금을 지급할 수 있다.
> ③ 국가 및 지방자치단체는「국유재산법」,「공유재산 및 물품관리법」, 그 밖의 다른 법령에도 불구하고 관광지등의 사업시행자에 대하여 국유·공유 재산의 임대료를 대통령령으로 정하는 바에 따라 감면할 수 있다. <신설 2011.4.5.>

法 「관광진흥법」 제76조의2(감염병 확산 등에 따른 지원)

> 국가와 지방자치단체는 감염병 확산 등으로 관광사업자에게 경영상 중대한 위기가 발생한 경우 필요한 지원을 할 수 있다.
> [본조신설 2021.8.10.]

令 시행령 제61조(국고보조금의 지급신청)

> ① 법 제76조제1항에 따른 보조금을 받으려는 자는 문화체육관광부령으로 정하는 바에 따라 문화체육관광부장관에게 신청하여야 한다. <개정 2008.2.29.>
> ② 문화체육관광부장관은 제1항에 따른 신청을 받은 경우 필요하다고 인정하면 관계 공무원의 현지조사 등을 통하여 그 신청의 내용과 조건을 심사할 수 있다.
> <개정 2008.2.29.>

슈 시행령 제62조(보조금의 지급결정 등)

① 문화체육관광부장관은 제61조에 따른 신청이 타당하다고 인정되면 보조금의 지급을 결정하고 그 사실을 신청인에게 알려야 한다. <개정 2008.2.29.>
② 제1항에 따른 보조금은 원칙적으로 사업완료 전에 지급하되, 필요한 경우 사업완료 후에 지급할 수 있다.
③ 보조금을 받은 자(이하 "보조사업자"라 한다)는 문화체육관광부장관이 정하는 바에 따라 그 사업추진 실적을 문화체육관광부장관에게 보고하여야 한다. <개정 2008.2.29.>

슈 시행령 제63조(사업계획의 변경 등)

① 보조사업자는 사업계획을 변경 또는 폐지하거나 그 사업을 중지하려는 경우에는 미리 문화체육관광부장관의 승인을 받아야 한다. <개정 2008.2.29.>
② 보조사업자는 다음 각 호의 어느 하나에 해당하는 사실이 발생한 경우에는 지체 없이 문화체육관광부장관에게 신고하여야 한다. 다만, 사망한 경우에는 그 상속인이, 합병한 경우에는 그 합병으로 존속되거나 새로 설립된 법인의 대표자가, 해산한 경우에는 그 청산인이 신고하여야 한다. <개정 2008.2.29.>
1. 성명(법인인 경우에는 그 명칭 또는 대표자의 성명)이나 주소를 변경한 경우
2. 정관이나 규약을 변경한 경우
3. 해산하거나 파산한 경우
4. 사업을 시작하거나 종료한 경우

슈 시행령 제64조(보조금의 사용 제한 등)

① 보조사업자는 보조금을 지급받은 목적 외의 용도로 사용할 수 없다.
② 문화체육관광부장관은 보조금의 지급결정을 받은 자 또는 보조사업자가 다음 각 호의 어느 하나에 해당하는 경우에는 보조금의 지급결정의 취소, 보조금의 지급정지 또는 이미 지급한 보조금의 전부 또는 일부의 반환을 명할 수 있다. <개정 2008.2.29.>
1. 거짓이나 그 밖의 부정한 방법으로 보조금의 지급을 신청하였거나 받은 경우
2. 보조금의 지급조건을 위반한 경우

슈 시행령 제64조의2(공유 재산의 임대료 감면)

① 법 제76조제3항에 따른 공유 재산의 임대료 감면율은 고용창출, 지역경제

활성화에 미치는 영향 등을 고려하여 공유 재산 임대료의 100분의 30의 범위에서 해당 지방자치단체의 조례로 정한다.

② 법 제76조제3항에 따라 공유 재산의 임대료를 감면받으려는 관광지등의 사업시행자는 해당 지방자치단체의 장에게 감면 신청을 하여야 한다.

[본조신설 2011.10.6.]

則 시행규칙 제66조(국고보조금의 신청)

① 영 제61조에 따라 보조금을 받으려는 자는 별지 제43호서식의 국고보조금 신청서에 다음 각 호의 사항을 기재한 서류를 첨부하여 문화체육관광부장관에게 제출하여야 한다. <개정 2008.3.6.>

1. 사업개요(건설공사인 경우 시설내용을 포함한다) 및 효과
2. 사업자의 자산과 부채에 관한 사항
3. 사업공정계획
4. 총사업비 및 보조금액의 산출내역
5. 사업의 경비 중 보조금으로 충당하는 부분 외의 경비 조달방법

② 보조금을 받으려는 자가 지방자치단체인 경우에는 제1항제2호 및 제5호의 사항을 생략할 수 있다.

▶관광진흥법
제77조(청문)

法 「관광진흥법」 제77조(청문)

관할 등록기관등의 장은 다음 각 호의 어느 하나에 해당하는 처분을 하려면 청문을 하여야 한다. <개정 2011.4.5., 2018.3.13., 2018.12.11., 2019.12.3.>

1. 제13조의2에 따른 국외여행 인솔자 자격의 취소
2. 제24조의제2항·제31조제2항 또는 제35조제1항에 따른 관광사업의 등록등이나 사업계획승인의 취소
3. 제40조에 따른 관광종사원 자격의 취소
4. 제48조의11에 따른 한국관광품질인증의 취소
5. 제56조제3항에 따른 조성계획 승인의 취소
6. 제80조제5항에 따른 카지노기구의 검사 등의 위탁 취소

> ▶관광진흥법
> 　제78조(보고·검사)
> ▶시행규칙
> 　제67조(보고), 제68조(검사공무원의 증표)

法 「관광진흥법」 제78조(보고·검사)

> ① 지방자치단체의 장은 문화체육관광부령으로 정하는 바에 따라 관광진흥정책의 수립·집행에 필요한 사항과 그 밖에 이 법의 시행에 필요한 사항을 문화체육관광부장관에게 보고하여야 한다. <개정 2008.2.29.>
> ② 관할 등록기관등의 장은 관광진흥시책의 수립·집행 및 이 법의 시행을 위하여 필요하면 관광사업자 단체 또는 관광사업자에게 그 사업에 관한 보고를 하게 하거나 서류를 제출하도록 명할 수 있다.
> ③ 관할 등록기관등의 장은 관광진흥시책의 수립·집행 및 이 법의 시행을 위하여 필요하다고 인정하면 소속 공무원에게 관광사업자 단체 또는 관광사업자의 사무소·사업장 또는 영업소 등에 출입하여 장부·서류나 그 밖의 물건을 검사하게 할 수 있다.
> ④ 제3항의 경우 해당 공무원은 그 권한을 표시하는 증표를 지니고 이를 관계인에게 내보여야 한다.

則 시행규칙 제67조(보고)

> ① 법 제78조제1항에 따라 지방자치단체의 장은 다음 각 호의 사항을 문화체육관광부장관에게 보고해야 한다. <개정 2008.3.6., 2009.10.22., 2020.12.10.>
> 1. 법 제4조에 따른 관광사업의 등록 현황
> 2. 법 제15조에 따른 사업계획의 승인 현황
> 3. 법 제49조제2항에 따른 권역계획에 포함된 관광자원 개발의 추진현황
> 4. 법 제52조에 따른 관광지등의 지정 현황
> 5. 법 제54조에 따른 관광지등의 조성계획 승인 현황
> ② 제1항제1호부터 제3호까지에 따른 보고는 매 연도 말 현재의 상황을 해당 연도가 끝난 후 20일 이내에 제출해야 하며, 제1항제4호 및 제5호에 따른 보고는 지정 또는 승인 즉시 해야 한다. <개정 2009.10.22., 2020.12.10.>

則 시행규칙 제68조(검사공무원의 증표)

> 법 제78조제4항에 따른 공무원의 증표는 별표 22와 같다.

[별표 22] 〈개정 2015.12.30.〉

검사공무원 증표(시행규칙 제68조 관련)

(앞 쪽)

제   호

직   명
성   명
생 년 월 일

위의 사람은 「관광진흥법」 제78조제4항에 따른 검사공무원임을 증명합니다.

유효기간   년   월   일부터
                      년   월   일까지

문화체육관광부장관

시 · 도 지 사   [인]

시장 · 군수 · 구청장

90mm×60mm[청색켄트지 120g/㎡]

(뒤 쪽)

1. 이 증표는 본인만 사용할 수 있다.
2. 이 증표는 사업장에 출입 · 검사할 경우에 관계자에게 내보여야 한다.
3. 이 증표를 분실한 경우에는 지체 없이 그 사유를 발행처에 보고하고 재발급받아야 한다.
4. 사용기간을 경과하거나 사용하지 못하게 된 경우에는 지체 없이 발행처에 반납하여야 한다.

이 증표를 습득하신 분은 가까운 우체함에 넣어 주시기 바랍니다.

```
▶관광진흥법
  제79조(수수료)
▶시행규칙
  제69조(수수료)
```

法 「관광진흥법」 제79조(수수료)

다음 각 호의 어느 하나에 해당하는 자는 문화체육관광부령으로 정하는 바에 따라 수수료를 내야 한다. <개정 2007.7.19., 2008.2.29., 2009.3.25., 2011.4.5., 2018.3.13., 2018.6.12.>

1. 제4조제1항 및 제4항에 따라 여행업, 관광숙박업, 관광객 이용시설업 및 국제회의업의 등록 또는 변경등록을 신청하는 자
2. 제5조제1항 및 제3항에 따라 카지노업의 허가 또는 변경허가를 신청하는 자
3. 제5조제2항부터 제4항까지의 규정에 따라 유원시설업의 허가 또는 변경허가를 신청하거나 유원시설업의 신고 또는 변경신고를 하는 자
4. 제6조에 따라 관광 편의시설업 지정을 신청하는 자
5. 제8조제4항 및 제6항에 따라 지위 승계를 신고하는 자
6. 제15조제1항 및 제2항에 따라 관광숙박업, 관광객 이용시설업 및 국제회의업에 대한 사업계획의 승인 또는 변경승인을 신청하는 자
7. 제19조에 따라 관광숙박업의 등급 결정을 신청하는 자
8. 제23조제2항에 따라 카지노시설의 검사를 받으려는 자
9. 제25조제2항에 따라 카지노기구의 검정을 받으려는 자
10. 제25조제3항에 따라 카지노기구의 검사를 받으려는 자
11. 제33조제1항에 따라 안전성검사 또는 안전성검사 대상에 해당되지 아니함을 확인하는 검사를 받으려는 자
12. 제38조제2항에 따라 관광종사원 자격시험에 응시하려는 자
13. 제38조제2항에 따라 관광종사원의 등록을 신청하는 자
14. 제38조제4항에 따라 관광종사원 자격증의 재교부를 신청하는 자
15. 삭제 <2018.12.11.>
16. 제48조의10에 따라 한국관광 품질인증을 받으려는 자

則 시행규칙 제69조(수수료)

① 법 제79조제1호, 제2호, 제4호부터 제7호까지, 제10호, 제12호부터 제16호까지의 규정에 따른 수수료는 별표 23과 같다. <개정 2011.10.6., 2018.6.14.>

② 법 제79조제3호에 따른 유원시설업의 허가·변경허가·신고 또는 변경신고에 관한 수수료는 해당 시·군·구(자치구를 말한다. 이하 같다)의 조례로 정한다.

③ 법 제79조제8호에 따른 카지노시설의 검사에 관한 수수료는 카지노전산시설 검사기관의 검사공정별로 필요한 경비를 산출하여 이에 대한 직접인건비, 직접경비, 제경비 및 기술료를 합한 금액으로 한다.

④ 법 제79조제11호에 따른 유기시설 또는 유기기구의 안전성검사 또는 안전성검사 대상에 해당되지 아니함을 확인하는 검사에 관한 수수료는 문화체육관광부장관이 정하여 고시하되, 「엔지니어링산업 진흥법」 제31조제2항에 따른 엔지니어링사업의 대가 기준을 고려하여 검사의 난이도, 검사에 걸린 시간 등에 따른 유기기구 종류별 금액을 정하여야 한다. <개정 2019.10.16.>

⑤ 제3항에 따른 경비의 산출기준은 「소프트웨어산업 진흥법」 제22조제4항 및 같은 법 시행령 제16조에 따른 소프트웨어기술자의 노임단가에 따르며, 직접인건비, 직접경비, 제경비 및 기술료의 범위와 요율 및 직접인건비의 기준금액은 「엔지니어링산업 진흥법」 제31조제2항에 따른 엔지니어링사업의 대가 기준에 따른다. <개정 2019.10.16.>

⑥ 법 제79조제12호에 따라 관광종사원 자격시험에 응시하려고 납부한 수수료에 대한 반환기준은 다음 각 호와 같다. <개정 2011.2.17.>

1. 수수료를 과오납한 경우: 그 과오납한 금액의 전부

2. 시험 시행일 20일 전까지 접수를 취소하는 경우: 납입한 수수료의 전부

3. 시험관리기관의 귀책사유로 시험에 응시하지 못하는 경우: 납입한 수수료의 전부

4. 시험 시행일 10일 전까지 접수를 취소하는 경우: 납입한 수수료의 100분의 50

⑦ 제1항부터 제4항까지의 규정에 따른 수수료와 법 제80조에 따라 문화체육관광부장관의 권한이 한국관광공사, 한국관광협회중앙회, 지역별 관광협회, 업종별 관광협회, 카지노전산시설 검사기관, 카지노기구 검사기관, 유기시설·유기기구 안전성검사기관 또는 한국산업인력공단에 위탁된 업무에 대한 수수료는 해당 기관 또는 해당 기관이 지정하는 은행에 내야 한다. <개정 2009.12.31.>

[별표 23] 〈개정 2020.6.4.〉

수수료(시행규칙 제69조제1항 관련)

납부자	금 액
1. 법 제4조제1항부터 제4항까지의 규정에 따른 관광사업을 등록하는 자	
가. 관광사업의 신규등록	1) 외국인관광 도시민박업의 경우: 20,000원 2) 그 밖의 관광사업의 경우: 30,000원(숙박시설이 있는 경우 매 실당 700원을 가산한 금액으로 한다)
나. 관광사업의 변경등록	1) 외국인관광 도시민박업의 경우: 15,000원 2) 그 밖의 관광사업의 경우: 15,000원(숙박시설 중 객실변경등록을 하는 경우 매 실당 600원을 가산한 금액으로 한다)
2. 법 제5조제1항 및 제3항에 따른 카지노업의 허가를 신청하는 자	
가. 신규허가	100,000원 (온라인으로 신청하는 경우 90,000원)
나. 변경허가	50,000원 (온라인으로 신청하는 경우 45,000원)
3. 법 제6조에 따른 관광 편의시설업의 지정을 신청하는 자	20,000원
4. 법 제8조제4항 및 제5항에 따른 관광사업의 지위승계를 신고하는 자	20,000원
5. 법 제15조에 따른 사업계획의 승인을 신청하는 자	
가. 신규사업계획의 승인	50,000원 (숙박시설이 있는 경우 매 실당 500원을 가산한 금액)
나. 사업계획 변경승인	50,000원 (숙박시설 중 객실변경이 있는 경우 매 실당 500원을 가산한 금액)
6. 법 제19조에 따라 관광숙박업의 등급결정을 신청하는 자	등급결정에 관한 평가요원의 수 및 지급 수당 등을 고려하여 문화체육관광부장관이 정하여 고시하는 기준에 따른 금액
7. 법 제25조제3항에 따라 카지노기구(별표 8 제2호 및 제3호에 따른 전자테이블게임 및 머신게임만 해당한다)의 검사를 신청하는 자	
가. 신규로 반입·사용하거나 검사유효기간이 만료되어 신청하는 경우	대당 189,000원
나. 가목 외의 경우	기본료 100,000원 + 대당 25,000원
8. 법 제38조제2항에 따라 관광종사원 자격시험에 응시하려는 자	20,000원
9. 법 제38조제2항에 따라 관광종사원의 등록을 신청하는 자	5,000원
10. 법 제38조제4항에 따라 관광종사원 자격증의 재발급을 신청하는 자	3,000원
11. 삭제 〈2019.4.25.〉	
12. 법 제48조의10제1항에 따라 한국관광 품질인증을 신청하는 자	품질인증에 관한 평가·심사 인원의 수 및 지급 수당 등을 고려하여 문화체육관광부장관이 정하여 고시하는 기준에 따른 금액

▶관광진흥법
  제80조(권한의 위임 · 위탁 등)
▶시행령
  제65조(권한의 위탁), 제66조의2(고유식별정보의 처리), 제66조의3(규제의 재검토)
▶시행규칙
  제70조(안전성검사기관 지정 요건), 제71조(안전성검사기관 지정 신청 절차 등),
  제71조의2(한국관광 품질인증 및 그 취소에 관한 업무 규정), 제72조(평가요원의 자격),
  제72조의2(검사기관에 대한 처분의 요건 및 기준 등), 제73조(규제의 재검토)

法 「관광진흥법」 제80조(권한의 위임 · 위탁 등)

① 이 법에 따른 문화체육관광부장관의 권한은 대통령령으로 정하는 바에 따라 그 일부를 시 · 도지사에게 위임할 수 있다. <개정 2008.2.29.>

② 시 · 도지사(특별자치시장은 제외한다)는 제1항에 따라 문화체육관광부장관으로부터 위임받은 권한의 일부를 문화체육관광부장관의 승인을 받아 시장(「제주특별자치도 설치 및 국제자유도시 조성을 위한 특별법」 제11조제2항에 따른 행정시장을 포함한다) · 군수 · 구청장에게 재위임할 수 있다. <개정2008.2.29., 2018.6.12.>

③ 문화체육관광부장관 또는 시 · 도지사 및 시장 · 군수 · 구청장은 다음 각 호의 권한의 전부 또는 일부를 대통령령으로 정하는 바에 따라 한국관광공사, 협회, 지역별 · 업종별 관광협회 및 대통령령으로 정하는 전문 연구 · 검사기관, 자격검정기관이나 교육기관에 위탁할 수 있다. <개정 2007.7.19., 2008.2.29., 2008.6.5., 2009.3.25., 2011.4.5., 2015.2.3., 2018.3.13., 2018.12.11., 2018.12.24., 2019.12.3., 2021.6.15.>

1. 제6조에 따른 관광 편의시설업의 지정 및 제35조에 따른 지정 취소

1의2. 제13조제2항 및 제3항에 따른 국외여행 인솔자의 등록 및 자격증 발급

2. 제19조제1항에 따른 관광숙박업의 등급 결정

2의2. 삭제 <2018.3.13.>

3. 제25조제3항에 따른 카지노기구의 검사

4. 제33조제1항에 따른 안전성검사 또는 안전성검사 대상에 해당되지 아니함을 확인하는 검사

4의2. 제33조제3항에 따른 안전관리자의 안전교육

5. 제38조제2항에 따른 관광종사원 자격시험 및 등록

6. 제47조의7에 따른 사업의 수행

6의2. 제47조의8제2항에 따른 사업의 수행

7. 제48조의6제1항에 따른 문화관광해설사 양성을 위한 교육과정의 개설·운영

8. 제48조의10 및 제48조의11에 따른 한국관광 품질인증 및 그 취소

9. 제73조제3항에 따른 관광특구에 대한 평가

④ 제3항에 따라 위탁받은 업무를 수행하는 한국관광공사, 협회, 지역별·업종별 관광협회 및 전문 연구·검사기관이나 자격검정기관의 임원 및 직원과 제23조제2항·제25조제2항에 따라 검사기관의 검사·검정 업무를 수행하는 임원 및 직원은 「형법」 제129조부터 제132조까지의 규정을 적용하는 경우 공무원으로 본다. <개정 2008.6.5.>

⑤ 문화체육관광부장관 또는 특별자치시장·특별자치도지사·시장·군수·구청장은 제3항제3호 및 제4호에 따른 검사에 관한 권한을 위탁받은 자가 다음 각 호의 어느 하나에 해당하면 그 위탁을 취소하거나 6개월 이내의 기간을 정하여 업무의 전부 또는 일부의 정지를 명하거나 업무의 개선을 명할 수 있다. 다만, 제1호에 해당하는 경우에는 그 위탁을 취소하여야 한다. <신설 2019.12.3.>

1. 거짓이나 그 밖의 부정한 방법으로 위탁사업자로 선정된 경우

2. 거짓이나 그 밖의 부정한 방법으로 제25조제3항 또는 제33조제1항에 따른 검사를 수행한 경우

3. 정당한 사유 없이 검사를 수행하지 아니한 경우

4. 문화체육관광부령으로 정하는 위탁 요건을 충족하지 못하게 된 경우

⑥ 제5항에 따른 위탁 취소, 업무 정지의 기준 및 절차 등에 필요한 사항은 문화체육관광부령으로 정한다. <신설 2019.12.3.>

쉽 시행령 제65조(권한의 위탁)

① 등록기관등의 장은 법 제80조제3항에 따라 다음 각 호의 권한을 한국관광공사, 협회, 지역별·업종별 관광협회, 전문 연구·검사기관, 자격검정기관 또는 교육기관에 각각 위탁한다. 이 경우 문화체육관광부장관 또는 시·도지사는 제3호, 제3호의2, 제6호 및 제8호의 경우 위탁한 업종별 관광협회, 전문 연구·검사기관 또는 관광 관련 교육기관의 명칭·주소 및 대표자 등을 고시해야 한다. <개정 2008.2.29., 2009.1.20., 2009.10.7., 2011.10.6., 2015.8.4., 2018.6.5., 2019.4.9., 2020.6.2.>

1. 법 제6조 및 법 제35조에 따른 관광 편의시설업 중 관광식당업·관광사진업 및 여객자동차터미널시설업의 지정 및 지정취소에 관한 권한: 지역별 관광협회

1의2. 법 제13조제2항 및 제3항에 따른 국외여행 인솔자의 등록 및 자격증 발급에 관한 권한: 업종별 관광협회

1의3. 삭제 <2018.6.5.>

2. 법 제25조제3항에 따른 카지노기구의 검사에 관한 권한 : 법 제25조제2항에 따라 문화체육관광부장관이 지정하는 검사기관(이하 "카지노기구 검사기관"이라 한다)

3. 법 제33조제1항에 따른 유기시설 또는 유기기구의 안전성검사 및 안전성검사 대상에 해당되지 아니함을 확인하는 검사에 관한 권한: 문화체육관광부령으로 정하는 인력과 시설 등을 갖추고 문화체육관광부령으로 정하는 바에 따라 문화체육관광부장관이 지정한 업종별 관광협회 또는 전문 연구 · 검사기관

3의2. 법 제33조제3항에 따른 안전관리자의 안전교육에 관한 권한: 업종별 관광협회 또는 안전 관련 전문 연구 · 검사기관

4. 법 제38조에 따른 관광종사원 중 관광통역안내사 · 호텔경영사 및 호텔관리사의 자격시험, 등록 및 자격증의 발급에 관한 권한: 한국관광공사. 다만, 자격시험의 출제, 시행, 채점 등 자격시험의 관리에 관한 업무는 「한국산업인력공단법」에 따른 한국산업인력공단에 위탁한다.

5. 법 제38조에 따른 관광종사원 중 국내여행안내사 및 호텔서비스사의 자격시험, 등록 및 자격증의 발급에 관한 권한: 협회. 다만, 자격시험의 출제, 시행, 채점 등 자격시험의 관리에 관한 업무는 「한국산업인력공단법」에 따른 한국산업인력공단에 위탁한다.

6. 법 제48조의6제1항에 따른 문화관광해설사 양성을 위한 교육과정의 개설 · 운영에 관한 권한: 한국관광공사 또는 다음 각 목의 요건을 모두 갖춘 관광 관련 교육기관

　　가. 기본소양, 전문지식, 현장실무 등 문화관광해설사 양성교육(이하 이 호에서 "양성교육"이라 한다)에 필요한 교육과정 및 교육내용을 갖추고 있을 것

　　나. 강사 등 양성교육에 필요한 인력과 조직을 갖추고 있을 것

　　다. 강의실, 회의실 등 양성교육에 필요한 시설과 장비를 갖추고 있을 것

7. 법 제48조의10 및 제48조의11에 따른 한국관광 품질인증 및 그 취소에 관한 업무: 한국관광공사

8. 법 제73조제3항에 따른 관광특구에 대한 평가: 제58조의2 각 호에 따른 조사·분석 전문기관

② 제1항제1호에 따라 위탁받은 업무를 수행한 지역별 관광협회는 이를 시·도지사에게 보고하여야 한다.

③ 시·도지사는 제2항에 따라 지역별 관광협회로부터 보고받은 사항을 매월 종합하여 다음 달 10일까지 문화체육관광부장관에게 보고하여야 한다. <개정 2008.2.29.>

④ 제1항제2호에 따라 카지노기구의 검사에 관한 권한을 위탁받은 카지노기구 검사기관은 문화체육관광부령으로 정하는 바에 따라 제1항제2호의 검사에 관한 업무 규정을 정하여 문화체육관광부장관의 승인을 받아야 한다. 이를 변경하는 경우에도 또한 같다. <개정 2008.2.29.>

⑤ 제1항제3호에 따라 위탁받은 업무를 수행한 업종별 관광협회 또는 전문 연구·검사기관은 그 업무를 수행하면서 법령 위반 사항을 발견한 경우에는 지체 없이 관할 특별자치시장·특별자치도지사·시장·군수·구청장에게 이를 보고하여야 한다. <개정 2009.1.20., 2011.10.6., 2019.4.9.>

⑥ 제1항제1호의2 및 제4호부터 제7호까지의 규정에 따라 위탁받은 업무를 수행한 한국관광공사, 협회, 업종별 관광협회, 한국산업인력공단 및 관광 관련 교육기관은 국외여행 인솔자의 등록 및 자격증 발급, 관광종사원의 자격시험, 등록 및 자격증의 발급, 문화관광해설사 양성을 위한 교육과정의 개설·운영, 한국관광 품질인증 및 그 취소에 관한 업무를 수행한 경우에는 이를 분기별로 종합하여 다음 분기 10일까지 문화체육관광부장관 또는 시·도지사에게 보고하여야 한다. <개정 2008.2.29., 2009.10.7., 2011.10.6., 2018.6.5., 2019.4.9.>

⑦ 제1항제7호에 따라 한국관광 품질인증 및 그 취소에 관한 업무를 위탁받은 한국관광공사는 문화체육관광부령으로 정하는 바에 따라 한국관광 품질인증 및 그 취소에 관한 업무 규정을 정하여 문화체육관광부장관의 승인을 받아야 한다. 이를 변경하는 경우에도 또한 같다. <신설 2018.6.5.>

[슈] 시행령 제66조의2(고유식별정보의 처리)

① 문화체육관광부장관(제65조에 따라 문화체육관광부장관의 권한을 위임·위탁받은 자를 포함한다) 및 지방자치단체의 장(해당 권한이 위임·위탁된 경우에는 그 권한을 위임·위탁받은 자를 포함한다)은 다음 각 호의 사무를 수행하기 위하여 불가피

한 경우 「개인정보 보호법 시행령」 제19조에 따른 주민등록번호, 여권번호 또는 외국인등록번호가 포함된 자료를 처리할 수 있다. <신설 2017.3.27., 2018.6.5.>

1. 법 제4조에 따른 여행업, 관광숙박업, 관광객 이용시설업 및 국제회의업의 등록 등에 관한 사무

2. 법 제5조에 따른 카지노업 또는 유원시설업의 허가 또는 신고 등에 관한 사무

3. 법 제6조에 따른 관광 편의시설업의 지정 등에 관한 사무

4. 법 제8조에 따른 관광사업의 양수 등에 관한 사무

5. 법 제15조에 따른 사업계획의 승인 등에 관한 사무

6. 법 제48조의8에 따른 문화관광해설사의 선발 및 활용 등에 관한 사무

7. 법 제48조의10 및 제48조의11에 따른 한국관광 품질인증 및 그 취소에 관한 사무

② 다음 각 호의 어느 하나에 해당하는 자는 법 제9조에 따른 공제 또는 영업보증금 예치 사무를 수행하기 위하여 불가피한 경우 「개인정보 보호법 시행령」 제19조제1호 또는 제4호에 따른 주민등록번호 또는 외국인등록번호가 포함된 자료를 처리할 수 있다. <신설 2017.3.8., 2017.3.27.>

1. 법 제43조제2항 및 이 영 제39조제1항에 따라 공제사업의 허가를 받은 협회

2. 영업보증금 예치 사무를 수행하는 문화체육관광부령으로 정하는 자

③ 법 제20조에 따라 관광사업의 시설에 대하여 분양 또는 회원 모집을 한 자는 같은 조 제5항제5호에 따른 회원증의 발급과 확인에 관한 사무를 수행하기 위하여 불가피한 경우 「개인정보 보호법 시행령」 제19조에 따른 주민등록번호 또는 외국인등록번호가 포함된 자료를 처리할 수 있다. <신설 2017.3.27.>

④ 카지노사업자는 법 제28조제2항에 따른 카지노사업자의 영업준칙을 이행(카지노영업소의 이용자의 도박 중독 등을 이유로 그 이용자의 출입을 제한하기 위한 경우 및 카지노영업소 이용자의 출입일수 관리를 위한 경우로 한정한다)하기 위한 사무를 수행하기 위하여 불가피한 경우 「개인정보 보호법 시행령」 제19조제1호, 제2호 또는 제4호에 따른 주민등록번호, 여권번호 또는 외국등록번호가 포함된 자료를 처리할 수 있다. <개정 2015.2.3., 2017.3.8., 2017.3.27.>

⑤ 문화체육관광부장관(제65조에 따라 문화체육관광부장관의 권한을 위임·위탁받은 자를 포함한다)은 법 제38조제2항부터 제4항까지의 규정에 따른 관광종사원의 자격 취득 및 자격증 교부에 관한 사무를 수행하기 위하여 불가피한 경우 「개인정보 보호법 시행령」 제19조제1호 또는 제4호에 따른 주민등록번호 또는 외국

인등록번화가 포함된 자료를 처리할 수 있다. <개정 2017.3.8., 2017.3.27.>

⑥ 문화체육관광부장관(법 제80조에 따라 문화체육관광부장관의 권한을 위임 · 위탁받은 자를 포함한다), 전담기관 및 지방자치단체의 장(해당 권한이 위임 · 위탁된 경우에는 그 권한을 위임 · 위탁받은 자를 포함한다)은 법 제47조의5에 따른 여행이용권의 지급 및 관리에 관한 사무를 수행하기 위하여 불가피한 경우 「개인정보 보호법 시행령」 제19조에 따른 주민등록번호, 여권번호, 운전면허의 면허번호 또는 외국인등록번호가 포함된 자료를 처리할 수 있다. <신설 2014.11.28., 2017.3.8., 2017.3.27.>

[본조신설 2014.8.6.]

[종전 제66조의2는 제66조의3으로 이동 <2014.8.6.>]

[令] 시행령 제66조의3(규제의 재검토)

문화체육관광부장관은 다음 각 호의 사항에 대하여 다음 각 호의 기준일을 기준으로 3년마다(매 3년이 되는 해의 1월 1일 전까지를 말한다) 그 타당성을 검토하여 개선 등의 조치를 해야 한다. <개정 2020.3.3.>

1. 제5조 및 별표 1에 따른 관광사업의 등록기준(같은 표 제2호사목에 따른 의료관광호텔업의 등록기준은 제외한다): 2020년 1월 1일
2. 제22조에 따른 호텔업 등급결정 대상 중 가족호텔업의 포함 여부: 2022년 1월 1일

[전문개정 2022.3.8]

[則] 시행규칙 제70조(안전성검사기관 지정 요건)

영 제65조제1항제3호 전단에서 "문화체육관광부령으로 정하는 인력과 시설 등"이란 별표 24의 요건을 말한다.

[전문개정 2015.8.4.]

[별표 24] 〈개정 2021.6.23.〉

안전성검사기관의 지정요건(시행규칙 제70조 관련)

구 분	등록 요건
1. 인력 기준	다음 각 목의 자격기준에 해당하는 자 중 7명 이상을 채용하되, 기계분야 자격자 4명(가목 해당자 1명 이상을 포함하여야 한다), 전기 분야 자격자 2명 및 산업안전 분야 자격자 1명을 포함하여야 한다. 가. 「국가기술자격법」에 따른 기계·전기 또는 기계안전 분야의 기술사 또는 공학박사 나. 「국가기술자격법」에 따른 기계·전기·전자 또는 산업안전 분야의 기사 이상 자격자로서 해당 실무경력이 3년 이상인 자 다. 기계·전기·전자 또는 산업안전 분야의 석사 이상의 학위 소지자로서 해당 실무경력이 3년 이상인 자 라. 「국가기술자격법」에 따른 기계·전기·전자 또는 산업안전 분야의 산업기사 이상 자격자로서 해당 실무경력이 5년 이상인 자 마. 「고등교육법」에 따른 대학졸업자(이와 동등 이상의 학력이 인정되는 자를 포함한다)로서 기계·전기·전자 또는 산업안전 관련 분야를 전공하고 유원시설 관련 실무경력이 5년 이상인 자 바. 고등교육법에 따른 전문대학의 졸업자(이와 동등 이상의 학력이 인정되는 자를 포함한다)로서 기계·전기·전자 또는 산업안전 관련 분야를 전공하고 유원시설 관련 실무경력이 7년 이상인 자 사. 가목부터 바목까지의 규정에 해당하는 자와 동등 이상의 자격이 있다고 문화체육관광부장관이 인정하는 자
2. 장비 기준	다음 각 목의 검사·시험 등을 위한 장비를 각각 1대 이상 보유하여야 한다. 가. 검사기기: 회전속도계, 절연저항계, 전류계, 전압계, 소음계, 온도계, 와이어로프결함테스터, 초음파두께측정기, 조도계, 접지저항계, 광파거리측정기, 경도측정기, 오실로스코프(입력전압의 변화를 화면에 출력하는 장치), 베어링검사기, 가속도측정기, 토크렌치(볼트와 너트를 규정된 회전력에 맞춰 조이는 데 사용하는 공구), 유압테스터, 레이저거리측정기 나. 시험기기: 자분탐상시험기(자기를 이용한 결함 조사기), 초음파탐상시험기(초음파를 이용한 결함 조사기), 진동계, 진동분석장비[FFT분석기·임팩트해머(충격 효과를 주는 망치) 및 모달(modal)프로그램(진동 분석 프로그램) 포함] 다. 컴퓨터프로그램: 구조해석용 프로그램
3. 그 밖의 기준	다음 각 목의 요건을 갖추어야 한다. 가. 비영리법인일 것 나. 자체 사무실을 보유하고 2명 이상의 상근 관리직원을 둘 것 다. 안전성검사와 관련하여 유원시설업 관광객에게 피해를 준 경우 그 손해를 배상할 것을 내용으로 하는 보험 또는 공제에 가입할 것 라. 검사 신청 및 절차, 검사조직 운영, 검사결과 통지, 검사수수료 등이 포함된 안전성검사를 위한 세부규정을 마련하고 있을 것

則 **시행규칙 제71조(안전성검사기관 지정 신청 절차 등)**

① 영 제65조제1항제3호에 따라 지정 신청을 하려는 업종별 관광협회 또는 전문연구·검사기관은 별지 제44호서식의 유기시설·기구안전성검사기관 지정신청서에 다음 각 호의 서류를 첨부하여 문화체육관광부장관에게 제출하여야 한다. <개정 2008.3.6., 2009.3.31., 2015.8.4., 2021.6.23.>

1. 별표 24 제1호에 따른 인력을 보유함을 증명하는 서류

2. 별표 24 제2호에 따른 장비의 명세서(장비의 사진을 포함한다)

3. 사무실 건물의 임대차계약서 사본(사무실을 임차한 경우만 해당한다)

4. 관리직원 채용증명서 또는 재직증명서

5. 별표 24 제3호다목에 따른 보험 또는 공제 가입을 증명하는 서류

6. 별표 24 제3호라목에 따른 안전성검사를 위한 세부규정

② 문화체육관광부장관은 제1항에 따라 지정 신청을 한 업종별 관광협회 또는 전문 연구·검사기관에 대하여 별표 24호에 따른 지정 요건에 적합하다고 인정하는 경우에는 별지 제45호서식의 지정서를 발급하고, 별지 제46호서식의 유기시설·기구 안전성검사기관 지정부를 작성하여 관리하여야 한다. <개정 2008.3.6., 2015.3.6., 2015.8.4.>

③ 제2항에 따라 지정된 업종별 관광협회 또는 전문 연구·검사기관은 제40조제6항에 따라 문화체육관광부장관이 고시하는 안전성검사의 세부검사기준 및 절차에 따라 검사를 하여야 한다. <개정 2008.3.6., 2015.8.4.>

則 **시행규칙 제71조의2(한국관광 품질인증 및 그 취소에 관한 업무 규정)**

영 제65조제7항에 따른 업무 규정에는 다음 각 호의 사항이 모두 포함되어야 한다.

1. 한국관광 품질인증의 대상별 특성에 따른 세부 인증 기준

2. 서류평가, 현장평가 및 심의의 절차 및 방법에 관한 세부사항

3. 한국관광 품질인증의 취소 기준·절차 및 방법에 관한 세부사항

4. 그 밖에 문화체육관광부장관이 한국관광 품질인증 및 그 취소에 필요하다고 인정하는 사항

[본조신설 2018.6.14.]

則 시행규칙 제72조(평가요원의 자격)

영 제66조제1항제3호에 따른 평가요원의 자격은 다음 각 호와 같다. <개정 2014.12.31., 2020.12.10.>

1. 호텔업에서 5년 이상 근무한 사람으로서 평가 당시 호텔업에 종사하고 있지 아니한 사람 1명 이상

2. 「고등교육법」에 따른 전문대학 이상 또는 이와 같은 수준 이상의 학력이 인정되는 교육기관에서 관광 분야에 관하여 5년 이상 강의한 경력이 있는 교수, 부교수, 조교수 또는 겸임교원 1명 이상

3. 다음 각 목의 어느 하나에 해당하는 연구기관에서 관광 분야에 관하여 5년 이상 연구한 경력이 있는 연구원 1명 이상

　가. 「정부출연연구기관 등의 설립·운영 및 육성에 관한 법률」 또는 「과학기술분야 정부출연연구기관 등의 설립·운영 및 육성에 관한 법률」에 따라 설립된 정부출연연구기관

　나. 「특정연구기관 육성법」 제2조에 따른 특정연구기관

　다. 국공립연구기관

4. 관광 분야에 전문성이 인정되는 사람으로서 다음 각 목의 어느 하나에 해당하는 사람 1명 이상

　가. 「소비자기본법」에 따른 한국소비자원 또는 소비자보호와 관련된 단체에서 추천한 사람

　나. 등급결정 수탁기관이 공모를 통하여 선정한 사람

5. 그 밖에 문화체육관광부장관이 제1호부터 제4호까지에 해당하는 사람과 동등한 자격이 있다고 인정하는 사람

則 시행규칙 제72조의2(검사기관에 대한 처분의 요건 및 기준 등)

① 법 제80조제5항제4호에서 "문화체육관광부령으로 정하는 위탁 요건"이란 다음 각 호의 구분에 따른 요건을 말한다.

1. 카지노기구검사기관의 경우: 별표 7의2에 따른 카지노기구검사기관의 지정 요건을 충족할 것

2. 안전성검사기관의 경우: 별표 24에 따른 안전성검사기관의 지정 요건을 충족할 것

② 법 제80조제5항에 따른 검사기관에 대한 처분기준은 별표 25와 같다.

③ 문화체육관광부장관 또는 특별자치시장·특별자치도지사·시장·군수·구청장은 법 제80조제5항에 따라 검사기관의 위탁을 취소하거나 업무정지 또는 업무개선을 명한 경우에는 지체 없이 그 사실을 문화체육관광부 또는 특별자치시·특별자치도·시·군·구의 인터넷 홈페이지에 공고해야 한다.

[본조신설 2020.6.4.]

[별표 25] 〈개정 2020.6.4.〉

검사기관에 대한 처분기준(시행규칙 제72조의2제1항 관련)

1. 일반기준

   가. 위반행위의 횟수에 따른 처분기준은 최근 3년간 같은 위반행위로 행정처분을 받은 경우에 적용한다. 이 경우 기간의 계산은 위반행위에 대하여 행정처분을 받은 날과 그 처분 후 다시 같은 위반행위를 하여 적발된 날을 기준으로 한다.

   나. 가목에 따라 가중된 행정처분을 하는 경우 가중처분의 적용차수는 그 위반행위 전 부과처분 차수(가목에 따른 기간 내에 행정처분이 둘 이상 있었던 경우에는 높은 차수를 말한다)의 다음 차수로 한다.

   다. 위반행위가 둘 이상인 경우로서 그에 해당하는 각각의 처분기준이 다른 경우에는 그 중 무거운 처분기준에 따른다. 다만, 둘 이상의 처분기준이 모두 업무정지인 경우에는 무거운 처분기준의 2분의 1까지 가중할 수 있되, 각 처분기준을 합산한 기간을 초과할 수 없다.

   라. 행정처분권자는 위반행위의 동기·내용·횟수 및 위반의 정도 등 다음 1)부터 4)까지의 규정에 해당하는 사유를 고려하여 업무 정지 기간의 2분의 1의 범위에서 그 처분을 감경할 수 있다.

   1) 위반행위가 고의나 중대한 과실이 아닌 사소한 부주의나 오류로 인한 것으로 인정되는 경우

   2) 위반의 내용·정도가 경미하여 소비자에게 미치는 피해가 적다고 인정되는 경우

   3) 위반 행위자가 처음 해당 위반행위를 한 경우로서, 5년 이상 검사업무를 모범적으로 해 온 사실이 인정되는 경우

   4) 위반 행위자가 해당 위반행위로 인하여 검사로부터 기소유예 처분을 받거나 법원으로부터 선고유예의 판결을 받은 경우

2. 개별기준

위반행위	근거법조문	처분기준			
		1차	2차	3차	4차
가. 거짓이나 그 밖의 부정한 방법으로 위탁사업자로 선정된 경우	법 제80조 제5항제1호	위탁 취소			
나. 거짓이나 그 밖의 부정한 방법으로 법 제25조제3항 또는 법 제33조제1항에 따른 검사를 수행한 경우	법 제80조 제5항제2호	업무 정지 1개월	업무 정지 3개월	위탁 취소	
다. 정당한 사유 없이 검사를 수행하지 않은 경우	법 제80조 제5항제3호	업무개선 명령	업무 정지 1개월	업무 정지 3개월	위탁 취소
라. 제72조의2제1항 각 호의 구분에 따른 위탁 요건을 충족하지 못하게 된 경우	법 제80조 제5항제4호	업무개선 명령	업무 정지 1개월	업무 정지 3개월	위탁 취소

則 시행규칙 제73조(규제의 재검토)

① 삭제 <2022.6.3.>

② 문화체육관광부장관은 다음 각 호의 사항에 대하여 다음 각 호의 기준일을 기준으로 3년마다(매 3년이 되는 해의 기준일과 같은 날 전까지를 말한다) 그 타당성을 검토하여 개선 등의 조치를 해야 한다. <신설 2013.12.31., 2015.8.4., 2016.12.28., 2018.11.29., 2020.6.23., 2022.6.3.>

1. 제7조에 따른 유원시설업의 시설 및 설비기준과 허가신청 절차 등: 2014년 1월 1일

2. 제15조에 따른 관광 편의시설업의 지정기준: 2014년 1월 1일

3. 제18조에 따른 여행업자의 보험 가입 등: 2014년 1월 1일

3의2. 제20조에 따른 타인 경영 금지 관광시설: 2017년 1월 1일

4. 제22조에 따른 국외여행 인솔자의 자격요건: 2014년 1월 1일

5. 제27조에 따른 휴양 콘도미니엄 분양 또는 회원모집 첨부서류 등 모집기준: 2014년 1월 1일

5의2. 제28조의2 및 별표 7에 따른 야영장의 안전·위생기준: 2015년 8월 4일

6. 제39조의2에 따른 물놀이형 유기시설·유기기구의 안전·위생기준: 2014년 1월 1일

7. 제40조에 따른 유기시설 또는 유기기구의 안전성검사 등: 2014년 1월 1일

8. 제42조 및 별표 13에 따른 유원시설업자의 준수사항: 2022년 1월 1일

9. 제49조제1항에 따른 시험의 실시: 2022년 1월 1일

10. 제62조제1항에 따른 조성사업 허가 또는 협의신청서에 포함되어야 할 사항 및 첨부서류: 2020년 1월 1일

③ 문화체육관광부장관은 다음 각 호의 사항에 대하여 다음 각 호의 기준일을 기준으로 5년마다(매 5년이 되는 해의 기준일과 같은 날 전까지를 말한다) 그 타당성을 검토하여 개선 등의 조치를 해야 한다. <개정 2015.12.30, 2016.12.28., 2020.6.23., 2022.6.3.>

1. 제2조제4항제3호의3 및 제3호의4에 따른 안전확인 서류: 2022년 1월 1일

2. 제3조제2항제2호에 따른 안전확인 서류: 2022년 1월 1일

3. 제57조의6 및 별표 17의5에 따른 한국관광 품질인증의 세부 인증 기준: 2022년 1월 1일

[본조신설 2009.10.22.]

제7장 벌칙

▶관광진흥법
제81조(벌칙), 제82조(벌칙), 제83조(벌칙), 제84조(벌칙), 제85조(양벌규정)

法 「관광진흥법」 제81조(벌칙)

다음 각 호의 어느 하나에 해당하는 자는 5년 이하의 징역 또는 5천만원 이하의 벌금에 처한다. 이 경우 징역과 벌금은 병과(倂科)할 수 있다.
1. 제5조제1항에 따른 카지노업의 허가를 받지 아니하고 카지노업을 경영한 자
2. 제28조제1항제1호 또는 제2호를 위반한 자

法 「관광진흥법」 제82조(벌칙)

다음 각 호의 어느 하나에 해당하는 자는 3년 이하의 징역 또는 3천만원 이하의 벌금에 처한다. 이 경우 징역과 벌금은 병과할 수 있다. <개정 2009.3.25., 2015.5.18.>
1. 제4조제1항에 따른 등록을 하지 아니하고 여행업·관광숙박업(제15조제1항에 따라 사업계획의 승인을 받은 관광숙박업만 해당한다)·국제회의업 및 제3조제1항제3호 나목의 관광객 이용시설업을 경영한 자
2. 제5조제2항에 따른 허가를 받지 아니하고 유원시설업을 경영한 자
3. 제20조제1항 및 제2항을 위반하여 시설을 분양하거나 회원을 모집한 자
4. 제33조의2제3항에 따른 사용중지 등의 명령을 위반한 자

法 「관광진흥법」 제83조(벌칙)

① 다음 각 호의 어느 하나에 해당하는 카지노사업자(제28조제1항 본문에 따른 종사원을 포함한다)는 2년 이하의 징역 또는 2천만원 이하의 벌금에 처한다. 이 경우 징역과 벌금은 병과할 수 있다. <개정 2007.7.19., 2011.4.5., 2015.2.3.>
1. 제5조제3항에 따른 변경허가를 받지 아니하거나 변경신고를 하지 아니하고 영업을 한 자
2. 제8조제4항을 위반하여 지위승계신고를 하지 아니하고 영업을 한 자

3. 제11조제1항을 위반하여 관광사업의 시설 중 부대시설 외의 시설을 타인에게 경영하게 한 자

4. 제23조제2항에 따른 검사를 받아야 하는 시설을 검사를 받지 아니하고 이를 이용하여 영업을 한 자

5. 제25조제3항에 따른 검사를 받지 아니하거나 검사 결과 공인기준 등에 맞지 아니한 카지노기구를 이용하여 영업을 한 자

6. 제25조제4항에 따른 검사합격증명서를 훼손하거나 제거한 자

7. 제28조제1항제3호부터 제8호까지의 규정을 위반한 자

8. 제35조제1항 본문에 따른 사업정지처분을 위반하여 사업정지 기간에 영업을 한 자

9. 제35조제1항 본문에 따른 개선명령을 위반한 자

10. 제35조제1항제19호를 위반한 자

11. 제78조제2항에 따른 보고 또는 서류의 제출을 하지 아니하거나 거짓으로 보고를 한 자나 같은 조 제3항에 따른 관계 공무원의 출입·검사를 거부·방해하거나 기피한 자

② 제4조제1항에 따른 등록을 하지 아니하고 야영장업을 경영한 자는 2년 이하의 징역 또는 2천만원 이하의 벌금에 처한다. 이 경우 징역과 벌금은 병과할 수 있다. <신설 2015.2.3.>

法 「관광진흥법」 제84조(벌칙)

다음 각 호의 어느 하나에 해당하는 자는 1년 이하의 징역 또는 1천만원 이하의 벌금에 처한다. <개정 2007.7.19., 2009.3.25., 2019.12.3., 2020.6.9., 2023.8.8.>

1. 제5조제3항에 따른 유원시설업의 변경허가를 받지 아니하거나 변경신고를 하지 아니하고 영업을 한 자

2. 제5조제4항 전단에 따른 유원시설업의 신고를 하지 아니하고 영업을 한 자

2의2. 제13조제4항을 위반하여 자격증을 빌려주거나 빌린 자 또는 이를 알선한 자

2의3. 거짓이나 그 밖의 부정한 방법으로 제25조제3항 또는 제33조제1항에 따른 검사를 수행한 자

3. 제33조를 위반하여 안전성검사를 받지 아니하고 유기시설 또는 유기기구를 설치한 자

3의2. 거짓이나 그 밖의 부정한 방법으로 제33조제1항에 따른 검사를 받은 자

4. 제34조제2항을 위반하여 유기시설·유기기구 또는 유기기구의 부분품(部分品)을 설치하거나 사용한 자

4의2. 제35조제1항제14호에 해당되어 관할 등록기관등의 장이 내린 명령을 위반한 자

5. 제35조제1항제20호에 해당되어 관할 등록기관등의 장이 내린 개선명령을 위반한 자

5의2. 제38조제8항을 위반하여 자격증을 빌려주거나 빌린 자 또는 이를 알선한 자

5의3. 제52조의2제1항에 따른 허가 또는 변경허가를 받지 아니하고 같은 항에 규정된 행위를 한 자

5의4. 제52조의2제1항에 따른 허가 또는 변경허가를 거짓이나 그 밖의 부정한 방법으로 받은 자

5의5. 제52조의2제4항에 따른 원상회복명령을 이행하지 아니한 자

6. 제55조제3항을 위반하여 조성사업을 한 자

法 「관광진흥법」 제85조(양벌규정)

법인의 대표자나 법인 또는 개인의 대리인, 사용인, 그 밖의 종업원이 그 법인 또는 개인의 업무에 관하여 제81조부터 제84조까지의 어느 하나에 해당하는 위반행위를 하면 그 행위자를 벌하는 외에 그 법인 또는 개인에게도 해당 조문의 벌금형을 과(科)한다. 다만, 법인 또는 개인이 그 위반행위를 방지하기 위하여 해당 업무에 관하여 상당한 주의와 감독을 게을리하지 아니한 경우에는 그러하지 아니하다.

[전문개정 2010.3.17.]

▶관광진흥법
　제86조(과태료)
▶시행령
　제67조(과태료의 부과)

法 「관광진흥법」 제86조(과태료)

① 다음 각 호의 어느 하나에 해당하는 자에게는 500만원 이하의 과태료를 부과한다. <신설 2015.5.18., 2019.12.3.>

1. 제33조의2제1항에 따른 통보를 하지 아니한 자

2. 제38조제6항을 위반하여 관광통역안내를 한 자

② 다음 각 호의 어느 하나에 해당하는 자에게는 100만원 이하의 과태료를 부과한다. <개정 2011.4.5., 2014.3.11., 2015.2.3., 2015.5.18., 2016.2.3., 2018.3.13., 2023.8.8.>

1. 삭제 <2011.4.5.>

2. 제10조제3항을 위반한 자

3. 삭제 <2011.4.5.>

4. 제28조제2항 전단을 위반하여 영업준칙을 지키지 아니한 자

4의2. 제33조제3항을 위반하여 안전교육을 받지 아니한 자

4의3. 제33조제4항을 위반하여 안전관리자에게 안전교육을 받도록 하지 아니한 자

4의4. 삭제 <2019.12.3.>

4의5. 제38조제7항을 위반하여 자격증을 달지 아니한 자

5. 삭제 <2018.12.11.>

6. 제48조의10제3항을 위반하여 인증표지 또는 이와 유사한 표지를 하거나 한국관광 품질인증을 받은 것으로 홍보한 자

③ 제1항 및 제2항에 따른 과태료는 대통령령으로 정하는 바에 따라 관할 등록기관등의 장이 부과·징수한다. <개정 2015.5.18.>

④ 삭제 <2009.3.25.>

⑤ 삭제 <2009.3.25.>

令 시행령 제67조(과태료의 부과)

법 제86조제1항 및 제2항에 따른 과태료의 부과기준은 별표 5와 같다. <개정 2015.11.18.>

[전문개정 2008.8.26.]

[별표 5]〈개정 2020.6.2.〉

과태료의 부과기준(시행령 제67조 관련)

1. 일반기준

가. 위반행위의 횟수에 따른 과태료의 가중된 부과기준은 최근 2년간 같은 위반행위로 과태료 부과처분을 받은 경우에 적용한다. 이 경우 기간의 계산은 위반행위에 대하여 과태료 부과처분을 받은 날과 그 처분 후 다시 같은 위반행위를 하여 적발된 날을 기준으로 한다.

나. 가목에 따라 가중된 부과처분을 하는 경우 가중처분의 적용 차수는 그 위반행위 전 부과처분 차수(가목에 따른 기간 내에 과태료 부과처분이 둘 이상 있었던 경우에는 높은 차수를 말한다)의 다음 차수로 한다.

다. 부과권자는 다음의 어느 하나에 해당하는 경우에는 제2호의 개별기준에 따른 과태료 금액의 2분의 1의 범위에서 그 금액을 줄일 수 있다. 다만, 과태료를 체납하고 있는 위반행위자에 대해서는 그렇지 않다.

　　1) 위반행위자가 「질서위반행위규제법 시행령」 제2조의2제1항 각 호의 어느 하나에 해당하는 경우

　　2) 위반행위자가 처음 해당 위반행위를 한 경우로서 5년 이상 해당 업종을 모범적으로 영위한 사실이 인정되는 경우

　　3) 위반행위자가 자연재해·화재 등으로 재산에 현저한 손실이 발생하거나 사업여건의 악화로 사업이 중대한 위기에 처하는 등의 사정이 있는 경우

　　4) 위반행위가 사소한 부주의나 오류로 인한 것으로 인정되는 경우

　　5) 위반행위자가 같은 위반행위로 벌금이나 사업정지 등의 처분을 받은 경우

　　6) 위반행위자가 법 위반상태를 시정하거나 해소하기 위하여 노력한 것으로 인정되는 경우

　　7) 그 밖에 위반행위의 정도, 위반행위의 동기와 그 결과 등을 고려하여 과태료의 금액을 줄일 필요가 있다고 인정되는 경우

2. 개별기준

(단위: 만원)

위 반 행 위	근거 법조문	과태료 금액		
		1차 위반	2차 위반	3차 이상 위반
가. 법 제10조제3항을 위반하여 관광표지를 사업장에 붙이거나 관광사업의 명칭을 포함하는 상호를 사용한 경우	법 제86조 제2항제2호	30	60	100
나. 법 제28조제2항 전단을 위반하여 영업준칙을 지키지 않은 경우	법 제86조 제2항제4호	100	100	100
다. 법 제33조제3항을 위반하여 안전교육을 받지 않은 경우	법 제86조 제2항제4호의2	30	60	100
라. 법 제33조제4항을 위반하여 안전관리자에게 안전교육을 받도록 하지 않은 경우	법 제86조 제2항제4호의3	50	100	100
마. 법 제33조의2제1항을 위반하여 유기시설 또는 유기기구로 인한 중대한 사고를 통보하지 않은 경우	법 제86조 제1항제1호	100	200	300
바. 법 제38조제6항을 위반하여 관광통역안내를 한 경우	법 제86조 제1항제2호	150	300	500
사. 법 제38조제7항을 위반하여 자격증을 패용하지 않은 경우	법 제86조 제2항제4호의5	3	3	3
아. 삭제 〈2019.4.9.〉				
자. 법 제48조의10제3항을 위반하여 인증표지 또는 이와 유사한 표지를 하거나 한국관광 품질인증을 받은 것으로 홍보한 경우	법 제86조 제2항제6호	30	60	100

제**4**장

관광진흥개발기금법 등

관광진흥개발기금법

Ⅰ. 관광진흥개발기금법

▶ 제　정 1972. 12. 29. 법률 제2402호
▶ 일부개정 1997. 1. 13. 법률 제5277호
▶ 일부개정 1998. 9. 17. 법률 제5565호
▶ 일부개정 2004. 1. 29. 법률 제7132호
▶ 일부개정 2005. 5. 18. 법률 제7494호
▶ 일부개정 2007. 12. 21. 법률 제8742호
▶ 일부개정 2009. 3. 5. 법률 제9469호
▶ 일부개정 2011. 4. 5. 법률 제10555호
▶ 일부개정 2017. 11. 28. 법률 제15057호
▶ 일부개정 2018. 12. 24. 법률 제16050호
▶ 일부개정 2021. 4. 13. 법률 제18008호
▶ 일부개정 2021. 6. 15. 법률 제18247호
▶ 일부개정 2021. 8. 10. 법률 제18376호

1. 「관광진흥개발기금법」의 제정배경

관광을 진흥하기 위한 여러 가지 시책을 시행하기 위해서는 막대한 자금이 소요되는데, 「관광기본법」은 정부에게 관광진흥을 위하여 관광진흥개발기금을 설치할 것을 촉구하고 있다(제14조). 이에 따라 관광사업을 효율적으로 발전시키고 관광외화수입의 증대에 기여하기 위하여 관광진흥개발기금의 설치를 목적으로 1972년 12월 29일 「관광진흥개발기금법」을 제정하였다. 그리고 정부는 이 법의 목적을 달성하는 데 필요한 자금을 확보하기 위한 정책금융으로 관광진흥개발기금을 설치·운용하고 있다.

2. 관광진흥개발기금의 조성 및 운용 개관

관광사업의 효율적 발전과 관광외화 수입 증대에 기여하고 관광 인프라 확충 및 관광사업체의 육성을 위한 재정지원을 목적으로 1972년 관광진흥개발기금법이 제정되었다. 1973년부터 조성·운용되고 있는 관광진흥개발기금은 1973년 설치와 동시에 2억

원의 국고 출연을 시작으로 1982년까지 총 401억 5천만 원의 기금이 조성되었고, 2022년 본예산 기준 운용규모는 총 1조 8,734억 원으로 확대되어 관광산업의 육성재원으로서 중추적인 역할을 수행해 오고 있다.

관광진흥개발기금의 주요 재원은 카지노납부금, 출국납부금, 융자회수금, 일반회계전입금 및 기금 운용수익금 등으로 조성되며, 호텔을 비롯한 각종 관광시설의 건설 또는 개수, 관광을 위한 교통수단의 확보 또는 개수, 관광사업의 발전을 위한 기반시설의 건설 또는 개수, 관광정책에 관하여 조사·연구하는 법인의 기본재산 형성 및 조사·연구사업, 그 밖의 운영에 필요한 경비보조 등에 사용된다. 기금은 특히 국내관광 활성화 및 외국인관광객의 전략적 유치를 위한 차별화된 마케팅수행과 국제회의 유치, 의료관광 등 고부가가치 관광산업의 주요 재원이 되고 있다.

Ⅱ. 관광진흥개발기금법 시행령

▶제   정 1973. 7. 2. 대통령령 제6749호
▶일부개정 1977. 9. 24. 대통령령 제8703호
▶일부개정 1978. 4. 12. 대통령령 제8939호
▶일부개정 1981. 1. 7. 대통령령 제10154호
▶일부개정 1996. 7. 1. 대통령령 제15112호
▶일부개정 1997. 6. 28. 대통령령 제15418호
▶일부개정 1998. 11. 13. 대통령령 제15929호
▶일부개정 2002. 1. 26. 대통령령 제17500호

▶일부개정 2004. 6. 5. 대통령령 제18411호
▶일부개정 2006. 3. 10. 대통령령 제19382호
▶일부개정 2006. 12. 29. 대통령령 제19797호
▶일부개정 2008. 7. 24. 대통령령 제20934호
▶일부개정 2010. 9. 17. 대통령령 제22378호
▶일부개정 2011. 8. 4. 대통령령 제23067호
▶일부개정 2012. 5. 14. 대통령령 제23789호

Ⅲ. 관광진흥개발기금법 시행규칙

▶제   정 1973. 7. 5. 교통부령 제449호
▶일부개정 1977. 9. 30. 교통부령 제581호
▶일부개정 2002. 1. .29. 문화관광부령 제58호
▶일부개정 2004. 6. 5. 문화관광부령 제96호

▶일부개정 2006. 12. 29. 문화관광부령 제152호
▶일부개정 2008. 8. 7. 문화체육관광부령 제8호
▶일부개정 2010. 9. 3. 문화체육관광부령 제64호

Ⅳ. 관광진흥개발기금법의 해설

> ▶관광진흥개발기금법
> 제1조(목적)
> ▶관광진흥개발기금법 시행령
> 제1조(목적)
> ▶관광진흥개발기금법 시행규칙
> 제1조(목적)

法 기금법 제1조(목적)

> 이 법은 관광사업을 효율적으로 발전시키고 관광을 통한 외화 수입의 증대에
> 이바지하기 위하여 관광진흥개발기금을 설치하는 것을 목적으로 한다.
>
> [전문개정 2007.12.21.]

令 시행령 제1조(목적)

> 이 영은 「관광진흥개발기금법」의 시행에 필요한 사항을 규정함을 목적으로 한다.
>
> [전문개정 2008.7.24.]

則 시행규칙 제1조(목적)

> 이 규칙은 「관광진흥개발기금법」 및 같은 법 시행령에서 위임된 사항과 그 시
> 행에 필요한 사항을 규정함을 목적으로 한다.
>
> [전문개정 2008.8.7.]

> ▶관광진흥개발기금법
> 제2조(기금의 설치 및 재원)
> ▶관광진흥개발기금법 시행령
> 제1조의2(납부금의 납부대상 및 금액), 제1조의3(납부금의 부과제외)

法 기금법 제2조(기금의 설치 및 재원)

① 정부는 이 법의 목적을 달성하는 데에 필요한 자금을 확보하기 위하여 관광진흥개발기금(이하 "기금"이라 한다)을 설치한다.

② 기금은 다음 각 호의 재원(財源)으로 조성한다. <개정 2017.11.28.>

1. 정부로부터 받은 출연금

2. 「관광진흥법」 제30조에 따른 납부금

3. 제3항에 따른 출국납부금

4. 「관세법」 제176조의2제4항에 따른 보세판매장 특허수수료의 100분의 50

5. 기금의 운용에 따라 생기는 수익금과 그 밖의 재원

③ 국내 공항과 항만을 통하여 출국하는 자로서 대통령령으로 정하는 자는 1만원의 범위에서 대통령령으로 정하는 금액을 기금에 납부하여야 한다.

④ 제3항에 따른 납부금을 부과받은 자가 부과된 납부금에 대하여 이의가 있는 경우에는 부과받은 날부터 60일 이내에 문화체육관광부장관에게 이의를 신청할 수 있다. <신설 2011.4.5.>

⑤ 문화체육관광부장관은 제4항에 따른 이의신청을 받았을 때에는 그 신청을 받은 날부터 15일 이내에 이를 검토하여 그 결과를 신청인에게 서면으로 알려야 한다. <신설 2011.4.5.>

⑥ 제3항에 따른 납부금의 부과·징수의 절차 등에 필요한 사항은 대통령령으로 정한다. <개정 2011.4.5.>

⑦ 제4항 및 제5항에서 규정한 사항 외에 이의신청에 관한 사항은 「행정기본법」 제36조(제2항 단서는 제외한다)에 따른다. <신설 2023.5.16.>

[전문개정 2007.12.21.]

令 시행령 제1조의2(납부금의 납부대상 및 금액)

① 「관광진흥개발기금법」(이하 "법"이라 한다) 제2조제3항에서 "대통령령으로 정하는 자"란 다음 각 호의 어느 하나에 해당하는 자를 제외한 자를 말한다.

1. 외교관여권이 있는 자

2. 2세(선박을 이용하는 경우에는 6세) 미만인 어린이

3. 국외로 입양되는 어린이와 그 호송인

4. 대한민국에 주둔하는 외국의 군인 및 군무원

5. 입국이 허용되지 아니하거나 거부되어 출국하는 자

6. 「출입국관리법」 제46조에 따른 강제퇴거 대상자 중 국비로 강제 출국되는 외국인

7. 공항통과 여객으로서 다음 각 목의 어느 하나에 해당되어 보세구역을 벗어난 후 출국하는 여객

　가. 항공기 탑승이 불가능하여 어쩔 수 없이 당일이나 그 다음 날 출국하는 경우

　나. 공항이 폐쇄되거나 기상이 악화되어 항공기의 출발이 지연되는 경우

　다. 항공기의 고장·납치, 긴급환자 발생 등 부득이한 사유로 항공기가 불시착한 경우

　라. 관광을 목적으로 보세구역을 벗어난 후 24시간 이내에 다시 보세구역으로 들어오는 경우

8. 국제선 항공기 및 국제선 선박을 운항하는 승무원과 승무교대를 위하여 출국하는 승무원

② 법 제2조제3항에 따른 납부금은 1만원으로 한다. 다만, 선박을 이용하는 경우에는 1천원으로 한다.

[전문개정 2008.7.24.]

[슈] 시행령 제1조의3(납부금의 부과제외)

① 제1조의2제1항 각 호의 어느 하나에 해당하는 자는 법 제2조제1항에 따른 관광진흥개발기금(이하 "기금"이라 한다)의 납부금 부과·징수권자(이하 "부과권자"라 한다)로부터 출국 전에 납부금 제외 대상 확인서를 받아 출국 시 제출하여야 한다. 다만, 선박을 이용하여 출국하는 자와 승무원은 출국 시 부과권자의 확인으로 갈음할 수 있다.

② 제1조의2제1항제7호에 따른 공항통과 여객이 납부금 제외 대상 확인서를 받으려는 경우에는 항공운송사업자가 항공기 출발 1시간 전까지 그 여객에 대한 납부금의 부과 제외 사유를 서면으로 부과권자에게 제출하여야 한다.

[전문개정 2008.7.24.]

〈표 11〉 연도별 관광진흥개발기금 기금조성 현황

(단위 : 백만원)

연도	총조성액					사용액				순조성액	조성액 누계
	정부출연금	전입금	법정부담금	운용수입	계(A)	관광진흥개발사업	기금관리비	기타	계(B)	(A-B)	
1973	200	-	-	0	200	-	-	-	-	200	200
1974	180	-	-	11	191	-	-	-	-	191	391
1975	-	-	-	23	23	-	-	-	-	23	414
1976	-	-	-	22	22	-	-	-	-	22	436
1977	5,200	-	-	20	5,220	-	-	-	-	5,220	5,656
1978	10,000	-	-	92	10,092	-	2	-	2	10,090	15,746
1979	8,000	-	-	766	8,766	-	3	-	3	8,763	24,509
1980	8,752	-	-	2,320	11,072	-	2	-	2	11,070	35,579
1981	7,343	-	-	3,482	10,825	-	2	-	2	10,823	46,402
1982	475	-	-	4,730	5,205	-	1	-	1	5,204	51,606
1983	-	-	-	4,015	4,015	-	1	-	1	4,014	55,620
1984	-	-	-	4,262	4,262	-	1	-	1	4,261	59,881
1985	-	-	-	4,706	4,706	-	1	-	1	4,705	64,586
1986	-	-	-	5,393	5,393	-	1	-	1	5,392	69,978
1987	-	-	105	5,846	5,951	-	1	-	1	5,950	75,928
1988	-	-	-	6,384	6,384	-	1	-	1	6,383	82,311
1989	-	-	100	6,768	6,868	-	1	-	1	6,867	89,178
1990	-	-	5,419	7,333	12,752	-	1	-	1	12,751	101,929
1991	-	-	3,140	8,112	11,252	-	1	-	1	11,251	113,180
1992	-	-	5,457	10,649	16,106	-	1	-	1	16,105	129,285
1993	-	-	3,249	11,006	14,255	-	1	-	1	14,254	143,539
1994	-	-	-	11,527	11,527	-	1	-	1	11,526	155,065
1995	-	-	1,233	12,241	13,474	-	58	-	58	13,416	168,481
1996	-	-	17,900	13,382	31,282	600	116	111	827	30,455	198,936
1997	-	-	24,187	15,415	39,602	2,000	154	114	2,268	37,334	236,270
1998	-	-	28,757	19,426	48,183	8,620	408	-	9,028	39,155	275,425
1999	-	-	56,347	18,337	114,684	34,702	19	698	35,419	79,265	354,690
2000	-	40,000	66,091	21,411	87,502	19,146	9	-	19,155	68,347	423,037
2001	-	-	84,684	22,509	107,193	16,170	27	-	16,197	90,996	514,033
2002	-	-	132,730	24,152	156,882	16,988	34	-	17,022	139,860	653,893
2003	-	-	134,127	25,321	159,448	21,664	34	-	21,698	137,750	791,643
2004	-	-	187,999	25,990	213,989	97,106	38	-	97,144	116,845	908,488
2005	-	-	236,287	47,585	283,872	134,091	527	-	134,618	149,254	1,057,742
2006	-	-	255,223	40,970	296,193	134,905	847	-	135,752	160,441	1,218,183
2007	-	-	273,271	52,573	325,844	198,845	651	941	200,438	125,407	1,343,589
2008	-	-	297,197	58,172	355,369	290,240	1,464	19,887	311,591	43,777	1,387,367
2009		-	309,312	53,929	363,241	321,520	468	(3,281)	318,707	44,534	1,431,901
2010		-	367,500	57,642	425,142	363,164	455	6,142	369,761	55,381	1,487,282
2011	-	-	394,520	52,955	447,475	363,464	517	19,188	383,169	64,306	1,551,588
2012	-	-	401,399	59,038	460,437	442,377	456	(31,708)	411,125	49,312	1,600,900
2013	-	-	457,541	62,666	520,207	433,312	527	15,766	449,605	70,602	1,671,502
2014	-	-	479,660	71,198	550,858	429,048	470	(847)	428,671	122,187	1,793,689
2015	-	-	518,618	67,262	585,880	519,704	485	5,830	526,018	59,860	1,853,551
2016	-	-	575,851	75,523	601,374	489,837	453	2,116	492,406	108,968	1,962,518
2017	-	(50,000)	615,607	96,041	661,648	562,630	645	14,466	577,741	83,907	2,046,422
2018	-	(50,000)	637,983	96,557	709,540	537,200	526	15,739	553,465	156,075	2,202,500
2019	-	(25,000)	649,946	59,072	689,459	544,058	610	(7,146)	537,522	151,938	2,354,438
2020	40,000	(19,559)	362,666	243,539	646,205	607,716	604	267,501	875,820	(229,615)	2,124,823
2021	-	77,750	107,120	120,455	305,325	854,985	604	29,501	885,090	(579,765)	1,584,713
2022	-	10,950	190,673	207,132	408,755	933,564	537	47,538	981,639	(572,884)	1,011,829
계	40,150	43,700	7,846,173	1,706,477	9,636,500	8,436,703	11,788	177,316	8,624,671	1,011,829	

자료: 문화체육관광부, 2022년 12월 31일 기준
주1) 2005년부터 근로복지진흥기금은 관광진흥개발기금 사용액으로 집계하지 않음
2) 2016년부터 발생한 문화예술진흥기금으로의 전출금은 비교환수익의 부의 계정으로 전입금에서 차감함
3) 단위미만 반올림으로 합계가 일치하지 않을 수 있음

▶관광진흥개발기금법
제3조(기금의 관리)
▶관광진흥개발기금법 시행령
제1조의4(민간전문가)

法 기금법 제3조(기금의 관리)

① 기금은 문화체육관광부장관이 관리한다. <개정 2008.2.29.>
② 문화체육관광부장관은 기금의 집행 · 평가 · 결산 및 여유자금 관리 등을 효율적으로 수행하기 위하여 10명 이내의 민간 전문가를 고용한다. 이 경우 필요한 경비는 기금에서 사용할 수 있다. <개정 2008.2.29.>
③ 제2항에 따른 민간 전문가의 고용과 운영에 필요한 사항은 대통령령으로 정한다.
[전문개정 2007.12.21.]

令 시행령 제1조의4(민간전문가)

① 법 제3조제2항에 따른 민간전문가는 계약직으로 하며, 그 계약기간은 2년을 원칙으로 하되, 1년 단위로 연장할 수 있다.
② 제1항에 따른 민간전문가의 업무분장 · 채용 · 복무 · 보수 및 그 밖의 인사관리에 필요한 사항은 문화체육관광부장관이 정한다.
[전문개정 2008.7.24.]

▶관광진흥개발기금법
제4조(기금의 회계연도)

法 기금법 제4조(기금의 회계연도)

기금의 회계연도는 정부의 회계연도에 따른다.

▶관광진흥개발기금법
 제5조(기금의 용도)
▶관광진흥개발기금법 시행령
 제2조(대여 또는 보조사업), 제3조(기금대여업무의 취급), 제3조의2(여유자금의 운용),
 제3조의3(기금의 보조), 제3조의4(출자 대상 등), 제9조(대여업무계획의 승인)
▶관광진흥개발기금법 시행규칙
 제3조(기금의 대하신청)

法 기금법 제5조(기금의 용도)

① 기금은 다음 각 호의 어느 하나에 해당하는 용도로 대여(貸與)할 수 있다.

1. 호텔을 비롯한 각종 관광시설의 건설 또는 개수(改修)

2. 관광을 위한 교통수단의 확보 또는 개수

3. 관광사업의 발전을 위한 기반시설의 건설 또는 개수

4. 관광지·관광단지 및 관광특구에서의 관광 편의시설의 건설 또는 개수

② 문화체육관광부장관은 기금에서 관광정책에 관하여 조사·연구하는 법인의 기본재산 형성 및 조사·연구사업, 그 밖의 운영에 필요한 경비를 출연 또는 보조할 수 있다. <개정 2008.2.29., 2021.6.15.>

③ 기금은 다음 각 호의 어느 하나에 해당하는 사업에 대여하거나 보조할 수 있다. <개정 2009.3.5., 2021.8.10.>

 1. 국외 여행자의 건전한 관광을 위한 교육 및 관광정보의 제공사업

 2. 국내외 관광안내체계의 개선 및 관광홍보사업

 3. 관광사업 종사자 및 관계자에 대한 교육훈련사업

 4. 국민관광 진흥사업 및 외래관광객 유치 지원사업

 5. 관광상품 개발 및 지원사업

 6. 관광지·관광단지 및 관광특구에서의 공공 편익시설 설치사업

 7. 국제회의의 유치 및 개최사업

 8. 장애인 등 소외계층에 대한 국민관광 복지사업

 9. 전통관광자원 개발 및 지원사업

9의2. 감염병 확산 등으로 관광산업자(「관광진흥법」 제2조제2호에 따른 관광사업자를 말한다)에게 발생한 경영상 중대한 위기 극복을 위한 지원사업

 10. 그 밖에 관광사업의 발전을 위하여 필요한 것으로서 대통령령으로 정하는 사업

④ 기금은 민간자본의 유치를 위하여 필요한 경우 다음 각 호의 어느 하나의 사업이나 투자조합에 출자(出資)할 수 있다.

1. 「관광진흥법」 제2조제6호 및 제7호에 따른 관광지 및 관광단지의 조성사업

2. 「국제회의산업 육성에 관한 법률」 제2조제3호에 따른 국제회의시설의 건립 및 확충 사업

3. 관광사업에 투자하는 것을 목적으로 하는 투자조합

4. 그 밖에 관광사업의 발전을 위하여 필요한 것으로서 대통령령으로 정하는 사업

⑤ 기금은 신용보증을 통한 대여를 활성화하기 위하여 예산의 범위에서 다음 각 호의 기관에 출연할 수 있다. <신설 2018.12.24.>

1. 「신용보증기금법」에 따른 신용보증기금

2. 「지역신용보증재단법」에 따른 신용보증재단중앙회

[전문개정 2007.12.21.]

令 시행령 제2조(대여 또는 보조사업)

법 제5조제3항제10호에서 "대통령령으로 정하는 사업"이란 다음 각 호의 사업을 말한다. <개정 2010.9.17., 2021.3.23.>

1. 「관광진흥법」 제4조에 따라 여행업을 등록한 자나 같은 법 제5조에 따라 카지노업을 허가받은 자(「관광진흥법 시행령」 제2조제1항제1호 가목에 따른 종합여행업을 등록한 자나 「관광진흥법」 제5조에 따라 카지노업을 허가받은 자가 「관광진흥법」 제45조에 따라 설립한 관광협회를 포함한다)의 해외지사 설치

2. 관광사업체 운영의 활성화

3. 관광진흥에 기여하는 문화예술사업

4. 지방자치단체나 「관광진흥법」 제54조제1항 단서에 따른 관광단지개발자 등의 관광지 및 관광단지 조성사업

5. 관광지·관광단지 및 관광특구의 문화·체육시설, 숙박시설, 상가시설로서 관광객 유치를 위하여 특히 필요하다고 문화체육관광부장관이 인정하는 시설의 조성

6. 관광 관련 국제기구의 설치

[전문개정 2008.7.24.]

슈 시행령 제3조(기금대여업무의 취급)

문화체육관광부장관은 「한국산업은행법」 제20조에 따라 한국산업은행이 기금의 대여업무를 할 수 있도록 한국산업은행에 기금을 대여할 수 있다. <개정 2014.12.30.>

[전문개정 2008.7.24.]

슈 시행령 제3조의2(여유자금의 운용)

문화체육관광부장관은 기금의 여유자금을 다음 각 호의 방법으로 운용할 수 있다.
1. 「은행법」과 그 밖의 법률에 따른 금융기관, 「우체국예금·보험에 관한 법률」에 따른 체신관서에 예치
2. 국·공채 등 유가증권의 매입
3. 그 밖의 금융상품의 매입

[전문개정 2008.7.24.]

슈 시행령 제3조의3(기금의 보조)

법 제5조제2항 및 제3항에 따른 기금의 보조는 「보조금 관리에 관한 법률」에서 정하는 바에 따른다. <개정 2016.4.28.>

[전문개정 2008.7.24.]

슈 시행령 제3조의4(출자 대상 등)

① 법 제5조제4항제4호에서 "관광사업의 발전을 위하여 필요한 것으로서 대통령령으로 정하는 사업"이란 「자본시장과 금융투자업에 관한 법률」 제9조제18항 및 제19항에 따른 집합투자기구 또는 사모집합투자기구나 「부동산투자회사법」 제2조제1호에 따른 부동산투자회사에 의하여 투자되는 다음 각 호의 어느 하나의 사업을 말한다. <신설 2011.8.4.>
1. 법 제5조제4항제1호 또는 제2호에 따른 사업
2. 「관광진흥법」 제2조제1호에 따른 관광사업
② 법 제5조제4항에 따라 기금을 출자할 때에는 출자로 인한 민간자본 유치의 기여도 등 출자의 타당성을 검토하여야 한다. <개정 2011.8.4.>
③ 제2항에 따른 기금 출자 및 관리에 관한 세부기준, 절차, 그 밖에 필요한 사항은 문화체육관광부장관이 정하여 고시한다. <개정 2011.8.4.>

[전문개정 2008.7.24.]

[제목개정 2011.8.4.]

슈 시행령 제9조(대여업무계획의 승인)

한국산업은행이 제3조에 따라 기금의 대여업무를 할 경우에는 미리 기금대여업무계획을 작성하여 문화체육관광부장관의 승인을 받아야 한다.

[전문개정 2008.7.24]

則 시행규칙 제3조(기금의 대하신청)

한국산업은행의 은행장은 영 제9조에 따른 대여업무계획에 따라 기금을 사용하려는 자로부터 대여신청을 받으면 대여에 필요한 기금을 대하(貸下)하여 줄 것을 문화체육관광부장관에게 신청하여야 한다. <개정 2010.9.3.>

[전문개정 2008.8.7.]

사례14

안녕하세요~ (주)○○○○ 이라고 합니다. 저희 회사에서 호텔과 관련한 사업을 준비 중이라서 몇 가지 여쭤보고 싶은 게 있어 글을 올립니다.

호텔에 관하여 관광진흥기금을 신청하려고 하는데요. 필지에 호텔만 들어가는 것이 아니라 분양 가능한 콘도나 서비스드 레지던스도 함께 들어갈 예정입니다. 아직 필지에 호텔의 규모만이 정확한 상황이고 콘도, 서비스드 레지던스에 관한 부분은 확정적이지 않은 상황입니다. 여기저기서 자료는 참고하고 있지만 서비스드 레지던스에 관한 정의가 명확하지 않아 어느 자료를 참고해야 할지 어려움이 있어 관련된 자료를 구하고 싶고요.

만약 관광진흥기금과 관련하여 콘도와 호텔이 함께 들어간다면 필지분할에 대해 지분율을 계산하여 관광진흥기금을 받을 수 있을까요? 그리고 그렇게 된다면 소유권에 관한 구분이 궁금합니다. 그리고 서비스드 레지던스는 어떻게 분양해야 할지도 알려주시면 감사하겠습니다. 너무 많은 것을 한꺼번에 여쭤봐서 죄송합니다. 그래도 정확하고 많은 자료 부탁드리고요. 빠른 시일 내에 답변 기다리겠습니다.

먼저 관광진흥기금을 받을 수 있는 자격이 있는지를 확인하시기 바랍니다. 이 홈페이지 관광진흥기금 안내를 참고하시면 해당 연도가 아니더라도 그 자격은 같으므로 도움이 될 것입니다. 귀하의 경우 사업계획승인도 받지 아니한 상태인 것으로 짐작되는바, 이 경우 신청자격이 없습니다. 기타 서비스드 레지던스 등의 개념에 대한 것은 전화로 문의 바라고, 「관광진흥법」상 관광사업의 분류에 포함된 업태나 업종은 아니라는 것을 첨언합니다.

자료: 한국호텔업협회

<표 12> 연도별 관광진흥개발기금 지원 현황

(단위 : 백만원, 개)

구 분	2018년	2019년	2020년	2021년	2022년	2023년 계획
관광시설 확충	373,203(246)	333,998(221)	223,616(162)	228,127(236)	272,076(269)	192,000(123)
관광사업체 운영	118,841(405)	98,525(518)	416,384(2,722)	213,579(1,074)	200,540(1,192)	254,500(1,413)
계	492,044(651)	432,523(739)	640,000(2,884)	441,706(1,310)	472,616(1,461)	446,500(1,536)

자료: 문화체육관광부, 2022년 12월 31일 기준
주1) ( )는 업체 수
2) 2022년 이자감면 지원금 및 2023년~ 이자보전 지원금 별도

▶관광진흥개발기금법
　제6조(기금운용위원회의 설치)
▶관광진흥개발기금법 시행령
　제4조(기금운용위원회의 구성), 제4조의2(위원의 해임 및 해촉), 제5조(위원장의 직무),
　제6조(회의) 제7조(간사), 제8조(수당), 제10조(기금의 대여이자 등)

法 기금법 제6조(기금운용위원회의 설치)

① 기금의 운용에 관한 종합적인 사항을 심의하기 위하여 문화체육관광부장관 소속으로 기금운용위원회(이하 "위원회"라 한다)를 둔다. <개정 2008.2.29.>
② 위원회의 조직과 운영에 필요한 사항은 대통령령으로 정한다.

[전문개정 2007.12.21.]

令 시행령 제4조(기금운용위원회의 구성)

① 법 제6조에 따른 기금운용위원회(이하 "위원회"라 한다)는 위원장 1명을 포함한 10명 이내의 위원으로 구성한다.
② 위원장은 문화체육관광부 제2차관이 되고, 위원은 다음 각 호의 사람 중에서 문화체육관광부장관이 임명하거나 위촉한다. <개정 2010.9.17., 2015.1.6., 2017.9.4.>
1. 기획재정부 및 문화체육관광부의 고위공무원단에 속하는 공무원
2. 관광 관련 단체 또는 연구기관의 임원
3. 공인회계사의 자격이 있는 사람
4. 그 밖에 기금의 관리·운용에 관한 전문 지식과 경험이 풍부하다고 인정되는 사람

[전문개정 2008.7.24.]

[슈] **시행령 제4조의2(위원의 해임 및 해촉)**

> 문화체육관광부장관은 제4조제2항에 따른 위원이 다음 각 호의 어느 하나에 해당하는 경우에는 해당 위원을 해임하거나 해촉(解嘱)할 수 있다.
> 1. 심신장애로 인하여 직무를 수행할 수 없게 된 경우
> 2. 직무와 관련된 비위사실이 있는 경우
> 3. 직무태만, 품위손상이나 그 밖의 사유로 인하여 위원으로 적합하지 아니하다고 인정되는 경우
> 4. 위원 스스로 직무를 수행하는 것이 곤란하다고 의사를 밝히는 경우
> [본조신설 2016.5.10.]

[슈] **시행령 제5조(위원장의 직무)**

> ① 위원장은 위원회를 대표하고, 위원회의 사무를 총괄한다.
> ② 위원장이 부득이한 사유로 직무를 수행할 수 없을 때에는 위원장이 지정한 위원이 그 직무를 대행한다.
> [전문개정 2008.7.24.]

[슈] **시행령 제6조(회의)**

> ① 위원회의 회의는 위원장이 소집한다.
> ② 회의는 재적위원 과반수의 출석으로 개의하고, 출석위원 과반수의 찬성으로 의결한다.
> [전문개정 2008.7.24.]

[슈] **시행령 제7조(간사)**

> ① 위원회에는 문화체육관광부 소속 공무원 중에서 문화체육관광부장관이 지정하는 간사 1명을 둔다.
> ② 간사는 위원장의 명을 받아 위원회의 서무를 처리한다.
> [전문개정 2008.7.24.]

[令] 시행령 제8조(수당)

> 회의에 출석한 위원 중 공무원이 아닌 위원에게는 예산의 범위에서 수당을 지급할 수 있다.
>
> [전문개정 2008.7.24.]

[令] 시행령 제10조(기금의 대여이자 등)

> 기금의 대하이자율(貸下利子率), 대여이자율, 대여기간 및 연체이자율은 위원회의 심의를 거쳐 문화체육관광부장관이 기획재정부장관과 협의하여 정한다. 이를 변경하는 경우에도 또한 같다.
>
> [전문개정 2008.7.24.]

> ▶관광진흥개발기금법
> 제7조(기금운용계획안의 수립 등)

[法] 기금법 제7조(기금운용계획안의 수립 등)

> ① 문화체육관광부장관은 매년 「국가재정법」에 따라 기금운용계획안을 수립하여야 한다. 기금운용계획을 변경하는 경우에도 또한 같다. <개정 2008.2.29.>
> ② 제1항에 따른 기금운용계획안을 수립하거나 기금운용계획을 변경하려면 위원회의 심의를 거쳐야 한다.
>
> [전문개정 2007.12.21.]

> ▶관광진흥개발기금법
> 제8조(기금의 수입과 지출)

[法] 기금법 제8조(기금의 수입과 지출)

> ① 기금의 수입은 제2조제2항 각 호의 재원으로 한다.
> ② 기금의 지출은 제5조에 따른 기금의 용도를 위한 지출과 기금의 운용에 부수(附隨)되는 경비로 한다.
>
> [전문개정 2007.12.21.]

▶관광진흥개발기금법
　제9조(기금의 회계기관)
▶관광진흥개발기금법 시행령
　제11조(기금의 회계기관)

法 기금법 제9조(기금의 회계기관)

문화체육관광부장관은 기금의 수입과 지출에 관한 사무를 하게 하기 위하여 소속 공무원 중에서 기금수입징수관, 기금재무관, 기금지출관 및 기금출납 공무원을 임명한다. <개정 2008.2.29.>

[전문개정 2007.12.21.]

令 시행령 제11조(기금의 회계기관)

문화체육관광부장관은 법 제9조에 따라 기금수입징수관, 기금재무관, 기금지출관, 기금출납 공무원을 임명한 경우에는 감사원장, 기획재정부장관 및 한국은행총재에게 알려야 한다.

[전문개정 2008.7.24.]

▶관광진흥개발기금법
　제10조(기금 계정의 설치)
▶관광진흥개발기금법 시행령
　제12조(기금계정), 제12조의2(납부금의 기금 납입), 제13조(대여기금의 납입), 제14조(기금의 수납), 제15조(기금의 지출 한도액), 제16조(기금지출원인행위액보고서 등의 작성·제출), 제17조(기금의 지출원인행위), 제18조(기금대여상황 보고), 제19조(감독), 제20조(장부의 비치), 제21조(결산보고)
▶관광진흥개발기금법 시행규칙
　제2조(기금지출 한도액의 통지), 제4조(보고)

法 기금법 제10조(기금 계정의 설치)

문화체육관광부장관은 기금지출관으로 하여금 한국은행에 관광진흥개발기금의 계정(計定)을 설치하도록 하여야 한다. <개정 2008.2.29.>

[전문개정 2007.12.21.]

슈 시행령 제12조(기금계정)

문화체육관광부장관은 법 제10조에 따라 한국은행에 관광진흥개발기금계정(이하 "기금계정"이라 한다)을 설치할 경우에는 수입계정과 지출계정으로 구분하여야 한다.

[전문개정 2008.7.24.]

슈 시행령 제12조의2(납부금의 기금 납입)

부과권자는 납부금을 부과·징수한 경우에는 지체 없이 납부금을 기금계정에 납입하여야 한다.

[전문개정 2008.7.24.]

슈 시행령 제13조(대여기금의 납입)

① 한국산업은행의 은행장이나 기금을 전대(轉貸)받은 금융기관의 장은 대여기금(전대받은 기금을 포함한다)과 그 이자를 수납한 경우에는 즉시 기금계정에 납입하여야 한다. <개정 2010.9.17.>
② 제1항에 위반한 경우에는 납입기일의 다음 날부터 제10조에 따른 연체이자를 납입하여야 한다.

[전문개정 2008.7.24.]

슈 시행령 제14조(기금의 수납)

법 제2조제2항의 재원이 기금계정에 납입된 경우 이를 수납한 자는 지체 없이 그 납입서를 기금수입징수관에게 송부하여야 한다.

[전문개정 2008.7.24.]

슈 시행령 제15조(기금의 지출 한도액)

① 문화체육관광부장관은 기금재무관으로 하여금 지출원인행위를 하게 할 경우에는 기금운용계획에 따라 지출 한도액을 배정하여야 한다.
② 문화체육관광부장관은 제1항에 따라 지출 한도액을 배정한 경우에는 기획재정부장관과 한국은행총재에게 이를 알려야 한다.
③ 기획재정부장관은 기금의 운용 상황 등을 고려하여 필요한 경우에는 기금의 지출을 제한하게 할 수 있다.

[전문개정 2008.7.24.]

則 시행규칙 제2조(기금지출 한도액의 통지)

> 문화체육관광부장관은 '관광진흥개발기금법 시행령'(이하 "영"이라 한다) 제15조제1항에 따라 배정한 기금지출 한도액을 한국산업은행의 은행장에게 알린다.
>
> <개정 2010.9.3.>
>
> [전문개정 2008.8.7.]

令 시행령 제16조(기금지출원인행위액보고서 등의 작성·제출)

> 기금재무관은 기금지출원인행위액보고서를, 기금지출관은 기금출납보고서를 그 행위를 한 달의 말일을 기준으로 작성하여 다음 달 15일까지 기획재정부장관에게 제출하여야 한다.
>
> [전문개정 2008.7.24.]

令 시행령 제17조(기금의 지출원인행위)

> 기금재무관이 지출원인행위를 할 경우에는 제15조에 따라 배정받은 지출 한도액을 초과하여서는 아니 된다.
>
> [전문개정 2008.7.24.]

令 시행령 제18조(기금대여상황 보고)

> 제3조에 따라 기금의 대여업무를 취급하는 한국산업은행은 문화체육관광부령으로 정하는 바에 따라 기금의 대여 상황을 문화체육관광부장관에게 보고하여야 한다.
>
> [전문개정 2008.7.24.]

則 시행규칙 제4조(보고)

> 한국산업은행은 영 제18조에 따라 매월의 기금사용업체별 대여금액, 대여잔액 등 기금대여 상황을 다음 달 10일 이전까지 보고하여야 하고, 반기(半期)별 대여사업 추진상황을 그 반기의 다음 달 10일 이전까지 보고하여야 한다. <개정 2010.9.3.>
>
> [전문개정 2008.8.7.]

令 시행령 제19조(감독)

> 문화체육관광부장관은 한국산업은행의 은행장과 기금을 대여받은 자에게 기금
> 운용에 필요한 사항을 명령하거나 감독할 수 있다. <개정 2010.9.17.>
> [전문개정 2008.7.24.]

令 시행령 제20조(장부의 비치)

> ① 기금수입징수관과 기금재무관은 기금총괄부, 기금지출원인행위부 및 기금징
> 수부를 작성·비치하고, 기금의 수입·지출에 관한 총괄 사항과 기금지출 원인
> 행위 사항을 기록하여야 한다.
> ② 기금출납공무원은 기금출납부를 작성·비치하고, 기금의 출납 상황을 기록
> 하여야 한다.
> [전문개정 2008.7.24.]

令 시행령 제21조(결산보고)

> 문화체육관광부장관은 회계연도마다 기금의 결산보고서를 작성하여 다음 연도
> 2월 말일까지 기획재정부장관에게 제출하여야 한다. <개정 1994.12.23., 1998.11.13.,
> 2002.1.26., 2008.2.29.>

> ▶관광진흥개발기금법
>   제11조(목적 외의 사용 금지 등)
> ▶관광진흥개발기금법 시행령
>   제18조의2(기금 대여의 취소 등)

法 기금법 제11조(목적 외의 사용 금지 등)

> ① 기금을 대여받거나 보조받은 자는 대여받거나 보조받을 때에 지정된 목적
> 외의 용도에 기금을 사용하지 못한다.
> ② 대여받거나 보조받은 기금을 목적 외의 용도에 사용하였을 때에는 대여 또
> 는 보조를 취소하고 이를 회수한다.
> ③ 문화체육관광부장관은 기금의 대여를 신청한 자 또는 기금의 대여를 받은
> 자가 다음 각 호의 어느 하나에 해당하면 그 대여 신청을 거부하거나, 그 대여
> 를 취소하고 지출된 기금의 전부 또는 일부를 회수한다. <신설 2011.4.5.>

1. 거짓이나 그 밖의 부정한 방법으로 대여를 신청한 경우 또는 대여를 받은 경우
2. 잘못 지급된 경우
3. 「관광진흥법」에 따른 등록·허가·지정 또는 사업계획 승인 등의 취소 또는 실효 등으로 기금의 대여자격을 상실하게 된 경우
4. 대여조건을 이행하지 아니한 경우
5. 그 밖에 대통령령으로 정하는 경우

④ 다음 각 호의 어느 하나에 해당하는 자는 해당 기금을 대여받거나 보조받은 날부터 5년 이내에 기금을 대여받거나 보조받을 수 없다. <신설 2011.4.5., 2021.4.13.>
1. 제2항에 따라 기금을 목적 외의 용도에 사용한 자
2. 거짓이나 그 밖의 부정한 방법으로 기금을 대여받거나 보조받은 자

[전문개정 2007.12.21.]

[제목개정 2011.4.5.]

令 시행령 제18조의2(기금 대여의 취소 등)

① 법 제11조제3항제5호에서 "대통령령으로 정하는 경우"란 기금을 대여받은 후 「관광진흥법」 제4조에 따른 등록 또는 변경등록이나 같은 법 제15조에 따른 사업계획 변경승인을 받지 못하여 기금을 대여받을 때에 지정된 목적 사업을 계속하여 수행하는 것이 현저히 곤란하거나 불가능한 경우를 말한다.

② 문화체육관광부장관은 법 제11조에 따라 취소된 기금의 대여금 또는 보조금을 회수하려는 경우에는 그 기금을 대여받거나 보조받은 자에게 해당 대여금 또는 보조금을 반환하도록 통지하여야 한다.

③ 제2항에 따라 대여금 또는 보조금의 반환 통지를 받은 자는 그 통지를 받은 날부터 2개월 이내에 해당 대여금 또는 보조금을 반환하여야 하며, 그 기한까지 반환하지 아니하는 경우에는 그 다음 날부터 제10조에 따른 연체이자율을 적용한 연체이자를 내야 한다.

[본조신설 2011.8.4.]

▶관광진흥개발기금법
  제12조(납부금 부과·징수업무의 위탁)
▶관광진흥개발기금법 시행령
  제22조(납부금 부과·징수업무의 위탁)

法 기금법 제12조(납부금 부과 · 징수업무의 위탁)

> ① 문화체육관광부장관은 제2조제3항에 따른 납부금의 부과 · 징수의 업무를 대통령령으로 정하는 바에 따라 관계 중앙행정기관의 장과 협의하여 지정하는 자에게 위탁할 수 있다. <개정 2008.2.29.>
>
> ② 문화체육관광부장관은 제1항에 따라 납부금의 부과 · 징수의 업무를 위탁한 경우에는 기금에서 납부금의 부과 · 징수의 업무를 위탁받은 자에게 그 업무에 필요한 경비를 보조할 수 있다. <개정 2008.2.29.>
>
> [전문개정 2007.12.21.]

令 시행령 제22조(납부금 부과 · 징수업무의 위탁)

> 문화체육관광부장관은 법 제12조제1항에 따라 납부금의 부과 · 징수 업무를 지방해양수산청장, 「항만공사법」에 따른 항만공사 및 「항공사업법」 제2조제34호에 따른 공항운영자에게 각각 위탁한다. <개정 2012.5.14., 2015.1.6., 2017.3.29.>
>
> [전문개정 2008.7.24.]

> ▶관광진흥개발기금법
> 제13조(벌칙 적용 시의 공무원 의제)

法 기금법 제13조(벌칙 적용 시의 공무원 의제)

> 제3조제2항에 따라 고용된 자는 「형법」 제129조부터 제132조까지의 규정을 적용할 때에는 공무원으로 본다.
>
> [전문개정 2007.12.21.]

> ▶관광진흥개발기금법
> 부칙 〈제10555호, 2011.4.5.〉
> ▶관광진흥개발기금법 시행령
> 부칙 〈제23067호, 2011.8.4.〉
> ▶관광진흥개발기금법 시행규칙
> 부칙 〈제64호, 2010.9.3.〉

국제회의산업 육성에 관한 법률

Ⅰ. 국제회의산업 육성에 관한 법률

▶제　　정 1996. 12. 30. 법률 제5210호
▶일부개정 2001. 3. 28. 법률 제6442호
▶일부개정 2007. 12. 21. 법률 제8743호
▶일부개정 2009. 3. 18. 법률 제9492호
▶일부개정 2015. 3. 27. 법률 제13247호
▶일부개정 2016. 12. 20. 법률 제14427호
▶일부개정 2017. 11. 28. 법률 제15059호
▶일부개정 2020. 12. 22. 법률 제17705호
▶일부개정 2022. 9. 27. 법률 제18983호

1. 「국제회의산업 육성에 관한 법률」의 제정배경

　　대규모 국제회의를 개최할 경우 직간접적으로 고용이 증대되고, 국제회의와 관련된 산업이 발전되며, 각종 정보의 교류로 인한 산업의 경쟁력이 향상되는 등 국제회의 자체가 하나의 산업적인 의미를 가지고 있으나, 우리나라는 이러한 대규모 국제회의 개최에 필요한 인적·물적 자원이 취약한바, 특히 ASEM·월드컵 등 각종 행사와 관련하여 국제회의의 유치를 촉진하고 그 원활한 개최를 지원하여 국내기반이 취약한 국제회의산업을 육성·진흥함으로써 관광산업의 발전과 국민경제의 향상에 이바지하려는 취지에서 제정했다.

① 문화체육관광부장관은 국제회의산업의 육성·진흥을 위하여 국제회의산업육성기본계획을 수립하도록 하고, 동 계획에는 국제회의의 유치 및 개최에 관한 사항, 국제회의 전문인력의 양성에 관한 사항, 국제회의시설의 설치 및 확충에 관한 사항 등이 포함되도록 함

② 문화체육관광부장관은 국제회의의 유치를 촉진하고 그 원활한 개최를 위하여 이를 유치·개최하는 자에 대하여 필요한 정보제공 및 자문을 하고, 국제회의 유치를 위한 해외홍보를 하는 등의 필요한 지원을 하도록 함

③ 문화체육관광부장관은 국제회의산업의 육성·진흥을 위하여 필요한 경우에는 특정 지역을 국제회의도시로 지정할 수 있도록 하고, 국제회의도시 안의 국제회의 관련

사업 또는 국제회의시설에 대하여는 관광진흥개발기금을 우선지원할 수 있도록 함
④ 국제회의시설의 설치를 촉진하기 위하여 「건축법」에 의한 건축허가를 받은 국제회의시설에 대하여는 「하수도법」 등 관련 법률에 의한 허가·인가 등을 받은 것으로 의제함

2003년 8월 6일의 개정에서는 현재 무공해산업·고부가가치산업으로 각광받고 있는 국제회의산업에 대하여 현행법에서는 이에 대한 기반조성 및 지원 등에 관하여 구체적으로 규정하고 있지 아니하여 국제회의의 유치 및 개최를 지원함에 있어서 실질적인 어려움이 있는바, 국제회의산업 육성을 위한 기반조성 및 지원 등에 관한 사항을 이 법에 구체적으로 규정하여 국제회의산업을 육성·진흥하여 관광산업의 발전, 새로운 일자리의 창출과 국민경제의 향상에 이바지하려는 취지에서 일부개정하였다.

2005년 3월 31일의 개정에서는 수질관련 법률의 기본법으로서 「수질환경보전법」의 위상을 제고하여 수질환경정책의 기본이념과 방향을 제시하고 다른 수질관련법령에서 이를 구체화하도록 하고, 수질오염원의 분류체계를 점오염원·비점오염원과 기타 수질오염원으로 분류하고, 전체 수질오염물질 발생량의 약 30퍼센트를 차지하나 아직까지 관리되고 있지 않은 비점오염원을 관리할 수 있는 법적 근거를 마련하고, 중앙정부 및 자치단체의 수질보전계획 수립 근거를 마련하는 등 현행 제도의 운영상 나타난 일부 미비점을 보완하려는 것이었다.

2020년 12월 22일 그간 문화체육관광부장관이 국제회의산업육성기본계획을 5년마다 수립·시행토록 하여 국제회의산업의 육성·진흥을 도모하였는데, 코로나-19로 인해 사회적 거리두기와 방역수칙을 시행함에 따라 국제회의 유치와 촉진, 개최에 많은 차질이 발생하고 있고, 코로나-19의 장기화가 점쳐지면서 국제회의산업의 육성과 진흥을 위해 감염병 유행 전반에 대한 장기적이고도 지속적인 예방대책을 수립할 필요성이 제기되었다. 이에 국제회의시설의 감염병 등에 대한 안전·위생·방역 관리에 관한 사항을 신설함으로써 국제회의산업육성기본계획에 포함되도록 하였다.

2022년 9월 27일 국제회의산업이 기업회의 등을 포괄하는 고부가가치 사업으로 확장됨에 따라 현행법에 따른 국제회의산업의 범주를 명확히 하기 위하여 기업회의를 국제회의의 종류에 추가하고, 국제회의 관련 지원시설이 국제회의시설에 포함되도록 하는 한편, 지속가능한 산업생태계 조성과 기업지원 강화를 위하여 문화체육관광부장관이 국제회의 기업 육성 및 서비스 연구개발 사업을 추진하도록 하고, 국제회의산업 발전에 기반이 되는 통계 수집 시 기업의 협조를 얻을 수 있는 근거를 명시하는 등 현행 제도의 운영상 나타난 일부 미비점을 개선·보완하였다.

Ⅱ. 국제회의산업 육성에 관한 법률 시행령

▶제 정 1997. 4. 4. 대통령령 제15337호
▶전부개정 2004. 2. 7. 대통령령 제18271호
▶일부개정 2011. 2. 25. 대통령령 제22675호
▶일부개정 2015. 9. 22. 대통령령 제26540호

▶일부개정 2018. 5. 28. 대통령령 제28906호
▶일부개정 2020. 11. 10. 대통령령 제31150호
▶일부개정 2022. 8. 2. 대통령령 제32837호
▶일부개정 2022. 12. 27. 대통령령 제33127호

1. 「국제회의산업 육성에 관한 법률 시행령」의 제정배경

「국제회의산업 육성에 관한 법률」이 제정(1996.12.30., 법률 제5210호)됨에 따라 국제회의의 종류 및 규모, 국제회의시설의 종류 및 규모, 국제회의도시의 지정요건 등 동법에서 위임된 사항과 그 시행에 관하여 필요한 사항을 정하려는 취지에서 제정됐다.

2. 「국제회의산업 육성에 관한 법률 시행령」의 개정이유

1) 개정이유

법치국가에서의 법 문장은 일반 국민이 쉽게 읽고 이해해서 잘 지킬 수 있도록 해야 함은 물론이고 국민의 올바른 언어생활을 위한 본보기가 되어야 하는데, 우리의 법 문장은 용어 등이 어려워 이해하기 힘든 경우가 많고 문장 구조도 어문(語文) 규범에 맞지 않아 국민의 일상적인 언어생활과 거리가 있다는 지적이 많음

이에 따라 법적 간결성·함축성과 조화를 이루는 범위에서, 어려운 용어를 쉬운 우리말로 풀어쓰며 복잡한 문장은 체계를 정리하여 간결하게 다듬음으로써 쉽게 읽고 잘 이해할 수 있으며 국민의 언어생활에도 맞는 법령이 되도록 하여, 지금까지 공무원이나 전문가 중심의 법령 문화를 국민 중심의 법령 문화로 바꾸려는 것임

2) 개정 주요내용

가. 어려운 법령 용어의 순화(醇化)

법령의 내용을 바꾸지 않는 범위에서, "분할하여"를 "나누어"로, "교부받은"을 "받은"으로 하는 등 법 문장에 쓰는 어려운 한자어와 용어, 일본식 표현 등을 알기 쉬운 우리말로 고침

나. 한글맞춤법 등 어문 규범의 준수

법 문장에 나오는 법령 제명(이름)과 명사구 등의 띄어쓰기를 할 때에 한글맞춤법 등 어문 규범에 맞도록 함

다. 정확하고 자연스러운 법 문장의 구성

1) 주어와 서술어, 부사어와 서술어, 목적어와 서술어 등의 문장 성분끼리 호응(呼應)이 잘 되도록 법 문장을 구성함

2) 어순(語順)이 제대로 되어 있지 않아 이해가 어렵고 표현이 번잡한 문장은 어순을 올바르고 자연스럽게 배치함

3) 자연스럽지 않거나 일상생활에서 자주 쓰지 않는 표현은 문맥에 따라 알맞고 쉬운 표현으로 바꿈

Ⅲ. 국제회의산업 육성에 관한 법률 시행규칙

▶제　정 1997. 5. 12. 문화체육부령　　　제37호　　　▶일부개정 2015. 9. 25. 문화체육관광부령 제221호
▶전부개정 2004. 2. 21. 문화관광부령　　　제87호　　　▶일부개정 2020. 11. 10. 문화체육관광부령 제409호
▶일부개정 2011. 11. 24. 문화체육관광부령 제93호

1. 「국제회의산업 육성에 관한 법률 시행규칙」의 제정배경

「국제회의산업 육성에 관한 법률」이 제정(1996.12.30., 법률 제5210호)됨에 따라 국제회의를 유치·개최하고자 하는 자가 국가의 지원을 받고자 하는 경우의 지원신청절차를 정하고, 동법에 의한 우선지원대상이 되는 국제회의도시의 지정신청절차 등을 정하려는 취지에서 제정됐다.

「국제회의산업 육성에 관한 법률」이 개정(2003.8.6., 법률 제6961호)되어 국제회의시설의 건립, 국제회의 전문인력의 교육·훈련, 국제회의 정보의 유통촉진 등에 관한 사업에 대하여 문화관광부장관이 지원할 수 있게 됨에 따라 그 사업의 구체적인 내용을 정하는 등 동법에서 위임된 사항 및 그 시행에 필요한 사항을 정하는 한편, 현행 제도의 운영과정에서 나타난 일부 미비점을 개선·보완하기 위하여 2004년 2월 21일 전부개정이 이루어졌다.

2. 「국제회의산업 육성에 관한 법률 시행규칙」의 개정이유

1) 개정이유

법치국가에서의 법 문장은 일반 국민이 쉽게 읽고 이해해서 잘 지킬 수 있도록 해야 함은 물론이고 국민의 올바른 언어생활을 위한 본보기가 되어야 하는데, 우리의 법 문장은 용어 등이 어려워 이해하기 힘든 경우가 많고 문장 구조도 어문(語文) 규범에 맞지 않아 국민의 일상적인 언어생활과 거리가 있다는 지적이 많음

이에 따라 법적 간결성·함축성과 조화를 이루는 범위에서, 어려운 용어를 쉬운 우리말로 풀어쓰며 복잡한 문장은 체계를 정리하여 간결하게 다듬음으로써 쉽게 읽고 잘 이해할 수 있으며 국민의 언어생활에도 맞는 법령이 되도록 하여, 지금까지 공무원이나 전문가 중심의 법령 문화를 국민 중심의 법령 문화로 바꾸려는 것임

2) 개정 주요내용

가. 어려운 법령 용어의 순화(醇化)

법령의 내용을 바꾸지 않는 범위에서, "기재한"을 "적은"으로, "소요 비용"을 "필요한 비용"으로 하는 등 법 문장에 쓰는 어려운 한자어와 용어, 일본식 표현 등을 알기 쉬운 우리말로 고침

나. 한글맞춤법 등 어문 규범의 준수

법 문장에 나오는 법령 제명(이름)과 명사구 등의 띄어쓰기를 할 때와 가운뎃점(·), 빈점(,) 등의 문상부호와 기호 등을 사용할 때에 한글맞춤법 등 어문 규범에 맞도록 함

다. 정확하고 자연스러운 법 문장의 구성

1) 주어와 서술어, 부사어와 서술어, 목적어와 서술어 등의 문장 성분끼리 호응(呼應)이 잘 되도록 법 문장을 구성함

2) 어순(語順)이 제대로 되어 있지 않아 이해가 어렵고 표현이 번잡한 문장은 어순을 올바르고 자연스럽게 배치함

3) 자연스럽지 않거나 일상생활에서 자주 쓰지 않는 표현은 문맥에 따라 알맞고 쉬운 표현으로 바꿈

Ⅳ. 컨벤션산업의 중요성

컨벤션의 파급효과는 개최규모, 성격, 개최도시의 제반 여건에 따라 달라지기 때문에 파급효과에 대한 측정과 평가는 쉽지 않지만, 일반적으로 컨벤션산업은 국가경제 전반에 미치는 파급효과가 타 산업에 비해 광범위하다. 특히 컨벤션산업은 다른 산업과는 달리 경제발전, 고용창출, 세수증대의 유발뿐만 아니라 개최국가나 개최지역의 홍보 및 긍정적인 이미지 구축, 문화선양 및 문화교류, 국가나 지역환경 개선은 물론 관광산업 진흥, 도시관광, 리조트개발의 활성화 등 21세기 관광산업의 새로운 황금 알로써 회의 유치에 따른 부가가치는 다른 관광분야에 비해 파급효과가 훨씬 크다고 할 수 있다. 이와 같은 다양한 파급효과로 인해 오늘날 많은 국가에서 현대식 대규모 컨벤션센터의 건립에 투자를 아끼지 않고 다양한 지원을 강구하고 있다. 컨벤션산업의 파급효과를 크게 경제적 효과, 사회·문화적 효과, 국가의 정치적·외교적 홍보효과, 관광산업 활성화효과로 나누어 설명하면 다음과 같다.

1. 경제적 효과

대규모 컨벤션 개최는 국가의 외화수입에 커다란 파급효과를 가져올 수 있는데, 컨벤션산업의 경제적 효과는 크게 1차 효과와 2차 효과로 구분된다. 1차 효과는 컨벤션 관련 시설의 건설효과를 뜻하고, 2차 효과는 컨벤션 개최 및 운영에 따른 파급효과를 의미한다. 1차 효과는 일시적인 반면, 2차 효과는 지속적이다. 또한 컨벤션 개최 및 운영은 1차적인 직접효과와 2차적인 간접효과로 구분할 수 있다. 1차적인 직접효과는 최종수요로서, 컨벤션 개최와 관련경비 및 참가자의 개인적 소비, 즉 주최자 및 참가자의 직접적인 소비지출로 유발된다. 2차적인 간접효과는 창출된 수요에 의해 발생된 직접적인 소비지출로서, 지출대상인 각 산업부문에서 필요한 원재료 및 서비스 등의 구매를 통하여 유발된다. 예를 들어 참가자의 식음료 지출은 음식업에 대한 최종수요로서 유발된다. 즉, 농업 및 상업부문의 생산증대, 고용, 설비 등이 확대되어 모든 관련 업종에 파급효과를 나타낸다. 이러한 모든 효과가 간접경제효과로서 생산유발효과, 소득창출효과, 고용창출효과, 세수증대효과로 나타난다(한국경제연구센터, 1999). 따라서 컨벤션산업은 종합서비스산업이라 할 수 있는데, 회의장, 전시장, 숙박시설, 음식점, 운송업, 여행업, 기타 관광관련업을 비롯한 각 산업분야에 미치는 경제적 파급효과가 매우 크다. 이러한 효과는 개최국가 및 개최도시의 소득 증대와 고용창출을 가져와 경제 전반의 활성화에 기여하게 된다. 미국 샌프란시스코시의 사례를 살펴보면 1981년 'Moscone Convention Center'를 개관한 후 3,700명의 고용증대를 유발했고, 회의참가자의 소비지출이 연간 2천7백만 달러로 경제적 승수효과는 2억 3천만 달러로 평가되었다. 또한 일본 요코하마의 경우 1989년 요코하마 개최 국제청년회의 아시아·태평양총회(ASPAC, 1989)에는 총 16,000여 명이 참석하여 27억 3천만 엔을 지출하였는데, 이는 연간 요코하마시 관광수입의 2.5%에 해당된다(김영준, 1996).

컨벤션 개최는 관광산업의 활성화와 수익에 있어 매우 중요한 부분으로, 컨벤션 참가자들은 통상 회의개최 전, 회의기간 혹은 회의폐막 후 관광에 참여한다. 중요한 것은 이들의 관광경비 지출은 일반 관광객보다 1.5배 이상 많다는 것이다. 그 이유는 회의 참가자들은 그 지역에 장기 체류하는 경우가 많고, 또한 신분상으로 각국의 사회 지도층인 경우가 많아 숙박 및 식음료, 교통수단, 기타 이용 편의시설에 대한 지출규모가 일반관광객과 다르기 때문이다.

2. 사회·문화적 효과

각종 컨벤션의 개최는 개최국과 개최지역 관련분야의 다양한 삶의 질적 향상을 야기한다. 먼저 다양한 국적의 사람들이 개최지역의 방문을 통하여 대외적인 이미지 구축 및 향상에 기여한다. 또한 교통망의 정비 및 개설, 거리 및 주거환경 개선, 조경 등 각 시설들의 고급화나 개량 등의 사회기반시설과 기타 여러 편의시설의 확충 및 보수를 발생시켜 삶을 윤택하게 한다(노용호, 1998). 즉, 성공적인 개최를 위하여 사회간접자본에 대한 투자를 증대시키고, 각종 시설물 정비 및 환경개선, 다양한 신상품개발 등 사회개발에 광범위한 자극과 실천효과를 야기한다. 또한 컨벤션의 개최는 지역문화 발전에 긍정적으로 기여하는데, 지역의 국제화를 도모할 수 있고, 참가자에게 개최국과 지역의 문화에 대한 이해를 높이며, 국제행사 개최에 대한 주민들의 자부심 고취 및 의식 향상을 도모할 수 있다. 이러한 효과는 국가 혹은 개최도시 발전에 전략적 기능과 역할을 하여 건전한 문화를 형성하게 된다.

3. 국가의 정치적·외교적 홍보효과

컨벤션은 개최규모나 개최성격과 내용에 따라 세계 각국의 다양한 지역의 대표가 참가하므로 개최지의 광범위한 홍보효과를 얻을 수 있다. 즉, 참가자들은 개최국을 직접 방문하기 때문에 개최국의 이미지 홍보, 개최국에 대한 이해 폭의 확대, 국제적 상호이해의 증진 및 국제관계 개선을 도모하는 데 기여한다. 더욱이 미수교국이나 민간교류가 빈번치 않은 국가의 참가는 민간차원 혹은 국가 외교차원에서 커다란 의미가 있다. 왜냐하면 국제회의 참가자는 자국에서 사회여론을 선도하는 중요한 계층에 소속된 경우가 일반적이기 때문이다. 따라서 대상국가의 인식개선과 국제친선을 통한 교류 확대 및 대외 홍보효과를 기대할 수 있다.

4. 관광산업 활성화 효과

관광이란 일시적으로 휴식, 휴양, 위락, 기분전환, 견문, 직무 등의 목적으로 거주지를 떠나 일정한 지역이나 타국에 체재하고 다시 돌아오는 것을 의미한다. 따라서 관광산업과 컨벤션은 역외로부터 방문객이 찾아와 파생되는 경제적 효과가 발생하는 산업이기에 매우 유사하다. 우리나라 역시 컨벤션이 관광산업에 미치는 영향은 매우 크다. 1995년의 경우 한국의 총관광 외화수입액은 4조 620억원인데, 컨벤션의 지출규모는 4천174억원으로 컨벤션산업이 관광산업에서 차지하는 비중은 9%이다. 이는 6.6%의 점유율을 기록하는 카지노매출보다 외화가득률이 높은 셈이다(김우곤, 1997). 컨벤션은 관광비수기에도 많이 개최되기 때문에 관광산업의 비수기 타개에도 지대한 공헌을 한다. 예를 들어 원시즌(One Season) 휴양지라고 할 수 있는 부산 해운대의 경우 BEXCO 개장 당해에 열린 모터쇼 기간에 해운대 인근 숙박시설업체는 관광비수기에도 불구하고 100%의 예약률을 기록하였고, 음식·관광업계의 특수로 2천억원 이상의 지역경제 파급효과를 유발했다.

컨벤션이 관광산업에 미치는 효과는 크게 세 가지로 구분해 볼 수 있다.

첫째, 관광 비수기 타개이다. 컨벤션은 계절에 비교적 덜 민감하기 때문에 관광 비수기를 타개하는 대안으로 고려될 수 있다.

둘째, 장기체류와 지출규모이다. 한국관광공사의 조사에 의하면 컨벤션 참가자들은 개최지가 최종 목적지가 되므로 평균 체류일수가 일반관광객보다 긴 것으로 나타났다. 게다가 컨벤션 참가자 1인당 평균 소비지출액은 일반 외래관광객의 평균지출액보다 높은 것으로 조사되었다. 따라서 컨벤션이 관광관련산업에 미치는 승수효과가 매우 큰 것으로 분석되었다(한국관광공사, 1997).

셋째, 단체관광객 모집이다. 컨벤션은 대량의 관광객을 동시에 유치하는 효과를 기대할 수 있는데, 참가자들은 다양한 지역에서 한곳으로 모이기 때문에 단체관광객을 쉽게 확보할 수 있다.

이외에도 컨벤션 개최는 관련자가 각종 최신정보와 기술 및 지식을 직접 교환하고 습득하는 기회의 장이기 때문에 다양한 선진 정보를 수용하여 국제경쟁력을 강화할 수 있게 하는 등 산업발전에 기여할 수 있다.

Ⅴ. 국제회의산업 육성에 관한 법률의 해설

> ▶국제회의산업 육성에 관한 법률
> 　제1조(목적)
> ▶국제회의산업 육성에 관한 법률 시행령
> 　제1조(목적)
> ▶국제회의산업 육성에 관한 법률 시행규칙
> 　제1조(목적)

法 「국제회의산업 육성에 관한 법률」 제1조(목적)

> 이 법은 국제회의의 유치를 촉진하고 그 원활한 개최를 지원하여 국제회의산업을 육성·진흥함으로써 관광산업의 발전과 국민경제의 향상 등에 이바지함을 목적으로 한다.
>
> [전문개정 2007.12.21.]

令 시행령 제1조(목적)

> 이 영은 「국제회의산업 육성에 관한 법률」에서 위임된 사항과 그 시행에 필요한 사항을 규정함을 목적으로 한다.
>
> [전문개정 2011.11.16.]

則 **시행규칙 제1조(목적)**

> 이 규칙은 「국제회의산업 육성에 관한 법률」 및 같은 법 시행령에서 위임된 사항과 그 시행에 필요한 사항을 규정함을 목적으로 한다.
>
> [전문개정 2011.11.24.]

> ▶국제회의산업 육성에 관한 법률
> 　제2조(정의)
> ▶국제회의산업 육성에 관한 법률 시행령
> 　제2조(국제회의의 종류·규모), 제3조(국제회의시설의 종류·규모)

法 「국제회의산업 육성에 관한 법률」 제2조(정의)

> 이 법에서 사용하는 용어의 뜻은 다음과 같다. <개정 2015.3.27., 2022.9.27.>
> 1. "국제회의"란 상당수의 외국인이 참가하는 회의(세미나·토론회·전시회·기업회의 등을 포함한다)로서 대통령령으로 정하는 종류와 규모에 해당하는 것을 말한다.
> 2. "국제회의산업"이란 국제회의의 유치와 개최에 필요한 국제회의시설, 서비스 등과 관련된 산업을 말한다.
> 3. "국제회의시설"이란 국제회의의 개최에 필요한 회의시설, 전시시설 및 이와 관련된 지원시설·부대시설 등으로서 대통령령으로 정하는 종류와 규모에 해당하는 것을 말한다.
> 4. "국제회의도시"란 국제회의산업의 육성·진흥을 위하여 제14조에 따라 지정된 특별시·광역시 또는 시를 말한다.
> 5. "국제회의 전담조직"이란 국제회의산업의 진흥을 위하여 각종 사업을 수행하는 조직을 말한다.
> 6. "국제회의산업 육성기반"이란 국제회의시설, 국제회의 전문인력, 전자국제회의체제, 국제회의 정보 등 국제회의의 유치·개최를 지원하고 촉진하는 시설, 인력, 체제, 정보 등을 말한다.
> 7. "국제회의복합지구"란 국제회의시설 및 국제회의집적시설이 집적되어 있는 지역으로서 제15조의2에 따라 지정된 지역을 말한다.
> 8. "국제회의집적시설"이란 국제회의복합지구 안에서 국제회의시설의 집적화 및 운영 활성화에 기여하는 숙박시설, 판매시설, 공연장 등 대통령령으로 정하는 종류와 규모에 해당하는 시설로서 제15조의3에 따라 지정된 시설을 말한다.
>
> [전문개정 2007.12.21.]

令 시행령 제2조(국제회의의 종류·규모)

> 「국제회의산업 육성에 관한 법률」(이하 "법"이라 한다) 제2조제1호에 따른 국제회의」는 다음 각 호의 어느 하나에 해당하는 회의를 말한다. <개정 2020.11.10., 2022.12.27.>
>
> 1. 국제기구 기관 또는 법인·단체가 개최하는 회의로서 다음 각 목의 요건을 모두 갖춘 회의
>   가. 해당 회의에 3개국 이상의 외국인이 참가할 것
>   나. 회의 참가자가 100명 이상이고 그 중 외국인이 50명 이상일 것
>   다. 2일 이상 진행되는 회의일 것
> 2. 삭제 <2022.12.27.>
> 3. 국제기구, 기관, 법인 또는 단체가 개최하는 회의로서 다음 각 목의 요건을 모두 갖춘 회의
>   가. 「감염병의 예방 및 관리에 관한 법률」 제2조제2호에 따른 제1급감염병 확산으로 외국인이 회의장에 직접 참석하기 곤란한 회의로서 개최일이 문화체육관광부장관이 정하여 고시하는 기간 내일 것
>   나. 회의 참가자 수, 외국인 참가자 수 및 회의일수가 문화체육관광부장관이 정하여 고시하는 기준에 해당할 것
>
> [전문개정 2011.11.16.]

■ 국제협회연합(Union of International Association : UIA)은 국제기구가 주최·후원하는 회의나 국제기구 소속 국내지부가 주최하는 국내회의로서 참가국 수 5개국 이상, 참가자 수 300명 이상(외국인 40% 이상), 회의기간은 3일 이상이 되어야만 국제회의로 간주하고 있다.

국제컨벤션협회(International Congress and Convention Association : ICCA)는 국제회의 인정기준으로 협회에서 주최하여 정기적으로 개최하는 회의로서 참가자 50명 이상 유치하고 첫 행사 참가자 75명 이상 유치, 3개국 이상을 순회하는 회의라고 정의하고 있다.

아시아 컨벤션관광뷰로협회(Asia Association of Convention and Visitor Bureau : AACVB)는 공인된 단체나 법인이 주최하는 단체회의, 학술심포지엄, 기업회의, 전시·박람회, 인센티브 관광 등의 모임으로, 전체 참가자 중 외국인 10% 이상, 방문객 1박 이상의 상업적 숙박시설을 이용하는 것을 의미한다.

또한 컨벤션을 국제회의와 지역회의로 나누는데, 국제회의는 2개 대륙 이상에서 참가하는 회의를 칭하고, 지역회의는 동일대륙에서 2개 국가 이상이 참가하는 회의를 뜻한다.

한국관광공사는 회의분야에서 일반적으로 사용하는 용어로 정보전달이 주목적인 정기집회에서 많이 사용되며, 전시회를 동반하는 경우가 많다. 각 기구나 단체에서 개최하는 연차총회의 의미로 사용되지만, 총회, 휴회기간 중의 각종 회의, 위원회 등을 포괄적으로 의미한다. 또

한 일반적으로 회의는 개최 목적 및 목표, 주제, 내용, 개최규모, 진행방법 등에 따라 다양하게 분류할 수 있다.

첫째, 정치인 혹은 정부 관계자들이 개최하는 국가적인 회의(IGO : International Government Organization) 및 정부와 관련 없는 민간대표자들이 참석하는 민간형태의 회의(NGO : Non-Government Organization)로 나눌 수 있다.

둘째, 회의성격에 따라 정부 주관회의, 국제 간 회의, 기업회의, 비영리회의, 협회회의, 그리고 시민회의 등으로 나눌 수 있다.

셋째, 회의 진행형태에서 의사를 어떻게 전달하느냐에 따라 일방적 의사전달회의(One Way Communication)와 쌍방향 의사전달회의(Two Way Communication)로 나눌 수 있다. 일방적 의사전달회의는 개회식이나 폐회식 등에서 주최측의 의사진행 규정에 의해 다수의 회의 참석자를 대상으로 일방적으로 진행하는 회의를 의미한다. 일방적 의사전달회의는 주최측이 계획대로 진행할 수 있어 시간적 제약을 받지 않는다. 쌍방향 의사전달회의는 상호 간의 의사교환이 가능한 회의로서, 계획된 진행시간을 지키는 것이 어려워 전체적인 회의계획에 다소 차질을 줄 수 있다는 단점이 있다.

넷째, 회의의 진행에 따라 개회식, 총회, 집행위원회 및 각 위원회, 실무그룹, 폐회식으로 구분할 수 있다.

다섯째, 회의의 규모인 참가자 수에 따라 다음과 같이 나눌 수 있다. 슈라이버(Schreiber)의 참가자 수에 따른 분류를 보면, 대규모 행사는 천 명 이상, 콩그레스는 201~1,000명, 일반적인 회의는 100~200명, 심포지엄은 30~100명, 세미나는 30명 미만으로 나누었다. 그루너와 야르(Gruner & Jahr)는 50명 이하, 50~300명, 300명 이상으로 나누었다. 50명 이하의 경우 세미나(Seminar), 공동토의(Colloquium), 모임(Sitzungen), 토론(Discussion), 워크숍(Arbeitsgruppen), 대담(Gespraeche)의 형태로 나누었다. 50~300명까지는 회의(Tagung), 컨퍼런스(Conference), 심포지엄(Symposium), 공동토의(Colloquium)로 구분하고, 300명 이상의 대규모일 경우에는 콩그레스(Congress), 회의, 컨벤션(Convention)으로 구분하였다.

일본은 컨벤션도시의 시장규모를 파악하기 위하여 회의·집회·대회, 세미나·심포지엄·연구회, 견본시·전시회, 이벤트·축제, 회합·축하연의 5가지로 구분하고 있다.

슈 시행령 제3조(국제회의시설의 종류·규모)

① 법 제2조제3호에 따른 국제회의시설은 전문회의시설·준회의시설·전시시설·지원시설 및 부대시설로 구분한다. <개정 2022.12.27.>

② 전문회의시설은 다음 각 호의 요건을 모두 갖추어야 한다.

1. 2천 명 이상의 인원을 수용할 수 있는 대회의실이 있을 것

2. 30명 이상의 인원을 수용할 수 있는 중·소회의실이 10실 이상 있을 것

3. 옥내와 옥외의 전시면적을 합쳐서 2천제곱미터 이상 확보하고 있을 것

③ 준회의시설은 국제회의 개최에 필요한 회의실로 활용할 수 있는 호텔연회장·공연장·체육관 등의 시설로서 다음 각 호의 요건을 모두 갖추어야 한다.

1. 200명 이상의 인원을 수용할 수 있는 대회의실이 있을 것

2. 30명 이상의 인원을 수용할 수 있는 중·소회의실이 3실 이상 있을 것

④ 전시시설은 다음 각 호의 요건을 모두 갖추어야 한다.

1. 옥내와 옥외의 전시면적을 합쳐서 2천제곱미터 이상 확보하고 있을 것

2. 30명 이상의 인원을 수용할 수 있는 중·소회의실이 5실 이상 있을 것

⑤ 지원시설은 다음 각 호의 요건을 모두 갖추어야 한다. <신설 2022.12.27.>

1. 다음 각 목에 따른 설비를 모두 갖출 것

　가. 컴퓨터, 카메라 및 마이크 등 원격영상회의에 필요한 설비

　나. 칸막이 또는 방음시설 등 이용자의 정보 노출방지에 필요한 설비

2. 제1호 각 목에 따른 설비의 설치 및 이용에 사용되는 면적을 합한 면적이 80제곱미터 이상일 것

⑥ 부대시설은 국제회의 개최와 전시의 편의를 위하여 제2항 및 제4항의 시설에 부속된 숙박시설·주차시설·음식점시설·휴식시설·판매시설 등으로 한다. <개정 2022.12.27.>

[전문개정 2011.11.16.]

■ 사단법인 한국MICE협회는 2003년 8월 20일에 설립된 국제회의 전담기구로서 대한민국의 MICE산업을 대표하고 있다. 협회는 기획사(PCO, PEO 등), 주최자(기업, 협·단체, 학회, 정부공공기관 등), 전시컨벤션센터, 지원서비스업체(시스템, 기자재, 통역, 관광, 숙박 등), 학계, RTO(CVB), 지자체 등 민·관·학을 대표하는 회원사 250여 개로 구성되어 있다. 협회는 MICE산업의 발전과 회원사의 권익 및 복리 증진을 위해 다양한 역할을 수행하고 있다. 주요 활동으로는 업계의 이익을 대변하고, 국내·외 MICE 유관기관과의 협력관계를 구축하며, 업계의 역량강화를 위한 교육 및 홍보 사업, 회원사 간 교류협력과 정보공유 등을 지원하고 있다. 이러한 각 기능별 역할을 수행하기 위해 회원권익위원회, 대외협력홍보위원회, 국제교류강화위원회, 지역MICE활성화위원회, 인재교육위원회, 디지털혁신위원회, 미래전략위원회, MICE 법률제도개선위원회를 조직하여 운영하고 있다.

▶국제회의산업 육성에 관한 법률
　제3조(국가의 책무)

法「국제회의산업 육성에 관한 법률」제3조(국가의 책무)

① 국가는 국제회의산업의 육성·진흥을 위하여 필요한 계획의 수립 등 행정상·재정상의 지원조치를 강구하여야 한다.

② 제1항에 따른 지원조치에는 국제회의 참가자가 이용할 숙박시설, 교통시설 및 관광 편의시설 등의 설치·확충 또는 개선을 위하여 필요한 사항이 포함되어야 한다.

[전문개정 2007.12.21.]

▶국제회의산업 육성에 관한 법률
　제4조 삭제 〈2009.3.18.〉
　제5조(국제회의 전담조직의 지정 및 설치)
▶국제회의산업 육성에 관한 법률 시행령
　제9조(국제회의 전담조직의 업무), 제10조(국제회의 전담조직의 지정)

法「국제회의산업 육성에 관한 법률」제5조(국제회의 전담조직의 지정 및 설치)

① 문화체육관광부장관은 국제회의산업의 육성을 위하여 필요하면 국제회의 전담조직(이하 "전담조직"이라 한다)을 지정할 수 있다. <개정 2008.2.29.>

② 국제회의시설을 보유·관할하는 지방자치단체의 장은 국제회의 관련 업무를 효율적으로 추진하기 위하여 필요하다고 인정하면 전담조직을 설치·운영할 수 있으며, 그에 필요한 비용의 전부 또는 일부를 지원할 수 있다. <개정 2016.12.20.>

③ 전담조직의 지정·설치 및 운영 등에 필요한 사항은 대통령령으로 정한다.

[전문개정 2007.12.21.]

令 시행령 제9조(국제회의 전담조직의 업무)

법 제5조제1항에 따른 국제회의 전담조직은 다음 각 호의 업무를 담당한다.

1. 국제회의의 유치 및 개최 지원
2. 국제회의산업의 국외 홍보

3. 국제회의 관련 정보의 수집 및 배포

4. 국제회의 전문인력의 교육 및 수급(需給)

5. 법 제5조제2항에 따라 지방자치단체의 장이 설치한 전담조직에 대한 지원 및 상호 협력

6. 그 밖에 국제회의산업의 육성과 관련된 업무

[전문개정 2011.11.16.]

令 **시행령 제10조(국제회의 전담조직의 지정)**

> 문화체육관광부장관은 법 제5조제1항에 따라 국제회의 전담조직을 지정할 때에는 제9조 각 호의 업무를 수행할 수 있는 전문인력 및 조직 등을 적절하게 갖추었는지를 고려하여야 한다.
>
> [전문개정 2011.11.16.]

> ▶국제회의산업 육성에 관한 법률
>   제6조(국제회의산업육성기본계획의 수립 등)
> ▶국제회의산업 육성에 관한 법률 시행령
>   제11조(국제회의산업육성기본계획의 수립 등)

法 「국제회의산업 육성에 관한 법률」 제6조(국제회의산업육성기본계획의 수립 등)

> ① 문화체육관광부장관은 국제회의산업의 육성·진흥을 위하여 다음 각 호의 사항이 포함되는 국제회의산업육성기본계획(이하 "기본계획"이라 한다)을 5년마다 수립·시행하여야 한다. <개정 2008.2.29., 2017.11.28., 2020.12.22.>
>
> 1. 국제회의의 유치와 촉진에 관한 사항
>
> 2. 국제회의의 원활한 개최에 관한 사항
>
> 3. 국제회의에 필요한 인력의 양성에 관한 사항
>
> 4. 국제회의시설의 설치와 확충에 관한 사항
>
> 5. 국제회의시설의 감염병 등에 대한 안전·위생·방역관리에 관한 사항
>
> 6. 그 밖에 국제회의산업의 육성·진흥에 관한 중요 사항
>
> ② 문화체육관광부장관은 기본계획에 따라 연도별 국제회의산업육성시행계획(이하 "시행계획"이라 한다)을 수립·시행하여야 한다. <신설 2017.11.28.>
>
> ③ 문화체육관광부장관은 기본계획 및 시행계획의 효율적인 달성을 위하여 관

433

계 중앙행정기관의 장, 지방자치단체의 장 및 국제회의산업 육성과 관련된 기관의 장에게 필요한 자료 또는 정보의 제공, 의견의 제출 등을 요청할 수 있다. 이 경우 요청을 받은 자는 정당한 사유가 없으면 이에 따라야 한다. <개정 2017.11.28.>

④ 문화체육관광부장관은 기본계획의 추진실적을 평가하고, 그 결과를 기본계획의 수립에 반영하여야 한다. <신설 2017.11.28.>

⑤ 기본계획·시행계획의 수립 및 추진실적 평가의 방법·내용 등에 필요한 사항은 대통령령으로 정한다. <신설 2017.11.28.>

[전문개정 2007.12.21.]

令 시행령 제11조(국제회의산업육성기본계획의 수립 등)

① 문화체육관광부장관은 법 제6조에 따른 국제회의산업육성기본계획과 국제회의산업육성시행계획을 수립하거나 변경하는 경우에는 국제회의산업과 관련이 있는 기관 또는 단체 등의 의견을 들어야 한다.

② 문화체육관광부장관은 법 제6조제4항에 따라 국제회의산업육성기본계획의 추진실적을 평가하는 경우에는 연도별 국제회의산업육성시행계획의 추진실적을 종합하여 평가하여야 한다.

③ 문화체육관광부장관은 제2항에 따른 국제회의산업육성기본계획의 추진실적 평가에 필요한 조사·분석 등을 전문기관에 의뢰할 수 있다.

[전문개정 2018.5.28.]

▶국제회의산업 육성에 관한 법률
　제7조(국제회의 유치·개최 지원)
▶국제회의산업 육성에 관한 법률 시행규칙
　제2조(국제회의 유치·개최 지원신청), 제3조(지원 결과 보고)

法 「국제회의산업 육성에 관한 법률」 제7조(국제회의 유치·개최 지원)

① 문화체육관광부장관은 국제회의의 유치를 촉진하고 그 원활한 개최를 위하여 필요하다고 인정하면 국제회의를 유치하거나 개최하는 자에게 지원을 할 수 있다. <개정 2008.2.29.>

② 제1항에 따른 지원을 받으려는 자는 문화체육관광부령으로 정하는 바에 따라 문화체육관광부장관에게 그 지원을 신청하여야 한다. <개정 2008.2.29.>

[전문개정 2007.12.21.]

則 시행규칙 제2조(국제회의 유치 · 개최 지원신청)

「국제회의산업 육성에 관한 법률」(이하 "법"이라 한다) 제7조제2항에 따라 국제회의 유치 · 개최에 관한 지원을 받으려는 자는 별지 제1호서식의 국제회의 지원신청서에 다음 각 호의 서류를 첨부하여 법 제5조제1항에 따른 국제회의 전담조직의 장에게 제출해야 한다. <개정 2020.11.10.>

1. 국제회의 유치 · 개최 계획서(국제회의의 명칭, 목적, 기간, 장소, 참가자 수, 필요한 비용 등이 포함되어야 한다) 1부
2. 국제회의 유치 · 개최 실적에 관한 서류(국제회의를 유치 · 개최한 실적이 있는 경우만 해당한다) 1부
3. 지원을 받으려는 세부 내용을 적은 서류 1부

[전문개정 2011.11.24.]

則 시행규칙 제3조(지원 결과 보고)

법 제7조에 따라 지원을 받은 국제회의 유치 · 개최자는 해당 사업이 완료된 후 1개월(영 제2조제3호에 따른 국제회의를 유치하거나 개최하여 지원금을 받은 경우에는 문화체육관광부장관이 정하여 고시하는 기한) 이내에 법 제5조제1항에 따른 국제회의 전담조직의 장에게 사업 결과 보고서를 제출해야 한다.

<개정 2020.11.10.>

[전문개정 2011.11.24.]

▶국제회의산업 육성에 관한 법률
　제8조(국제회의산업 육성기반의 조성)
▶국제회의산업 육성에 관한 법률 시행령
　제12조(국제회의산업 육성기반 조성사업 및 사업시행기관)

法 「국제회의산업 육성에 관한 법률」 제8조(국제회의산업 육성기반의 조성)

① 문화체육관광부장관은 국제회의산업 육성기반을 조성하기 위하여 관계 중앙행정기관의 장과 협의하여 다음 각 호의 사업을 추진하여야 한다. <개정 2008.2.29., 2022.9.27.>

1. 국제회의시설의 건립

2. 국제회의 전문인력의 양성

3. 국제회의산업 육성기반의 조성을 위한 국제협력

4. 인터넷 등 정보통신망을 통하여 수행하는 전자국제회의 기반의 구축

5. 국제회의산업에 관한 정보와 통계의 수집·분석 및 유통

6. 국제회의 기업 육성 및 서비스 연구개발

7. 그 밖에 국제회의산업 육성기반의 조성을 위하여 필요하다고 인정되는 사업
   으로서 대통령령으로 정하는 사업

② 문화체육관광부장관은 다음 각 호의 기관·법인 또는 단체(이하 "사업시행
기관"이라 한다) 등으로 하여금 국제회의산업 육성기반의 조성을 위한 사업을
실시하게 할 수 있다. <개정 2008.2.29.>

1. 제5조제1항 및 제2항에 따라 지정·설치된 전담조직

2. 제14조제1항에 따라 지정된 국제회의도시

3. 「한국관광공사법」에 따라 설립된 한국관광공사

4. 「고등교육법」에 따른 대학·산업대학 및 전문대학

5. 그 밖에 대통령령으로 정하는 법인·단체

[전문개정 2007.12.21.]

슈 **시행령 제12조(국제회의산업 육성기반 조성사업 및 사업시행기관)**

① 법 제8조제1항제6호에서 "대통령령으로 정하는 사업"이란 다음 각 호의 사
업을 말한다.

1. 법 제5조에 따른 국제회의 전담조직의 육성

2. 국제회의산업에 관한 국외 홍보사업

② 법 제8조제2항제5호에서 "대통령령으로 정하는 법인·단체"란 국제회의산업
의 육성과 관련된 업무를 수행하는 법인·단체로서 문화체육관광부장관이 지정
하는 법인·단체를 말한다.

[전문개정 2011.11.16.]

▶국제회의산업 육성에 관한 법률
  제9조(국제회의시설의 건립 및 운영촉진 등)
▶국제회의산업 육성에 관한 법률 시행규칙
  제4조(국제회의시설의 지원)

法 「국제회의산업 육성에 관한 법률」 제9조(국제회의시설의 건립 및 운영촉진 등)

> 문화체육관광부장관은 국제회의시설의 건립 및 운영 촉진 등을 위하여 사업시
> 행기관이 추진하는 다음 각 호의 사업을 지원할 수 있다. <개정 2008.2.29.>
> 1. 국제회의시설의 건립
> 2. 국제회의시설의 운영
> 3. 그 밖에 국제회의시설의 건립 및 운영 촉진을 위하여 필요하다고 인정하는
>   사업으로서 문화체육관광부령으로 정하는 사업
> [전문개정 2007.12.21.]

則 시행규칙 제4조(국제회의시설의 지원)

> 법 제9조제3호에서 "문화체육관광부령으로 정하는 사업"이란 국제회의시설의
> 국외 홍보활동을 말한다.
> [전문개정 2011.11.24.]

〈표 13〉 국내 국제회의 개최시설 현황

(단위 : 개)

구 분	시설 수	회의실 수
전문회의시설	16	356
준회의시설	322	2,991
중소규모회의시설	321	1,167
합계	659	4,514

자료: 한국관광공사(2022), 2021 MICE 산업통계 조사연구

<표 14> 국내 전시장 현황

전 시 장 (건립연도)	전 시 시 설		회 의 시 설		주차시설 (단위: 대)
	전시홀 명	규모(단위:㎡)	총면적 (단위: ㎡)	회의실 수 (단위: 실)	
aT Center (2002년)	제1전시장	3,793	1,699	11	524
	제2전시장	4,254			
	합 계	8,047			
BEXCO (2001년) *2012년 확장	제1전시장	26,508	8,554	52	3,031
	제2전시장	19,872			
	합 계	46,380			
CECO (2005년)	전시장Ⅰ	3,914	3,744	16	935
	전시장Ⅱ	3,806			
	전시장Ⅲ	1,656			
	합 계	9,376			
Coex (1988년)	Hall A (구 태평양홀)	10,368	12,211	94	2,648
	Hall B (구 인도양홀)	8,010			
	Hall C (구 대서양홀)	10,348			
	Hall D (구 컨벤션홀)	7,281			
	합 계	36,007			
DCC (2008년) *2022년 확장	대전컨벤션센터 제1전시장	2,520	4,862	20	1,137
	대전컨벤션센터 제2전시장	10,150			
	합 계	12,670			
EXCO (2001년) *2011년 확장	동관	15,024	5,306	23	1,853
	서관	21,529			
	합 계	36,553			
HICO (2014년)	제1홀	1,137	5,140	17	520
	제2홀	1,137			
	합 계	2,274			
GSCO (2014년)	제1홀	3,697	2,767	12	89
	합 계	3,697			
GumiCo (2010년)	전시장1홀	1,701	953	7	180
	전시장2홀	1,701			
	합 계	3,402			
ICC JEJU (2003년)	이벤트홀A	722	10,000	30	368
	이벤트홀B	811			
	이벤트홀C	812			
	합 계	2,345			

KDJ Convention Center (2005년) *2013년 확장	제1전시장	3,024	4,111	29	1,522
	제2전시장	3,024			
	제3전시장	3,024			
	다목적홀	2,955			
	합 계	12,027			
KINTEX (2005년) *2011년 확장	전시1홀	10,611	10,320	58	3,813
	전시2홀	10,773			
	전시3홀	10,773			
	전시4홀	10,773			
	전시5홀	10,611			
	전시6홀	5,680			
	전시7홀	11,290			
	전시8홀	11,290			
	전시9홀	13,238			
	전시10홀	13,072			
	합 계	108,011			
SCC (2019년)	1홀	7,877	7,253	32	1,099
	합 계	7,877			
SETEC (1999년)	제1전시실	3,130	816	5	420
	제2전시실	1,684			
	제3전시실	3,134			
	합 계	7,948			
Songdo ConvensiA (2008년)	전시1홀	4,208	8,376	41	1,225
	전시2홀	4,208			
	전시3홀	4,165			
	전시4홀	4,440			
	합 계	17,021			
SUWON MESSE (2020년)	Hall1	4,650	178	1	365
	Hall2	4,430			
	합 계	9,080			
UECO (2021년)	전시장	7,776	2,368	15	800
	합 계	7,776			
총 합 계		330,491	88,658	463	20,529

* GSCO의 경우 회의실 면적(629㎡)을 유동적으로 전시면적으로 사용
자료: 한국전시산업진흥회, 2021국내전시산업통계(전시사업자 부문)

▶국제회의산업 육성에 관한 법률
　제10조(국제회의 전문인력의 교육ㆍ훈련 등)
▶국제회의산업 육성에 관한 법률 시행규칙
　제5조(전문인력의 교육ㆍ훈련)

法「국제회의산업 육성에 관한 법률」제10조(국제회의 전문인력의 교육ㆍ훈련 등)

문화체육관광부장관은 국제회의 전문인력의 양성 등을 위하여 사업시행기관이 추진하는 다음 각 호의 사업을 지원할 수 있다. <개정 2008.2.29.>

1. 국제회의 전문인력의 교육ㆍ훈련
2. 국제회의 전문인력 교육과정의 개발ㆍ운영
3. 그 밖에 국제회의 전문인력의 교육ㆍ훈련과 관련하여 필요한 사업으로서 문화체육관광부령으로 정하는 사업

[전문개정 2007.12.21.]

則시행규칙 제5조(전문인력의 교육ㆍ훈련)

법 제10조제3호에서 "문화체육관광부령으로 정하는 사업"이란 국제회의 전문인력 양성을 위한 인턴사원제도 등 현장실습의 기회를 제공하는 사업을 말한다.

[전문개정 2011.11.24.]

▶국제회의산업 육성에 관한 법률
　제11조(국제협력의 촉진)
▶국제회의산업 육성에 관한 법률 시행규칙
　제6조(국제협력의 촉진)

法「국제회의산업 육성에 관한 법률」제11조(국제협력의 촉진)

문화체육관광부장관은 국제회의산업 육성기반의 조성과 관련된 국제협력을 촉진하기 위하여 사업시행기관이 추진하는 다음 각 호의 사업을 지원할 수 있다. <개정 2008.2.29.>

1. 국제회의 관련 국제협력을 위한 조사ㆍ연구
2. 국제회의 전문인력 및 정보의 국제 교류

3. 외국의 국제회의 관련 기관·단체의 국내 유치
4. 그 밖에 국제회의 육성기반의 조성에 관한 국제협력을 촉진하기 위하여 필요한 사업으로서 문화체육관광부령으로 정하는 사업

[전문개정 2007.12.21.]

則 시행규칙 제6조(국제협력의 촉진)

법 제11조제4호에서 "문화체육관광부령으로 정하는 사업"이란 다음 각 호의 사업을 말한다.
1. 국제회의 관련 국제행사에의 참가
2. 외국의 국제회의 관련 기관·단체에의 인력 파견

[전문개정 2011.11.24.]

▶국제회의산업 육성에 관한 법률
  제12조(전자국제회의 기반의 확충)
▶국제회의산업 육성에 관한 법률 시행규칙
  제7조(전자국제회의 기반구축)

法 「국제회의산업 육성에 관한 법률」 제12조(전자국제회의 기반의 확충)

① 정부는 전자국제회의 기반을 확충하기 위하여 필요한 시책을 강구하여야 한다.
② 문화체육관광부장관은 전자국제회의 기반의 구축을 촉진하기 위하여 사업시행기관이 추진하는 다음 각 호의 사업을 지원할 수 있다. <개정 2008.2.29.>
1. 인터넷 등 정보통신망을 통한 사이버 공간에서의 국제회의 개최
2. 전자국제회의 개최를 위한 관리체제의 개발 및 운영
3. 그 밖에 전자국제회의 기반의 구축을 위하여 필요하다고 인정하는 사업으로서 문화체육관광부령으로 정하는 사업

[전문개정 2007.12.21.]

則 시행규칙 제7조(전자국제회의 기반구축)

법 제12조제2항제3호에서 "문화체육관광부령으로 정하는 사업"이란 전자국제회의의 개최를 위한 국내외 기관 간의 협력사업을 말한다.

[전문개정 2011.11.24.]

> ▶국제회의산업 육성에 관한 법률
> 　제13조(국제회의 정보의 유통촉진)
> ▶국제회의산업 육성에 관한 법률 시행규칙
> 　제8조(국제회의 정보의 유통촉진)

法「국제회의산업 육성에 관한 법률」제13조(국제회의 정보의 유통촉진)

> ① 정부는 국제회의 정보의 원활한 공급·활용 및 유통을 촉진하기 위하여 필요한 시책을 강구하여야 한다.
>
> ② 문화체육관광부장관은 국제회의 정보의 공급·활용 및 유통을 촉진하기 위하여 사업시행기관이 추진하는 다음 각 호의 사업을 지원할 수 있다. <개정 2008.2.29.>
>
> 1. 국제회의 정보 및 통계의 수집·분석
>
> 2. 국제회의 정보의 가공 및 유통
>
> 3. 국제회의 정보망의 구축 및 운영
>
> 4. 그 밖에 국제회의 정보의 유통촉진을 위하여 필요한 사업으로 문화체육관광부령으로 정하는 사업
>
> ③ 문화체육관광부장관은 국제회의 정보의 공급·활용 및 유통을 촉진하기 위하여 필요하면 문화체육관광부령으로 정하는 바에 따라 관계 행정기관과 국제회의 관련 기관·단체 또는 기업에 대하여 국제회의 정보의 제출을 요청하거나 국제회의 정보를 제공할 수 있다. <개정 2008.2.29., 2022.9.27.>
>
> [전문개정 2007.12.21.]

則시행규칙 제8조(국제회의 정보의 유통촉진)

> ① 법 제13조제2항제4호에서 "문화체육관광부령으로 정하는 사업"이란 국제회의 정보의 활용을 위한 자료의 발간 및 배포를 말한다.
>
> ② 문화체육관광부장관은 법 제13조제3항에 따라 국제회의 정보의 제출을 요청하거나, 국제회의 정보를 제공할 때에는 요청하려는 정보의 구체적인 내용 등을 적은 문서로 하여야 한다.
>
> [전문개정 2011.11.24.]

> ▶국제회의산업 육성에 관한 법률
>   제14조(국제회의도시의 지정 등)
> ▶국제회의산업 육성에 관한 법률 시행령
>   제13조(국제회의도시의 지정기준)
> ▶국제회의산업 육성에 관한 법률 시행규칙
>   제9조(국제회의도시의 지정신청)

法 「국제회의산업 육성에 관한 법률」 제14조(국제회의도시의 지정 등)

> ① 문화체육관광부장관은 대통령령으로 정하는 국제회의도시 지정기준에 맞는 특별시·광역시 및 시를 국제회의도시로 지정할 수 있다. <개정 2008.2.29., 2009.3.18.>
> ② 문화체육관광부장관은 국제회의도시를 지정하는 경우 지역 간의 균형적 발전을 고려하여야 한다. <개정 2008.2.29.>
> ③ 문화체육관광부장관은 국제회의도시가 제1항에 따른 지정기준에 맞지 아니하게 된 경우에는 그 지정을 취소할 수 있다. <개정 2008.2.29., 2009.3.18.>
> ④ 문화체육관광부장관은 제1항과 제3항에 따른 국제회의도시의 지정 또는 지정취소를 한 경우에는 그 내용을 고시하여야 한다. <개정 2008.2.29.>
> ⑤ 제1항과 제3항에 따른 국제회의도시의 지정 및 지정취소 등에 필요한 사항은 대통령령으로 정한다.
> [전문개정 2007.12.21.]

令 시행령 제13조(국제회의도시의 지정기준)

> 법 제14조제1항에 따른 국제회의도시의 지정기준은 다음 각 호와 같다.
> 1. 지정대상 도시에 국제회의시설이 있고, 해당 특별시·광역시 또는 시에서 이를 활용한 국제회의산업 육성에 관한 계획을 수립하고 있을 것
> 2. 지정대상 도시에 숙박시설·교통시설·교통안내체계 등 국제회의 참가자를 위한 편의시설이 갖추어져 있을 것
> 3. 지정대상 도시 또는 그 주변에 풍부한 관광자원이 있을 것
> [전문개정 2011.11.16.]

則 시행규칙 제9조(국제회의도시의 지정신청)

> 법 제14조제1항에 따라 국제회의도시의 지정을 신청하려는 특별시장·광역시

장 또는 시장은 다음 각 호의 내용을 적은 서류를 문화체육관광부장관에게 제출하여야 한다.

1. 국제회의시설의 보유 현황 및 이를 활용한 국제회의산업 육성에 관한 계획
2. 숙박시설·교통시설·교통안내체계 등 국제회의 참가자를 위한 편의시설의 현황 및 확충계획
3. 지정대상 도시 또는 그 주변의 관광자원의 현황 및 개발계획
4. 국제회의 유치·개최 실적 및 계획

[전문개정 2011.11.24.]

▶국제회의산업 육성에 관한 법률
제15조(국제회의도시의 지원), 제15조의2(국제회의 복합지구의 지정 등), 제15조의3(국제회의 집적시설의 지정 등), 제15조의4(부담금의 감면 등)
▶국제회의산업 육성에 관한 법률 시행령
제13조의2(국제회의복합지구의 지정 등), 제13조의3(국제회의복합지구 육성·진흥계획의 수립 등), 제13조의4(국제회의집적시설의 지정 등)
▶국제회의산업 육성에 관한 법률 시행규칙
제9조의2(국제회의집적시설의 지정신청)

法「국제회의산업 육성에 관한 법률」 제15조(국제회의도시의 지원)

문화체육관광부장관은 제14조제1항에 따라 지정된 국제회의도시에 대하여는 다음 각 호의 사업에 우선 지원할 수 있다. <개정 2008.2.29.>

1. 국제회의도시에서의 「관광진흥개발기금법」 제5조의 용도에 해당하는 사업
2. 제16조제2항 각 호의 어느 하나에 해당하는 사업

[전문개정 2007.12.21.]

法「국제회의산업 육성에 관한 법률」 제15조의2(국제회의복합지구의 지정 등)

① 특별시장·광역시장·특별자치시장·도지사·특별자치도지사(이하 "시·도지사"라 한다)는 국제회의산업의 진흥을 위하여 필요한 경우에는 관할구역의 일정 지역을 국제회의복합지구로 지정할 수 있다.

② 시·도지사는 국제회의복합지구를 지정할 때에는 국제회의복합지구 육성·진흥계획을 수립하여 문화체육관광부장관의 승인을 받아야 한다. 대통령령으로 정하는 중요한 사항을 변경할 때에도 또한 같다.

③ 시·도지사는 제2항에 따른 국제회의복합지구 육성·진흥계획을 시행하여야 한다.

④ 시·도지사는 사업의 지연, 관리 부실 등의 사유로 지정목적을 달성할 수 없는 경우 국제회의복합지구 지정을 해제할 수 있다. 이 경우 문화체육관광부장관의 승인을 받아야 한다.

⑤ 시·도지사는 제1항 및 제2항에 따라 국제회의복합지구를 지정하거나 지정을 변경한 경우 또는 제4항에 따라 지정을 해제한 경우 대통령령으로 정하는 바에 따라 그 내용을 공고하여야 한다.

⑥ 제1항에 따라 지정된 국제회의복합지구는 「관광진흥법」 제70조에 따른 관광특구로 본다.

⑦ 제2항에 따른 국제회의복합지구 육성·진흥계획의 수립·시행, 국제회의복합지구 지정의 요건 및 절차 등에 필요한 사항은 대통령령으로 정한다.

[본조신설 2015.3.27.]

法 「국제회의산업 육성에 관한 법률」 제15조의3(국제회의집적시설의 지정 등)

① 문화체육관광부장관은 국제회의복합지구에서 국제회의시설의 집적화 및 운영 활성화를 위하여 필요한 경우 시·도지사와 협의를 거쳐 국제회의집적시설을 지정할 수 있다.

② 제1항에 따른 국제회의집적시설로 지정을 받으려는 자(지방자치단체를 포함한다)는 문화체육관광부장관에게 지정을 신청하여야 한다.

③ 문화체육관광부장관은 국제회의집적시설이 지정요건에 미달하는 때에는 대통령령으로 정하는 바에 따라 그 지정을 해제할 수 있다.

④ 그 밖에 국제회의집적시설의 지정요건 및 지정신청 등에 필요한 사항은 대통령령으로 정한다.

[본조신설 2015.3.27.]

法 「국제회의산업 육성에 관한 법률」 제15조의4(부담금의 감면 등)

① 국가 및 지방자치단체는 국제회의복합지구 육성·진흥사업을 원활하게 시행하기 위하여 필요한 경우에는 국제회의복합지구의 국제회의시설 및 국제회의집적시설에 대하여 관련 법률에서 정하는 바에 따라 다음 각 호의 부담금을 감면할 수 있다.

1. 「개발이익 환수에 관한 법률」 제3조에 따른 개발부담금

2. 「산지관리법」 제19조에 따른 대체산림자원조성비

3. 「농지법」 제38조에 따른 농지보전부담금

4. 「초지법」 제23조에 따른 대체초지조성비

5. 「도시교통정비 촉진법」 제36조에 따른 교통유발부담금

② 지방자치단체의 장은 국제회의복합지구의 육성·진흥을 위하여 필요한 경우 국제회의복합지구를 「국토의 계획 및 이용에 관한 법률」 제51조에 따른 지구단위계획구역으로 지정하고 같은 법 제52조제3항에 따라 용적률을 완화하여 적용할 수 있다.

[본조신설 2015.3.27.]

슈 시행령 제13조의2(국제회의복합지구의 지정 등)

① 법 제15조의2제1항에 따른 국제회의복합지구 지정요건은 다음 각 호와 같다.

1. 국제회의복합지구 지정 대상 지역 내에 제3조제2항에 따른 전문회의시설이 있을 것

2. 국제회의복합지구 지정 대상 지역 내에서 개최된 회의에 참가한 외국인이 국제회의복합지구 지정일이 속한 연도의 전년도 기준 5천 명 이상이거나 국제회의복합지구 지정일이 속한 연도의 직전 3년간 평균 5천 명 이상일 것

3. 국제회의복합지구 지정 대상 지역에 제4조 각 호의 어느 하나에 해당하는 시설이 1개 이상 있을 것

4. 국제회의복합지구 지정 대상 지역이나 그 인근 지역에 교통시설·교통안내체계 등 편의시설이 갖추어져 있을 것

② 국제회의복합지구의 지정 면적은 400만제곱미터 이내로 한다.

③ 특별시장·광역시장·특별자치시장·도지사·특별자치도지사(이하 "시·도지사"라 한다)는 국제회의복합지구의 지정을 변경하려는 경우에는 다음 각 호의 사항을 고려하여야 한다.

1. 국제회의복합지구의 운영 실태

2. 국제회의복합지구의 토지이용 현황

3. 국제회의복합지구의 시설 설치 현황

4. 국제회의복합지구 및 인근 지역의 개발계획 현황

④ 시·도지사는 법 제15조의2제4항에 따라 국제회의복합지구의 지정을 해제하려면 미리 해당 국제회의복합지구의 명칭, 위치, 지정 해제 예정일 등을 20일

이상 해당 지방자치단체의 인터넷 홈페이지에 공고하여야 한다.

⑤ 시·도지사는 국제회의복합지구를 지정하거나 지정을 변경한 경우 또는 지정을 해제한 경우에는 법 제15조의2제5항에 따라 다음 각 호의 사항을 관보, 「신문 등의 진흥에 관한 법률」 제2조제1호가목에 따른 일반일간신문 또는 해당 지방자치단체의 인터넷 홈페이지에 공고하고, 문화체육관광부장관에게 국제회의복합지구의 지정, 지정 변경 또는 지정 해제의 사실을 통보하여야 한다.

1. 국제회의복합지구의 명칭

2. 국제회의복합지구를 표시한 행정구역도와 지적도면

3. 국제회의복합지구 육성·진흥계획의 개요(지정의 경우만 해당한다)

4. 국제회의복합지구 지정 변경 내용의 개요(지정 변경의 경우만 해당한다)

5. 국제회의복합지구 지정 해제 내용의 개요(지정 해제의 경우만 해당한다)

[본조신설 2015.9.22.]

슈 시행령 제13조의3(국제회의복합지구 육성·진흥계획의 수립 등)

① 법 제15조의2제2항 전단에 따른 국제회의복합지구 육성·진흥계획(이하 "국제회의복합지구 육성·진흥계획"이라 한다)에는 다음 각 호의 사항이 포함되어야 한다.

1. 국제회의복합지구의 명칭, 위치 및 면적

2. 국제회의복합지구의 지정 목적

3. 국제회의시설 설치 및 개선 계획

4. 국제회의집적시설의 조성 계획

5. 회의 참가자를 위한 편의시설의 설치·확충 계획

6. 해당 지역의 관광자원 조성·개발 계획

7. 국제회의복합지구 내 국제회의 유치·개최 계획

8. 관할 지역 내의 국제회의업 및 전시사업자 육성 계획

9. 그 밖에 국제회의복합지구의 육성과 진흥을 위하여 필요한 사항

② 법 제15조의2제2항 후단에서 "대통령령으로 정하는 중요한 사항"이란 국제회의복합지구의 위치, 면적 또는 지정 목적을 말한다.

③ 시·도지사는 수립된 국제회의복합지구 육성·진흥계획에 대하여 5년마다 그 타당성을 검토하고 국제회의복합지구 육성·진흥계획의 변경 등 필요한 조치를 하여야 한다.

[본조신설 2015.9.22.]

[슈] 시행령 제13조의4(국제회의집적시설의 지정 등)

① 법 제15조의3제1항에 따른 국제회의집적시설의 지정요건은 다음 각 호와 같다.

1. 해당 시설(설치 예정인 시설을 포함한다. 이하 이 항에서 같다)이 국제회의 복합지구 내에 있을 것

2. 해당 시설 내에 외국인 이용자를 위한 안내체계와 편의시설을 갖출 것

3. 해당 시설과 국제회의복합지구 내 전문회의시설 간의 업무제휴 협약이 체결되어 있을 것

② 국제회의집적시설의 지정을 받으려는 자는 법 제15조의3제2항에 따라 문화체육관광부령으로 정하는 지정신청서를 문화체육관광부장관에게 제출하여야 한다.

③ 국제회의집적시설 지정 신청 당시 설치가 완료되지 아니한 시설을 국제회의집적시설로 지정받은 자는 그 설치가 완료된 후 해당 시설이 제1항 각 호의 요건을 갖추었음을 증명할 수 있는 서류를 문화체육관광부장관에게 제출하여야 한다.

④ 문화체육관광부장관은 법 제15조의3제3항에 따라 국제회의집적시설의 지정을 해제하려면 미리 관할 시·도지사의 의견을 들어야 한다.

⑤ 문화체육관광부장관은 법 제15조의3제1항에 따라 국제회의집적시설을 지정하거나 같은 조 제3항에 따라 지정을 해제한 경우에는 관보,「신문 등의 진흥에 관한 법률」제2조제1호가목에 따른 일반일간신문 또는 문화체육관광부의 인터넷 홈페이지에 그 사실을 공고하여야 한다.

⑥ 제1항부터 제5항까지에서 규정한 사항 외에 설치 예정인 국제회의집적시설의 인정 범위 등 국제회의집적시설의 지정 및 해제에 필요한 사항은 문화체육관광부장관이 정하여 고시한다.

[본조신설 2015.9.22.]

[則] 시행규칙 제9조의2(국제회의집적시설의 지정신청)

국제회의집적시설의 지정을 받으려는 자는 법 제15조의3제2항에 따라 별지 제2호서식의 지정신청서에 다음 각 호의 서류를 첨부하여 문화체육관광부장관에게 지정을 신청하여야 한다.

1. 지정 신청 당시 설치가 완료된 시설인 경우:「국제회의산업 육성에 관한 법률 시행령」(이하 "영"이라 한다) 제4조 각 호의 어느 하나에 해당하는 시설에 해당하고 영 제13조의4제1항 각 호의 지정 요건을 갖추고 있음을 증명할 수 있는 서류

2. 지정 신청 당시 설치가 완료되지 아니한 시설의 경우: 설치가 완료되는 시점

에는 영 제4조 각 호의 어느 하나에 해당하는 시설에 해당하고 영 제13조의4 제1항 각 호의 요건을 충족할 수 있음을 확인할 수 있는 서류

[본조신설 2015.9.25.]

▶국제회의산업 육성에 관한 법률
　제16조(재정 지원)
▶국제회의산업 육성에 관한 법률 시행령
　제14조(재정 지원 등), 제15조(지원금의 관리 및 회수)

法 「국제회의산업 육성에 관한 법률」 제16조(재정 지원)

① 문화체육관광부장관은 이 법의 목적을 달성하기 위하여 「관광진흥개발기금법」 제2조제2항제3호에 따른 국외 여행자의 출국납부금 총액의 100분의 10에 해당하는 금액의 범위에서 국제회의산업의 육성재원을 지원할 수 있다. <개정 2008.2.29.>

② 문화체육관광부장관은 제1항에 따른 금액의 범위에서 다음 각 호에 해당되는 사업에 필요한 비용의 전부 또는 일부를 지원할 수 있다. <개정 2008.2.29., 2015.3.27.>

1. 제5조제1항 및 제2항에 따라 지정·설치된 전담조직의 운영

2. 제7조제1항에 따른 국제회의 유치 또는 그 개최자에 대한 지원

3. 제8조제2항제2호부터 제5호까지의 규정에 따른 사업시행기관에서 실시하는 국제회의산업 육성기반 조성사업

4. 제10조부터 제13조까지의 각 호에 해당하는 사업

4의2. 제15조의2에 따라 지정된 국제회의복합지구의 육성·진흥을 위한 사업

4의3. 제15조의3에 따라 지정된 국제회의집적시설에 대한 지원 사업

5. 그 밖에 국제회의산업의 육성을 위하여 필요한 사항으로서 대통령령으로 정하는 사업

③ 제2항에 따른 지원금의 교부에 필요한 사항은 대통령령으로 정한다.

④ 제2항에 따른 지원을 받으려는 자는 대통령령으로 정하는 바에 따라 문화체육관광부장관 또는 제18조에 따라 사업을 위탁받은 기관의 장에게 지원을 신청하여야 한다. <개정 2008.2.29.>

[전문개정 2007.12.21.]

⑮ 시행령 제14조(재정 지원 등)

> 법 제16조제2항에 따른 지원금은 해당 사업의 추진 상황 등을 고려하여 나누어 지급한다. 다만, 사업의 규모·착수시기 등을 고려하여 필요하다고 인정할 때에는 한꺼번에 지급할 수 있다.
>
> [전문개정 2011.11.16.]

⑮ 시행령 제15조(지원금의 관리 및 회수)

> ① 법 제16조제2항에 따라 지원금을 받은 자는 그 지원금에 대하여 별도의 계정(計定)을 설치하여 관리해야 하고, 그 사용 실적을 사업이 끝난 후 1개월(제2조제3호에 따른 국제회의를 유치하거나 개최하여 지원금을 받은 경우에는 문화체육관광부장관이 정하여 고시하는 기한) 이내에 문화체육관광부장관에게 보고해야 한다. <개정 2020.11.10.>
>
> ② 법 제16조제2항에 따라 지원금을 받은 자가 법 제16조제2항 각 호에 따른 용도 외에 지원금을 사용하였을 때에는 그 지원금을 회수할 수 있다.
>
> [전문개정 2011.11.16.]

> ▶ 국제회의산업 육성에 관한 법률
>   제17조(다른 법률에 따른 허가·인가 등의 의제)
> ▶ 국제회의산업 육성에 관한 법률 시행규칙
>   제10조(인가·허가 등의 의제를 위한 서류 제출)

法 「국제회의산업 육성에 관한 법률」 제17조(다른 법률에 따른 허가·인가 등의 의제)

> ① 국제회의시설의 설치자가 국제회의시설에 대하여 「건축법」 제11조에 따른 건축허가를 받으면 같은 법 제11조제5항 각 호의 사항 외에 특별자치도지사·시장·군수 또는 구청장(자치구의 구청장을 말한다. 이하 이 조에서 같다)이 다음 각 호의 허가·인가 등의 관계 행정기관의 장과 미리 협의한 사항에 대해서는 해당 허가·인가 등을 받거나 신고를 한 것으로 본다. <개정 2008.3.21., 2009.6.9., 2011.8.4., 2017.1.17., 2017.11.28., 2021.11.30., 2023.5.16.>
>
> 1. 「하수도법」 제24조에 따른 시설이나 공작물 설치의 허가

2. 「수도법」 제52조에 따른 전용상수도 설치의 인가

3. 「화재예방, 소방시설 설치·유지 및 안전관리에 관한 법률」 제7조제1항에 따른 건축허가의 동의

4. 「폐기물관리법」 제29조제2항에 따른 폐기물처리시설 설치의 승인 또는 신고

5. 「대기환경보전법」 제23조, 「물환경보전법」 제33조 및 「소음·진동관리법」 제8조에 따른 배출시설 설치의 허가 또는 신고

② 국제회의시설의 설치자가 국제회의시설에 대하여 「건축법」 제22조에 따른 사용승인을 받으면 같은 법 제22조제4항 각 호의 사항 외에 특별자치도지사·시장·군수 또는 구청장이 다음 각 호의 검사·신고 등의 관계 행정기관의 장과 미리 협의한 사항에 대해서는 해당 검사를 받거나 신고를 한 것으로 본다. <개정 2008.3.21., 2009.6.9., 2017.1.17., 2023.5.16.>

1. 「수도법」 제53조에 따른 전용상수도의 준공검사

2. 「소방시설공사업법」 제14조제1항에 따른 소방시설의 완공검사

3. 「폐기물관리법」 제29조제4항에 따른 폐기물처리시설의 사용개시 신고

4. 「대기환경보전법」 제30조 및 「물환경보전법」 제37조에 따른 배출시설 등의 가동개시(稼動開始) 신고

③ 제1항과 제2항에 따른 협의를 요청받은 행정기관의 장은 그 요청을 받은 날부터 15일 이내에 의견을 제출하여야 한다. <개정 2023.5.16.>

④ 제1항부터 제3항까지에서 규정한 사항 외에 허가·인가, 검사 및 신고 등 의제의 기준 및 효과 등에 관하여는 「행정기본법」 제24조부터 제26조까지를 따른다. 이 경우 같은 법 제24조제4항 전단 중 "20일"은 "15일"로 한다. <개정 2023.5.16.>

[전문개정 2007.12.21.]

[제목개정 2023.5.16.]

則 시행규칙 제10조(인가·허가 등의 의제를 위한 서류 제출)

법 제17조제3항에서 "문화체육관광부령으로 정하는 관계 서류"란 법 제17조제1항 및 제2항에 따라 의제(擬制)되는 허가·인가·검사 등에 필요한 서류를 말한다.

[전문개정 2011.11.24.]

▶국제회의산업 육성에 관한 법률
  제18조(권한의 위탁)
▶국제회의산업 육성에 관한 법률 시행령
  제16조(권한의 위탁)

法 「국제회의산업 육성에 관한 법률」 제18조(권한의 위탁)

① 문화체육관광부장관은 제7조에 따른 국제회의 유치·개최의 지원에 관한 업무를 대통령령으로 정하는 바에 따라 법인이나 단체에 위탁할 수 있다.
<개정 2008.2.29.>
② 문화체육관광부장관은 제1항에 따른 위탁을 한 경우에는 해당 법인이나 단체에 예산의 범위에서 필요한 경비(經費)를 보조할 수 있다. <개정 2008.2.29.>
[전문개정 2007.12.21.]

令 시행령 제16조(권한의 위탁)

문화체육관광부장관은 법 제18조제1항에 따라 법 제7조에 따른 국제회의 유치·개최의 지원에 관한 업무를 법 제5조제1항에 따른 국제회의 전담조직에 위탁한다.
[전문개정 2011.11.16.]

■ 「국제회의산업 육성에 관한 법률」 시행규칙 [별지 제1호서식] 〈개정 2015.9.25.〉

국제회의 지원신청서

접수번호		접수일자		처리기간	30일

신청인	대표자 성명		생년월일	
	주소(대표자)		전화번호	
	단체명·상호		자본금	
	주소(단체)		전화번호	
	설립목적		설립연도	
	지원 요망사항			

「국제회의산업 육성에 관한 법률」 제7조제2항 및 같은 법 시행규칙 제2조에 따라 위와 같이 신청합니다.

년   월   일

신청인   (서명 또는 인)

국제회의 전담조직의 장   귀하

첨부서류	1. 국제회의 유치·개최 계획서(국제회의의 명칭, 목적, 기간, 장소, 참가자수, 필요한 비용 등이 포함되어야 합니다) 1부 2. 국제회의 유치·개최 실적에 관한 서류(국제회의를 유치·개최한 실적이 있는 경우만 제출합니다) 1부 3. 지원을 받으려는 세부 내용을 적은 서류 1부	수수료 없음

처리절차

신청서 작성	→	접 수	→	검 토	→	결 정	→	통 보
신청인		국제회의 전담조직		국제회의 전담조직		국제회의 전담조직		신청인

210mm×297mm[백상지 80g/m²(재활용품)]

부산광역시 마이스산업 육성에 관한 조례

■ 부산광역시 조례 제4984호, 2014.1.1., 제정
■ 부산광역시 조례 제5078호, 2015.1.1., 일부개정
  (행정기구 설치 조례)
■ 부산광역시 조례 제5535호, 2017.3.22., 일부개정
  (행정기구 설치 조례)

■ 부산광역시 조례 제5934호, 2019.7.10., 일부개정
  (부산광역시 행정기구 설치 조례)
■ 부산광역시 조례 제6474호, 2021.8.11., 전부개정
■ 부산광역시조례 제6733호, 2022.8.5., 일부개정

제1조(목적)

이 조례는 마이스(MICE)산업을 육성함으로써 마이스(MICE)산업 도시로서의 부산광역시의 브랜드 가치를 높이고 지역경제 활성화에 이바지함을 목적으로 한다.

제2조(정의)

이 조례에서 사용하는 용어의 뜻은 다음과 같다.

1. "마이스(MICE)산업"(이하 "마이스산업"이라 한다)이란 다음 각 목과 융합하는 새로운 산업을 말한다.

   가. 회의(Meeting)

   나. 포상관광(Incentive Travel)

   다. 컨벤션(Convention)

   라. 전시회(Exhibition)

2. "공공기관"이란 「지방공기업법」에 따라 부산광역시(이하 "시"라 한다)가 설립한 공사·공단 및 「부산광역시 출자·출연 기관의 운영에 관한 조례」 제2조에 따른 출자·출연 기관을 말한다.

제3조(책무)

시는 마이스산업을 육성하여 마이스산업 중심도시로 성장·발전할 수 있도록 지속가능한 산업의 기반 및 생태계를 조성하고 필요한 시책을 수립·추진하여야 한다.

제4조(기본계획 등의 수립 · 시행)

① 부산광역시장(이하 "시장"이라 한다)은 마이스산업의 육성을 위하여 마이스산업 육성 기본계획(이하 "기본계획"이라 한다)을 5년마다 수립 · 시행하여야 한다.

② 기본계획에는 다음 각 호의 사항이 포함되어야 한다.

1. 마이스산업 발전 목표와 기본 방향

2. 마이스산업의 국내외 여건 및 전망

3. 제6조에 따른 마이스산업 육성사업에 관한 사항

4. 제19조에 따른 협력체계의 구축에 관한 사항

5. 마이스산업 육성을 위한 시책과 제도개선에 관한 사항

6. 마이스 관련 시설의 감염병 등에 대한 안전 · 위생 · 방역 관리에 관한 사항

7. 그 밖에 마이스산업 육성을 위하여 필요한 사항

③ 시장은 기본계획에 따라 마이스산업 육성 시행계획(이하 "시행계획"이라 한다)을 해마다 수립 · 시행하여야 한다.

제5조(실태조사 등)

① 시장은 기본계획 및 시행계획을 효율적으로 수립 · 시행하기 위하여 필요한 경우 전문기관에 의뢰하여 마이스산업에 대한 실태조사를 하거나 정책연구용역을 실시할 수 있다.

② 시장은 제1항에 따른 실태조사 등을 하기 위하여 필요한 경우에는 관련 기관과 단체 등에 자료를 요청할 수 있다.

제6조(마이스산업 육성사업)

① 시장은 마이스산업의 육성과 경쟁력 강화를 위하여 다음 각 호의 사업을 추진하여야 한다.

1. 마이스산업에 대한 조사 및 연구

2. 마이스산업 관련 시설의 확충 및 운영

3. 마이스산업 관련 행사 유치 · 발굴 및 개최 지원

4. 마이스산업에 대한 국내외 홍보

5. 국내외 전시회 참가 사업

6. 마이스산업 전문인력의 양성을 위한 교육 및 훈련

7. 시 전략산업 육성에 적합한 유망 국제회의 및 전시회 지원

8. 지역 마이스산업 관련 업체 육성·지원

9. 마이스산업 관련 행사 참가자 지원

10. 마이스산업 활성화를 위한 협의체의 구성 및 운영

11. 인터넷 등 정보통신망을 통하여 수행하는 전자마이스 행사의 기반 구축

12. 「국제회의산업 육성에 관한 법률」 제15조의2에 따라 지정된 국제회의복합지구 육성·진흥사업

13. 그 밖에 마이스산업의 육성을 위하여 시장이 필요하다고 인정하는 사업

② 시장은 제1항 각 호의 어느 하나에 해당하는 사업을 추진하는 기관·법인 또는 단체 등에 예산의 범위에서 필요한 경비의 전부 또는 일부를 지원할 수 있다.

제7조(전담기구의 설치·지정 및 지원)

① 시장은 마이스산업 관련 업무를 효율적으로 추진하기 위하여 다음 각 호의 업무를 수행하는 마이스산업 전담기구(이하 "전담기구"라 한다)를 설치하거나 지정할 수 있으며, 그 운영에 필요한 경비는 예산의 범위에서 지원할 수 있다.

1. 마이스 행사의 유치·개최 지원

2. 마이스산업의 국내외 홍보

3. 마이스산업 관련 정보의 수집 및 배포

4. 마이스산업 관련 전문인력의 교육 및 수급(需給)

5. 「국제회의산업 육성에 관한 법률」 제5조에 따라 문화체육관광부장관이 지정한 전담조직과 상호 협력

6. 그 밖에 마이스산업의 육성과 관련된 업무

② 시장은 전담기구의 효율적 운영을 위하여 필요한 경우에는 「지방공무원법」에 따라 소속 공무원을 파견근무하게 할 수 있다.

제8조(사무의 위탁)

① 시장은 이 조례에 따른 사업을 전문적이고 효율적으로 추진하기 위하여 그 사무의 전부 또는 일부를 전담기구나 마이스산업 관련 공공기관 또는 비영리 법인·단체 등에 위탁할 수 있다.

② 시장은 제1항에 따라 업무를 위탁하는 경우 필요한 경비를 예산의 범위에서 지원할 수 있다.

제9조(부산광역시 마이스산업 육성 협의회의 설치)

시장은 마이스산업 육성에 관한 다음 각 호의 사항을 자문하기 위하여 부산광역시 마이스산업 육성 협의회(이하 "협의회"라 한다)를 둔다.

1. 기본계획 및 시행계획의 수립에 관한 사항

2. 제6조에 따른 마이스산업 육성사업에 관한 사항

3. 제7조에 따른 전담기구 설치·지정 및 지원에 관한 사항

4. 제8조에 따른 사무의 위탁에 관한 사항

5. 제19조에 따른 협력체계의 구축에 관한 사항

6. 그 밖에 마이스산업 육성에 관하여 위원장이 회의에 부치는 사항

제10조(협의회의 구성)

① 협의회는 위원장 1명과 부위원장 1명을 포함하여 15명 이내의 위원으로 구성한다.

② 협의회의 위원장(이하 "위원장"이라 한다)은 경제부시장이 되고, 부위원장은 위원 중에서 호선한다.

③ 당연직 위원은 관광마이스산업국장으로 하고, 위촉위원은 다음 각 호의 사람 중에서 성별을 고려하여 시장이 위촉한다.

1. 부산광역시의회에서 추천하는 사람

2. 마이스산업 관련 기관·단체에서 추천하는 사람

3. 마이스산업 및 마이스 연관 산업 분야 전문가

4. 그 밖에 마이스산업에 관한 학식과 경험이 풍부한 사람

④ 위촉위원의 임기는 2년으로 하며 두 차례만 연임할 수 있다. 다만, 보궐위원의 임기는 전임자 임기의 남은 기간으로 한다.

제11조(위원의 해촉)

시장은 협의회의 위원이 다음 각 호의 어느 하나에 해당하는 경우에는 해당 위원을 해촉할 수 있다.

1. 건강상의 사유로 직무를 수행할 수 없게 된 경우

2. 직무와 관련된 비밀을 누설하거나 비위사실이 있는 경우

3. 직무태만, 품위손상이나 그 밖의 사유로 위원으로 적합하지 않다고 인정되는 경우

4. 위원 스스로 직무를 수행하는 것이 곤란하다고 의사를 밝히는 경우

제12조(위원의 제척·기피·회피)

① 협의회의 위원은 심의의 공정을 기하기 위하여 본인과 직접 이해관계가 있는 안건의 심의에는 참여할 수 없다.

② 해당 안건의 당사자는 위원에게 공정한 심의를 기대하기 어려운 사정이 있는 경우에는 협의회에 기피 신청을 할 수 있고, 협의회는 의결로 이를 결정한다. 이 경우 기피 신청의 대상인 위원은 그 의결에 참여하지 못한다.

③ 협의회의 위원은 제1항의 제척 사유에 해당하는 경우에는 스스로 해당 안건의 심의·의결에서 회피하여야 한다.

제13조(위원장의 직무)

① 위원장은 협의회를 대표하며, 협의회의 업무를 총괄한다.

② 위원장이 부득이한 사유로 직무를 수행할 수 없을 때에는 부위원장이 그 직무를 대행하며, 위원장과 부위원장이 모두 부득이한 사유로 그 직무를 수행할 수 없을 때에는 위원장이 미리 지명한 위원이 그 직무를 대행한다.

제14조(협의회의 회의)

① 위원장은 협의회의 회의를 소집하고, 그 의장이 된다.

② 협의회의 회의는 매년 1회 개최되는 정기회의와 위원장이 필요하다고 인정하거나 재적위원 3분의 1 이상이 요구할 경우에 개최되는 임시회의로 구분하여 운영한다.

③ 협의회의 회의는 재적위원 과반수의 출석으로 개의하고, 출석위원 과반수의 찬성으로 의결한다.

④ 제3항에도 불구하고 위원장은 다음 각 호의 어느 하나에 해당하는 경우에는 그 사유를 구체적으로 밝히고, 서면으로 심의할 수 있다. 이 경우 재적위원 과반수의 서면심의서 제출과 제출한 위원 과반수의 찬성으로 의결한다.

1. 사안이 경미한 경우
2. 긴급한 사유로 소집할 시간적 여유가 없는 경우
3. 감염병 등의 사유로 출석이 불가능한 경우

제15조(간사)

협의회의 사무를 처리하기 위하여 간사 1명을 두며, 간사는 마이스산업업무담당과장이 된다.

제16조(의견청취 등)

협의회는 안건심의와 관련하여 필요한 경우 관계 공무원 또는 관계 전문가 등을 회의에 출석하게 하여 의견을 듣거나 자료의 제출을 요청할 수 있다.

제17조(수당 등)

협의회의 회의에 출석한 위촉위원 및 관계 전문가 등에게는 예산의 범위에서 수당과 여비 등을 지급할 수 있다.

제18조(운영세칙)

이 조례에 규정한 것 외에 협의회의 운영에 필요한 사항은 협의회의 의결을 거쳐 위원장이 정한다.

제19조(협력체계의 구축)

① 시장은 마이스산업의 효율적인 추진을 위하여 다른 지방자치단체 및 관련 기관·단체 또는 대학 등과 공동으로 사업을 추진하거나 협력할 수 있다.
② 시장은 시의 국제적 위상 강화와 마이스산업 정책 개발을 위하여 해외 도시 및 국제기구 등과 정보교류 등 국제협력사업을 추진할 수 있다.

제20조(포상)

시장은 마이스산업 육성에 이바지한 공적이 뚜렷한 마이스산업 우수기업이나 우수기업인에게 「부산광역시 포상 조례」에 따라 포상할 수 있다.

부 칙

제1조(시행일) 이 조례는 공포 후 1개월이 경과한 날부터 시행한다.
제2조(다른 조례의 폐지) 부산광역시 국제회의산업 육성에 관한 조례는 폐지한다.

부칙(행정기구 설치 조례) 〈2015.1.1.〉

제1조(시행일) 이 조례는 2015년 1월 1일부터 시행한다.
제2조(한시기구의 존속기한) 생략
제3조(다른 조례의 개정) ①~⑧ 생략
⑧ 부산광역시 마이스산업 육성에 관한 조례 일부를 다음과 같이 개정한다.

제7조제3항 각 호 외의 부분 중 "행정부시장"을 "경제부시장"으로 한다.

⑧~⑩ 생략

부칙(행정기구 설치 조례)〈2017.3.22.〉

제1조(시행일) 이 조례는 공포한 날부터 시행한다.

제2조 ①~④ 생략

⑤ 부산광역시 마이스산업 육성에 관한 조례 일부를 다음과 같이 개정한다.

제7조제3항 각 호 외의 부분 중 "경제부시장"을 "행정부시장"으로 한다.

제1조(시행일), 제2조(다른 조례의 개정) ①~㉔ 생략

부칙(부산광역시 행정기구 설치 조례)〈2019.7.10.〉

이 조례는 공포한 날부터 시행한다.

㉕ 부산광역시 마이스산업 육성에 관한 조례 일부를 다음과 같이 개정한다.

제7조제3호 각 호 외의 부분 중 "행정부시장"을 "경제부시장"으로 한다.

㉖~㉖ 생략

부칙〈2021.8.11.〉

제1조(시행일) 이 조례는 공포한 날부터 시행한다.

제2조(업무위탁에 관한 경과조치) 이 조례 시행 당시 위탁한 사무에 관하여는 제8조에도 불구하고 해당 사무의 위탁 계약기간이 만료될 때까지 이 조례에 따라 사무를 위탁한 것으로 본다.

제3조(부산광역시 마이스산업 육성 협의회 위원의 임기에 관한 경과조치) 이 조례 시행 당시 종전의 규정에 따라 위촉된 부산광역시 마이스산업 육성 협의회 위원은 그 임기가 만료될 때까지는 해당 협의회의 위원으로 본다.

참고문헌

강덕윤 외 2인 공저, New 관광학개론, 백산출판사, 2019.

김광근 외 5인 공저, 新관광학의 이해(제2판), 백산출판사, 2022.

김도희, 관광산업론(개정2판), 백산출판사, 2022.

김미경 외 5인 공저, 관광학개론(개정판), 백산출판사, 2023.

김사헌, 관광경제학(개정6판), 백산출판사, 2020.

김상무 외 5인 공저, 신판 관광사업경영론(개정신판), 백산출판사, 2020.

김성혁 외, 최신관광사업개론(개정판), 백산출판사, 2016.

김용상 외 9인 공저, 관광학(제7판), 백산출판사, 2020.

문화체육관광부, 관광동향에 관한 연차보고서, 2005~2023.

박상수 외, 최신 해설관광법규, 백산출판사, 2018.

정희천, 최신 관광법규론(제17판), 대왕사, 2018.

조진호 · 우상철 · 박영숙 공저, 최신관광법규론(개정3판), 백산출판사, 2021.

〈인터넷〉

www.busan.go.kr

www.ekta.kr

www.hotelskorea.or.kr

www.kata.or.kr

www.kcti.re.kr

www.law.go.kr

www.mcst.go.kr

www.moleg.go.kr

www.visitkorea.or.kr

■ 원철식

- 가천대학교 관광경영학과 졸업
- 경희대학교 대학원 관광경영학과 졸업(호텔경영학 석사)
- Florida International University(Hospitality Management 석사)
- 세종대학교 대학원 호텔관광경영학과 졸업(호텔관광경영학 박사)
- 한국관광협회중앙회 근무
- (주)세우리(덕구온천콘도, 그린피아 관광호텔) 총지배인 근무
- 관광종사원 자격시험 출제위원 및 면접위원
- 영산대학교 전략기획실장, 기획처장 직무대리, 학부장
- 한국관광서비스학회 회장
- 한국호텔리조트학회 회장
- 한국관광레저학회 회장
- 현) 한국문화관광교육협회 회장
  영산대학교 호텔경영학과 교수

〈주요 저서 및 논문〉

- 호텔회계(공저), 석학당출판사, 2019
- 호스피탈리티산업 식음료원가관리론, 석학당출판사, 2018
- 관광산업 회계학원론(공저), 백산출판사, 2013
- 호텔경영학(공저), 21C호텔관광연구회, 현학사, 2002
- 골프장의 관계혜택이 고객만족과 고객충성도에 미치는 영향 연구
- 기장대변멸치축제 방문객 동기분석에 기초한 만족도, 재방문 의사, 시장세분화 사례연구
- HACCP을 중심으로 한 레스토랑 위생관리기준의 중요도 차이에 관한 연구
- 제주도의 신혼여행지 활성화 방안에 관한 연구
- 골프리조트 건설을 위한 타당성분석 사례연구, D지역을 중심으로
- 라이프스타일, 여가인식과 만족의 관계
- 호텔종사원의 인지양식이 경영성과 예측에 미치는 영향
- 호텔기업의 회계정보량이 경영성과 예측에 미치는 영향
- 관광호텔사업계획의 성과측정에 관한 연구
- 관광호텔 이용현황 및 영업성과에 관한 연구
- 관광호텔 숙박이용 실태에 관한 연구

■ 최영준

- 경성대학교 경영학 박사
- 한국호텔관광학회 부회장
- 한국호텔외식경영학회 학술위원장
- 한국호텔등급 평가요원(한국관광공사, 한국관광협회중앙회)
- 대한관광경영학회 부회장
- 한국관광레저학회 부회장
- 한국관광산업학회 편집위원장
- 현) 동명대학교 호텔관광학과 교수

〈주요 저서 및 논문〉

- 음료관리(공저), 백산출판사, 2016

■ 정연국

- 동국대학교 관광경영학과 졸업(경영학 학사)
- 경희대학교 대학원 관광경영학과 졸업(경영학 석사)
- 세종대학교 대학원 경영학과 졸업(경영학 박사)
- 미국 국제 총지배인 자격증 취득(AH&LA CHA)
- (주)삼립 하일라 리조트 근무
- (주)스위스 로젠 관광호텔 근무
- (주)한국 피제스 근무
- 동국대학교 관광산업연구소 연구원
- 영산대학교 호텔관광대학 겸임교수
- 한국산업인력공단, 한국관광협회중앙회 관광종사원 국가자격시험 필기/면접시험(호텔서비스사, 관광통역 안내사, 국내여행안내사) 출제위원
- 고용노동부 지역맞춤형 일자리창출 지원사업 해양서비스산업 전문 인력양성사업 책임교수
- 동의과학대학교 국제관광계열 계열장
- 동의과학대학교 호텔관광서비스과 학과장
- 한국관광서비스학회 편집위원회 편집위원장
- 한국호텔리조트학회 사무국장
- 한국관광레저학회 사무국장
- 해양수산부-고용노동부-동의과학대학교 DIT 크루즈 양성 사업단 사업단장
- 부산광역시 부산교육청 교육감 인수위원회 전문위원
- 부산광역시, 부산광역시 시의회 자문위원
- 부산광역시 부산진구 관광발전위원회 위원
- 문화체육관광부장관 표창장 / 해양수산부장관 표창장
- 현) 동의과학대학교 호텔크루즈관광과 교수
  동의과학대학교 국외여행인솔자 과정(T/C) 책임교수
  부산교육청 부산학교안전공제회 이사
  부산광역시 부산연구원 연구자문위원
  한국블렌딩아트협회 회장
  한국호텔관광학회 사무국장
  한국문화관광교육협회 사무총장
  한국관광레저학회 대학생 학술위원장
  한국관광학회 부회장 / 해양크루즈항공위원회 위원장
  부산광역시 서구 관광진흥위원회 위원

〈주요 저서 및 논문〉

- 관광학개론(제3판, 공저), 백산출판사, 2023
- 국외여행인솔자실무(제2판, 공저), 백산출판사, 2022
- 관광법규와 사례분석(제9판, 공저), 백산출판사, 2022
- 호텔외식관광 인적자원관리(제2판, 공저), 백산출판사, 2021
- 호텔경영론(제2판, 공저), 백산출판사, 2021
- 호텔객실영업론(제5판, 공저), 백산출판사, 2021
- 와인과 소믈리에(개정2판, 공저), 백산출판사, 2020
- 서비스경영론(제2판, 공저), 백산출판사, 2019
- 호텔·외식산업에서 관계몰입에 영향을 미치는 관계혜택과 핵심서비스 품질 접근법의 통합 모형 개발
- 관광호텔 선택 영향 요인에 관한 연구
- 골프장의 관계혜택이 고객만족과 고객충성도에 미치는 영향 연구
- HACCP을 중심으로 한 레스토랑 위생관리기준의 중요도 차이에 관한 연구
- 경주지역 불교사찰 관광에 관한 연구
- 부산지역 노인시장의 다식 인지도 및 다식 선호도에 관한 연구
- 외식산업 종사원에 대한 서비스 교육방법에 관한 이론 연구
- 부산지역 특급호텔 프론트오피스 통합서비스시스템이 호텔의 재무적 성과에 미치는 영향에 관한 연구
- 호텔기업에서의 리더십이 종사원 조직몰입에 미치는 영향에 관한 연구

저자와의
합의하에
인지첩부
생략

관광법규와 사례분석(개정10판)

2007년 3월 7일 초   판 1쇄 발행
2024년 1월 10일 개정10판 1쇄 발행

지은이 원철식 · 최영준 · 정연국
펴낸이 진욱상
펴낸곳 백산출판사
교 정 성인숙
본문디자인 오행복
표지디자인 오정은

등 록 1974년 1월 9일 제406-1974-000001호
주 소 경기도 파주시 회동길 370(백산빌딩 3층)
전 화 02-914-1621(代)
팩 스 031-955-9911
이메일 edit@ibaeksan.kr
홈페이지 www.ibaeksan.kr

ISBN 979-11-6639-387-7 93980
값 27,000원

● 파본은 구입하신 서점에서 교환해 드립니다.
● 저작권법에 의해 보호를 받는 저작물이므로 무단전재와 복제를 금합니다.
  이를 위반시 5년 이하의 징역 또는 5천만원 이하의 벌금에 처하거나 이를 병과할 수 있습니다.